涂料生产设备手册

胡根良　陈太民　陈　永　编著

化学工业出版社

·北京·

内 容 简 介

　　《涂料生产设备手册》以树脂合成、混合、研磨分散、调漆、过滤、输送、助剂设备、包装设备等多个方面的设备为核心，全面介绍了适合设备使用的涂料的组成、性能特点及固化原理，以及涂料生产设备和装备生产线相关的知识。还介绍了纳米技术/材料/粉体及其粉末涂料生产设备以及相关的知识；详细介绍了涂料行业仪器仪表计量与设备自动化控制和涂料与涂装生产线及装备等方面的知识。全书内容翔实，通俗易懂，图文并茂，实用性强，专业应用实例多，是一本参考价值高的涂料生产设备指南。

　　本书可供从事涂料设备的科研、生产、涂装、检测和管理的工程技术人员参考，还可供涂料和涂装职业的技术人员学习参考。

图书在版编目（CIP）数据

　　涂料生产设备手册/胡根良，陈太民，陈永编著. —
北京：化学工业出版社，2021.1
　　ISBN 978-7-122-38048-7

　　Ⅰ.①涂…　Ⅱ.①胡…②陈…③陈…　Ⅲ.①涂料-
化工设备-手册　Ⅳ.①TQ630.5

　　中国版本图书馆 CIP 数据核字（2020）第 244587 号

责任编辑：夏叶清　　　　　　　　　　　　文字编辑：余纪军
责任校对：张雨彤　　　　　　　　　　　　装帧设计：张　辉

出版发行：化学工业出版社（北京市东城区青年湖南街 13 号　邮政编码 100011）
印　　刷：北京京华铭成工贸有限公司
装　　订：三河市宇新装订厂
710mm×1000mm　1/16　印张 25¼　字数 443 千字　2021 年 3 月北京第 1 版第 1 次印刷

购书咨询：010-64518888　　　　　　　　　售后服务：010-64518899
网　　址：http://www.cip.com.cn
凡购买本书，如有缺损质量问题，本社销售中心负责调换。

定　　价：168.00 元　　　　　　　　　　　　　　版权所有　违者必究

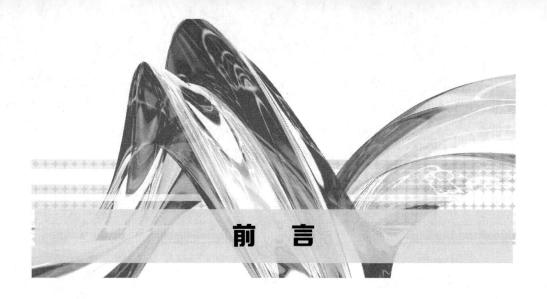

前　言

　　涂料是化学工业的基础，涂料生产设备也是直接为国民经济贡献与服务重要装备产业，涂料设备为涂料产业服务，并在节能减排、产品提质增效、工艺提档升级等方面直接产生经济效益。

　　为解决涂料设备本身问题和正确使用各种设备，以提高经济效益，我们编写了《涂料生产设备手册》，力求反映从树脂生产到涂料生产全过程中主要的工艺（包括混合、研磨分散、调漆、过滤、输送、包装等）所需各种设备的工作原理、结构、性能特点和使用维护注意事项。

　　《涂料生产设备手册》共分十二章，介绍了涂料设备概论、现状、设备布置设计、设备与选型及放大设计、一体化涂料生产设备发展动向、新型石墨烯涂料生产设备与生产线设计等；以树脂合成、混合、研磨分散、调漆、过滤、输送、助剂设备、包装设备等多个方面的设备为核心，全面介绍了适合装备使用的涂料的组成、性能特点及固化原理；以及涂料生产设备和装备生产线相关的知识。以纳米技术/材料/粉体及其粉末涂料生产设备方面以及相关的知识；详细地汇集了其他涂料生产设备及涂料行业仪器仪表计量与设备自动化控制和涂料与涂装生产线及装备等方面的内容。

　　全书内容翔实、通俗易懂、图文并茂，实用性强，专业应用实例众多，是一本有参考价值高的涂料生产装备指南。可供从事涂料装备的科研、生产、涂装、检测和管理的工程技术人员阅读，也是可供从事涂料与涂料装备制造、研发的技术人员参考，涂料和涂装行业的广大技术人员和技术工人，以及大专院校相关专业的学生也会有所帮助。

　　本书在编写过程中，承蒙中国涂料工业协会、苏州百氏高、广西龙鱼、江阴精细、湖北天鹅、上海儒佳、北京赛德丽、张家港通惠、江阴康捷、成都常源、浙江金琨锆业等单位以及业界资深专家热情支持和帮助，并提供有关资料，对本书内容提出宝贵意见。本书由胡根良、陈太民、陈永编著，崔春芳、叶三纯、苏东荣、童忠东、褚俊华、周绍忠、沙玲等参加了本书的编写工作，及审核，陈羽、高洋、李珏、高新、童凌峰、张建玲、童晓霞、陈海涛、张淑谦、李金、吴玉莲、李爽等同志为本书的资料收集和编写付出了大量精力，在此一并致谢！

由于时间仓促，书中不足之处在所难免，敬请各位读者批评指正。

编　者

2020.3

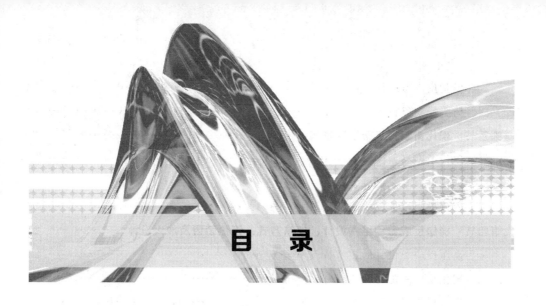

目 录

第一章 涂料设备

第一节 涂料生产设备概述

一、涂料设备分类

（1）简易型涂料生产设备系列

简易型涂料生产设备是涂料单机设备，按照涂料生产的工艺一步一步实行生产，便可以生产出各种涂料，简易型涂料设备有：涂料分散机、拉缸机、研磨机、灌装机，按客户意见选配的涂料调色机等。

（2）涂料成套设备

涂料成套设备一般是一体化涂料生产设备，其包含有真空上料系统、电控系统、自动灌装、自动称重等系统。

从年产500t到年产50000t成套设备都是单机设备组合或全自动化生产线，包括进料系统、计量系统、分散研磨系统、多功能搅拌调漆系统、清洗系统等、自动化控制系统等和自动灌装系统，根据不同的涂料品种和生产要求可量身定制。

（3）粉体输送系统

有粉体气力输送（正压、负压、密相、稀相）、机械输送（螺旋、皮带、斗提等）。

粉体、液体的配料系统有增量法、减量法、容积法等多种配料系统。

（4）研磨设备

篮式研磨机：其湿法研磨设备，将原分散、砂磨两道工序合二为一，减少工艺流程，无需泵阀，提高生产效率，减少物料浪费，清洗方便，适合多品种产品研磨，特别适合小批量多种颜色的生产工况需求。

卧式砂磨机：用于细度要求较高的涂料品种的湿法研磨，研磨细度好，效率高，是市场上应用最广泛的研磨产品，包含圆盘式卧式砂磨机和全能型卧式砂磨机。

（5）混合搅拌设备

涂料搅拌机：针对涂料的不同工艺和物料特性（黏度、密度等），有多种形式和规格的搅拌机可选，包含抽真空的、防爆的、单轴的、双轴的、三轴的、釜用的以及针对高黏度涂料的行星式搅拌机、针对腻子和真石漆的卧式螺带搅拌机等。

搅拌罐：为制备颜料浆的混合设备。在搅拌罐中，颜料和填料在助剂的帮助下被水充分润湿，并成为适合分散的浆状物。该设备需配搅拌器，搅拌形式最好是分散盘式，有低、中、高速或无级变速，搅拌转速一般为 300～20000r/min。

容积为 1000L 以上的设备应固定安装，比较安全；容积小于 1000L 的搅拌罐可以制成活动罐，即在罐底装置滚轮，可以人工移动，比较灵活。

（6）分散设备

分散机：在涂料的预分散、乳胶漆的制浆设备中，有多种型式和规格的分散机可选，包括有带刮壁式分散机、真空型分散机、蝶式双轴分散机、平台式分散机等，以满足各种分散、搅拌工况的要求。

涂料分散设备有多种类型，根据设计者的意愿可任意选取其中之一：高速分散机，胶体磨、砂磨机、三辊机和球磨机等。这里是团聚的颜料、填料以浆状形态还原成原始粒子的场所，是涂料生产最重要的设备。按生产所获得的颜料浆的质量来说，依上述设备排列顺序，即球磨机的为最好。按生产效率来说，则依上述设备排列顺序递减，即高速分散机为最高，球磨机为最低。颜料分散设备均为定型设备，可从涂料机械和设备制造工厂购得。

（7）调漆设备

将颜料浆与乳液、助剂进行调漆，以及添加色浆进行配色的工作是在调漆罐中完成的。调漆罐的尺寸类似于搅拌罐，配置的搅拌装置两者也相仿，只是其容积应比搅拌罐大一些。有时，调节器漆罐子和搅拌罐并为同一台设备使用，在用高速分散工艺时就是这样的。

（8）输送设备

对于中、小型生产线，原料一般都靠手推车运送，上下方向的运输采用有轨升降吊车，有条件的有规模的工厂，对于投料数量较多的液体原料，如水、乳液、增稠剂 HEC 预溶液和颜料浆等采用管道输送的方法。动力为输送泵。除了水和黏度低的助剂外，输送泵可选用隔膜泵；无气源条件的，选用电动隔膜泵；有气源条件的，可任意选择气动隔膜泵或电动隔膜泵。对于颜料浆和增稠剂等预溶液，还可以选择齿轮泵和浓浆泵等。

（9）过滤设备

涂料调制完成，包装前应经过过滤。过滤设备有敞开式振动筛、袋式过滤器，或密闭加压袋式过滤器（加压可加快过滤速度）。滤网通常为 80～150 目的不锈钢或尼龙丝绸质滤布。

（10）计量器

原材料的计量和成品都需要使用电子秤或磅秤。此外，在先进的大、中型涂料工厂，包装时使用自动罐装设备，水和液体物料在管道输送中通过流量计等仪表计量。

（11）涂料灌装机

包装规格为 0.5～200kg，适用于塑料桶和铁桶的灌装，包含半自动和全自动的形式，并可根据要求非标定制。

二、树脂涂料常用设备

树脂涂料以其丰富的树脂原料而具有多种功能，性能方面更是千变万化。涂料工业生产过程包括树脂（成膜物质）生产，色漆（母漆）分散，色漆的研磨，调漆（过滤、包装）等工艺过程。涂料生产流程图如图 1-1 所示。

1. 树脂生产设备

由于不同树脂涂料具有不同的性能，使得涂料生产尤其树脂生产备受关注。涂料中所用的液体树脂，有天然树脂和合成树脂。天然树脂由于性能单一，其应用不及合成树脂广泛。合成树脂的反应机理有聚合反应和缩聚反应两种。醇酸树脂、氨基树脂为缩聚型树脂，丙烯酸树脂为聚合型树脂。合成树脂的种类虽多，但是它们的生产流程具有一定的共性，其典型的生产工艺流程描述如下：原料经过计量，加料到反应釜中，进行反应。一般情况下，不同合成树脂反应条件亦不同。先用热媒对反应釜进行加热到反应温度。让反应物进行反应，保持该温度到设定反应时间。一般情况下，合成反应为放热反应，由于在反应中，温度过高副反应增多，需要移走反应中所产生的热量；可以采用冷却水在夹套中对反应釜进行冷却。同时，为了充分混合反应物，也为防止局部过热，需要对反应物料进行搅拌。搅拌桨直径为反应釜直径 35%～60% 的桨叶，线速度为 185～250m/min，可得到良好的混合。反应

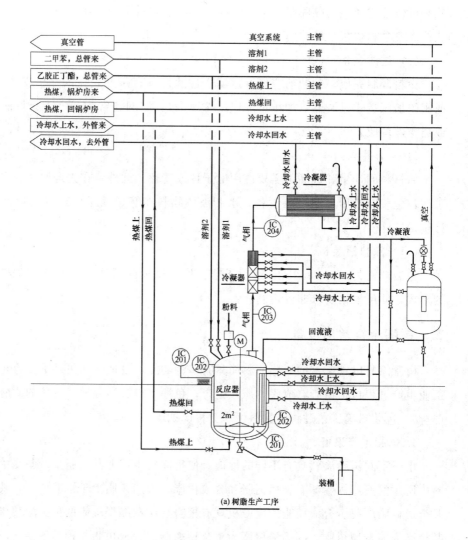

(a) 树脂生产工序

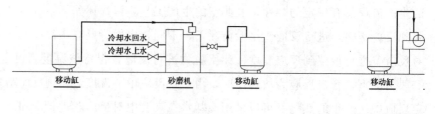

(c) 研磨工序

(d) 研磨工序

图 1-1 涂料生

吊机

▽ +8.00

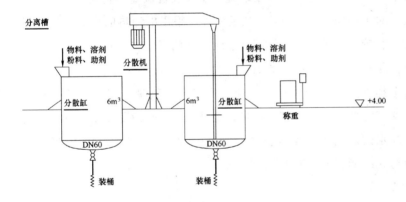

分离槽

物料、溶剂
粉料、助剂

分散机

物料、溶剂
粉料、助剂

分散缸 6m³ 6m³ 分散缸

▽ +4.00

称重

DN60 DN60

装桶 装桶

(b) 母漆生产工序

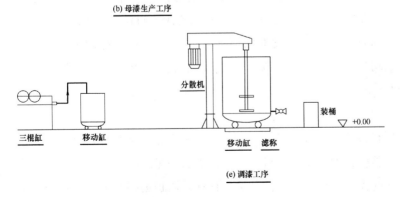

分散机

装桶

▽ +0.00

三棍缸 移动缸 移动缸 滤称

(e) 调漆工序

产流程图

中所产生的水和轻组分通过冷凝器和分水器进行处理。水蒸气由反应釜上部气相排出，通过冷凝器进行冷凝；在分水器中，上层的溶剂溢流到反应釜（或收集槽），下层水通过排放阀进行定期排放收集。反应釜中的料液，经冷却后一般浓度较高，通过加入适量的溶剂和助剂进行稀释以达到生产所要求的黏度和浓度。产品经过过滤后，送往储罐进行储存或专用桶包装存放。

在合成树脂生产的设计中，需要注意的几个问题如下。

（1）反应釜的选择　树脂合成中，有碳钢反应釜、不锈钢复合板反应釜、不锈钢反应釜（含特殊钢材反应釜）、搪玻璃反应釜。较常用的为搪玻璃反应釜和不锈钢反应釜。其中搪玻璃反应釜主要用于反应压力与温度均较低、对反应物有腐蚀的反应。与不锈钢相比，其造价较低，缺点是升温（或降温）较快时有脆裂的危险，抗冲击能力较差。不锈钢反应釜以其耐高温、高压、传热性能优越且耐冲击、抗腐蚀等优点而得到广泛使用，其缺点是造价昂贵，对含卤族元素，如 Cl^- 的物料易产生晶间腐蚀而脆变。对反应釜的选择，主要从反应物料、反应条件、相应反应釜类型和材质等方面考虑。另外，反应釜一般要求配置釜体和机械搅拌装置。

（2）加热方式　对于小体积（$<3m^3$）的反应釜，采用电加热的形式，从运行费和效率方面考虑，有较大的优势。大体积和连续生产的反应釜，则采用蒸汽或热媒加热较佳。另外，还有直接用火加热的加热方式。

（3）冷凝器的选择　不同树脂类型的反应，所产生的热量（需移去部分）不同。因此，需根据反应的平衡来估算移去热量。冷凝器的传热面积依据冷凝物料的量、冷凝时间及冷却水的温度等数据进行计算。一般情况下，生产醇酸树脂 $1m^3$ 的反应釜的配备为约 $5m^3$ 换热面积的冷凝器。

2. 色漆分散设备

涂料生产中，根据涂料的生产要求，对成膜物质（树脂）和颜料、填料等进行混合，使颜料湿润，并使涂料达到一定的细度，制成色漆（母漆）。制漆设备有各种分散机和分散缸。通常，涂料的细度对涂料的分散程度有直接的影响，细度越细，颜料在涂料中越均匀，涂料的附着能力和凝结能力越高。因此，高级涂料一般要求对母漆进行研磨。

3. 研磨设备

研磨的主要设备有磨砂机和辊磨机（三辊机）。一般黏度较小的母漆浆料，采用砂磨机进行砂磨；黏度较大的用辊磨机。对于研磨后的母漆，需要进行调配和分散，以达到使用黏度的性能要求（添加溶剂进行稀释，添加助剂改善某种性能，达到调漆的目的）。

第二节　涂料与石墨烯涂料生产设备及创新

一、概述

20世纪80年代，由于我国涂料生产设备落后，限制涂料产品的应用和发展。技术一直也是我国涂料行业发展的软肋，也是涂料下游产业发展面临的瓶颈。虽然我国涂料创新产品不断更新换代，但若生产厂家与使用者缺少沟通，则将导致相对应的涂装设备和技术研发滞后，再加上涂装设备更换和研发成本相对较高，这些都将导致涂料面临"行业热市场冷"的局面，阻碍双方的发展。

21世纪以来，根据目前中国涂料装备企业的产品制造能力、价格、产品技术水平等因素，中国涂料装备在国际市场上是非常有竞争力的，中国制造必然是全球工业的主流。

国际市场空间很大，目前我们只是分了小小的一点，最根本的原因是我们没有国际化的企业，在海外的营销、服务能力不够，尤其是服务方面，成本高、没保障、不及时，制约了发展，如果不能形成一定规模的销售服务网络，不能本地化服务，不能本地化生产，这个矛盾始终解决不了，就不能和国际化的公司竞争，只能走低端路线，一拥而上去争夺那些对服务要求不高的低端产品市场，始终不能占领主流市场。中国迟早会出现国际化的涂料装备企业，中国涂料装备企业走出去已经是大势所趋。

在近几年的涂料生产设备市场环境下，依靠低价和同质化的产品难以获得更大的发展，这已经是一个普遍的共识。技术人员希望涂料生产线能够将原料的准备与进料、分散、研磨、调漆、物料输送、过滤、灌装、温度控制以及自动控制系统综合起来，实现涂料的密闭、连续、高效、自动化生产。

而近十几年，中国的涂料生产设备行业发生了巨大的变化。中国涂料工业对涂料生产设备的需求，绝大多数可以由中国的涂料生产设备企业满足。例如，国产的篮式研磨机在中国有了普遍的应用，成功实现了进口替代，并出口到许多国家。中国的卧式砂磨机已经发展到第三代，在效率、稳定性和适用性等方面有了很大的提高。世界最大的几家涂料企业也在有意识地培养高水平的中国设备供应商，以实现本地化，降低整体成本。

努力使企业规模扩大，无可厚非，也是企业发展的必经之路。但在企业基础还不够扎实的时候，为了市场规模而扩张企业市场规模的发展策略有点喧宾夺主。企业发展的目的在于能更长远的盈利。现在涂料行业竞争空前激烈，在通过加强企业的实力、保住自己商业领地的前提下，进行开拓是最基本的发展方式。但盲目地扩大企业市场规模，不仅加大了企业的管理难度，而且在一定程度上产生资金风险，容易导致企业因小失大，疏忽了企业发展的本质。

二、涂料装备行业未来环保方向

1. 涂料装备的环保性及其影响

随着涂料装备行业的快速发展，其在生产工作时所暴露出来的环境污染问题也越来越严重。其主要表现为：机械内部结构零件之间因碰撞、振动所产生的噪声污染；研磨或分离时所产生的有害气体与粉尘等。这些因设备运行时所产生的环保问题不仅严重污染了环境，同时对人体也有着严重的影响和危害。所以对于涂料设备的环保性能改造，已是刻不容缓。

2. 涂料设备环保性能的改善方法

（1）建立起完善的设备环保体制　要实现环境保护的最终目标，首先要有完备的法律体系作保障。对于涂料设备环保性能的评估与检验，要建设相应的评估体系和技术平台。同时建立并完善涂料设备节能环保的公共服务平台，这个平台是集技术攻关、新产品研发推广和融资、项目引进和论证、人才引进与培养、信息发布与共享这几大方面为一体的一个综合性平台。不仅为涂料设备生产企业提供了相关的技术和人才，同时也实现了在环保方面的突破。

（2）强制使用密闭型涂料设备　从设计、制造、使用等方面着手，全力推进密闭性涂料设备，取代现在尚在使用的敞开式涂料设备，从而减少和消灭有毒气体和粉尘的无组织排放。

（3）选择环保性能优越的发动机和零部件　涂料设备所产生的噪声、废气的主要污染源就是发动机。所以选择环保性能好的发动机是改善涂料设备环保能力的重要措施。选择环保性能好的涂料设备零部件，就是指在运行时产生噪声小、振动小的一些零部件。例如在砂磨机研磨时，选用高纯度的锆珠介质，不但提高效率，降低成本，还减少设备磨损，可在一定程度上降低噪声产生量。

（4）改进涂料设备结构　涂料设备中的工作装置会产生一定的噪声和振动，对这些部件进行重新设计和改造，也可以达到降低噪声和振动的功效。因此，通过技术创新改进涂料设备内部结构，实现其低噪声低振动，这也是加强涂料设备环保型的一项措施，也是未来涂料设备环保的一个发展方向。

环保将成涂料发展主流，而相对涂料设备也是如此，未来环保越来越受到重视，作为污染比较严重的溶剂型涂料，其 VOC 排放量已经受到了来自国内外法规的限制，行业发展已出现重重危机。除行业自身提高能效和节能减排水平之外，涂料设备行业还要为其他行业的节能减排、为发展清洁能源和可再生能源作出贡献。环保产品的开发将成为发展主流。涂料设备行业提出的环保目标是，全面推进涂料水性化，高固体分醇酸涂料份额提高 20％；履行国际公约，禁止溶剂法氯化橡胶生产和使用，禁止使用含 DDT、TBT 的防污涂料等。

功能化需求攀升随着海洋、航空和石化等领域迅猛发展，高性能隐身、隔热、防污、导静电和超高温等特种功能涂料的需求越来越大。而多数高性能特种涂料与国外相比，性能相差甚远。水性保温隔热涂料、超高温防腐蚀涂料、石油储罐导静电涂料等功能性涂料产品未来需求增长潜力较大。国家正大力发展电力、石油化工、煤化工和石油储备等产业，重防腐涂料市场前景广阔；军工行业发展迅猛，舰艇用防腐蚀涂料和特种涂料需求急剧增加。

据悉，涂料设备行业还将建立健全环保标准、能耗标准、准入标准、产品标准等，通过标准规划的前瞻性、导向性、针对性和可操作性，推动行业结构调整与产业升级，促进企业技术进步，确保产品安全环保。

因此，溶剂型涂料的环保化道路已势在必行。实现涂料的高固含量化、无溶剂化、水性化是减少环境污染，实现环境友好的重要途径。

三、涂料生产设备发展状况

1. 清洁化生产方面

（1）生产过程中减少粉尘、废气和废渣的产生

① 密闭式破包机的研发和应用；

② 密闭式粉料储存、投放的普及；

③ 密闭式固定型生产罐的普及；

④ 带盖的落地式分散机和移动式生产罐配套罐盖的强制实施；

⑤ 环保型涂料生产用过滤设备的研发和应用；

⑥ 粉尘回收和废气处理实施的强制推行。

（2）减少生产罐清洁用水或溶剂，对产生的废水、废溶剂进行专业处理

① 自动化生产罐清洗设备研发和应用；

② 废水、废溶剂回收利用装置的普及；

③ 污水装置强制实施。

2. 自动化生产方面

（1）提高落地分散机、生产罐、研磨机、包装机、反应釜等单体设备的质量和自动化程度，减少对人的依赖，提高综合使用效率。

（2）多套生产装置的自动化控制实施，并配套完善的联锁装置。

（3）更全面的服务和交钥匙工程，使涂料工厂获得更充分、更全面、更适合需求的服务。

（4）提升生产设备自身品质，改进外观、完善功能，促进更多产品走出国门。

（5）涂料生产设备的行业标准。针对主要生产设备，结合清洁化、自动化及安全性要求，制定新的行业标准。

近年来我国涂料设备行业发展非常快，涂料设备在技术和产品类型上已经有了很大的突破。回看涂料设备市场，品牌不断增加，但是变化却没有多大变化，所以发展涂料设备企业要先创新。

我们在消费的时候，常常关注一些新鲜的产品。目前无论是涂料设备市场还是消费者都渴望耳目一新的新型产品。创新型产品的出现一方面可从引进新技术出发，结合国外市场，吸收新的理念，结合自身特点，完善创新机制。另一方面从提升产品科技含量出发；淘汰掉一些旧产品，融入更多的科技知识。现在的消费者买涂料设备不仅仅只看涂料设备的表层，而且注重产品的设计理念、产品的应用范围等方面，要注意在这些方面做好宣传，吸引消费者，打造专属于自身特色的新型产品。

现在很多涂料设备企业在不断创新发展中，为了提高效益而不断扩大生产量。而盲目地扩大只会让企业在发展中争取不到核心的竞争力，既没有把企业的特色发挥出来又浪费了很多的资源。在拓宽发展渠道的同时，应先掌握自身特点，摸清市场的发展动态，再进行企业生产改革。目前涂料设备市场上多种涂料设备让消费者眼花缭乱。

目前，不断改革创新是涂料设备企业发展的重要目标，社会在进步，科技在进步。涂料设备在发展中只有不断创新发展才能在市场发展中脱颖而出，为企业发展带来更多的经济效益。

四、石墨烯涂料生产设备及创新

石墨烯是一种新型二维碳纳米材料（见图 1-2），因其超薄、超强度、高电导率等特性，在电池、传感器、涂料、超级电容器等领域有着广泛的应用前景。

石墨烯粉体应用到相关企业的生产中，可提升接近 10 倍的产值造益，并大幅提升传统材料的性能和对不同环境的适应性。石墨烯设备是我国自主研发的低成本规模化制造设备（见图1-3），采用插层剥离工艺生产多层石墨烯，率先实现了高质量石墨烯的低成本生产，为打造高端材料产业奠定了坚实基础。

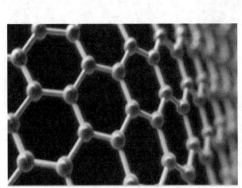

图1-2　石墨烯结构

图1-3　石墨烯设备

第三节　一体化涂料成套生产设备

一、一体化涂料成套设备主要特点

一体化涂料成套设备改变传统的高速分散、砂磨工艺，能够独立完成乳化、分散、研磨、细化、冷却、过滤、真空自动吸料以及半自动灌装等全过程。制浆和调漆在同一个罐内完成，第二个罐可做成多功能搅拌罐，既可生产乳胶漆，又可生产真石漆、腻子膏和丙烯酸骨料。

一体化涂料成套设备将釜内动态混合和釜外静态混合的完美结合，保证颜料和高黏度树脂的高度分散和充分混合。一体化涂料成套设备具备釜内高剪切和釜外高剪切粉碎功能和高黏度树脂的高度分散和充分混合功能。

一罐的容积可在800～1000L之间选择，二罐的容积可在1000～2000L之间选择。

二、一体化涂料成套设备整体配置（见图1-4、图1-5）

（1）电气控制系统

它包括电控柜、继电器、热保护器、空气开关和电缆线等。

图 1-4　一体化涂料成套设备整体配置（1）　　图 1-5　一体化涂料成套设备整体配置（2）

（2）吸料系统　它包括有真空泵、不锈钢真空缓冲罐、液体吸入槽、粉体吸入槽、添加剂槽、液体计量器。

（3）制浆系统　它包括有不锈钢分散罐（上下封头，带密封）、高速分散机（双分散盘）、高剪切混合乳化机。

（4）调漆系统　它包括有不锈钢调漆罐（上下封头，带密封，桨式搅拌）、低速搅拌机（摆线减速机）。

（5）出料过滤系统　它包括有空气压缩机、反冲式袋式过滤器。

（6）灌装系统　有灌装机组合件 1 套。

（7）管路系统　它包括所有球阀、快接接头、不锈钢管及电路线 1 套。

（8）操作平台。

三、一体化涂料成套设备生产工艺流程

采用高速分散机与篮式砂磨机配合，经过高速分散搅拌和研磨，使粉料能更加充分研磨并在水中分散，无粉团产生，无死角，从而使物料更加细化。涂料生产工艺上采用液体计量器计量、双篮式研磨、液压分散、真空吸料、真空消泡、半自动灌装等整套工艺流程，从投料到出成品一道工序，电控系统可选用半自动或全自动装置，全自动控制系统以 PLC 为主控器，采用 Windows 界面，使整个过程一目了然。研磨系统有单篮式和双篮式之分，其特点分别介绍如下。

1. 单篮式研磨系统特点

① 两台高速分散机配合使用，每台高速分散机配两个分散盘，在罐内呈交错分布，使水和粉料能更加充分分散，无死角。

② 篮式砂磨机位于罐中心，充分发挥研磨效用，通过变频，改变叶轮转向，

可上下双向吸料进行研磨。

③ 不需卧式砂磨机，解决了卧式砂磨机浆料残留问题，且清洗方便。

④ 采用德国技术，设备使用寿命长，适用于不同配方。

2. 双篮式研磨系统特点

① 高速分散盘采用双分散盘方式，一高一低分布使水和粉料能更充分分散，无死角。

② 篮式砂磨机在罐内呈一高一低状态，异向运行在罐内形成循环研磨，充分发挥和提高研磨效率和效果，且研磨珠不会溢出（上下均采用线切割网板）。

③ 不需卧式砂磨机，解决了卧式砂磨机浆料残留问题，且清洗方便。

④ 采用德国纯氧化锆珠，设备使用寿命长，适用于不同配方。

3. 涂料生产工艺流程

真空吸水和助剂——真空吸粉料——高速分散——研磨——调漆——真空消泡——半自动灌装——成品。

四、STTL-3000 型一体化涂料成套生产设备

（1）年产量：3000t。

（2）主要特点：设备能独立完成分散、研磨、过滤、真空自动吸料以及半自动灌装等全过程（见图 1-6，图 1-7）。

（3）产品详细说明：两个袋式过滤器分别控制两个调漆罐，分别出料，互不串色。罐的体积可任意搭配。

图 1-6　一体化涂料成套设备整体配置（3）　　图 1-7　一体化涂料成套设备整体配置（4）

（4）STTL-3000 型一体化涂料成套设备清单见表 1-1。

表 1-1　STTL-3000 型一体化涂料成套设备清单

序号	系统名称	设备名称	规格	数量
1	电控系统	电气控制系统	包括电控柜、继电器、热保护器、空气开关和电路线等	1

序号	系统名称	设备名称	规格	数量
2	吸料系统	真空泵	5.5kW(抽气量为 3m³/min)	1
		真空缓冲罐	不锈钢304	1
		液体吸入槽	不锈钢304,内外壁抛光	1
		粉体吸入槽	不锈钢304,内外壁抛光	1
		液体计量器	美国GPI	1
		添加剂槽	不锈钢304	2
3	制浆系统	不锈钢分散罐	1000L/批(上下封头,带密封,不锈钢304材质,内外表面镜面抛光)	1
		高速分散机	22kW(变频调速、带密封装置)	1
		卧式砂磨机	22kW 30L(重庆)	1
4	调漆系统	不锈钢调漆罐	1500L/批(上下封头,带密封,不锈钢304材质,内外表面镜面抛光)	1
		不锈钢调漆罐	2000L/批(上下封头,带密封,不锈钢304材质,内外表面镜面抛光)	1
		低速分散机	5.5kW(行星摆线减速机)	1
		低速分散机	7.5kW(行星摆线减速机)	1
		桨式搅拌装置	与 5.5kW 减速机配合 包括桨式搅拌叶、搅拌轴及联轴器等	1
		桨式搅拌装置	与 7.5kW 减速机配合 包括桨式搅拌叶、搅拌轴及联轴器等	1
5	出料过滤系统	反冲式袋式过滤器	不锈钢304	2
		空压机	4kW	1
6	灌装系统	半自动灌装机	组合件	1
7	管路附件	管路附件	包括所有球阀、快接接头、不锈钢管及电缆线	1
8	操作平台	操作平台	长 8m×宽 2.3m×高 1.4m (表面 3mm 铝合金花纹板不锈钢栏杆)	1

第二章 树脂合成设备

第一节 树脂概述

广义地讲，可以作为塑料制品加工原料的任何聚合物都称为树脂。合成树脂是指由简单有机物经化学合成或某些天然产物经化学反应而得到的树脂产物。

1. **按树脂合成反应分类**

按此方法可将树脂分为加聚物和缩聚物。加聚物是指由加成聚合反应制得到的聚合物，其链节结构的化学式与单体的分子式相同，如聚乙烯、聚苯乙烯、聚四氟乙烯等。缩聚物是指由缩合聚合反应制得的聚合物，其结构单元的化学式与单体的分子式不同，如酚醛树脂、聚酯树脂、聚酰胺树脂等。

2. **按树脂分子主链组成分类**

按此方法可将树脂分为碳链聚合物、杂链聚合物和元素有机聚合物。

碳链聚合物是指主链全由碳原子构成的聚合物，如聚乙烯、聚苯乙烯等。

杂链聚合物是指主链由碳和氧、氮、硫等两种以上元素的原子所构成的聚合物，如聚甲醛、聚酰胺、聚砜、聚醚等。

元素有机聚合物是指主链上不含有碳原子，主要由硅、氧、铝、钛、硼、硫、磷等元素的原子构成，如有机硅。

3. **按树脂性质分类**

热固性树脂（玻璃钢一般用这类树脂）：不饱和聚酯树脂、乙烯基酯树脂、环氧树脂、酚醛树脂、双马来酰亚胺（BMI）树脂、聚酰亚胺树脂等。

热塑性树脂：聚丙烯（PP）、聚碳酸酯（PC）、尼龙（NYLON）、聚醚醚酮

（PEEK）、聚醚砜（PES）等。

第二节　树脂反应釜

一、树脂反应釜概述

反应釜的广义理解即有物理或化学反应的不锈钢容器，根据不同的工艺条件需求进行容器的结构设计与参数配置，设计条件、过程、检验及制造、验收需依据相关技术标准，以实现工艺要求的加热、蒸发、冷却及低高速的混配反应功能。

压力容器必须遵循 GB150《压力容器》的标准，常压容器必须遵循 NB/T47003.1—2009《钢制焊接常压容器》的标准。随之反应过程中的压力要求对容器的设计要求也不尽相同。

生产必须严格按照相应的标准加工、检测并试运行。根据不同的生产工艺、操作条件等不尽相同，不锈钢反应釜的设计结构及参数也不同，即反应釜的结构样式不同，属于非标的容器设备。

反应釜是综合反应容器，根据反应条件对反应釜结构功能及配置附件的设计。从开始的进料-反应-出料均能够以较高的自动化程度完成预先设定好的反应步骤，对反应过程中的温度、压力、力学控制（搅拌、鼓风等）、反应物/产物浓度等重要参数进行严格的调控。

其结构一般由釜体、传动装置、搅拌装置、加热装置、冷却装置、密封装置组成。相应配套的辅助设备有分馏柱、冷凝器、分水器、收集罐、过滤器等。

反应釜材质一般有碳锰钢、不锈钢、锆、镍基（哈氏、蒙乃尔）合金及其他复合材料。反应釜可采用 SUS304、SUS316L 等不锈钢材料制造。搅拌器有锚式、框式、桨式、涡轮式、刮板式、组合式等，转动机构减速机和无级变速减速机或变频调速等，可满足各种物料的特殊反应要求。密封装置可采用机械密封、填料密封等密封结构。

加热、冷却可采用夹套、半管、盘管、米勒板等结构，加热方式有蒸汽、电加热、导热油，以满足耐酸、耐高温、耐磨损、抗腐蚀等不同工作环境的工艺需要。而且可根据用户工艺要求进行设计、制造。

目前，有一种不锈钢反应釜，容量可大至 $10m^3$，内置有冷却和加热盘管，热交换效果较之夹层要好得多，生产效率较高，但是造价也高，对产胶大户可以考虑此种反应釜，制造、检修都较方便，但是在操作上需要较高的水平，由于反应不易控制，相关的冷却设施要跟上。

有些黏合剂，由于杂质或金属离子会影响其聚合反应的正常进行，所以要求所有的管路、阀门和反应釜等应由不锈钢或耐酸搪瓷制造以保证产品质量。

二、树脂反应釜分类

树脂反应釜按反应温度的高低分为高温树脂反应釜（150～300℃）和低温树脂反应釜（60～150℃）。树脂反应釜是用于生产不饱和聚酯树脂、酚醛树脂、环氧树脂、ABS树脂、油漆的关键设备。

树脂成套设备由反应锅、竖式分馏柱、卧式冷凝器、贮水器、溢油槽、管线（对稀釜，也称稀释釜）等组成，全套设备与物料接触部分的采用不锈钢制作。反应釜内可设置不锈钢盘管或夹套内设置不锈钢盘管。

反应釜系列50-10kL有不锈钢反应釜、电加热反应釜、蒸汽反应釜、夹套反应釜、盘管反应釜、外盘管反应釜、硅油反应釜、树脂反应釜、聚酯反应釜、助剂反应釜、黏胶反应釜、生胶反应釜、乳胶反应釜、107胶反应釜、PU胶水反应釜、覆光油反应釜、鞋胶反应釜等17种。

下面着重介绍的是按照生产工艺不同所作的分类。

（1）按照加热/冷却方式，可分为电加热、热水加热、导热油循环加热、远红外加热、外（内）盘管加热，夹套冷却和釜内盘管冷却等类反应釜。加热方式的选择主要跟化学反应所需的加热/冷却温度，以及所需热量大小有关。

（2）根据釜体材质可分为碳钢反应釜、不锈钢反应釜、搪玻璃反应釜（搪瓷反应釜）、钢衬PE反应釜、钢衬ETFE反应釜。

① 碳钢反应釜　其适用范围：不含腐蚀性液体的环境，比如某些油品加工。

② 不锈钢反应釜（KCFD系列高压反应釜）

a. 加热结构型式　电加热型、夹套型、外盘管型、内盘管型，容积为0.01～45m³。

b. 材质　碳钢、不锈钢、耐高温不锈钢、耐强酸强碱不锈钢、搪瓷或PP材质等。

c. 搅拌型式　斜桨式、锚式、框式、推进式和单（双）螺旋式，且可根据客户要求设计制造其他型式桨叶。

d. 适用的范围　适用于石油、化工、医药、冶金、科研、大专院校等部门进行高温、高压的化学反应试验，用来完成水解、中和、结晶、蒸馏、蒸发、储存、氢化、烷基化、聚合、缩合、加热混配、恒温反应等工艺过程，对黏稠和颗粒的物质均能达到高搅拌的效果。

③ 搪玻璃反应釜　其适用的范围：广泛地应用在石油、化工、食品、医药、农药、科研等行业。

④ 钢衬 PE 反应釜　其适用的范围：适用于酸、碱、盐及大部分醇类和液态的食品以及药品的提炼。是衬胶、玻璃钢、不锈钢、钛钢、搪瓷、塑焊板的理想换代品。

⑤ 钢衬 ETFE 反应釜　其适用的范围：防腐性能极其优良，能抗各种浓度的酸、碱、盐、强氧化剂、有机化合物及其他所有强腐蚀性化学介质。

（3）按照工作时内压可分为常压反应釜、正压反应釜，副压反应釜。

（4）按照搅拌形式，可分为桨叶式、锚桨式、框式、螺带式、涡轮式、分散盘式、组合式等。

（5）按照传热结构，可分为夹套式、外半管式、内盘管式及组合式。

三、树脂反应釜结构特点与材质特点

1. 结构特点

（1）传动机构　由电机、减速机、机架、联轴器、轴承、联接板等组成。

（2）反应容器（釜体）　由根据容量大小及物料反应要求设计压力来确定板材厚薄；材质一般为不锈钢（304 不锈钢、321 不锈钢、316L 不锈钢）、碳钢（A3）。

（3）传热装置　有夹套、内盘管、外盘管等；采用有机热载体循环（导热油）或蒸汽、热水等方式加热和采用冷却水、冷冻水、冷导热油或自然风等方式冷却。

（4）搅拌装置　有对桨搅拌、锚式桨搅拌、双螺旋桨搅拌、涡轮桨搅拌、分散盘、蝴蝶桨等。

（5）搅拌速度　搅拌速度视其物料搅拌要求来选择。一般来说，几种液体物料需混合反应时选择 50～85r/min。如要求把粉料分散到液体里一般是选择 500～1500r/min。如要求把油乳化于水或两种不相容的液体乳化混合一般选择 2500～3500r/min。

（6）密封装置　有机械密封、填料密封等。

（7）反应釜成套设备附件　一般有蒸馏柱、换热器、分水器等。

2. 材质特点

（1）材质不锈钢具有优良的机械性能，可承受较高的工作压力，也可承受块状固体物料入料时的冲击。

（2）耐热性能好，工作温度范围广（−196～600℃），在较高温度下不会氧化起皮，可用于直接明火加热。

（3）具有较高的耐磨腐蚀性能。

（4）传热效果好，升温和降温速度快。

（5）具有优良的加工性能，可按不同的工艺要求，制成各种不同形状结构的反应釜，还可以打磨抛光。

四、树脂反应釜技术参数

反应釜反应温度：常温～300℃或更高，视工况而定。

反应釜反应压力：0.001～0.8MPa。

反应釜设备材质：SUS304 不锈钢、SUS321 不锈钢、SUS316L 不锈钢或 Q235-B 碳钢。

反应釜搅拌形式：桨叶式、锚桨式、框式、螺带式、涡轮式、分散盘式、组合式等形式搅拌。

反应釜加热：电加热、蒸汽加热、水浴加热。

反应釜导热介质：导热油、蒸汽、热水、电加热。

反应釜传热结构：夹套式、外半盘管式、内盘管式。

反应釜成套设备附件：一般有蒸馏柱、换热器、分水器等。

反应釜搅拌转速：搅拌转速选择视其物料搅拌混合需要而进行选择；常规的液体物料聚合反应，转速为 63～85r/min；含有粉体物料与液体混合时需要达到分散效果，转速为 500～1500r/min；含有油与液体或两种不相容的液体混合需要达到乳化效果，转速为 2500～2800r/min。

第三节　现代树脂反应釜及其结构

一、现代微型高压反应釜

1. 微型反应釜及其特点

当前我国新一代微型高压反应釜产品，代表着产品线的进一步扩展，包括了更小的体积的反应釜，产品型号更加丰富，应用更加灵活，有更多使用功能，更佳的简便操作，提供了高于市场技术水平的同类产品，这归功于产品生产所选用的高质量的原材料以及高精密的制造过程（所有釜体都经过独立的测试实验）。并根据客户的特殊需求，进行了特殊订制。高压反应釜的增值优势是技术安全可靠、经济实用以及操作简便。它适合少量样品的反应，是昂贵或低产量原材料样品测试的最理想反应装置。它具有更安全的设计，可24h不间断地工作。

　　一般国内所有微型反应釜，平行高压反应器均由锻件不锈钢或是合金材料生产，并配有完整的配件配置，保证了产品质量的一致性。国内所有不断追求创新的理念的企业如著名森朗微型高压反应釜企业，一般微型反应釜均由高品质的材料制造，与多年仪器设计和实验室建设经验，成就了我国当前的实验室高压反应釜运行业绩。即国内企业对每个时期的产品均会进行持续的产品评定，并根据实验需要进行创新发展，生产出最适应当前实验室要求的产品。

2. 微型高压反应釜

　　一般高压反应釜选用的是不锈钢316L、哈氏合金及不锈钢带PTFE衬套等多种材质（包括釜体、釜盖及所有与反应物料接触的衬套）。标准反应釜容积为10mL和500mL，也有其他类型，如釜体釜盖采用螺纹密封，无需工具，釜盖可轻松开合；釜体釜盖采用快开夹连方式，无需工具，轻松手动开合。反应釜采用锥形法兰密封，密封圈一般是PTFE材料。

　　釜盖提供5个方面不同功能的接口：

　　① 温度计套管；

　　② 防爆膜；

　　③ 压力表或压力传感器；

　　④ 放气阀；

　　⑤ 备用接口，可以连接气体采样套件，液体采样套件等。

　　通过反应釜内部传感器进行温度调节和控制。微型反应釜模块化的设计，允许配件、釜体、加热控制件自由组合；反应釜有多种体积，广泛地适应各种需求，成为应用的主流。

二、现代可视高压反应釜

　　可视高压反应釜分为全透明可视高压反应釜、视窗可视高压反应釜。其中视窗可视高压反应釜可分为顶部视窗光催化化学高压反应釜、侧面PVT高压视窗反应釜、侧面视窗相平衡高压反应釜、顶部视窗高压反应池、全透明流体管式高压反应釜、高温高压可视熔炼反应釜、可视高压定容燃烧弹。其中视窗高压反应釜的视窗可采用圆形视窗或是方形视窗，视窗直径可根据反应器的容积大小来确定可视面积，搅拌形式可分为磁子搅拌或软轴机械搅拌，或是直联电机机械搅拌等形式，加热方式可分为模块电加热或是导热油夹层加热，一般透明反应釜的可视材质均采用安全可靠的蓝宝石筒体或是蓝宝石片。

（1）PVT高压视窗反应釜 如国内世纪森朗企业生产的PVT高压视窗反应釜，很适用于研究方向为油气储集层内流体（油、气、水）的PVT高压物性及相平衡关系，可用于电加热或是油加热等方式来实现介质在反应过程中所需的温度，可以进行程序分断升温加热。

（2）视窗蓝宝石高压定容燃烧弹 视窗蓝宝石高压定容燃烧弹的背景技术是为了提高发动机的升功率以及热效率，采用增压技术、提高压缩比等措施使其得到了广泛的应用。

（3）顶部视窗高压反应池 其微型高压反应池是用显微镜观测视窗压力反应池，视镜采用蓝宝石材质，耐高压，密封性好，透光率好，适用于显微镜下观察液体反应的实验，专用于显微镜观测的微型反应釜。

（4）全透明流体管式高压反应釜 全透明流体管式高压反应釜，主要用于非搅拌的流体反应过程中，全程可视，难测反应介质在全透明蓝宝石管内进行反应，可配置高压进样泵或是气体泵。

（5）视窗相平衡高压反应釜 其见图2-1。

一般说来，高压相平衡实验有两种可以采用的方法，即流动法和静态法。流动法中又分成两种类型：单向法和蒸汽循环法。单向流动法主要适用于体系含挥发性气体组分，但不易判定平衡是否达到。蒸汽循环方法是利用循环泵，使溶剂与溶质在系统内循环接触，故能较快地建立平衡，而且还可以在循环线上安装取样器以解决平衡取样问题。但这两种流动法都不宜测定混合物临界点附近的汽液平衡。

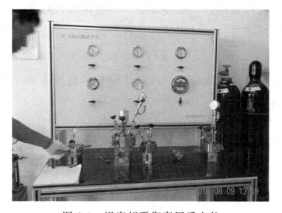

图2-1 视窗相平衡高压反应釜

静态法中最常用的一种方法是合成法，亦称泡点-露点法。这种方法是将混合物放在反应釜中，通过改变压力或是温度，并通过搅拌，使混合物中的相态发生变化。反应釜装有视窗，以便用眼睛或是摄像直接观察可能存在的几个流体相，这种方法特别适用于接近临界点的高压体系，而且可以同时测定 P-V-T 数据。用视窗反应釜来研究高压相变有一定的局限性，因视窗的局部观察空间有时限制了观察相变的清晰度和准确性，而世纪森朗公司 S 系列全透明蓝宝石反应釜就完全解决了这一问题。此系列反应釜可用于磁子搅拌或是磁耦桨式搅拌，加热方式可选用模块电加热或是夹层导热油加热，非常适用于流动法。

（6）视窗光催化化学高压反应釜　可把蓝宝石片用于高温高压光化学反应釜的厂家。高温高压光化学反应釜又称外照式光催化反应器，是进行光化学催化、合成、降解等反应而设计的新型反应器，适用于光化学高压反应、二氧化碳（CO_2）还原、二氧化碳（CO_2）还原制甲醇（CH_3OH）、二氧化碳（CO_2）还原制甲烷（CH_4）、氮氧化物（NO_x）的还原降解、甲醛的高压光催化降解等领域。适合少量样品的反应，是昂贵或低产量原材料赝品测试的最理想的反应装置。

（7）高温高压可视熔炼反应釜　可视高温高压气体熔渗反应装置是用于在真空状态下，加热把金属熔化，再借助高压气体将熔化的金属压渗入颗粒或纤维增强体，制备出高性能的复合材料等实验研究之用。用于熔化铝、铜等金属样品，具有耐高压、负压、高温等性能，尤其适用于工作介质易燃、易爆、有毒及加氢的情况下工作。

（8）全透明可视高压反应釜　全透明蓝宝石反应釜耐压力，全体积可视。用于反应可视研究、取样分析、多相相行为观察、超临界微粒制备的喷雾观察、热力学性质研究、长时间溶解过程观测等。应用于各种催化反应、高温高压合成、加氢反应、气液两相、液液两相、放热反应、组成测试、稳定性、腐蚀性测试、精细化工、超临界反应、催化剂评价和发展等方面。其使用主要分布在石油化工、化学、制药、高分子合成，冶金等领域。

三、现代磁力搅拌反应釜结构

设备是由伺服电机、磁力耦合器（包括内转子、外转子、密封罩体）、搅拌部分、釜盖部分、釜体部分、冷凝部分、电加热部件及电气控制箱等几部分构成。

（1）釜体、釜盖采用不锈钢或其他金属及非金属材料加工制成，釜体与法兰采用螺纹联接而成，釜盖为整体平盖，釜体与釜盖的密封采用垫片或釜体锥面与釜盖的球面线密封，两者借用法兰周向均匀分布的主螺栓通过拧紧螺母达到密封，密封可靠无泄漏。

（2）下放料口、测温管、插底座、冷盘管都是用哈氏 C276 材料制成。冷凝器、吸附罐、针管都是用 316L 不锈钢制成、支架用 304 不锈钢制成。

（3）磁力搅拌器是由伺服电机驱动外磁刚体转动，外磁刚体通过磁力线带动内外磁刚体、搅拌轴及搅拌桨叶转动，从而达到搅拌目的。为了保证磁力搅拌器的正常运行，磁力搅拌器设有冷却水套，当使用温度超过 100℃ 时，需在冷却水套之间通入冷却水来降低温度，确保磁力搅拌器的磁性材料不退磁。

（4）在釜盖的上部配有进气阀、测温装置、加料口、安全爆破装置及冷却盘管等，外接阀门、压力表等采用圆弧与圆弧线接触，通过拧紧正反螺母达到密封或者直接用管件焊接而成；阀门为针形阀或球阀，并根据用户要求进行配套。

第四节　树脂反应釜的结构设计、加热方式、传热装置及放大设计

一、高压反应釜设计的技术特点

与传统的夹套式反应釜相比，大容量高压反应釜设计具有以下特点。

1. 生产能力大

大容量反应釜以单层釜壁取代了传统的夹套式釜壁，使反应容器不承受或只承受较小的外压，因而摆脱了传统的外压容器由于容积增加而带来的釜壁过厚、传热不良等因素的限制，使得反应釜的容积量可达到 $30m^3$，甚至更大，这大大提高了单釜生产能力。

2. 传热系数高

反应介质的加热和冷却均采用内置板式换热器，传热系数比传统的盘管式换热器高 40%，而且板式换热器结构较紧凑，有利于在容积较大的反应釜内布置充足的加热和冷却面积，使树脂的合成反应过程进行得更加均匀、稳定。

3. 易于维修

由于内置板式换热器是可拆卸的，因此易于清洗和维修，有利于减少操作故障，提高生产的稳定性。

综上所述，大容量高压反应釜具有生产能力大、传热效果好、易于维修等特点，应用于生产实践中可以减少设备台数，节约厂房投资，减少操作人员，降低生产成本。因此，大容量高压反应釜愈来愈广泛地被应用于人造板黏合剂的生产中。

二、现代反应釜加热方式

目前，反应釜传统的加热方式主要有以下几种。

（1）导热油加热方式　这种加热方式的特点是热效率较高，运行成本较蒸汽加热和电加热低，但其致命的缺陷是危险性大，而且设备运行一年后，其换热效率将大幅度降低，需更换导热油和换热管道。

（2）电加热方式　这种反应釜加热方式的特点是热源清洁，操作方便，缺点是运行成本太高。

（3）蒸汽加热方式　此种加热方式用户需配备高压蒸汽锅炉，不但用户的设备成本很高，而且由于是压力容器需专业人员操作，加热速度也很慢。

针对以上加热方式的弊端，经研究，将热风炉应用到反应釜上，此系统的特点为：升温及降温快速高效；运行成本较蒸汽及电加热大大降低（降低3～4倍）；安全可靠，方便操作。

三、现代反应釜的传热装置

反应釜的传热装置（见图2-2）可以转入化学反应所需的热量或带走反应生成的热量，并保持一定的操作温度。釜体外部设置夹套；釜体内壁设置蛇管。

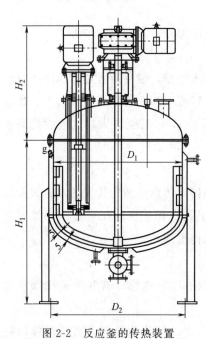

图 2-2　反应釜的传热装置

1. 夹套

其以夹套包覆范围内的釜体壳壁作为传热元件。其结构简单，制造方便，基本上不需要检修，不占釜内反应空间。

用蒸汽作为载热体，蒸汽从上端进入夹套，冷凝水从夹套底部排出；冷却时，冷却用的液体则从下端进，上端出，这样能使夹套中经常充满液体。夹套的顶部和底部，开有供传热介质进出的管口，出口接管与一般容器的出口接管一样。

为放出夹套中的空气和惰性气体，使载热流体充满整个夹套空间，可以安装排气口。

2. 蛇管

当反应釜衬里或釜壁采用导热性差的材料制造，而不宜用夹套传热，或因夹套传热面积不够时，则采用蛇管传热。蛇管沉浸在物料中，热量损失小，传热效果好，同时还能起到导流筒的作用，但检修麻烦。

蛇管的传热面积与其管径和管长有关，管子过长，管内流体阻力大，能量消耗多；管径过大，则蛇管加工较困难。管径通常为 DN25～DN70。

四、反应釜搅拌器

反应釜搅拌器选型方法是最好具备两个条件，一是选择结果合理，二是选择方法简便，而这两点却往往难以同时具备。由于液体的黏度对搅拌状态有很大的影响，所以根据搅拌介质黏度大小来选型是一种基本的方法。几种典型的反应釜搅拌器都随黏度的不同而有不同的使用范围。随黏度增高的各种搅拌器使用顺序为推进式→涡轮式→桨式→锚式→螺带式等。这里对推进式分得较细，提出了大容量液体时用低转速，小容量液体时用高转速。

（1）锚式

常用运转条件：$n=1～100r/min$，$v=1～5m/s$。

常用介质黏度范围：$<10^5 mPa \cdot s$。流动状态：不同高度上的水平环向流。如为折叶或角钢型叶可增加桨叶附近的涡流、层流状态操作。

（2）框式

常用运转条件：$n=1～100r/min$，$v=1～5m/s$。

常用介质黏度范围：$<10^5 mPa \cdot s$。流动状态：同锚式。

适合于高黏度的流体的混合、传热、反应等操作过程；特点：低剪切、循环能力强、超低速运行、高能耗；搅拌转速 $60～120r/min$。

分为椭圆底、90°锥底、120°锥底、锚式、搪玻璃专用锚工结构。

（3）推进式

常用运转条件：$n=100～500r/min$，$v=3～15m/s$。

常用介质黏度范围：$<2000mPs \cdot s$。

流动状态：①轴流型，循环速率高，剪切力小。②采用挡板或导流筒，则轴向循环更强。③典型轴流桨，适合低黏度流体的混合、传热、循环、固体悬浮、溶解等。

特点：低剪切、强循环、高速运行、低能耗；搅拌转速 $200～1500r/min$。

分为上翻斜式和下翻斜式结构，如果高速运转需带稳定系统。

（4）开启涡轮式

常用运转条件：$n=1～100r/min$，$v=1～5m/s$。

常用介质黏度范围：$<10^5 mPa \cdot s$。流动状态：不同高度上的水平环向流。如为折叶或角钢型叶可增加桨叶附近的涡流、层流状态操作。

（5）圆盘涡轮

常用运转条件：$n=10～300r/min$，$v=4～10m/s$，折叶式 $v=2～6m/s$。

常用介质黏度范围：$<5\times10^4\,mPa\cdot s$；

折叶、后弯叶$<10^4\,mPa\cdot s$。

流动状态：平直叶、后弯叶的为径向流。

在有挡板时可自桨叶为界，形成上、下两个循环流。折叶的还有轴向分流，圆盘？上下的液体混合不如开启涡轮。

典型径流剪切桨，适合中低黏度流体的混合、萃取、乳化、固体悬浮、溶解、气泡分散、吸收等。

特点：强剪切、中速运行、高耗能。搅拌转速 $100\sim600r/min$。

分直叶、折叶、弯叶、斜叶、凹叶五种形式。

(6) 螺带式、双螺带式、螺带螺杆式

常用运转条件：$n=1\sim100r/min$，$v=1\sim5m/s$。

常用介质黏度范围：$<10^5\,mPa\cdot s$。流动状态：不同高度上的水平环向流。如为折叶或角钢型叶可增加桨叶附近的涡流、层流状态操作。

适合高黏度和高固含量物料的混合、传热反应等操作过程；特点：低剪切、循环能力强、超低速运行、高能耗；搅拌转速 $60\sim80r/min$。

(7) 桨式

其见图 2-3。分平直叶和折叶两种形式。

图 2-3　桨式

常用运转条件：$n=1\sim100r/min$，$v=1.0\sim5.0m/s$。

常用介质黏度范围：$<2000mPs\cdot s$。

流动状态：

① 平直叶：低速时水平环向流为主；速度高时为径流型；有挡板时为上下循环流。

② 折叶：有轴向分流、径向分流和环向分流。多在层流、过渡流状态时操作。

五、现代反应釜设计制造中搅拌装置的选择

1. 选择搅拌器

由结构选择时所决定，本釜选用推进式搅拌器。

根据搅拌器直径与罐体内径之比，常取 0.2~ 0.5，选取搅拌器主要尺寸如图 2-4 及其说明所示。

搅拌器键槽 $b=12\text{mm}$；$t=43.6\text{mm}$；$H=65\text{mm}$；质量 3.62kg。

2. 设计搅拌轴

（1）搅拌轴的材料　选用 45♯钢。

（2）搅拌轴的结构　连接桨式的轴头较简单，因用螺栓对夹，所以用光轴即可；与联轴器配合的轴头结构需要车削台肩，开键槽，轴端还需要车螺纹，轴的具体结构如图 2-5 所示。

（3）搅拌轴强度校核　选用电机 Y32M2-6。选用轴功率 $P=4\text{kW}$，轴转速 $n=200\text{r/min}$，45♯钢扭转切应力，系数取 122，则考虑开键槽和物料对轴的腐蚀，轴径扩大 12%。故 d 为 40mm 满足强度要求。

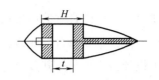
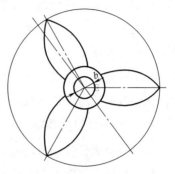

图 2-4　推进式搅拌器的结构

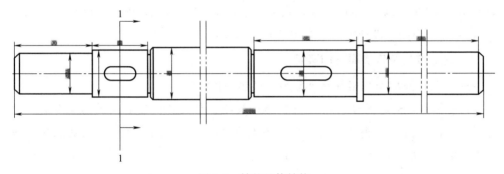

图 2-5　轴的具体结构

（4）搅拌轴的形位公差和表面粗糙度要求　一般搅拌轴要求运转平稳；为防止轴的弯曲对轴封处的不利影响，轴安装和加工要控制轴的直度，要使搅拌轴转速稳定，直线度允差应不大于壳体长度的 0.1%。

（5）安装轴承处轴的公差带　采用 $k6$，外壳孔的公差带采用 $H7$，安装轴承的配合表面粗糙度 Ra 取 0.8，外壳孔与轴承配合表面粗糙度 Ra 取 1.6。

六、树脂生产中反应釜的放大设计

随着建筑业、汽车业、船舶业等行业的不断发展，涂料行业也得以迅速发展。在一大批新兴涂料企业崛起的同时，不少名牌涂料企业为了扩大业务范围，增加市场份额，巩固自身的市场竞争力，也在不断地引进新技术，扩大生产规模。

反应釜是涂料行业树脂生产中的核心设备，涂料生产规模的扩大与反应釜的放大设计密不可分，其设计的好坏直接影响到产品的质量、产量、能耗等。

反应釜放大设计的基本步骤如下：

确定规格及台数——确定传热方式——计算传热面积——确定搅拌器型式——计算搅拌功率

如下通过对"某公司10000t/a氟涂料产业化工程"树脂反应釜放大设计的阐述，使读者对反应釜放大设计的主要原则和步骤有一定的了解。

1. 规格和台数的确定

反应釜放大设计中首先根据工厂现有反应釜规格为 $1.5m^3$，考虑到放大风险性、设备投资等因素，首先确定将反应釜的规格放大到 $4.5m^3$。

根据工艺控制指标，聚合反应时间约为20h，加上辅助过程，出一釜料的周期约为25h。年工作时间按6000h计算，则每台聚合反应釜全年生产批次为6000÷25＝240。按装料系数0.8、物料密度约为 $1000kg/m^3$ 考虑，一台釜全年处理量约为864t。根据扩大后的生产规模，聚合釜年处理量为2982t，则所需台数为2982÷864≈3.45，因此本设计确定聚合釜的台数为4台。

2. 传热方式及传热面积的确定

按 $4.5m^3$ 反应釜规格计算夹套最大换热面积约为 $10m^2$。

初步估算，根据现有 $1.5m^3$ 反应釜的规格，其夹套换热面积约为 $4.5m^2$，设备放大后，K 值、Δt 基本不变，热量约为原来的3倍，则所需夹套换热面积同样应为原来的3倍，即 $4.5 \times 3 = 13.5m^2$。

由此可见，反应釜放大到 $4.5m^3$ 后，仅靠夹套面积无法满足传热要求，需设内盘管。

为方便冷、热水切换的自动控制，设计中采用内盘管冷却、夹套加热的传热方式。

盘管换热面积核算如下：

根据厂方提供的数据及物料平衡图等，计算出反应热 $Q \approx 3.27 \times 10^5 kJ/h$。

已知反应釜反应温度为70℃，取循环冷却水上水、回水温度分别为30℃和35℃，则：$\Delta t = [(70-30)-(70-35)]/\ln[(70-30)/(70-35)] \approx 27.78℃$。

根据公式 $Q = KF\Delta t$，盘管冷却取经验值 $K \approx 2.09 \times 10^3 kJ/(m^2 \cdot h \cdot ℃)$，则：$F = Q/(K\Delta t) = 3.27 \times 10^5/(2.09 \times 10^3 \times 37.44) \approx 4.16m^2$

考虑20%的富余量，确定盘管换热面积为 $5m^2$。

夹套换热面积核算如下：

按工艺要求，设反应釜内物料在 1.5h 内由 20℃升温至 70℃。

根据物料平衡图及各种物料的物性参数，计算出升温所需热量 $Q \approx 1.67 \times 10^5 \, \text{kJ/h}$。

取热水上水、回水温度分别为 95℃和 90℃；夹套热水加热取 $K \approx 628.02 \text{kJ/} (\text{m}^2 \cdot \text{h} \cdot ℃)$，

则：$\Delta t = [(95-20)-(90-70)]/\ln[(95-20)/(90-70)] \approx 41.6℃$

$F = Q/(K \Delta t) = 1.67 \times 10^5/(628.02 \times 41.6) \approx 6.4 \text{m}^2$

考虑 20%的富余量，夹套所需换热面积约为 7.7m^2，可见 4.5m^3 反应釜夹套面积可满足加热的需要。

3. 搅拌器型式及搅拌功率的确定

反应釜搅拌器常见的有推进式、桨式、涡轮式、框式或锚式、螺带式等，不同的操作类别应选用不同的搅拌器型式。工厂原有反应釜采用框式搅拌。该类搅拌形式消耗功率较大，通常用于高黏度液体的搅拌。根据该工程的工艺特点，反应过程中存在气体分散和气体吸收的过程，且物料黏度不大，这类操作要求搅拌器的容积循环和剪切作用都好。因此设计中将反应釜的搅拌器型式一般改为圆盘弯叶涡轮式为妥。

第五节　反应釜配套装置

一、分馏柱

分馏柱属于化学实验用的分馏器具领域。

种类：普通有机化学实验中常用的有填充式分馏柱和刺形分馏柱（又称韦氏分馏柱）

结构包括：管状结构的柱体、引馏体。所述的引馏体为中空管状结构，设置为多个，分别位于柱体内与柱体的内壁连接。

分馏功能：实际分馏过程中，外部空气流过引馏体管内，可提高引馏体与外部空气热交换效率，从而使柱内温度梯度增加，使不同沸点的物质得到较好的分离。

蒸馏：如果将两种挥发性液体混合物进行蒸馏，在沸腾温度下，其气相与液相达成平衡，出来的蒸气中含有较多量易挥发物质的组分，将此蒸气冷凝成液体，其

组成与气相组成等同（即含有较多的易挥发组分），而残留物中却含有较多量的高沸点组分（难挥发组分），这就是进行了一次简单的蒸馏。

有系统的重复蒸馏。如果将蒸气凝成的液体重新蒸馏，即又进行一次气液平衡，再度产生的蒸气中，所含的易挥发物质组分又有增高，同样，将此蒸气再经冷凝而得到的液体中，易挥发物质的组成当然更高，这样我们可以利用一连串的有系统的重复蒸馏，最后能得到接近纯组分的两种液体。

分馏柱的优点：应用这样反复多次的简单蒸馏，虽然可以得到接近纯组分的两种液体，但是这样做既浪费时间，且在重复多次蒸馏操作中的损失又很大，设备复杂，所以，通常是利用分馏柱进行多次气化和冷凝，这就是分馏。

在分馏柱内，当上升的蒸气与下降的冷凝液互凝相接触时，上升的蒸气部分冷凝放出热量使下降的冷凝液部分气化，两者之间发生了热量交换，其结果，上升蒸气中易挥发组分增加，而下降的冷凝液中高沸点组分（难挥发组分）增加，如果继续多次，就等于进行了多次的气液平衡，即达到了多次蒸馏的效果。这样靠近分馏柱顶部易挥发物质的组分比率高，而在烧瓶里高沸点组分（难挥发组分）的比率高。这样只要分馏柱足够高，就可将这种组分完全彻底分开。工业上的精馏塔就相当于分馏柱。

二、卧式冷凝器

1. 卧式（单管程）列管式不锈钢冷凝器

① 性能与用途。不锈钢冷凝器（见图 2-6）是将热流体的部分热量传递给冷流

图 2-6　不锈钢冷凝器

体的设备，又称热交换器。不锈钢冷凝器在反应装置中的作用是将反应釜中蒸发出来的水蒸气和溶剂蒸气等冷凝液一起进行适当冷却成液体。因此它被广泛应用于化工、石油、动力和原子能等工业部门。它的主要功能是保证工艺过程对介质所要求的特定温度，同时也是提高能源利用率的主要设备之一。列管式不锈钢冷凝器的主要优点是单位体积所具有的传热面积大、传热效果好。此外，它还具有结构比较简单、易于制造、清洗方便、适应性强等特点。

② 型式和结构。不锈钢冷凝器作为热交换器（换热器）中有特定用途的一种，有套管式、蛇管式、螺旋板式和列管式（也称管壳式）等型式。目前使用最多的是

列管式。

列管式不锈钢冷凝器主要由壳体、管束、管板和管箱等零部件组成。图 2-7 为卧式（单管程）列管式不锈钢冷凝器结构示意图。

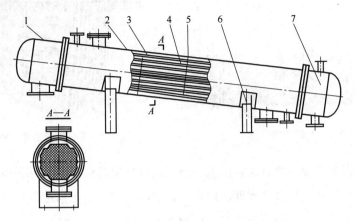

图 2-7　卧式（单管程）列管式冷凝器结构示意图
1—前端管箱；2—壳体；3—列管；4—拉杆；5—折流板；
6—鞍式支座；7—后端管箱

管束由多根无缝钢管组成。进行换热时，一种流体由前端管箱的进口管进入，通过平行管束的管内，从后端管箱出口管流出，称为管程。另一种流体则由壳体的接管进入，在壳体与管束间的空隙处流过，而从另一接管流出，称为壳程。作为不锈钢冷凝器，壳程常为冷却水，由下面进入，从上面出去。管束的外表面积，即为传热面积。流体一次通过管程的称为单管程（单程）。列管式换热器传热面积较大时，管子数目较多，为了提高管程流体的流速，将全部管子分隔成若干组，使流体在管内往返经过多次，称为多管程。

为了提高壳程流体的速度，提高冷却效果常在壳体内安装一定数目与管束垂直的折流板（也称折流挡板）。不锈钢冷凝器与物料接触的部分多用不锈钢制造，壳体用碳钢。

不锈钢冷凝器见图 2-8。

2. 不锈钢螺旋板式冷凝器

不锈钢螺旋板式冷凝器见图 2-9。

三、分水器

1. 分水器定义

分、集水器是水系统中用于连接各路加热管的供水回水的配、集水装置。按进回水分为分水器、集水器，所以也称为分集水器或集分水器，统称为分水器。

图 2-8 不锈钢冷凝器

图 2-9 不锈钢螺旋板式冷凝器

一般涂料生产设备中自来水供水系统户表改造用的分水器多为 PP 或 PE 材质。供回水均设排气阀，很多分水器供回水还设有泄水阀。供水前端应设"Y"型过滤器。供水分水管各支管均应设阀门，以调节水量的大小。

2. 分水器用途

分水器常用于以下几方面。

（1）地板采暖系统分集水器管中若干的支路管道，并在其上面安装有排气阀，自动恒温阀等，一般多为铜质的。其口径小，多位于 DN25～DN40 之间。进口产品较多。

（2）空调水系统或其他的工业水系统中，同样管中若干的支路管道，分别包括回水支路和供水支路，但其较大多位于 DN350～DN1500 中不等，用钢板制作，属于压力容器类，其需要安装压力表、温度计、自动排气阀、安全阀、放空阀等，2个容器之间需要安装压力调节阀，且需要有自动旁通管路辅助。

（3）自来水供水系统中分水器的使用能有效地避免了自来水管理方面的漏洞，集中安装、管理水表，并且配合单管多路使用降低了管材采购成本，极大地缩短了施工时间，提高了效率。自来水分水器通过异径直接连接于铝塑主管道，在水表池（水表房）中集中安装水表，做到一户一表，户外安装、户外查看。当前全国各地户表改造正在大范围进行中。

3. 分水器工作原理

分水器在地暖系统中主要负责地暖环路中水流量的开启和关闭，当燃气锅炉中的水经过主管道流入分集水器中，经过滤器将杂质隔离，之后将水均衡分配到环路时，经过热交换后返回到集水回主杠（注：主杠是水平安装，这样利用同一高度、压力相等的原理，使热媒被平均分配到支管路），再由回水口流入供热系统中。

4. 分水器实验

实验利用恒沸混合物蒸馏方法，采用分水器将反应生成的水层上面的有机层不断流回到反应瓶中，而将生成的水除去。实验前，分水器内加水至支管后放去 $X\,\mathrm{mL}$ 水即分水器内有 $(V-X)\mathrm{mL}$ 水。开始小火加热，保持瓶内液体微沸，开始回流，控制一定实验温度，待分水器已全部被水充满时表示反应已基本完成，停止加热。主要用于化学实验中分离化学反应生成的水，由于化学反应生成的水在有水存在于反应体系时会对反应造成一定的影响或者使反应无法进行，需要把生成的水通过与水共沸的溶剂回流把水带出来，使反应能够进行，通常用甲苯和水共沸带走反应生成的水。

5. 分水器技术参数

分水器就是起分流作用的。分水器的直径、长度，分水器的进出水口数量、大小，分水器的工作压力，分水器使用材质都有一定的技术参数。

① 当管路较多时，若采用过多的三通、四通等配件，会导致系统的能量损失很大。

② 要方便用户操作。当采用分水器后管路走向清晰明朗，易操作。

③ 要方便维修。分水器上的接口都是法兰连接的，目的是便于拆卸和维修。

④ 要减少系统压差。

6. 分水器结构

一般的，分集水器主要由分水器、集水器和固定支架三部分组成。分水器的作用是把热源热水分开导入每一路的地面辐射供暖所铺设的管内，以实现分室供暖和调节温度的目的。而集水器则是将分开散热后的每一路内的低温水汇集到一起，并且固定到墙体或地面。

7. 分水器相关标准

GA 868—2010《分水器和集水器》。

四、兑稀釜

1. 树脂兑稀釜分类与应用

树脂兑稀釜一般分为平台式和落地式。

兑稀釜主要应用于物料兑稀，根据固含量指标设计具体尺寸，它操作方便，生产效率高。

涂料稀释罐又称稀释釜、兑稀罐、兑稀釜。在涂料生产中供树脂和经热炼漆料加入溶剂稀释，然后过滤制成半成品（油漆料）。其结构形状可与反应釜相似。一般多设有搅拌装置、传热装置、涂料回流冷凝器及进料口、出料口等。其大多为反应釜的配套设备，其容量应稍大于反应釜容量的2倍为宜。

2. 兑稀釜主要特点

兑稀釜一般由反应釜、升气管和立式冷凝器等组成。反应釜采用优质不锈钢或碳钢制作，采用上下封头结构，可抽真空，配有机械密封或填料密封；搅拌桨可定制各式桨叶（锚式、框式、螺带式、桨叶式等）；内锅和夹套配套数码式温控系统可以自由设定所需温度的上限和下限，随时监测温度变化，提高生产的效率和安全性。

一般不饱和树脂在兑稀好后的冷却过程中会凝固的原因是，冷却过程太慢，或者没加阻聚剂，或者兑稀后温度还过高；一般实验室兑稀，最好在140℃以下进行，完成后最好能降温到100℃以下，且利用风扇对吹降温到60℃应该就没问题了。

苯乙烯在100℃会自聚。如果是大反应釜，一般都是保温罐，阻聚剂消耗完了也会自聚。

举个很简单的例子，就是做好的树脂时间长了也会胶化，所以不饱和聚酯的保质期一般为半年。

第六节　反应釜使用安全措施、报废标准与注意事项

1. 安全措施

反应釜是一种反应设备，在操作的时候一定要注意，否则会因为很多原因造成损坏，导致生产被迫停止。反应釜的操作要注意的问题很多。

（1）一定要严格地按照规章制度去操作反应釜。

（2）在操作前，应仔细检查有无异状，在正常运行中，不得打开上盖和触及板上的接线端子，以免触电；严禁带压操作；用氮气试压的过程中，仔细观察压力表的变化，一达到试压压力，立即关闭氮气阀门开关；升温速度不宜太快，加压亦应缓慢进行，尤其是搅拌速度，只允许缓慢升速。

（3）釜体加热到较高温度时，不要和釜体接触，以免烫伤；反应完应该先降温，不得速冷，以防过大的温差压力造成损坏。同时要及时拔掉电源。

反应釜使用后要注意保养，这样才能保证高压釜的使用寿命。

2. 安装、操作规范

（1）高压釜应放置在室内。在装备多台高压釜时，应分开放置。每间操作室均应有直接通向室外或通道的出口，应保证设备地点通风良好。

（2）在装釜盖时，应防止釜体釜盖之间密封面相互磕碰。将釜盖按固定位置小心地放在釜体上，拧紧主螺母时，必须按对角、对称地分多次逐步拧紧。用力要均匀，不允许釜盖向一边倾斜，以达到良好的密封效果。

（3）正反螺母连接处，只准旋动正反螺母，两圆弧密封面不得相对旋动，所有螺母纹连接件有装配时，应涂润滑油。

（4）针型阀系线密封，仅需轻轻转动阀针，压紧密封面，即可达到良好的密封效果。

（5）用手盘动釜上的回转体，检查运转是否灵活。

（6）控制器应平放于操作台上，其工作环境温度为 10～40℃，相对湿度小于 85％，周围介质中不含有导电尘埃及腐蚀性气体。

（7）检查面板和后板上的可动部件和固定接点是否正常，打开上盖，检查接插件接触是否松动，是否有因运输和保管不善而造成的损坏或锈蚀。

（8）控制器应可靠接地。

（9）连接好所有导线，包括电源线、控制器与釜间的电炉线、电机线及温度传感器和测速器导线。

（10）将面板上"电源"空气总开关合上，数显表应有显示。

（11）在数显表上设定好各种参数（如上限报警温度、工作温度等），然后，按下"加热"开关，电炉接通，同时"加热"开关上的指示灯亮。调节"调压"旋钮，即可调节电炉加热功率。

（12）按下"搅拌"开关，搅拌电机通电，同时"搅拌"开关上的指示灯亮，缓慢旋动"调速"旋钮，使电机缓慢转动，观察电机是否为正转，无误时，停机挂上皮带，再重新启动。

（13）操作结束后，可自然冷却、通水冷却或置于支架上空冷。待温降后，再放出釜内带压气体，使压力降至常压（压力表显示零），再将主螺母对称均等旋松，再卸下主螺母，然后小心地取下釜盖，置于支架上。

（14）每次操作完毕，应清除釜体、釜盖上残留物。主密封口应经常清洗，并保持干净，不允许用硬物或表面粗糙物进行擦拭。

3. 化工反应釜报废标准参考

反应釜作为化工生产的常见化工设备，被广泛使用，往往有很多使用者常忽略反应釜的自身安全问题，因为每一个单位的使用过程、条件、要求的不同，比如反应物、反应物的量、反应时间、温度、升温速率等，有很多反应釜早已超过了规定的安全使用年限，都应该报废了，可是很多人还是为了省钱而超负荷使用反应釜设备。

反应釜运行到一定年限后，出现以下情况之一者，应予报废。

（1）不锈钢反应釜釜体壁厚均匀腐蚀超过设计规定的最小值。

（2）釜体壁厚局部腐蚀超过设计规定的最小值，且腐蚀面积大于总面积20％。

（3）水压试验时，设备有明显变形或残余变形超过规定值。

（4）因碱脆或晶间腐蚀严重，釜体或焊缝产生裂纹不能修复时。

（5）超标缺陷（如：严重的结构缺陷危及安全运行；焊缝不合格；严重未焊透、裂纹等）而无法修复时。

（6）金属疲劳；金属的盖子或者垫片有变形、翘边、微小的裂纹。

（7）反应釜受腐蚀，如使用多次发现钢罐内壁或者外壁大部分发黑发黄，螺纹口锈蚀，拧紧发涩等。

不管是不锈钢反应釜还是碳钢反应釜出现以上情况时，均不能再继续使用，应做报废处理，必须更换新的反应釜。

4. 树脂反应釜使用前准备工作的注意事项

树脂反应釜试车前的准备工作的注意事项如下。

（1）设备吊装时严禁碰撞，以免造成局部损伤。

（2）安装到位后，确认釜内无残留异物，所有搅拌装置及其他连接部位应重新紧固。

（3）温度计、压力表及安全装置和附件应完整齐全、灵敏准确。

（4）静电接地装置连接到位。

（5）与釜连接的管道、法兰、阀门、支架安装合理，牢固可靠，色标正确、明显。

（6）减速机应按要求加注润滑油。

（7）对管路系统进行压力试验，检查各静密封是否存在泄漏。

对以上检查项目全部符合要求后方可试车。

5. 树脂反应釜使用过程中的注意事项

① 按设备润滑要求按时进行润滑油（脂）的添加或更换（见表2-1）。

表2-1 更换工作表格

序号	润滑部位	加油方式	规定牌号	加油周期	更换周期
1	轴封压力平衡罐	灌注	汽轮机油 HU20	随时	
2	机架内轴承	涂抹	锂基脂3号	2个月	6个月
3	减速器	灌注	LAN46	6个月	12个月

② 每班检查减速机的油温，保持油温低于 45℃，各轴承温度低于 70℃。

③ 经常检查放料阀的工作情况。

④ 每班检查高温釜轴封部位冷却水是否接通，防止烧伤密封面。

⑤ 每班检查温度计、压力表及安全装置和附件是否灵敏准确。

⑥ 每日检查一次设备、管路上各静密封点有无泄漏，及时消除泄漏点。

⑦ 设备运行过程中，不得用湿布擦洗视镜玻璃。

⑧ 对生产需滴加单体和引发剂的树脂品种，应严格控制滴加速度。

第七节 现代反应釜搅拌器性能测试平台的开发与应用

一、概述

反应釜搅拌与混合操作是应用最广的过程单元操作之一，大量应用于化工、石化、医药、造纸、涂料、冶金、废水处理等行业。在漆料和漆用合成树脂等制造涂料的主要物质中机械反应釜搅拌设备发挥着极其关键的作用，搅拌效果不理想会导致釜内爆聚等现象，严重影响聚合物的品质。因此，对反应釜搅拌技术的研究也变得十分重要。

目前研究反应釜搅拌器性能所用的实验平台较少，且存在一些问题，具体表现在：

（1）反应釜搅拌轴定位精度低且灵活性差，不能保证每次实验时搅拌器都处在中心轴线上，搅拌轴的垂直位置比较固定，不能根据搅拌釜的变化在垂直方向上进行搅拌器高度的调整；

（2）试验工况简单，不能在带有腐蚀性及具有一定压力的介质中进行搅拌器搅拌性能测试；

（3）测试过程较为繁琐，不能实时检测浆液的黏度、密度；

（4）搅拌釜的封头多为平底封头，而实际工业应用较广的是椭圆形封头；

（5）釜体材料为全玻璃，玻璃材料不易密封且易碎，给测试带来许多不必要的风险；

（6）釜径较小，釜体的容积与实际工业应用的搅拌釜相差较大，导致在应用放大时出现较大偏差。

第二章 树脂合成设备

二、反应釜搅拌器性能测试平台结构特点

1. 反应釜搅拌器性能测试平台

搅拌器性能测试平台主要由釜体、搅拌传动装置、搅拌轴升降支架、控制柜等部件组成，其配套测试软件可以对搅拌器进行各性能参数实时监测。该技术平台可用于不同规格的桨叶、容器及搅拌轴，实现对搅拌混合时间、混合效率及搅拌功率等性能指标的测定。

2. 釜体部分

图 2-10 为搅拌器性能测试平台实体图。

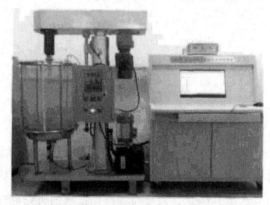

图 2-10　搅拌器性能测试平台实体图

釜体安装在测试平台底座上，通过螺栓与底座固定，能够保证搅拌时有足够的刚性；区别于传统搅拌实验装置，本装置釜体中间采用透明的筒体，其上、下部与不锈钢平面法兰及椭圆形封头连接，设计时利用金属表面的凹槽，采用螺栓来压紧，能够达到一定的压力；常压情况下测试平台的筒体部分采用厚度为 15mm 的有机玻璃制成，根据搅拌介质及工况的要求，釜体部分可更换为钢化玻璃材质的筒体，透明的容器好处在于方便实验时观察釜内的流场状态，以及利用粒子图像测速技术（PIV）和数字粒子图像测速技术（DPIV）等观察筒体内液体的流场及速度场；根据测试的需要，不同规格釜体配套的搅拌器也可以方便地更换。釜体的上封头采用平封头，由不同规格的密封板嵌套组成，在保证部分密封的同时，也方便对不同搅拌轴、搅拌桨叶进行更换。釜体的下封头首次在试验机中采用工业应用较广的标准椭圆形封头，便于应用放大技术模拟，同时此种封头在搅拌操作时能有效消除流动不易达到的死区。

3. 控制系统

控制柜是由测试用的计算机、有关的测试仪器以及操作台组成。不同搅拌器在不同转速下的实际功率通过变频器传入 HP-JCA 智能电子监控台，温度传感器的电信号也传入该电子监控台，再经过 485 转 232 模块传回软件界面。搅拌转速在软件界面上输入。软件内部嵌套了有关搅拌器的各个方程，通过软件子菜单，可以选

择自定义桨叶，输入桨叶的各尺寸参数，选择输入各种搅拌器的相应参数及有关搅拌液体的测试数据，便能得到不同搅拌器的理论搅拌功率、搅拌效率等值。

三、反应釜搅拌器性能测试平台工作原理与特性

1. 技术特性

搅拌器性能测试平台的技术参数见表 2-2。

表 2-2　搅拌器性能测试平台的技术参数

项目	釜体参数	项目	釜体参数
设计压力/MPa	0.8	全容积/m^3	0.392
设计温度/℃	100	主体材料	1Cr18Ni9Ti
最大直径/mm	600	电机功率/kW	3
高径比	1.67	传动形式	上传动

2. 工作原理

测试平台的升降系统由传动装置与底座组成，并由 2 台电动机提供动力，其中调速电动机通过西门子 6SE6440-2UD17-5AA1 变频器来实现需要的搅拌转速，其功率也通过变频器传入软件。另外一台电动机利用液压原理实现搅拌轴的升降。桨叶是搅拌系统的重要部件，本测试平台配套了桨式、开启涡轮式、圆盘涡轮式、推进式等多种桨叶。

此种设计，一方面可以方便地更换桨叶，将搅拌轴升到釜体的上部，便可方便实现不同规格、型号桨叶的更换，另一方面当更换搅拌容器时，能保证搅拌轴在同一中心轴线上，而且根据釜体的变化，可以实现桨叶在釜体内垂直方向上任意位置的停留。

搅拌时间通常采用褪色法、电导率法和温差法来测定。考虑到精度及操作简便，本测试平台采用温差法来测定搅拌时间。测试平台的软件通过 3 根置于不同位置的温度传感器实现对 3 点温度实时检测与传输，HP-JCA 智能电子监控台将温度传感器传来的电信号加以处理传输到软件。

基于对测试系统智能化的控制考虑，设计者开发出了配套的可视化软件系统。测试过程中，通过软件自动记录达到混合要求所使用的时间，并同步绘制出温度-时间图像，对搅拌过程及搅拌效果有直观的反映。

3. 实验测试及分析

（1）搅拌时间的测定　在此测试平台对桨式、开启涡轮式、圆盘涡轮等 7 种传统桨叶进行测试。加入一定温度的水溶液至 70% 容积刻度处，然后将搅拌桨下降

到合适高度，加入一定比例容积的 90℃水溶液，输入不同搅拌转速进行混合时间的测量。图 2-11 为在转速为 2r/s、3r/s、4r/s 时的测试结果。

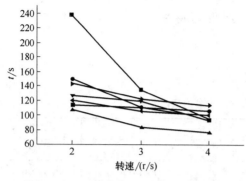

图 2-11　各搅拌器搅拌时间测定结果

■—桨式平直叶；●—桨式折叶；▲—涡轮
六直叶；▼—涡轮六折叶；◄—圆盘六直叶；
►—圆盘六折叶；◆—推进式

由测试结果可以看出，此性能测试平台准确直观地反映了搅拌转速与搅拌效果（搅拌时间）之间的关联，即在一定的转速范围内，提高转速能显著降低搅拌时间。低转速时，桨式所用的搅拌时间比较长，涡轮六直叶式所用时间最短。随着转速的提高，液体的湍动加剧，各种搅拌器的搅拌时间均显著下降，且越来越接近。

（2）搅拌功率的测定　搅拌功率是桨叶的一个重要特性，理论搅拌功率按式（2-1）计算：

$$P = N_P \rho N^3 d^5 \tag{2-1}$$

其中，N_P 为搅拌功率准数，可由算图法及计算公式得到。测试平台采用永田进治的搅拌功率计算式，如式（2-2）所示。

$$N_P = \frac{A}{R_e} + B\left(\frac{1000+1.2R_e^{0.66}}{1000+3.2R_e^{0.66}}\right)^P \times \left(\frac{H}{D}\right)^{(0.35+b/D)} (\sin\theta)^{1.2} \tag{2-2}$$

其中，R_e 为雷诺数；A，B，P 为系数，由式（2-3）得到。

$$R_e = \frac{d^2 N \rho}{\mu} \tag{2-3}$$

其中，μ 为测量得液体的黏度值；N 为设定搅拌转速值；ρ 为液体密度；D 为釜体直径；H 为液体深度。在水溶液中测试上述 7 种桨叶的功率，取转速分别为 2r/s、3r/s、4r/s，测得结果如图 2-12 所示。

由图 2-12 可以得出，随着转速的增大，各搅拌器的实际消耗的功率明显增大。其中，桨式搅拌器所消耗的功率比较低，圆盘六直叶以

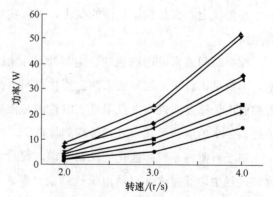

图 2-12　各搅拌器搅拌功率测定结果

■—桨式平直叶；●—桨式折叶；▲—涡轮六
直叶；▼—涡轮六折叶；◄—圆盘六直叶；
►—圆盘六折叶；◆—推进式

及涡轮六直叶式所消耗的功率较大。转速相同时，桨式折叶桨所消耗的功率大约为涡轮六直叶桨及圆盘六直叶桨的 2/7。使用有限元软件 FLUENT6.3 对 3 种搅拌桨的功率进行模拟。图 2-13 为实测功率与模拟功率的比较。比较 2 种结果可知本平台能比较准确地测定出搅拌桨所消耗的实际功率。各实际功率与理论功率的误差百分比均在 10％之内。通过对 7 种桨叶测试结果可以看出，在水溶液中进行测试时，所得实验数据的误差均很小。随着溶液黏度的提高，实验过程中部分桨叶的功率误差略微增大。究其原因，一方面是随着黏度的增大，搅拌所消耗的功率也相应增大，从而使减速器及联轴器等的机械损失也增大；另一方面，测试用的桨叶存在一定的制造误差，随着黏度的提高，其引起的功率上的误差也越来越明显。

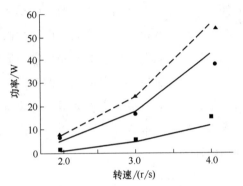

图 2-13 搅拌器实测功率与模拟功率对比
—————模拟直圆盘涡轮；■—实测斜桨叶；
●—实测直开启涡轮；▲—实测直圆盘涡轮

四、反应釜搅拌器实验装置评价

本实验平台采用全自动液压升降系统、开放式透明搅拌罐、智能化变频调速系统以及可视化操作界面。相对于传统搅拌实验装置，操作者劳动强度大大降低，更加方便对拌槽的清洗和桨叶的更换，同时桨叶的定位精度也大大提高。开放式透明搅拌罐的设计以及可视化控制程序更加直观地反映出了罐内搅拌的过程，也为当前最新的粒子图像测速技术（PIV）的应用提供了平台。实验以及数值模拟结果表明该实验装置具有很高的精度，为搅拌性能的教学以及涂料工业新型桨叶的开发与优化提供了可靠的依据。

第八节　储罐、真空泵、冷却设施、废水处理

一、储罐

1. 胶黏剂储罐

甲醛溶液一般含有 37％的甲醛和 12％的甲醇阻聚剂。由于甲酸的存在，具有一定的腐蚀性，所以，甲醛储罐采用耐腐蚀性较好的不锈钢材料，并要定期进行防

腐处理。甲醛溶液在低温状况下容易聚合成多聚甲醛，造成使用上的困难，所以甲醛储罐应有保温设施，但储罐温度又不能太高，温度高，甲醛溶液中的甲酸含量会增高，由于甲酸具有腐蚀性，容易造成储罐局部腐蚀穿孔，两者都会造成使用上的不方便和不经济。胶黏剂储罐较多采用不锈钢材料，冬季和北方地区还要考虑胶黏剂储存对温度的要求，一般要外敷保温层。

2. 烧碱储罐

（1）烧碱　它是胶黏剂生产不可缺少的一种化工原料，可以作为催化剂使用，也可用来调节反应液的 pH 值。由于其具有腐蚀性，所以储罐、管道堵塞时检修不方便。堵塞是由于盐析所造成的，冬季和北方地区可以考虑烧碱储罐的保温问题。储罐长期使用要定期进行清罐，以减少因盐析而造成堵塞的可能性。

（2）计量仪器　以前的制胶厂家，原料的计量用磅秤来完成，这样造成的误差极大，不能保证原料配比的准确性。目前，电子秤已较为普遍地用在制胶生产的原料进料计量上，可以减少人为引起的误差，使原料配比更加准确。甲醛、尿素、苯酚等都可以进行准确计量，减少了操作上的误差，从根本上保证了产品品质和生产的稳定性。

3. 苯酚储罐

苯酚常温下为无色针状结晶或白色结晶熔块。皮肤接触苯酚水溶液或纯苯酚时，会引起麻醉中毒，并变成溃疡，具有强烈的腐蚀性，使用上要特别注意。

使用前，要将铁桶装苯酚放在蒸煮池内先进行熔解，然后由水环真空泵抽入保温的中转罐或反应釜内；苯酚管道和中转罐要外敷保温层，通入蒸汽进行保温，保证管道不会堵结。真空泵是使反应系统形成负压的设备，常用的类型有活塞式、水环式、旋片式等。

二、真空泵与冷却设施

1. 真空泵

旋片式真空泵适合于实验室和小容量反应釜使用；由于水环真空泵结构简单、使用方便、耐久性强，可以抽腐蚀性气体，在生产上采用较多。

2. 冷却设施

制胶生产都是在一定的温度下进行的，胶液的储存对温度也有一定的要求，所以制胶生产的冷却设施对控制胶黏剂质量有一定的影响。尤其在夏季，由于气温高，循环冷却水温高，致使胶液冷却较慢，生产效率低下。所以，冷却用水可根据水源情况，采用直接排放，也可在反应釜内设置冷却盘管，加强冷却效果。根据需要，有时还要用冷冻水进行冷却，这样还要增加冷冻机组系统，这就要增加企业投资。

冷凝器是用来冷凝反应液中蒸发出来的蒸汽及挥发出来的反应物，使之回流到反应釜中，继续参加反应，以保证反应液中各种原料配比等条件保持不变，增加树脂高得率，保证树脂质量，减少环境污染。冷凝器的类型有蛇管式、夹套式、套管式、列管式等。由于列管式冷凝器具有体积小、传热面积大、拆装方便等优点，在制胶生产中被普遍利用。对于生产脱水胶，蒸汽上升管道上要装有除雾器，防止胶液脱除而黏附在冷凝器上，降低换热效果和生产效率。

3. 通风要求

胶黏剂生产所用的化工原料气体大多为有毒、有害气体，所以操作环境的通风要求较高。设备在长期的使用中，也会发生泄漏、胶液喷锅等异常现象。除对厂房设计和设备安装有所要求外，较好的解决空气污染问题的办法，是在反应釜上方安装抽风装置，这样可以大大地减少有毒有害气体对人体的伤害。

三、废水处理

废水处理是制胶生产企业的一大难题。由于挥发酚和甲醛含量超标，在目前重视环保和提倡清洁生产的条件下，企业不得不花费巨资去处理废水，而且往往由于技术处理上的不成熟，还得不到理想的效果。根本的解决办法是采取堵源截流、回收利用的办法。制胶厂家可在反应釜边设置化验台，并通过挠性管与反应釜相接，化验样胶直接回锅，清洗化验仪器的废水回流至反应釜中作为生产工艺水使用，这从根本上限制了操作人员使用的水量，减少了污染。在生产脱水胶的过程中，如何处理富含甲醛和其他有害成分的馏出水和生产废水，成为迫切需要解决的问题。

目前，国内有些胶黏剂生产厂家，采用活性炭吸附技术处理含醛、含酚和含苯废水，但效果并不理想。主要的问题是要经常更换作为吸附床层的活性炭和再生处理已经失效的活性炭，这势必增加企业的成本负担。环保设施作为企业生产的一项重要内容，已经越来越受到人们的重视。

第三章 涂料分散混合设备

第一节 概述

涂料行业最常用到的设备就是混合设备。涂料的生产需要通过许多原料的混合。涂料一般由树脂、乳液、颜料包、溶剂和添加剂这几种基本成分组成。

分散混合是涂料生产中的重要步骤，也是用于涂料生产线中色浆制备和调浆的步骤。

在色浆的制备过程中需要将颜料、涂料助剂，加入树脂溶液或水中，然后在高速分散设备上研磨分散，颜料受到剪切力的作用，在树脂溶液或水中分散为稳定的分散体，所以色浆制备需要用到高速分散混合罐。

高速分散混合罐是指在罐体内装有三个混合装置，分别有搅拌桨、乳化头、分散盘，在设备启动时三种混合装置同时工作，可在短时间内达到混合、分散、乳化的效果。搅拌桨能使原料均匀的混合，乳化头对于原料起到剪切、研磨、细化的作用，使原料更好的混合，分散盘将细化后的原料分散到溶液中形成稳定的分散体。

高速分散混合罐在现代涂料生产线中运用得越来越广泛，高速分散混合罐结合了搅拌罐、分散罐、乳化罐的特点，搅拌、乳化、分散同时进行，节约了生产时间，提高了生产效率。在涂料生产中使用高速分散罐还能节省调漆的步骤，分散好的色浆与树脂溶液、溶剂、助剂及涂料所需成分相混合，就是涂料的调漆。

通常涂料生产的色浆制备与调漆步骤是分开的，因为色浆调制需要研磨，而调漆只需搅拌，运用高速分散罐就可以在色浆研磨分散后直接与原料混合搅拌，更加方便，快捷。

一、涂料混合和混合机

混合通常指用机械方法使两种或多种物料相互分散而达到均状态的操作，可在混合器等中进行。用以加速传热、传质和化学反应（如硝化、磺化、皂化等），也用以促进物理变化，制取许多混合体，如溶液、乳浊液、悬浊液、混合物等。

涂料混合过程物料之间会出现的主要现象有：撞击、破碎、剪切、溶解、细化、浆化、乳化、反应、聚合、分解、电解等多种物理变化及化学变化，这些现象多数情况下是同时出现的。

混合领域中物料由于物理性能和化学性能的差异，可以是气态、液态、固态的存在形式。

涂料混合领域中的机械方法有很多种，最古老的是手动搅拌，随着科学技术的日益进步，现代涂料的各种高科技手段已广泛应用到了混合领域。

如涂料混合机是用来混合涂料的机器。这种机器主要是用来混合建筑装饰用的涂料。用于涂料店配色混合涂料，是跟涂料调色机一起配套使用的。

涂料混合机主要类型有：

① 振动机，是通过上下振动来混合涂料的；

② 旋转机，是通过180°旋转或者360°旋转来混合涂料的；

③ 快速振动筛（Faster Shaker），是通过左右摇摆振动的方式来混合桶装涂料的。

建筑装饰涂料分为两种，一种是水性涂料，另一种是油性涂料。其中水性涂料用量最大，占80%左右。

振动机和旋转机各自有手动型和自动型。

如果涂料基本上是水性涂料，那应该选择振动机，因为就水性涂料相对油性涂料而言，没那么稠，用振动机混合就足够了。

如果涂料油性涂料多些，就应该选择旋转机，因为油性涂料稠，用旋转机混合，效果比用振动机要好。

选购涂料混合机，要选择好厂家，不同厂家的质量不同，多调查研究，多了解一些，才能买到质优价廉的机器，这样既可节省采购成本，以后维护也省时省力。

二、涂料搅拌、混合、分散

对于涂料搅拌、混合、分散，从专业技术层面上讲，搅拌是一种机械动作，混合是一种搅拌过程，分散是混合的一种结果。

一般分散是以质量传递、热量传递、反应以及产品特性为关键目标，降低体系（相、温度、浓度等）的非均一性，以达到所需要的工艺结果。分散的最理想的效果是均质分布。

首先要认识涂料设备搅拌系统，涂料设备的搅拌大致有以下几种（在每一个搅拌过程中它们都同时存在，在生产中根据实际需要来控制搅拌形式以达到最主要的搅拌目的）。

（1）混合

混合就是把一个相分布到另一个相中。

（2）分散

分散就是把大物粒粉碎分成几个小物粒。

（3）乳化

乳化就是把一个相，均匀稳定地分布到另一个相中。

（4）均质

均质就是把粒径大小不一的物料分散成均匀的物粒。

三、涂料分散技术

分散技术就是解决两相或多相物料均匀分布问题的整套技术措施与技术手段。

在两相系统中，其中一相由分得很细的粒子（通常在胶体大小范围）组成，分布于整个大物质间，粒子称分散相或称内相，而大物质称作连续相或称外相。在自然条件下这种分布通常不均匀，但通过技术手段后可以增进均匀度。

两相系统可以存在的形式有：气体/固体（泡沫塑胶）、液体/气体（雾）、气体/液体（泡沫）、固体/气体（烟雾）、液体/液体（混合乳液）、固体/液体（油漆、涂料）以及固体/固体（炭黑在橡胶中）。

四、涂料分散目的

分散作用的目的有下列几种。

（1）以达到外表平坦，使分散在液体中的固体粒子微粒化。它能增加反射率，发生光泽并提高遮盖率，如油漆、油墨、色膏等。

（2）以提高反应速率及均匀程度，使液体中悬浮粒子表面积增加，如在树脂中添加粒状的硬化剂，或化学反应中掺进粉粒状的原料，会阻止固体微粒的重新聚集等。

（3）延长沉淀时间，在液体中使微小粒子悬浮，达到临时悬浮的目的等。

五、涂料混合机现代化的综合效率管理

螺带混合设备的综合效率，是指螺带混合机完好率、主要设备可开动率、主要设备大修实现率、主要设备利用率、主要设备有效利用率、设备维修费用率和库存各种资金周转期这七项技术经济指标的综合指标。只有综合效率才能反映设备的管理水平。

提高设备综合效率，就是要充分利用和发挥企业现有设备的潜力，为发展生产和搞好建设，以及为增加社会财富服务。具体措施如下。

（1）应用现代化技术开展技术革新，对老旧设备进行改造与更新，改善和提高设备性能，增强设备效能，提高劳动生产率。

（2）在保证质量的前提下，缩短检修工期，减少停机损失，降低检修成本。

（3）物尽其用，积极清理并调剂、利用闲置设备。

（4）采用新工艺积极开展旧件修复。

（5）大搞综合利用，节约资金支出。

设备一生管理，是设备从规划、设计制造，到使用、修理、改造的全过程管理。设备的全过程管理必须以设备寿命周期费用最佳为目标，这是有别于只管理维修一段的传统设备管理的主要标志。

六、涂料搅拌分散设备的选型要点

涂料搅拌分散设备设计包括工艺设计和机械设计两部分内容（如：双轴高速分散机）。工艺设计提出机械设计的原始条件，即给出处理量，操作方式，最大工作压力（或真空度），最高工作温度（或最低工作温度），被搅物料的物性和腐蚀情况等；同时还需提出传热面的形式和传热面积，搅拌器型式，搅拌转速与功率等。而机械设计则应对搅拌容器，传动装置，轴封以及内构件等进行合理的选型，强度（或刚度）计算和结构设计。

具体对涂料搅拌分散设备（见图3-1～图3-8）的选型步骤如下。

（1）搅拌分散设备选型需明确的任务和目的

① 明确被搅拌物料体系。

② 明确和实现搅拌操作所应达到的目的。

③ 明确被搅拌物料的处理量（间歇操作按一个周期的批量，连续操作按时班或年处理量）。

④ 明确有无化学反应，有无热量传递等，并考虑反应体系对搅拌效果的要求。

图 3-1　实验室分
散机系列

图 3-2　气压升降分散
机系列

图 3-3　壁挂式分散
机系列

图 3-4　釜用分散
机系列

图 3-5　双轴分散
机系列

图 3-6　真空分散
机系列

图 3-7　液压升降高速
分散机系列

图 3-8　LFS 单轴
分散机

（2）搅拌分散设备选型需了解的物料性质

物料体系的性质是搅拌设备设计计算的基础。物系性质包括物料处理量、物料的停留时间、物料的黏度、体系在搅拌或反应过程中达到的最大黏度、物料的表面张力、粒状物料在悬浮介质中的沉降速度、固体粒子的含量和通气量等（如：双轴高速分散机能使其搅拌的固体粉状物料达到充分的均匀搅拌）。

（3）涂料搅拌分散设备选型中的搅拌器选型

搅拌器的结构型式和混合特性很大程度上决定了体系的混合效果。并且还要根据搅拌物质来选定搅拌器（分散机）的型号（如：搅拌分散固体物质，就因选用双轴高速分散机，它的搅拌效率比单轴高速分散机更高）。因此，搅拌器的选型好坏直接影响着整个搅拌设备的搅拌效果和操作费用。目前，对于给定的搅拌过程，搅拌器的选型没有成熟、完善的方法。往往在同一搅拌目的下，几种搅拌器均可适用。此时多数依靠经验或相似工业实例分析来掌握程度。有时对一些特殊的搅拌过程，还需进行中试甚至需要模型演示过程才能确定合适的搅拌器结构型式。

在搅拌器结构型式选定之后，还应考虑搅拌器直径的大小与转速的高低。

（4）涂料搅拌分散设备选型需确定的操作参数

操作参数包括搅拌设备的操作压力与温度、物料处理量与时间、连续或间歇操作方式、搅拌器直径与转速、物料的有关物性与运动状态等，而最基本的目的是要通过这些参数，计算出搅拌雷诺数，确定流动类型，进而计算搅拌功率（双轴高速分散机参数是紧密围绕固体粉状物料所需属性所制作的）。

（5）涂料搅拌分散设备选型中的搅拌设备结构设计

在确定搅拌器结构型式和操作参数的基础上进行结构设计，主要内容是确定搅拌器构型的几何尺寸，搅拌容器的几何形状和尺寸（双轴高速分散机适用各种位置）。

（6）涂料搅拌分散设备选型中的搅拌特性计算

搅拌特性包括搅拌功率、循环能力、切应变速率及分布等，根据搅拌任务及目的确定关键搅拌特性。搅拌功率计算又分两个步骤，第一步确定搅拌功率；第二步考虑轴封和传动装置中的功率损耗，确定适当的电动机额定功率，进而选用相应的电动机。

（7）涂料搅拌分散设备选型中的传热设计

在搅拌操作过程中存在热量传递时，应进行传热计算。其主要目的是核算搅拌设备提供的换热面积是否满足传热的要求。

（8）涂料搅拌分散设备选型中的费用估计

在满足涂料搅拌分散设备工艺要求的前提下，花费最低的总费用是评价搅拌设备性能，校验设计是否合理的重要指标之一。完整的费用估算包括以下几个方面。

① 设备加工与安装费用。包括设备材料、加工制造与安装、通用设备购置等所需费用。

② 操作费用。包括动力消耗、载热剂消耗、操作管理人员配备等所需的费用。

③ 维修费用。包括按生产周期进行维修时对耗用材料、更新零部件、人工、器材等所需的费用。

④ 整体设备折旧费用。

第二节　高速分散机

一、概述

高速分散机是和砂磨相配合的一种颜料预分散设备。它配有圆盘锯齿形的搅拌叶片，叶片的最高转速为 1480r/min，叶片周边的线速度可达 1400m/min，搅拌轴可以通过油压装置控制自由升降。

高速分散机主要用于颜料与漆料的初步预混合，也可用于某些水性涂料的一次性分散，使之达到要求的细度。高速分散机因其剪切力小，从而分散能力较差，不能分散紧密的颜料，因而对高黏度漆浆不适用。

高速分散机工作时漆浆的黏度要适中，太稀则分散效果差，流动性差也不合适。合适的漆料黏度范围通常为 $0.1\sim0.4\mathrm{Pa\cdot s}$。

近几年来高速分散机又开发了一些新的品种，包括以下几种。

（1）双轴双叶轮高速分散机　它能产生强烈的汽蚀作用，具有很好的分散能力，同时产生的旋涡较浅，漆浆罐的装量系数也可提高。

（2）双轴高速分散机　其双轴可在一定范围内作上下移动，有利于漆浆罐内物料的轴向混合。

（3）双轴高低速搅拌机　它适用高黏度物料拌合，如用于生产硝基铅笔漆、醇酸腻子等。

在各种研磨分散设备中，三辊机和五辊机是加工黏稠漆浆的，与之配套的预分散设备通常是搅浆机，常用的有立式换罐式混合机、转桶式搅浆机和行星搅拌机。

二、高速分散机设计

高速分散机的具体结构设计，包括传动机构、操纵机构、润滑与密封机构、机体及连接件的结构设计与布置。根据计算得出的液压控制图，绘制装配图和零件图。

高速分散机的结构设计应满足如下要求。

（1）所设计的结构应满足作用性能上和联系尺寸上的要求。作用性能包括几何精度、刚度、抗震性、减少噪声、提高传动效率以及操作省力方便等。联系尺寸包括技术参数安装尺寸和轮廓尺寸。

（2）所设计的结构应满足结构工艺性的要求。包括毛坯铸造、锻、铸、焊工艺性和热处理工艺性、机械加工工艺性、装配工艺性以及检验、调整、维修的方便性。

（3）满足标准化和通用性。所设计的结构应遵守标准化和通用化原则。

三、高速分散机的结构

高速分散机主要由四部分组成：传动机构、升降机构、搅拌容器和加热装置、无级调速装置，具体说明如下。

1. 高速分散机的传动机构

采用电动机驱动，通过带轮传动到轴上，轴通过联轴器与搅拌杆连接，实现了对涂料液体的搅拌。带轮传动结构简单，经济适用，拆卸方便适合此产品。

2. 高速分散机的升降机构

平台升降机构采用液压传动实现升降，这是区别各种电机升降台的主要特征。人在工作台上摇动手动泵摇杆，带动液压缸活塞的运动，再利用四个单向阀控制油路，将缸内的油液压入另一升降液压缸中，最后使传动工作台能够自由的上下移动，升降的高度范围限制在一米以内。此类手动泵最大的优点，采用差动式缸体，无论是向上还是向下摇动都会带动液压顶的上升，当需要下降时只需要打开卸油阀门，工作平台就会自动下降。

3 高速分散机的搅拌容器和加热装置

搅拌容器是通过钢板焊接而成的一个类似缸体的桶，但不同的是它有加热装置——直插式电热偶。热电极丝的均匀性好、稳定性高、灵敏度好、价格低廉。

4. 高速分散机的无级调速装置

无级调速是相对于分级调速来说的，速度可以在最大和最小值之间直接随意调节，不受挡位的限制。它是可随意调节速度的大小，能够实现无级别调节的控制装置，它可以向它所驱动的设备发出类似调节信号或者使用起到调节作用的装置。

四、高速分散机优点与进展

1. 高速分散机的优点

（1）结构简单、使用成本低、操作方便、维护和保养容易。

（2）应用范围广，配料、分散、调漆等作业均可使用，对于易分散颜料和制造细度要求不高的涂料，可以混合、分散、调漆并直接制成产品。

（3）效率高，可以一台高速分散机配合数台研磨设备开展工作。

（4）结构简单，清洗方便。

2. 高速分散机的技术进步

高速分散机大量易分散颜料（如经气流粉碎或经表面处理的颜料）和助剂（分散剂、稳定剂等）的问世，使得高速盘式叶轮分散机成了预分散和调整罐调稀操作最佳的设备。目前国内外油漆厂均广泛使用。在制造某些色漆（如对细度要求低的漆以及建筑用乳胶漆）时，可替代研磨设备，这导致了高速盘式叶轮分散机研究和制造技术的迅速发展。高速叶轮分散机的传动、升降、回转机构与摇臂钻床相差无几，故其核心问题在于分散盘的形式、速度、漆料流变型以及与分散混合罐相互关系。

一般预分散是涂料生产的第一道工序，通过预分散，颜、填料混合均匀，同时使基料取代部分颜料表面所吸附的空气使颜料得到部分湿润，在机械力作用下颜料得到初步粉碎。在色漆生产中，这道工序是研磨分散的配套工序，过去色漆的研磨分散设备以辊磨机为主，与其配套的是各种类型的搅浆机，近年来，研磨分散设备以砂磨机为主流，与其配套的也改用高速分散机，它是目前使用最广泛的预分散设备。

高速分散机由机体、搅拌轴、分散盘、分散缸等组成，主要配合砂磨机对颜、填料进行预分散用，对于易分散颜料或分散细度要求不高的涂料也可以直接作为研磨分散设备使用，同时也可用作调漆设备。

高速分散机的关键部件是锯齿圆盘式叶轮，它由高速旋转的搅拌轴带动，搅拌轴可以根据需要进行升降。工作时叶轮的高速旋转使漆浆呈现滚动的环流，并产生一个很大的旋涡，位于顶部表面的颜料粒子，很快呈螺旋状下降到旋涡的底部，在叶轮边缘 2.5～5cm 处，形成一个湍流区。在湍流区，颜料的粒子受到较强的剪切和冲击作用，很快分散到漆浆中。在湍流区外，形成上、下两个流束，使漆浆得到充分的循环和翻动。同时，由于黏度剪切力的作用，使颜料团粒得以分散。其如图 3-9 所示。

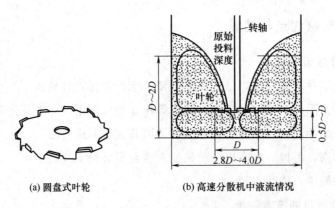

(a) 圆盘式叶轮　　　　　(b) 高速分散机中液流情况

图 3-9　高速分散机中圆盘式叶轮和液流情况

（1）基本的分散盘形式、相互位置和速度的理论确立

① 分散盘的基本形式　分散盘叶轮应是连续平坦的圆盘形平板。如果从轴至叶轮边缘不连续平坦，则引起物料飞溅和分散效率的下降。所以不管分散盘叶轮的形式如何发展和变化，都应遵守"连续平坦"这一原则，所有不同均应在其边缘锯

齿状变化上。

目前国内外分散盘叶轮最常用的形式为：将叶轮外缘等分为 13 或 24 个间距，将每一个间隙沿切线方向交替垂直向上弯和向下弯，形成上下交替的宽齿。同时轴向齿高应成 1：3 斜高，使之有不等速的流层，在速差中形成黏度剪力，称齿盘叶轮。

② 分散盘的尺寸、位置和速度　根据国外学者和高速分散机制造厂长期研究的结果，齿盘叶轮尺寸、分散罐和调整罐尺寸及其互相最佳位置见图 3-10，图中 d 为叶轮直径，D 为分散罐（调整罐）直径，$D=(2.8～4)d$。圆筒形分散罐取上限，正方筒形的取下限。h_1 为装料高度，$h_1=d～2d$，单轴式分散机应取下限，双轴式分散机应取上限，h_2 为齿盘叶轮离心分散罐罐底距离，$h_2=0.5d～d$，圆筒形分散罐取下限，方形的应取上限。

齿盘叶轮的周围速度取决于物料在湍流与层流流动状态的临界点。

齿盘叶轮既借助于距宽齿约 50mm 处形成强烈的湍流区（消耗搅拌功率）来使颜料团粒互相冲击达到分散和混合目的，又要利用叶轮上部层流区的黏度剪切力，达到单个颜料团粒自行分散的目的。实验证明，叶轮的圆周速度 $v≥20m/s$ 为佳。

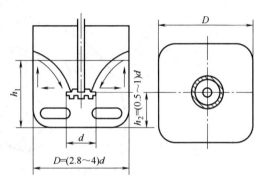

图 3-10　齿盘叶轮尺寸及其最佳位置

（2）各种高效分散盘（叶轮）　近几十年来，国外学者和有关制造厂针对单轴高速分散机在使用过程中所产生的问题，作了多方面研究，推出了一些新型、高效的叶轮。

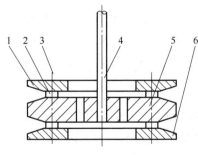

图 3-11　文丘里分散叶轮

1—上环；2—垫片；3—螺栓；
4—轴；5—叶轮；6—口下环

① 文丘里分散叶轮　主要是增加叶轮轴向泵送能力，改善混合效果，同时利用某些物理效应（如气蚀、文丘里作用等）来达到分散颜料团粒的目的。最成功的是英国首创的文丘里叶轮，见图 3-11。利用上、下环及垫片，使叶轮轮缘形成文丘里环口。同时在叶轮上打若干小孔，以在高速旋转时产生气蚀作用。文丘里叶轮分散触变性漆料效果尤佳。

② 多环型叶轮　图 3-12 所示的多环型叶轮，适用于分散低黏度漆料，它主要靠"磨损"来分散颜料。其结构为一向下弯曲的平面上下各有两个同样弯曲的环，环与环间隙为 3.2mm，环内侧装有若干楔型齿。这些齿向逆旋转方向倾斜，齿前缘产生冲击作用，齿的后面给物料以径向推力。物料伞散作用大部分在齿间的环形室内发生，环向下弯曲加速物料径向朝下流动，促进循环作用。

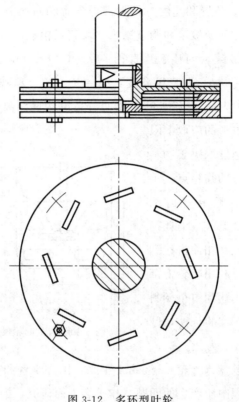

图 3-12　多环型叶轮

③ 等剪力叶轮　等剪力叶轮（国外称 CSI 叶轮）是新型分散叶轮，它适用的黏度范围较大。CSI 叶轮外表有点像多环型叶轮，是将若干个环堆装在一圆盘上。独特之处是运用文丘里原理利用流速差和压力降来产生高剪力和泵送作用，以分散颜料，其结构见图 3-13（a）。

图 3-13（b）表明 CSI 的剖面，在狭缝处，由离心力引起的压力为（13.73～27.52)×10^4 Pa，此压力足以产生文丘里效应。环隙要与漆料黏度相匹配。在 3000～5000mPa·s 时，环隙为 1mm；8000～10000mPa·s 时，环隙为 2.5mm；黏度再高，就不适宜使用 CSI 叶轮了。

CSI 叶轮在一些性能上优于其他型叶轮，特别是在低或中等黏度漆料中尤为突

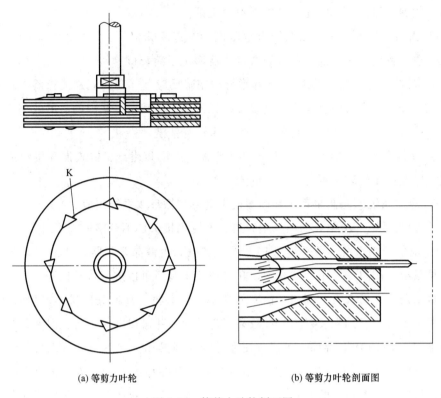

(a) 等剪力叶轮   (b) 等剪力叶轮剖面图

图 3-13 等剪力叶轮剖面图

出。研磨时，CSI 叶轮对颜料的润湿性要求不高，产生热量和零件磨损较小，操作时要注意环隙的堵塞。

④ 定子转子分散叶轮 轴端装转子，其形状可为十字板式或螺旋线盘式。轴外为套筒，筒端为定子，见图 3-14。物料从下面被吸进转子，并通过定子周边的缝隙甩出去。物料受到强烈的剪切力，在同一容器中可完成混合分散过程。英国已有此类叶轮的系列商品供应。

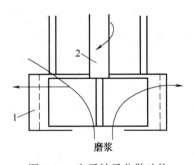

图 3-14 定子转子分散叶轮

1—定子；2—转子

（3）SDL 高剪切一体化涂料成套设备的配置说明 SDL 高剪切一体化涂料成套设备由如下部分构成。

① 进料系统 由粉体进料罐、液体进料罐、真空缓冲罐、真空泵等构成。粉体进料采用真空吸料方式输送，乳液等液体进料采用负压完成。该系统的粉体进料罐、液体进料罐可单独放在原料加入仓，与主体设备分开，通过管道连接进入主体

设备。做到主体设备车间无污染，无粉尘飞扬。

② 出料及过滤系统　该系统由空压机、管道及管接件、袋式过滤器构成。通过压缩空气将调漆釜里的物料从袋式过滤器输送至灌装机。

③ 制浆系统（乳化系统）　该套系统由制浆反应釜、变频框式搅拌器、高剪切分散机、卧式砂磨机组合构成。制浆系统无死角、无残留。浆料的研磨效率高，能达到高档涂料所要求的细度且分布均匀，系统易清洗。

④ 调漆系统　该系统由调漆釜、减速器、变频调速器、框式搅拌机组成。调漆釜内壁经抛光处理，可达到较高的光洁度。

⑤ 冷却系统　由制浆系统和砂磨机夹套冷却循环水系统组成。

⑥ 管路系统　由抛光的不锈钢管道、不锈钢接头、不锈钢球阀等组成。

⑦ 电气控制系统　该系统以 PLC 为主控器，由液晶显示器和 PLC 控制系统组成操作系统，阀门均采用气动球阀，开启和关闭阀门可以进行自动控制。工艺参数可在显示器上方便查看，例如：输入电功率、研磨机、高速分散机、搅拌器转速、物料重量等，可以预先设置工艺参数和工艺过程，并可以随时进行工况调整。控制系统采用 WINDOWS 界面，可以方便地进行控制操作。此系统可以进行升级，可以与已有的 PLC 系统整合。主要控制点有：物料的称重计量、进料、研磨机、高速分散机、搅拌器转速的调节、出料、灌装。操作人员在控制台上可完成对各个工艺过程的控制，用鼠标点击即可完成。

⑧ 操作平台　表面铺铝合金花纹板，0.8～1m 高的不锈钢扶手，支架部分先喷防锈漆后喷色漆。

⑨ 灌装系统　一般采用称重式半自动灌装机。称重范围为 0.5～30kg，计量误差小于 10g/桶，灌装头采用防滴漏装置，灌出的乳胶漆无气泡产生，开灌效果好，配有气动夹盖和气动压盖装置，能非常方便地更换。

⑩ 全自动水处理设备　处理头采用美国福莱公司生产，离子交换树脂采用英国漂莱特公司生产，它的功能是晚上置换、白天用水，产水量 2t/h。

五、高速分散机工作特点

（1）强劲的离心力将物料从径向甩入定、转子之间狭窄精密的间隙中，同时受到离心挤压、液层摩擦、液力撞击等综合作用力，物料被初步分散。

（2）分散机高速旋转的转子产生至少 15m/s 以上的线速度，物料在强烈的液力剪切、液层摩擦、撕裂碰撞等作用下被充分分散破碎，同时通过定子槽高速射出。

（3）分散机物料不断地从径向高速射出，在物料本身和容器壁的阻力下改变流向，与此同时在转子区产生的上、下轴向抽吸力的作用下，又形成上、下两股强烈的翻动紊流。物料经过数次循环，最终完成分散过程。

高速分散机采用电磁调速、变频调速和三速等各种规格、运转稳定有力，适合各种黏度；液压、机械两种升降形式，升降旋转自如，适应各种位置；普通及防爆配置，安全可靠，操作维护简单；生产连续性强，对物料可进行快速分散和溶解，分散效果好，生产效率高，运转平稳，安装简便。针对不同物料的黏度及处理量有不同的功率及型号。

六、高速分散机的高速剪切分散实现

众所周知，剪切分散效果跟定转子间隙的大小是密不可分的。纵使转速再高，而定转子间隙不够小，分散效果终究是有限的。因此讨论转速的前提是，定转子的间隙足够小，并且配合精密。

高速中试涂料分散机的动力驱动由电机（二极或四极等）提供，因此定转子的转速（驱动转速）跟电机转速有关。卧式结构的分散机则完全由电机转速决定，此时提高转速的方法是通过调节电机转速（升频）实现的。

现在比较处于技术优势的高速分散机采用立式分体结构，即电机和定转子主轴之间不直接相连，而是通过一到若干根长短不等的皮带相连。通过 V 型传动来改变转速比。目前已可以将转速比提高到 4：1。假如电机转速为 3000r/min，则定转子的转速可以达到 12000r/min。超过一万的转速才是真正意义的高速分散。提高转速的关键技术在于机封的设计和散热的设计，这是很好理解的，不解决密封和散热，高速分散是没有应用价值的。

高速中试涂料分散机的应用前景：应该说高速分散相对于普通分散机（分散盘）或双行星等分散设备优势还是相当明显的，不论分散程度和分散效率都有质的提升。

高剪切成套设备介绍如下。

（1）高剪切设备主机工作原理及工作过程　高速分散机是一高速搅拌机，结构简单操作方便，在预混分散及调涂料时使用，清洗方便，生产效率高。

① 工作过程概述　在高速旋转的转子产生的离心力作用下，物料从工作头的上下进料区同时从轴向吸入工作腔。

② 工作原理概述　高剪切分散乳化就是高效、快速、均匀地将一个相或多个相分布到另一个连续相中，而通常情况下各个相是互不相溶的。由于转子高速旋转

所产生的高剪切线速度和高频机械效应带来强劲动能，使物料在定、转子狭窄的间隙中受到强烈的液力剪切、离心挤压、液层摩擦、撞击撕裂和湍流等综合作用，从而使不相同的固相、液相、气相在相应成熟工艺和适量添加剂的共同作用下，瞬间均匀分散乳化，经过高频的循环往复，最终得到稳定的高品质产品。

（2）高剪切设备主要特点

① 设备能独立完成乳化、分散、研磨、细化、冷却、过滤、真空自动吸料、半自动灌装等全过程，大大降低劳动强度，该成套设备是传统成套设备耗时的1/5，缩短了加工时间，并易清洗。

② 在 SDL-C 型设备的基础上进一步改进，产量较 SDL-C 型设备提高 2 倍以上，是规模较大的涂料生产厂家的首选。

③ 采用该成套设备生产的产品细度比传统设备进一步细化，分散效果进一步提高，可在真空状态下操作，无气泡生产，无粉尘飞扬，产品质量大幅度提高。

（3）SDL-D 型高剪切一体化涂料成套生产设备

① 制浆部分　将水通过液体计量器加入到液体原料加入槽，用真空吸入到乳化分散釜内，开动低速锚式搅拌，将粉料用真空吸入到乳化分散罐内连续搅拌 10min 左右，再开动两台立式高剪切乳化机乳化 10 分钟，最后开动卧式乳化机连续循环 30 分钟后，浆料即制作完毕。

② 调漆部分　用真空将乳液、成膜助剂从液体吸入槽吸入到低速搅拌釜内，开真空将浆料通过袋式过滤器吸入到低速搅拌机将乳液、助剂、浆料搅拌均匀，然后加入助剂（增稠剂等）进行调漆。若需颜色加入色浆即可。

③ 过滤包装　调好漆后，真空消泡 5min，然后停止搅拌，通过袋式过滤器过滤涂料到半自动灌装机进行包装。

（4）高剪切设备性能比较　与传统设备、同类设备比较，具有以下优势。

① 依照工艺配方通过液体计量器放出需要的水量，称量准确、操作简便。

② 钛白粉、轻钙、重钙等粉料从粉体原料槽通过管道真空加入，避免了生产区粉尘污染。

③ 乳化罐内高剪切机采用德国技术生产的乳化头，设计上在罐内呈一高一低结构，使物料乳化更加充分。

④ 浆料通过卧式高剪切机和静态混合器循环时的进料头，采用网状喷洒结构，使浆料形成散状结构浮在表面，使浆料循环更为充分，避免死角。

⑤ 釜内爪式高剪切和釜外卧式高剪切粉碎功能的同时作用，保证了物料的进一步细化，并大大缩短操作时间；对超细粉采用高剪切机循环打浆办法，但对相对

粗的粉料采用卧式砂磨机和高剪切机同时使用的办法，使浆料更为细化；静态混合冷却效率高于夹套式冷却 5～8 倍，保证生产过程连续进行。

⑥ 特殊的抽真空设计保证物料在真空状态下生产，避免了生产过程中气泡的产生；同时可实现真空自动吸料过程，减轻劳动强度；涂料出料时采用两个袋式过滤器，使用中可相互切换，不影响灌装速度。

⑦ 采用德国技术生产的灌装机，使整条生产线更为经济、实用、气派。灌装生产出来的乳胶漆，开罐效果好，无气泡产生。

图 3-15　NM-400 型实验用分散机

（5）NM-400 分散多用机　NM-400 型实验用分散机（多种型号可供选用）见图 3-15。采用电子无级调速，在低调时，力矩恒定。与物料接触部分均采用不锈钢制造，配有多种砂磨、分散叶，适用于实验室试验用。

技术参数：

电力功率 400W；

输入电源 200V，50Hz；

调速范围 0～8000r/min（无级恒力矩）；

分散砂磨盘直径 50mm，60mm；

砂磨盘直径 45mm，60mm；

升降行程 250mm。

第三节　其他混合设备

一、双轴高速分散机

一般应使高速分散机同时具备以下功能：兼有机械力和物理效应，有较宽的击碎颜料团粒的击碎层；叶轮造成强烈的湍流层应有较大区域，这是颜料团粒间相互撞击分散的磨碎层；叶轮上部区域应具备利用漆料黏度剪切力分离颜料团粒的层流层。为了使每一颜料团粒都能通过击碎层、磨碎层、层流层，叶轮的轴向泵送能力极端重要，这是保证上下循环的关键。显然，这是单轴高速分散机难于达到的。

双轴外搭式叶轮高速分散机的特点为：两台电机分别传动两根高速轴，二轴能移动，加料后才合在一起运转。每根轴上下装两个圆盘齿叶轮，四个叶轮彼此外搭[见图 3-16（a）]，两轴同向旋转。叶轮为一圆盘，内缘外冲出 24 个带月牙孔的锯齿（间隔 3 齿作 3 上 3 下交替排列）。叶轮的圆周速度为 25m/s。其优点在于：叶轮外搭区造成反作用力，产生强剪切作用。叶轮外缘造成三个极强剪切层，月牙孔产生强烈的气蚀作用。轴向泵送能力高，物料循环良好，因而物料分散良好。

双轴外搭式叶轮高速分散机流态见图 3-16（b），它的旋涡很浅，不像单轴高速机有深的叶轮旋涡。相应地物料吸入空气泡就少得多，而且预分散罐装料容量也可增大。适用的黏度范围较广，也可用于原浆料。

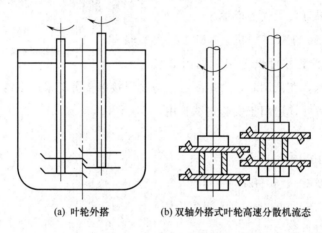

(a) 叶轮外搭　　(b) 双轴外搭式叶轮高速分散机流态

图 3-16　双轴外搭式叶轮高速分散机

双轴高速分散机的特点如下。

（1）双轴高速分散机具有液压升降、360°回转、无级调速等多种功能。可同时配置 2~4 只容器，液压升降（升降行程有 1000mm、1200mm 等）、360°回转功能能更好地满足一机多用，能够在很短的时间内从一个缸变换到另一个缸进行作业，极大地提高了工作效率，同时也降低了人工劳动强度；双轴高速分散机升降系统的液压缸采用专业设计，安全可靠，彻底解决油缸漏油带来的烦恼。同时，升降系统与主机身单独分开式配置，使操作更灵活方便。

（2）双轴高速分散机的双分散叶片同时进行对固-液相分散，能有效地减弱物料的随动现象，加速分散效果。

（3）高速搅拌、分散时空气吸留极少，可使物料迅速溶解，颗粒变小。混合与调匀效果均好。

（4）双轴高速分散机采用无级调速、有电磁调速、变频调速（如用于水性涂料）及防爆变频调速（如用于油性涂料）等多种形式。无级调速功能能充分满足各工艺过程中不同的工艺要求，可以根据不同的工艺阶段选择不同的转速。人性化的电子控制面板使用户在较短的时间内熟练地掌握双轴高速分散机的正确使用方法。

（5）双轴高速分散机的分散轴及分散盘采用优质不锈钢制造，有耐磨、耐腐蚀，适用广泛等优点。

（6）定制高速分散盘：可根据黏度或用户要求增加数量和修改锯齿形高速分散盘的大小。

（7）双轴高速分散机具有能耗低，运转平稳噪声低、清洗方便、投资少、安装灵活、使用维护保养简单等特点，其机身坚固美观，所有操作均集中于专用电子控制柜，操作极为简便。

双轴高速分散机技术参数见表3-1。

表 3-1 双轴高速分散机技术参数

型号	主电机功率/kW	升降高度/mm	主轴转速/(r/min)	搅拌容量/L	分散盘直径/mm
YT-900-1.5	1.5	900	0~1420 或 0~3000	≤50	150
YT-900-3	3/4			≤100	200
YT-1000-5.5	5.5	1000		≤150	250
YT-1000-7.5	7.5			≤300	250
YT-1000-11	11			≤700	300
YT-1200-15	15	1200		≤1000	300
YT-1200-18.5	18.5			≤1200	350
YT-1200-22	22			≤1500	350
YT-1400-30	30	1400		≤1800	400
YT-1400-37	37			≤2200	450
YT-1600-55	55	1600		≤3000	500

二、双轴高低速分散机

双轴高低速分散机多用于涂料生产，又称涂料分散机。其是广泛应用于涂料固体进行搅拌分散溶解的高效设备。

1. 双轴高低速分散机适用范围

双轴高低速分散机适用于涂料、染料、油漆、油墨、颜料、化妆品、树脂、胶黏剂、乳液、医药、皮革加工线、造纸、石油等领域的液体及液-固相物料进行高速的搅拌、溶解和分散，速度可任意调节。

2. 双轴高低速分散机特点

双轴高低速分散机具有多功能分散搅拌釜。一般可集高剪切乳化、高速分散或低速强力搅拌于一体，对于高黏度及触变性物料具有很好的适应性。分散、乳化、搅拌可同时进行工作，一般物料需求可选择开关其中某项功能。

该机适用于各种液态物料的搅拌、混合、乳化均质和分散溶解。

3. 双轴高低速搅拌分散机

品牌/型号：/JF15

分散轴转速：0～1200r/min

重量：1100kg

主机功率：11kW

分散轮直径：700mm

升降行程：800mm

分散轴电机功率：11kW

搅拌轴电机功率：4.5kW

分散轴转速：1200r/min

搅拌轴转速：25r/min

升降高度：800～1100mm

搅浆直径：700～900mm

分散盘直径：200～300mm

重量：1100～2100kg

三、双行星动力搅拌分散机

1. 工作原理

双行星真空搅拌机工作过程中，两支平行的搅拌桨按设定的固定旋转比例运转，沿搅拌罐公转的同时亦快速自转，同时搅拌罐内有随公转同步运转的回旋刮刀不停旋转，使物料由搅拌罐内壁移动到搅拌桨附近，搅拌器的运转方向与公转可同向亦可逆向，达到不同剪切目的。另两支单独动力装置的高速分散齿盘亦随公转一起沿搅拌罐内运转，进行高效分散、乳化。高速分散齿盘为变频调速，可根据生产工艺自定转速。此类运动方式可使物料在较短时间内达到完全均匀的乳化混合效果。

2．产品特点

（1）搅拌罐为耐高酸强碱材料制成，其内外表面光洁度达到高镜面粗糙度要求，方便加料及清洗，罐体采用双层夹套（罐身/罐底）结构，附带循环-加热/冷却温控装置。

（2）高真空状态下搅拌，脱泡功能佳，附设加热感温活动式搅拌罐，一机可搅拌多种原料。

（3）搅拌盖与机体连接，机身升降形式有自动/手动升降，压力盖封口紧密。

（4）搅拌轴、搅拌器、高速分散齿盘均为耐高酸强碱材料制成，搅拌器转动平稳可靠。

（5）搅拌器采用无级调速，可根据顾客生产工艺更换不同形状搅拌器（直框式/螺旋式/叶片式），搅拌器自身间距1～2mm，搅拌器与搅拌罐内壁间距1～2mm。

（6）精密测速装置可准确测出搅拌器适时转速，转速显示误差±（0.5～2）r/min。

（7）精密测温装置位于搅拌罐中部，并伴随搅拌器在罐体内同步运动，可准确测出物料适时温度，误差±(0.5～2)℃。

（8）所有零部件均经过精密机械加工，按照严格工序进行制造。

3．应用范围

（1）工程胶黏剂行业

① RTV硅橡胶——建筑用硅橡胶（聚硅氧烷密封胶、酸性玻璃胶）、机械用硅橡胶、电子用硅橡胶。

② 聚氨酯——双组分聚氨酯密封胶、单组分聚氨酯密封胶。

③ 丙烯酸酯——第二代丙烯酸酯（SGA）、紫外线固化胶（UV胶）。

④ 厌氧胶——传统厌氧胶、预涂厌氧胶等。

（2）涂料行业　装饰涂料、防腐涂料、导电涂料、防锈涂料、耐高温涂料、示温涂料、隔热涂料、钛白粉等。

（3）油墨行业　硅胶塑胶按键油墨、改性塑胶油墨、金属玻璃油墨、鞋材油墨、ABS油墨、PU油墨、UV墨、ABS油墨、油墨助剂添加剂、颜料油漆、硅胶专用油墨等。

（4）新能源行业　燃料电池、动力电池、聚合物锂离子电池（LIP）、扣式锂电池、磷酸铁锂电池、电动车用电池、锂动力蓄电池、金属氢化物镍蓄电池、无汞碱性锌锰电池、锂（锂离子）塑料蓄电池、电化学储能超级电容器、锂离子电池浆料等。

（5）电子（电器浆料膏体）行业　焊锡膏、铅锡膏、无铅锡膏、助焊膏、介质浆料、电阻浆料、导体浆料、助焊剂、清洗剂、软磁材料、永磁材料、电子电极浆料、陶瓷浆料、磁性材料、硅胶油墨、电子涂料、电子胶黏剂、电子电器件灌封胶、热熔胶、各种贵金属粉体、浆体等。

（6）医药行业　生物高分子凝胶（退热贴、医用贴、镇痛贴、驱蚊贴、风湿骨痛贴、眼贴、美目贴、再生面膜、创可贴）、医用耦合剂、药膏、牙膏、牙科用品等。

（7）食品行业　巧克力、口香糖、饴糖、果酱、花生酱、调味品等。

（8）其他行业　精细化工材料、新型化学试剂、高分子材料、高岭土、低中高黏度物料（液-液相、液-固相）等。

四、三轴高低速分散机

三轴高低速分散机也称三轴搅拌机。图 3-17 是 SJ-1100 型三轴高低速分散机示意图。本机由高低速传动及搅拌部件、升降部件、液压站、电控柜和拉缸等组成。高速部分由一电机通过 V 带带动两根高速轴上的 2 个或 4 个叶轮，主要起分散作用。低速部分由电机和减速机通过 V 带带动低速轴上的框式搅拌器，主要起混合作用。

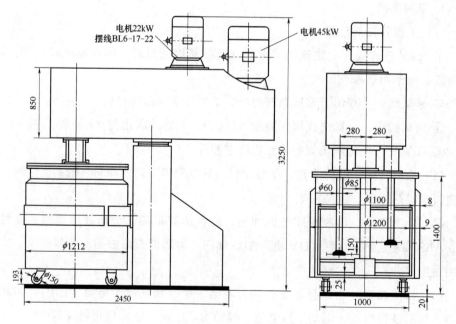

图 3-17　三轴高低速分散机（SJ-1100 型）示意图

与双轴高低速分散机相比，此机增加了一根偏置的高速轴及相应的叶轮，这无疑使它能适用于黏度更高的物料。SJ-1100型三轴高低速分散机的一些技术参数如下：高速电机系隔爆式，功率为45kW；高速轴转速为1440r/min；叶轮直径为280mm；低速电机系隔爆式，功率为22kW，配带摆线针轮减速机型号为BLD6-17-22；低速轴转速为63r/min，框式搅拌器直径为1040mm（可带刮壁装置）；拉缸尺寸为100mm×1200mm，带夹套；升降行程为1300mm。该机升降部分设置了双导向杆，升降平稳。

五、同心轴高低速分散机

1. 主要用途

专业生产真空同心轴高低速分散机，ZTST型是一种新型高效搅拌设备，适用于高黏度物料的搅拌，可使物料在真空状态下迅速分散＼溶解＼混合均匀。

2. 性能特点

低速框式桨将物料向料缸中心翻动，经高速轴的剪切、分散。双重密封，保证长期作业无泄露（泄油、泄气）。封盖采用弹簧式结构，无需手动拧紧、压紧，自动方便可靠。本机是一种新型高效搅拌设备，适用于高黏度物料的搅拌，可使物料在真空状态下迅速分散、溶解、混合均匀。

3. 性能参数

其见表3-2。

表3-2 同心轴高低速分散机性能参数

型号参数	ZTST-100	ZTST-300	ZTST-500
防爆主机功率/kW	11	15	22 或 30
升降行程/mm	1100	1150	1200
高速轴转速/(r/min)	0～1500	0～1500	0～1500
低速轴转速/(r/min)	0～72	0～72	0～72
叶片直径/mm	$\phi200×L500$	$\phi250×L700$	$\phi300×L800$
罐容量/L	100	300	500
外形尺寸/mm	2000×400×1900	2200×450×2100	2450×500×2300

六、高低速同心双轴搅拌机

1. 主要用途

高低速同心双轴搅拌机适用于高黏度胶粘剂、油漆、油墨等行业，高效率湿式搅拌，采用高速分散加低速框式搅拌组合式设计，框式搅拌可加刮壁装置，防止物料粘边。

既完成了高速分散功能，又克服了高黏度化工物料流动性差，实现分散、溶解、颗粒细化、搅拌、调匀等功能。针对特殊物料，可加密封盖，实现抽真空脱泡。

应用于胶粘剂、AB 胶、新材料、硅橡胶、硅酮胶、密封胶、玻璃胶、有机硅、助剂、LED 灯具、电子浆料、电池浆料、热溶胶、树脂工艺品等产品。

2. 性能特点

① 液压升降结构设计，精选工程油缸，升降快速稳定，特殊密封设计，不漏油，经久耐用，3 万次无故障。

② 变频器调速，低速启动，有效保护电机，节能环保。

③ 双轴双电机，高效节能，分散搅拌效果佳。

④ 分散轴热处理工艺，硬度和韧性俱佳，振幅极小。

⑤ 安装形式分落地式和平台式，满足各种生产需要。

3. 设备参数

其见表 3-3。

表 3-3　高低速同心双轴搅拌机设备参数

型号参数	TSJ600	TSJ800	TSJ900
料缸容量/L	150	300	500
分散盘电机功率/kW	11	15	22
分散盘直径/mm	250	250	350
框式搅拌电机功率/kW	4	5.5	7.5
低速轴转速/(r/min)	50	50	25
泵功率/kW	0.55	0.55	0.75
重量/kg	1200	1500	1900

七、间歇式高速分散乳化机

1. 单向吸料

转子结构设计为刀片式（图 3-18），物料从底部吸入定转子区域，具有较强的分散乳化能力，运行稳定，使用方便。

适合于制作初级的乳化、分散及高效率的混合。

主轴特别设计为悬臂结构，与固定定子架之间无轴承装置，避免了摩擦产生的污染，绝对保证了物料的纯净度。

由于采用了无轴承结构，工作时物料的温升得到有效控制，对热敏性物料及有温升限制的生产工艺比较适合。其如图 3-19 所示。

适合于高纯净度物料的分散、乳化、均质。

2. 双向吸料

定转子结构设计为爪式对偶啮合，物料从定转子上部与下部同时吸入，剪切概率成倍提高，同时避免上部物料易产生死角的问题。其如图 3-18 所示。

适合于精细的乳化、高品质的分散及高效率的混合。

转子经过特别的设计，具有超强的抽吸能力，对处理高黏度、高固含量的物料更显优势。

接触物料部分经抛光处理符合医药级（GNP）的生产要求。适合于药品、化妆品、食品、保健品等生产行业。

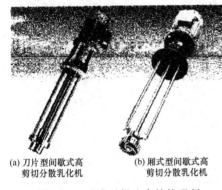

(a) 刀片型间歇式高
剪切分散乳化机
(b) 厢式型间歇式高
剪切分散乳化机

图 3-18　爪式对偶咬合结构吸料

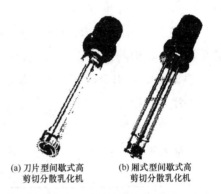

(a) 刀片型间歇式高
剪切分散乳化机
(b) 厢式型间歇式高
剪切分散乳化机

图 3-19　无轴承结构吸料

3. 高剪切乳化机

（1）产品说明

该系列是为批量生产而设计，采用爪式啮合、双向吸料结构，避免了上部物料难以吸入造成的死角和漩涡现象。设备的剪切力更强，从而使生产效率和分散乳化品质得到提高。其如图 3-20 所示。

本设备是高效、快速、均匀地将一个相或多个相分布到另一个连续相中，而在通常情况下各个相是互相不溶的。由于转子高速旋转所产生的高切线速度和高频机械效应带来的强劲动能，从而使不相溶的固相、液相、气相在相应成熟工艺和适量添加剂的共同作用下，瞬间均匀精细地分散乳化，经过高频的循环往复，最终得到稳定的高品质产品。

（2）处理工艺

图 3-20　高剪切乳化机

① 混合　适用于糖浆、香波、洗涤液、果汁浓缩液、酸奶、甜点、混合奶制品、油墨、瓷釉。

② 分散混合　适用于甲基纤维素溶解、胶质体溶解、碳化物溶解、油水乳化，预混合、调味料生产、稳定剂溶解、烟尘、盐、氧化铝、农药。

③ 分散　适用于悬浮液、药丸包衣、药物解聚、涂料分散、唇膏、蔬菜浓汤、芥末混合物、催化剂、消光剂、金属、颜料、改性沥青、纳米材料的制备和解聚。

④ 乳化　适用于药乳液、药膏、雪花膏、面膜、面霜、乳化香精、油水乳化、乳化沥青、树脂乳化、蜡乳化、水性聚氨酯乳化、农药。

⑤ 均质　适用于药乳液、药膏、雪花膏、面膜、面霜、组织匀浆、奶制品均质、果汁、打印墨水、果酱。

（3）性能参数

性能表见表 3-4。

表 3-4　高剪切乳化机性能参数

型号	功率/kW	转速/(r/min)	处理量/L
L80	1.1		5～40
L90	1.5		5～50
L100	2.2		50～100
L120	4	2800～2900	100～300
L140	7.5		200～800
L160	11		300～1000
L180	18.5		500～1500
L200	22		800～2000
L220	30		1000～3000
L240	37	1400～1500	1500～5000
L270	55		2000～8000
L290	75		3000～10000

4. 管线式高剪切乳化机

（1）产品说明

管线式高剪切是我国吸取消化国外先进技术和工艺研制开发的新产品，各项指标达到国内先进水平。其如图 3-21 所示。产品质量是完全符合 GMP 技术要求 ISO9001 认证产品的，特别适用于食品、饮料、化工、生化、石化、制药等领域必不可少的颜料、染料、涂料等混合液的乳化均质机械设备，具有总体结构简单、体积小、重量轻、易操作、噪声低及运转平稳等优点，其最大特点是在生产工艺流程中不采用研磨介质，集高速剪切、分散、乳化、均质、混合、破碎、输送一体化功能于一身。

（2）应用范围

① 食品工业：辣椒酱、芝麻、果茶、冰淇淋、奶油、果酱、果汁、大豆、豆浆、豆沙、花生奶、蛋白奶、豆奶、乳制品、麦乳精、香精、调味品、其他各种食品等。

② 化学工业：油漆、颜料、染料、涂料、润滑油、合成脂、润滑脂、柴油、石油催化剂、乳化沥

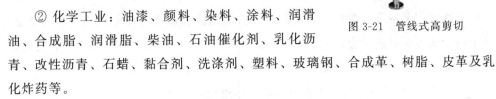

图 3-21　管线式高剪切

青、改性沥青、石蜡、黏合剂、洗涤剂、塑料、玻璃钢、合成革、树脂、皮革及乳化炸药等。

③ 日用化工：牙膏、洗涤剂、面霜、唇膏、洗面奶、洗发精、鞋油、高级化妆品、沐浴精、肥皂、混凝剂、香料及香皂等。

④ 医药工业：各型糖浆、营养液、中成药、膏状药剂、生物制剂、鱼肝油、花粉、蜂王浆、疫苗、各种药膏、各种口服液、杀菌剂、针剂、抗生素、微胶囊及静滴液等。

⑤ 建筑工业：各种涂料包括内外墙涂料、防腐防水涂料、多彩涂料、陶瓷釉料、纳米涂料及喷漆等。

⑥ 造纸工业：纸浆、黏合剂、松香乳化、造纸助剂、树脂乳化等。

⑦ 农药工业：杀菌剂、种衣剂、除草剂、农药乳油、化肥、生化农药、生物农药等。

⑧ 其他工业：煤炭浮选剂、稀土、纳米材料分散解聚、反应萃取及纺织工业、军工等领域。

（3）管线式高剪切分散乳化机的优点

① 处理量大，适合工业化在线连续生产；粒径分布范围窄，匀度高。

② 节约能耗、省时、高效；噪声低、运转平稳。

③ 消除批次间生产的品质差异；无死角，物料 100％通过分散剪切。

④ 具有短距离、低扬程输送功能；使用简单，维修方便。

⑤ 可实现自动化控制。

（4）管线式高剪切分散乳化机工作过程

管线式高剪切分散乳化机是用于连续生产或循环处理精细物料的高性能设备，在狭窄空间的腔体内，装有1～3组对偶啮合的多层定、转子，转子在发动机的驱动下调整旋转，产生强劲的轴向吸力将物料吸入腔体。

在最短的时间内对物料进行分散、剪切、乳化处理，料径分布范围也显著变窄，由此可制得精细的长期稳定的产品。

（5）管线式高剪切乳化机结构

管线式高剪切乳化机结构示意图见图3-22。

（6）管线式高剪切乳化机核心技术原理

① 管线式高剪切分散乳化机的工作原理

管线式高剪切分散乳化机与间歇式高剪切切散乳化机工作原理相同，只是定、转子设计成多层对偶啮合，齿型密集排列布置，使其达到最高的剪切概率；特殊设计狭小的工作腔，杜绝死角现象，使物料均一性更好，更细腻。

② 单级管线式高剪切分散乳化机的工作过程：

a. 单级管线式是工作腔内设有一组定、转子。

b. 高速旋转的转子产生离心力，将物料从轴向吸入定、转子工作区。

c. 每一份物料都有在工作区经过定、转子多层、密集、均匀剪切处理后，从径向喷射出来，完成分散乳化均质等工艺过程。

d. 经过一次处理或循环处理后，最终在线得到稳定的高品质产品。

③ 三级或多级管线式高剪切分散乳化机的工作过程

a. 三级管线式是工作腔内设有三组定、转子。

b. 高速旋转的转子产生离心力，将物料从轴向吸入定、转子工作区。

c. 每一份物料都经过定、转子多层、密集、均匀剪切作用后，从径向喷射出来，在第二组转子离心力的作用下，进入第二个定、转子工作区；再一次经过定、转子多层、密集、均匀剪切作用以后，从径向喷射出来，在第三组转子离心力的作用下，进入第三组定、转子工作区，完成分散、乳化、均质等工艺过程。

d. 经过三组定、转子依次处理后，使用物料在最短时间内得到均匀的处理，从而达到在线生产高品质产品的目的。

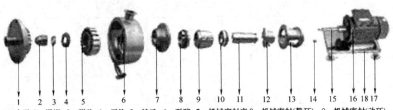

1—定子；2—螺帽；3—弹垫；4—平垫；5—转子；6—泵腔；7—机械密封座；8—机械密封(静环)；9—机械密封(动环)；10—机械密封(静环)；11—轴套；12—密封冷却座；13—泵机座；14—销子；15—泵轴；16—电机；17—支脚；18—机架

粗齿：
撞击、破碎、剪切、溶解、粗分散

中齿：
分散、细化、加速溶解、乳化

细齿：
超细分散、加强乳化、均质、浆化

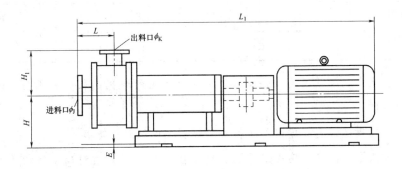

管线式高剪切乳化机外形尺寸：

型号	L	L_1	H	H_1	E	ϕ_J	ϕ_K
SRH-60	90	575	180	150	12	38	32
SRH-80	90	575	180	150	12	38	32
SRH-130	137	743	224	182	12	51	38
SRH-140	137	743	225	182	12	51	38
SRH-165	137	743	225	182	12	51	38
SRH-180	142	764	250	190	12	63.5	51

图 3-22　管线式高剪切乳化机结构示意图

5. SRH 系列高剪切乳化机

其功能见表 3-5。

表 3-5　SRH 系列高剪切乳化机功能表

型号	功率/kW	转速/(r/min)	流量范围/(m³/h)	n-d
SRH-60	1.1		0～1	4-Φ14
SRH-80	1.5		0～1.5	4-Φ14
SRH-100	2.2		0～3	4-Φ14
SRH-130	4		0～4	4-Φ14
SRH-140	5.5		0～5	4-Φ14
SRH-165	7.5	2800～2900	0～8	4-Φ14
SRH-180	11		0～12	4-Φ14
SRH-190	15		0～20	4-Φ14
SRH-200	22		0～25	4-Φ20
SRH-210	30		0～35	4-Φ20
SRH-230	45		0～50	4-Φ20

注： ① 表中流量范围是指介质为"水"时测定的数据，表中所列型号的出口压力≤0.2MPa。

② 如采用循环工艺，建议与间歇式高剪切乳化机配合使用。

③ 如有高温、高压、易燃、易爆、腐蚀性等工况，必须明确提供相关准确的参数，以便正确选型定制。

④ 对流动性较差的介质，建议在入口处用流量相匹配的泵输送，泵入的压力≤0.2MPa。

⑤ 产品在不影响基本结构及性能的改进时，恕不另行通知。

6. 高剪切乳化机组

其见图 3-23。

优化组合通过管线式高剪切和高剪切罐组合使系统达到最佳状态，达到最好的乳化效果。对于各种流程工艺，有不同形式的设备来匹配，并进行优化组合，使系统达到最佳状态。常见工艺流程如图 3-24 所示。

循环处理范例如图 3-25 所示。

连续处理范例如图 3-26 所示。

(a)   (b)

图 3-23　高剪切乳化机组

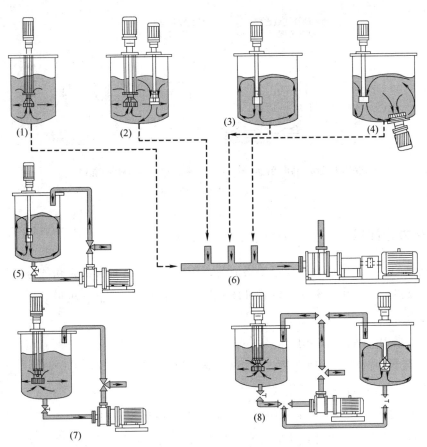

图 3-24　高剪切乳化机组工艺流程

第三章　涂料分散混合设备

73

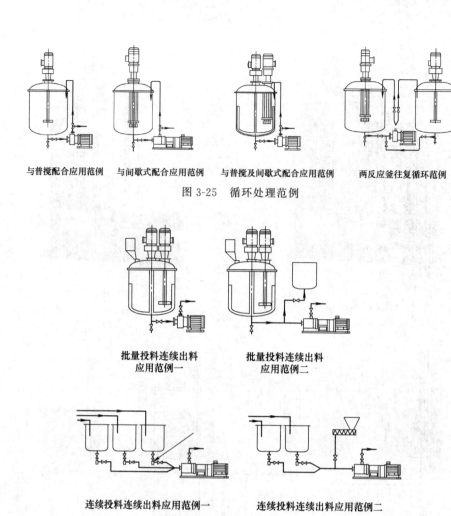

与普搅配合应用范例　　与间歇式配合应用范例　　与普搅及间歇式配合应用范例　　两反应釜往复循环范例

图 3-25　循环处理范例

批量投料连续出料
应用范例一

批量投料连续出料
应用范例二

连续投料连续出料应用范例一　　　　连续投料连续出料应用范例二

图 3-26　连续处理范例

八、强力分散机

强力分散机，可能大家还不是很清楚，作为已经实践证实的多功能分散机，金昶泰机械可以根据用户需求定制各种能满足高低黏度物料的混合机械。

强力分散机结构特点如下。

（1）强力分散机的结构

① 强力分散机是一种高效、多功能、强制性搅拌机，通常采用机架、缸盖和搅拌桨叶升降而料缸移动的模式。

② 强力分散机由三个电机组成，中间的电机通过减速机驱动"山"字型刮边刮底机构，边上两个高速电机直连高速分散盘，高速电机通常配置变频器调速，以

涂料生产设备手册

74

满足各种产品的工艺要求。

③ 强力分散机通常采用加厚钢板和特殊密封结构，以适应抽真空和加压等场合。

④ 强力分散机通常可以配置多个可移动料缸，该料缸通常设计成夹套结构，以实现加热或冷却。

⑤ 强力分散机通常配套 YLJ 系列液压挤出机，以实现膏状物料的挤出。

（2）强力分散机的特点

① 无级调速、数字显示、操作方便、实验数据采集直观。

② 输出端应用多级增力机构，低速搅拌运行转矩输出大，转速恒定。

③ 噪声低，可以长时间工作。

④ 配置齿盘式分散头，PTFE 研磨头。

⑤ 工作头更换方便，易清洁。

（3）强力分散机的功能

强力分散机采用变频调速，可满足各种工艺要求。分散机釜内有三根不同形式的搅拌器，其中一个搅拌器在绕釜体轴线转动，其余两个搅拌装置又以不同的转速绕自身轴线高速自转，使物料在釜内作复杂的运动，受到强烈的剪切和搓合。设备内山形刮片绕釜体轴线转动，将粘在壁上和底部的原料刮出参与混合，使其效果更为理想。设备密封性好，可抽真空，具有良好的排气除泡效果。

第四章　涂料研磨与调漆设备

第一节　概述

一、研磨设备概述

研磨机类型很多，一类带自由运动的研磨介质，另一类不带研磨介质。前者如砂磨机、球磨机，依靠研磨介质（如玻璃珠、钢球、卵石等）在冲击和相互滚动或滑动时产生的冲击力和剪切力进行研磨分散，通常用于流动性较好的中、低黏度漆浆的生产。后者如辊磨，依靠抹研力进行研磨分散，可用于黏度很高甚至成膏状物料的生产。

球磨机采用旋转摩擦方式。当球磨机旋转时，物料和钢球随球磨筒的转动而运动到一定的高度后下落。物料靠下落钢球的碰撞作用粉碎，靠钢球之间及钢球与球磨筒之间的摩擦作用使料粉细化。

砂磨机采用搅拌研磨方式。当砂磨机的搅拌装置高速旋转时，带动称为"砂"的钢球做涡流运动，即钢球在离心力的作用下沿罐壁从下向上运动，到达液面时再掉下来，循环往复来挤压、研磨、冲撞粉料，起到细化粉料作用。

砂磨机除具有滚动式球磨机冲压、研磨、互相撞击等作用外，还具有以下的特点。

① 搅拌式旋转粉料与介质球，避免研磨死角，使碎粉、料浆混合更加均匀。

② 转速的提高，使研磨效果大大增强。

③ 由于所选用的"砂"径小，砂料比大，增加了相互接触的概率，提高了

效率。

由于以上特点使得粉料的粒度分布和平均颗粒尺寸都优于普通滚动球磨机。

实验用砂磨机和球磨机分别研磨分散铁氧体料浆得出的实验结果：砂磨机的效率是球磨机效率的 7.8 倍，且砂磨机研磨出来的料浆粒度分布更为均匀，砂磨机不论从粉碎时间上还是粉碎的效率上都远远优于球磨机。

涂料油漆行业的湿法分散研磨设备有很多，目前主要应用的有卧式砂磨机、立式砂磨机、篮式砂磨机以及三辊机，这几种各有特色。

下面详细分析一下这几种机器的特点。

篮式砂磨机是近几年发展的一种新型砂磨机，它是将研磨漆料置于搅拌桶内，将装有研磨介质及搅拌刀的篮子深入漆料中进行研磨分散。其特点是：适合小批量、多品种的产品作业；漆料预混合、研磨分散及涂料化可在同一搅拌罐中完成。

缺点是分散效率一般较低，分散时间较长。因此它非常适合小批量产品的色浆制备。砂磨机体积小，占用空间面积小，可连续高速分散，效率高，其结构简单，操作方便，目前在涂料行业中应用最广。其缺点是更换颜色困难，灵活性不强。

目前砂磨机已经从敞开式发展为密闭式，可最大限度减少物料在生产过程中的挥发，同时可在不超过 0.3MPa 的压力下带压操作，加压操作能适应高触变性和流动性差的色浆，同时可增加浆料中颜料的含量，进一步提高分散效率。

砂磨机又有卧式和立式的区分，卧式砂磨机和立式砂磨机的区别是卧式砂磨机装砂量更大，研磨效率更高，同时拆洗相对方便。目前在涂料行业中采用封闭式卧式砂磨所占的比例逐步提高。

三辊机由三个钢辊组成，在电机的带动下转动，前后辊向前转动，中间辊向后滚动，将漆料放入辊子中间，依靠辊子之间的缝隙来实现对颜料的剪切分散。优点是三辊机剪切力大，非常适合高黏度的漆料生产，缺点是不能连续生产，且生产为敞开式，一般物料挥发大，手工操作劳动强度大，目前应用越来越受到限制。

二、立式砂磨机和卧式砂磨机的区别

1. 概述

砂磨机属于湿法超细研磨设备，是从球磨机发展而来。广泛应用在油墨生产过程中的颜料分散及研磨。

砂磨机有不同的分类方式。

① 根据搅拌轴的结构形状可分为盘式、棒式、棒盘式（即凸块式）。

② 根据研磨筒的布置形式可以分为立式、卧式。

③ 根据筒体容积大小可分为实验室、小型、中型、大型、超大型。

④ 根据介质分离方式可分为静态、动态分离砂磨机。

⑤ 根据能量密度（单位体积装机功率）可分为低能量密度砂磨机、高能量密度砂磨机。

生产不同品种的油墨，使用砂磨机的结构形式也不同。大概遵守以下规律：凹版油墨生产一般使用销棒式砂磨机（5～50L）或者盘式砂磨机（10～100L）。轮转胶印油墨一般使用立棒式砂磨机（5～130L）或卧盘式砂磨机（60～500L），而特高黏度单张纸油墨生产经常使用高能量密度的锥形砂磨机或三辊机。喷绘油墨（墨水和颜料溶剂型）一般使用高能量密度的销棒式（卧式或立式）砂磨机和离心涡轮转子（新专利产品）。

2. 砂磨机的发展历史

如图 4-1 所示，砂磨机发展大概经历了以下几个阶段。

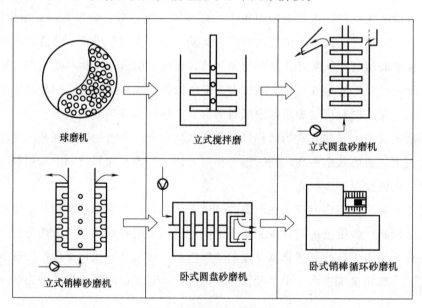

图 4-1　砂磨机发展历史

第一阶段：→立式搅拌磨（底部筛网分离器＋棒式研磨原件）

第二阶段：→立式圆盘砂磨机（盘式＋顶部筛网分离器）

第三阶段：→立式销棒砂磨机（棒式＋顶部缝隙分离器）

第四阶段：→卧式圆盘砂磨机（盘式＋动态转子离心分离器）

第五阶段：→卧式销棒循环砂磨机（棒式＋超大过滤面积分离器）

砂磨机是在球磨机的基础上发展而来的，很多国内用户至今还将砂磨机称做球磨机，而在国外被称做搅拌式球磨机（由搅拌轴＋球磨机组合）。球磨机、搅拌磨和砂磨机三者到底有什么本质差别呢？从破碎原理来看，三者共同点是利用研磨介质之间的碰撞、挤压、摩擦等原理破碎物料。所以，可以将三者归类到介质磨家族。三者不同点可以用表4-1的表格说明。

表4-1 球磨机、搅拌磨和砂磨机特性结构

机器类型 结构特点	球磨机	搅拌磨	砂磨机
旋转体	筒体	立式搅拌轴	搅拌轴＋(筒体)
主要破碎能量来源	磨球重力势能	磨球的动能	磨球的动能
能量传输特点	大球＋低速	中球＋中速	小球＋高速
搅拌器线速度/(m/s)	—	3～8	8～15
搅拌器件类型	无搅拌器	销棒	盘式/棒式/凸盘式
结构特点	卧式	立式	卧式/立式
介质尺寸/mm	10～100	2～10	0.1～5.0
产品细度/μm	10～1000	2～10	0.05～50
应用领域	粗磨/预破碎	铁氧体＋硬质合金	微米及纳米超细磨

3. 立式砂磨机和卧式砂磨机的区别

砂磨机主要是靠研磨介质和物料之间的高速旋转作用来进行研磨工作的。按照外部的形态来看，砂磨机主要可分为立式砂磨机和卧式砂磨机。那么这两者有什么区别呢？

（1）从制造的难度来进行比较 立式砂磨机由于避免了密封方面的问题，在制造上就较为容易，成本造价也就较低，所以立式砂磨机更加适合一些对产品要求比较低，但是需要有高产量的产品制造。相反，卧式砂磨机的制造成本较高，但是它能保证物料的密封性，防止产品的污染，很好地保证了产品的纯度，因而适合生产一些要求高精度和高细度的研磨产品。

（2）从研磨的细度方面来比较 立式砂磨机的磨腔内的研磨介质在受到重力的影响之后，介质填充率较低，而且分布也不均匀，造成了研磨效果不理想。而卧式砂磨机就能很好地克服重力对介质的影响，从而具有较好的研磨效果，能够达到产品对细度的要求。

（3）从使用的成本来进行比较 立式砂磨机在停机的时候，研磨的介质在研磨腔的底部。然后，一开机，叶片就和珠子产生了强大摩擦，由于研磨珠太过于集中，就容易造成碎珠事件的发生。

（4）从材质方面来分析　立式砂磨机一般使用的是普通的材质，而卧式砂磨机一般选用较好的材质，一般卧式砂磨机所使用的材料是碳化钨金属材料。

卧式砂磨机就是把立式砂磨机横过来水平放置而已，由于重力的影响和制造材料的不同，产生了诸多的不同。但是，它们都有各自的用武之地，顾客购买时，只有了解了两者的特点，才能更好地去选择更加适合自己的砂磨机。

4. 砂磨机的控制系统与操作系统

以下技术信息仅为其公司智能型全自动依托 PLC 可编程程序控制器与人机智能操作界面架构的纳米砂磨机，普通型砂磨机操作方式、控制系统、操作系统、检测系统与以下纳米砂磨机完全不同，要注意区分。

（1）砂磨机控制系统　球磨系统整体架构，如图 4-2 分成：

① 输入：包括模拟转数字（A/D）模块、传感器、操作接口；

② 输出：数字转模拟（D/A）模块、附属装置、变频发动机、冷却机；

③ 控制单元：可程控器、冷却机温度控制器、变频发动机驱动器。

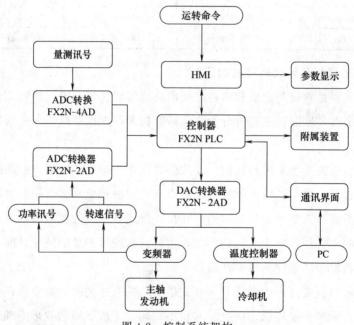

图 4-2　控制系统架构

（2）砂磨机在线粒径检测模块　本模块为组合黏度与光透过率两特性量测法所设计出的在线检测模块。其是由研究粉末性质与其平均粒径的关系所设计出来的模块。模块的单元可分为传输样本的管路单元、黏度计、光透过管、光收发模块、讯号处理单元、处理器、参数设定、数据输出等。

（3）操作接口

① 装置控制　包括主轴与冷却系统的电源切换、运转开关、球磨槽自动升降、警报指示与复归钮等；还包括循环系统的泵浦、球阀、搅拌器、定位模块与粒径检测模块等的启闭按钮，并以图形方式显示运转状态，以数值的方式显示撷取参数。

a. 主控制盘；

b. 循环系统控制盘。

② 参数实时撷取与显示　根据一般球磨系统所必须撷取的讯号为考虑，规划五种参数，分别为温度、压力、功率、转速以及粒径的重要讯息，并以数值与趋势图追踪的方式，实时显示于图形上。

③ 程序化运转　设计有单一速度与多段速度两种模式、转速与温度设定、系统自动停止方式设定等。

④ 制程参数储存　在砂磨机的粉碎或分散的过程中，制程参数不只要能够实时提供给使用者，也必须将数据储存，以作为分析或追踪的参考数据。

第二节　立式敞开式砂磨机

砂磨机是一种利用硬度较高的玻璃珠（直径约 2mm）与含有颜料的色漆浆进行混合摩擦达到分散效果的研磨设备，它具有生产效率高、可以连续操作等特点，已成为目前涂料行业的一种最广泛采用的色漆研磨设备。

砂磨的型式主要有立式和卧式两大类，立式砂磨又分敞开式和密封式两大类。

砂磨机的结构主要由三部分组成，即盛玻璃砂的筒体（直立式或横卧式）、搅拌轴和强制送料系统以及附属设备。筒体的容积可从 1L 到 200L，甚至更大。搅拌轴的转速一般为 890r/min。强制送料系统配备有特制的大功率的无级变速泵。

一、立式砂磨机的最新发展

砂磨机由一主电机带动分散轴作 800～1500r/min 高速转动，研磨介质是玻璃砂，靠分散轴带动砂子和研磨料一起旋转研磨分散，可以连续研磨，酷似分散体制备中的砂子磨，可以相互代用。砂磨机结构简单、操作方便，可以连续生产，生产效率高。

德国公司在 20 世纪 80 年代末推出 VMSM 双室异形磨筒砂磨机代表了立式砂磨机技术的发展新方向。它突破了圆柱形筒体的思维定式，采用高密度的氧化锆球作研磨介质，双筒并联或串联使用。以下作详细介绍。

二、立式砂磨机的设备结构

在行业内众所周知，双轴搭接分散盘高速分散机的剪切率远高于单轴高速分散机，分散性能也远优于后者。德国的 Vollrath 公司从中得到启示，首先试验双轴搭接分散盘，单室圆柱形磨筒砂磨机，获得较好的效果。第二步，对六种几何形断面的磨筒进行对比试验（见图 4-3），以求最佳分散性能磨筒断面几何形状。试验都在单室内进行。以所研磨分散成品的饱和度作为分散性能的判别数据。从所测试得到的各种断面磨筒的色饱和度数据中，令人惊异地表明，目前仍在普遍使用的圆（柱）形磨筒的分散性能远非是最佳的，正好相反，实属最差的。色饱和度数据证明以正方形为最佳，90°扇形次之，正六边形居第三，其余按图 4-4 自左向右地排列。依照试验结果，确定了双室正方形磨筒砂磨机（结构见图 4-4），其特性见表 4-2。二室串联，分别装不同粒径的研磨体（珠球）。第一磨筒（室）装填较大粒径

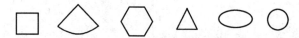

(a) 正方形　(b) 90°扇形　(c) 正六边形　(d) 三角形 (e) 椭圆形　(f) 圆形

图 4-3　试验磨筒断面几何形状

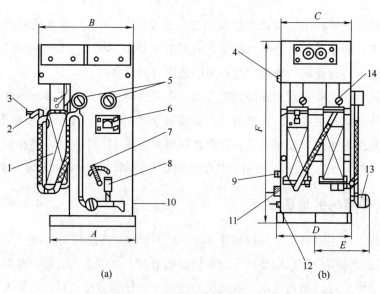

(a)　　　　　　　　　　(b)

图 4-4　双室正方形磨筒砂磨机结构

1—磨筒；2—出料口；3—温度计；4—密封箱压力接管；5—触点式压力计；

6—电流表；7—给料泵调速手柄；8—漏斗；9—冷却水工作指示孔；10—物料入口；

11—冷却水进口；12—冷却水出口；13—给料泵；14—膜式压力计

的珠球，粉碎较大的颜料聚块，作预分散室。第二磨筒（室）装填较小粒径的珠球，作精细分散室。实验证明，高速转动的各个圆形分散盘在正方形磨筒的水平区形成交错的增压流层和减压流层，这样避免了在磨筒壁上以及筛网区部分传动轴上形成剩留的未经分散的颜料附聚体，而这些颜料附聚体最有可能冲出物料出口。

正方形磨筒砂磨机的生产能力是很高的，一般说来是同规格圆柱形磨筒砂磨机的 2～4 倍。同时，其机体也比同规格的密封式、圆柱形磨筒砂磨机小得多。

德国的公司还对各种材质的研磨体进行了对比试验，选定了氧化锆和氧化硅混合球为研磨体，其组成为：ZrO_2 球 68.5%，SiO_2 球 31.5%。

表 4-2　双室正方形磨筒砂磨机特性

型号	磨筒（数量×容积）/L	电机		产量/(L/h)	外形尺寸/mm						质量/kg
		功率/kW	转速/(r/min)		A	B	C	D	E	F	
VMSM^2/15	2×15	24	1500	120～800	780	1028	800	830	615	1680	1050
VMSM^2/30	2×15	44		240～1600	1100	1210	900	900	700	2000	1960

经实验证实，这种混合球的分散研磨性能对分散盘、筛网、磨筒、轴以及自身的磨耗达到最佳值。

研磨体的规格要求：

密度　　　　$3.79 \times 10^3 kg/m^3$；　硬度（维氏）　　　　$800～1000kg/mm^2$；

假密度　　$2.36kg/L$；　　　　颜色　　　　　白色；

硬度（莫氏）　7

第一磨筒应装填粒径 $\phi(1.6～2.5)mm$ 的混合球。其他材质（自然砂除外）的研磨体也能用。混合体的磨损强度比目前常用的玻璃球提高了 3 倍。

双室正方形磨筒砂磨机设备结构介绍如下。

（1）传动　一台电动机，由三角皮带同时驱动两个分散盘传动轴。轴封系压力式密封箱，采用液压式或机械式控制装置。另外装有离心式离合器，其优点：启动平稳，瞬时即可达到额定转速；有剪力式保护销，过载时保护电机；启动快速，瞬时启动电流减至最小。

（2）给料泵　该泵系齿轮泵。传动方式：泵电机→三角皮带→无级变速箱。变速范围：0～300r/min。无级变速箱与泵之间用剪力保护销离合器连接，当泵咬死时保护无级变速箱。用伞齿轮和调速手柄调速，能快速调节泵输出量。附有转速指示器。

泵特性：PS30　0.03L/s；PS60　0.06L/s。

根据物料的不同，也可另装螺旋泵、叶片泵。

泵入口处也装有特殊加热或冷却的漏斗，为某些高黏度物料加料用。同时附有过滤器，瞬防颜料团粒阻塞泵进口处。

（3）磨筒　其断面为正方形，长径比为 2.8～2.9（圆形断面磨筒一般长径比为 3.2～3.0）联矩形筛网，条状筛孔，槽宽可变。高黏度物料可用大表面积筛网，表面积要大于磨筒断面积使磨筒内升压减至最小。

磨筒上部筛网出口处有盖板，以防物料干燥，并有指示物料料温的温度计。磨筒上装有研磨体装填测高尺，以避免装填过量进入上部法兰口。

磨筒上的膜式压力计来指示其内部压力变化。磨筒底部法兰是链连接，故换色、换研磨体和清洗都极为方便快速。底部进料阀为止回阀，依据物料不同也可改装球阀。

每一根传动轴上装 12 个分散盘，但没有平衡盘。分散盘与轴是过盈配合，没有间隙，也不可能存料、容易清洗。分散盘为圆形，轮辐式，进料通畅。

传动轴由轴承和双动轴承密封环组成的密封箱支承，其上端是三角皮带轮。密封箱内注浸密封液（冷却剂）并连接热虹吸槽，组成温差环流系统。密封箱是加压的，以防物料进入。密封箱内压力高于磨筒内压 1Pa。密封箱与磨筒上各装有触点式压力计，与控制系统连锁。当二者压差小于 1Pa 时，自动停机。

磨筒外夹套内有特殊折流板，冷却效率较高。而正方形磨筒冷却表面积本来就大于同规格圆形磨筒的冷却表面积约 15%。密封液和夹套冷却水系统由恒温阀控制。双磨筒一般为串球使用，可接管线（软管），也可单独使用。分散盘的线速度是固定的，根据物料不同，改装传动轴三角皮带轮即可获得所要求的线速度。目前常用的系列是 2×2L、2×15L 和 2×30L。

归纳起来，双室异形磨筒砂磨机有如下几个优点：

① 效率高，是同规格圆形磨筒砂磨机的 2～4 倍；

② 结构紧凑，占地小，价格较低廉；

③ 密闭式，防污染；

④ 控制系统连锁，操作安全；

⑤ 清洗快速方便；

⑥ 双室可串联使用，也可单独使用；

⑦ 研磨体磨耗小，寿命是常用的玻璃球的 3 倍；

⑧ 适用的物料黏度范围大，可达 1000～20000mPa·s。

三、立式砂磨机示例

立式开启式砂磨机见图 4-5，涂料检测仪器 KSM-2 适用于涂料、染料等化工行业实验室使用。供各种有关产品如油漆、油墨、染料、涂料、磁性录音带涂层等作分散试验。

本砂磨机的叶盘线速度可达 10.5m/s，使筒体内的物料上下剧烈翻动，并与研磨介质产生强烈的撞击和剪切，使聚集物体破坏，达到迅速分散与均匀混合的目的。

本机能为大规模生产提高工作效率，提供基本依据，以及为试制新产品或提高产品质量提供工艺依据。

KSM-4 实验室立式砂磨机见图 4-6。

适用范围：砂磨专用设备。

技术特征：能密度高，特有底部卸料、恒磁瞬间开闭出料塞。

图 4-5　立式开启式砂磨机

图 4-6　KSM-4 实验室立式砂磨机

技术参数：

电机国产电机（SMC）；

电源 220V/50Hz；

电机功率 2200W；

调速范围（无级调速）100～3000r/min；

控制仪 PHOENIX—I（电位器调速，二排 LED 显示转速及时间）；

砂磨筒 4L 不锈钢带冷却夹套，筒底有出料口；

升降形式手动/电动；

升降行程 400mm；

安装形式控制仪与机架一体，砂磨筒悬挂在机架上，可卸；

外形尺寸 500mm×600mm×750mm（电动）；500mm×600mm×1200mm（手动）。

第三节　卧式砂磨机

卧式砂磨机是一种广泛用于涂料、染料、油漆、油墨、医学药品、磁粉、铁氧体、感光胶片、农药、造纸以及化妆品等的高效率湿法超微研磨分散机械。

一、设备结构

卧式砂磨机按结构不同可分为普通卧式砂磨机、轮销卧式砂磨机、齿盘卧式砂磨机及涡轮式卧式砂磨机。型号外形见图4-7。

卧式砂磨机集目前国内外机型的精华，具有效率高，工作连续性强，少污染，自控可靠等优点，且成本低，结构紧凑，造型大方，使用维护方便等优点，特别是具有很强的实用性。

（1）普通卧式砂磨机按工作筒体的有效容积分为 WS-15、WS-20、WS-25、WS-30和 WS-45 五种机型。

（2）按与物料接触的材质分为碳钢和不锈钢机型。

（3）按具体使用条件和要求，分防爆和普通电机等共二十种机型。

图 4-7　卧式砂磨机

二、工作原理

卧式砂磨机工作原理是利用料泵将经过搅拌机预分散润湿处理后的固-液相混合物料输入筒体内，物料和筒体内的研磨介质一起被高速旋转的分散器搅动，从而使物料中的固体微粒和研磨介质相互间产生更加强烈的碰撞、摩擦、剪切作用，达到加快磨细微粒和分散聚集体的目的。研磨分散后的物料经过动态分离器分离研磨介质，从出料管流出。

卧式砂磨机特别适合分散研磨黏度高而粒度要求细的产品。

卧式砂磨机是一种水平湿式连续性生产的超微粒分散机（见图4-8）。将预先搅拌好的原料送入主机的研磨槽，研磨槽内填充适量的研磨媒体，如玻璃珠等经由分散叶片高速转动，赋予研磨媒体以足够的动能，与被分散的颗粒撞击产生剪力，达到分散的效果，再经由特殊的分离装置，将被分散物与研磨媒体分离排出。

因为不必像三滚筒一样需要高度的操作技巧，即可得到均一而优良的品质，又可大量连续生产，故既可提高品质又可降低成本，也可适用于高黏度物质的分散，因此在油漆、油墨、医药、食品、化妆品、农药等方面均可应用。

图 4-8　超微粒分散机

三、主要特点

该机设计先进，密闭式连续生产，产品研磨分散细度均匀、品质好，生产效率高。物料在密闭状态下生产，有效防止了物料的干涸结皮和溶剂挥发。双端面机械密封，双重保护，零泄漏。全新动态分离结构，出料更加畅快，而且易损件少。

配有外筒移动拆装支架，拆装、维修十分方便。送料泵采用齿轮泵或气动隔膜泵，送料大小调节方便，工作性能可靠。另外卧式砂磨机不用专门的安装基础，可以随时根据需要变更安装位置。

四、卧式砂磨机分类

卧式砂磨机可以分为卧式锥形砂磨机和卧式棒销式砂磨机。

卧式锥形砂磨机特点是设计先进，密闭式连续性生产，产品研磨分散细度均匀、品质好，生产效率高，双端面机械密封，双重保护、零泄漏，全新动态分离机构，出料更加畅快，广泛应用于涂料、染料、油墨、感光材料、医药等方面。

卧式棒销式砂磨机具有效率高，工作连续性强，少污染，自动可靠等优点，其研磨腔采用高耐磨材料，以压力为动力的机械活塞用于改变研磨腔的体积，从而调节产品的质量，它的选材精良，运行平稳，广泛应用于涂料、染料、油墨、感光材料、农药、造纸及化妆品等方面的高效率通用湿式超微研磨分散机械。

卧式砂磨机筒体内的旋转主轴上装有多层圆盘。当主轴转动时，研磨介质在旋转圆盘的带动下研磨压入筒内的浆料，使其中的固体物料细化合格的浆料穿过小于研磨介质粒度的过滤间隙或筛孔流出。筒体部分备有冷却或加热装置，以防筒内因物料、研磨介质和圆盘等相互摩擦所产生的大量的热影响产品质量，或因送入的浆料冷凝以致流动性降低而影响研磨效能。研磨介质可用适当的天然砂，也可用粒度为 0.1~2mm 的人造玻璃珠，目前国内外高低档砂磨机均已使用氧化锆珠充当研磨介质，这是因为氧化锆珠本身易清洁，硬度高，比玻璃珠及天然砂更耐磨。当给料粒度小于 $450\mu m$ 时，排料粒度可达 $1\mu m$ 以下。这种磨机在细化物料的同时，还有分散和混合作用，适于磨制染料、颜料、涂料、药物和其他悬浮液或胶悬剂等。

关于外环研磨区的问题，经过多年的砂磨机设计，人们终于发现物料真正的研磨仅出现在具有一定能量密度的研磨区域，而低能区仅发热而已。高能量密度区只能出现在线速度最大的外环区域。有以下三种加料方式。

① 从外定子径向进料，经过外环研磨区的物料通过动态介质分离筛网从轴向侧面排出。

② 物料经过空心轴侧面进入转子到达外环形研磨区，该设备转鼓（定子）与内转子以不同的转速旋转。介质分离筛网（固定在转鼓上）成为真正的旋转动态分离器，结构复杂的双转子结构对各个旋转体的同轴度误差要求极高。

③ 物料从轴向中心加入，到达外环研磨区域，研磨后的物料通过外环筛网环排出，研磨轨道也就是陶瓷分离环。这样虽然过滤面积增大了，但是分离环磨损严重，而且容易造成严重堵塞。

五、卧式砂磨机维护与保养

（1）机器运转时，通过视镜和管道可以查明润滑液的循环情况，并采取相应措施。

（2）检查冷却水的循环情况。

（3）钢球无机变速器的润滑油应不低于油标上的中线位置。

（4）整机在一年左右应大清洗检修一次。

第四节　立式密闭式砂磨机

一、立式密闭式砂磨机简介

一般立式砂磨机研磨物料产品在研磨的过程中，一般都要经过研磨 3 次才可以达到 $20\mu m$ 以下的色浆和油漆，如下介绍 GSM 系列砂磨机 SK 型立式密闭式砂磨机在几个月来的实践中，充分体现了其优点是细度好（在使用 GSM 高效砂磨机后，2 次就可以完成，细度在 $15\mu m$ 左右）、温度低（和其他砂磨机相比，GSM 系列砂磨机采用的是双冷却系统，有效地降低了过高的工作温度、从而减少溶剂的挥发）、生产量大、清洗方便（GSM 系列砂磨机采用整体可分离技术，在客户生产换色过程中可以轻易地放倒研磨桶来清洗和更换配件）。另外更有可以升降的机型可供选择，粗 GSM 高效砂磨机采用变频可调控制物料输入、整体研磨筒不锈钢、进口机械密封等高质量配件。

二、立式密闭式砂磨机性能

其见表 4-3。

表 4-3　立式密闭式砂磨机性能

品牌	鼎盛	型号	SK
适用物料	涂料、油漆、高岭土	应用	涂料、油漆、油墨
主电机功率	22kW	送料能力	200L/min
生产能力	500kg/h	外形尺寸	1500m×1200m×2300m
重量	1500kg	结构形式	立式
类型	盘式砂磨机		

用途：适用于涂料等对固液相对物进行湿法研磨分散。

特点：生产连续性强，研磨分散效率高，能获得高质量的产品，结构合理，换色方便，易于操作和维修。

主要规格和技术参数见表 4-4。

表 4-4　鼎盛的主要规格和技术参数

型号	SK20	SK50	SK80
筒体容积/L	20	50	80
分散轴转速/(r/min)	1020	1020	830
分散盘个数片	9	9	9
介质容量	18	36	60
介质黏度	0.03～4	0.03～4	0.03～4
研磨细度≤Pa·s	≤25	≤25	≤25
处理能力/μm	60～600	100～1000	120～1200
主机功率/(kg/h)	11～15	18.5～22	22～30
外形尺寸/mm	1225×840×1800	1450×860×2330	1600×1100×2500
整机质量/kg	1200	1650	2000

三、SK 型立式密闭式砂磨机

其基本情况如下。

应用领域：化工；

搅拌机类型：砂磨机；

适用物料：涂料；

动力类型：电动；

布局形式：立式；

搅拌方式：高速研磨；

作业方式：循环作业式；

搅拌鼓形状：立式桶状；

生产能力：1000L；

料桶容量：30L；

电机功率：4～45kW；

物料类型：液-液；

每次处理量范围：出料1000～3000L；

装置方式：固定式；

转速范围：2888r/min。

四、密闭式砂磨机安全操作规程

1. 开机前应做好的六项检查工作

① 检查油箱的润滑油是否到油标中线以上5mm处。

② 检查电气线路是否接通并接着。

③ 检查冷却水是否通畅并有足够的流量。

④ 检查主电机三角带松紧是否合适。

⑤ 检查主电机接点压力表的上限指针是否在0.1MPa处。

⑥ 检查出料口的温度表的上限指针是否在80℃处。

2. 机器运转操作六个步骤

① 先启动送料泵，开始时将进料速度调到较低值。

② 启动主机，根据主机运转情况调节进料速度。

③ 打开冷却水进水阀。

④ 观察进料、进水，润滑油运行状况是否正常，并检查仪表的限定值。

⑤ 观察压力表的指针达到0.1MPa时砂磨机是否会自动停机，如不会自动停车时，应立即停机，找出原因，并处理好后再开机。

⑥ 观察温度表的指针达到80℃时砂磨机是否会自动停机，如不会自动停机时，应立即停机，找出原因并处理好了之后再开机。

3. 物料砂磨完后，把进料速度调到较低值后停机，5min后再关掉冷却水进水阀

① 工作前穿戴好防护用具，打开抽风设备或门窗，使空气流通。

② 未开机时严禁动调速手轮，并遵循"开机调速，低速停车"的规则。

③ 机器运转时操作人员要坚守岗位，不准离开机房，并严格按安全操作规程和工艺技术规程来工作。

④ 在投料时，一定要注意通风，并注意不能将物料洒在地上，如不小心洒落时，应及时打扫并放在废料桶内，下班前处理好。

⑤ 工作中，必须做到轻拿轻放，禁止拖拉、碰撞和使用一切易产生火花的金属工具。工作后，打扫好清洁卫生，关好电、气、水、门及抽风设备和门、窗。

⑥ 当筒体内未装入研磨介质和物料时，主电机只能点动，不能启动，避免造成分散轴弯曲和振动。

⑦ 机械长时间停用后，再开车前应先点动主电机，若主电机不能正常转动则应用泵打入稀料，使筒体内研磨介质、物料松软，并用于搬动一圈后，再点动主机，正常后方可正式开机。

⑧ 消防设备、冷却水管，每一个月要进行冲洗，试验三次，是否灵敏可靠，如有失灵，立即报告请求检修。

⑨ 砂磨机所有用的零件必须清洗干净，安装顺序和拆下相反，注意在零件表面（尤其是密封端面）抹上一层清洁的机械油。

五、密闭式砂磨机工艺技术规程

① 机器所用润滑油可选用 N5 精密机床油或者机械油，为确保密封端面能形成一层极薄的液膜，润滑油只能用低黏度机械油或者根据需要加入溶剂。

② 筒体内在正常工作时，压力一般是在 0.05MPa，为保证设备安全运行，设置有电接点压力表，将上限压力调整在 0.1MPa，当筒体内压力达到该值时机器自动停车。为避免筒体发热，在出料口安装了温度表，用以监视出料口的温度，将出料口温度上限调整在 80℃，当出料温度达到该值时，机器也会自动停车。

③ 砂磨机冷却采用螺旋结构，由出料侧进水，进料侧出水，进水压力应达到 0.1～0.2MPa。

④ 砂磨机用的研磨介质一般用玻璃球，直径一般在 0.8～5mm 范围。匹配的一般原则是：产品粒度较粗，选用较粗介质；产品粒度较细，选用较细的介质。

⑤ 砂磨机研磨介质的装填量为筒体有效容积的 85％ 左右，如出料温度过高，减少装填量，若出料温度过低，为提高研磨效率，可增加装填量。研磨介质在使用过程中会磨损、破碎，使得装填系数不断下降，应适时补充、更换，更换时用筛选法剔除其已破碎残缺的部分，补充相应的介质。

⑥ 首次使用研磨机时，由于筒体内壁及分散轴，撑套等处有防锈油脂，应进行清洗，方法是用适量的漆料或溶剂用泵送入筒体进行循环，主机可间歇性的微微转动，以减少清洗的阻力，如此循环 10 分钟左右，拧开放液塞，放出筒内的清洗液，再重复一遍。

第五节　棒销式砂磨机

卧式棒销式砂磨机是一款纳米级湿法研磨设备，采用密闭连续式的工作方式，和普通的研磨设备相比，具有研磨效率更高（2～3 倍效率）、细度更好（纳米级）、使用范围更广（可研磨中高黏度物料）、耐磨性更好的优点。

该设备广泛适用于涂料、油墨、颜料、色浆、化妆品、农药、医药等方面，操作简单，安全可靠，清洗维护方便。

一、棒销式砂磨机的结构特点

（1）采用加强型机架，结构合理、运行稳定、维护方便；造型美观、大方，富有现代感。

（2）整机主要配件、购件均采用国际知名品牌；稳定性高，使用寿命长。

（3）采用大端面强制增压型机械密封，密封可靠、安全，使用寿命长。

（4）可调节动态分离筛系统：动态设计使物料流动顺畅，增强研磨效率；间隙可调整到 0.3mm，用户可以选择 0.5～1.0mm 的磨介，为提高产品细度创造了条件。

（5）研磨腔体内胆采用高耐磨合金钢制成，经特殊处理，耐磨性高，使用寿命长，可根据需要采用聚氨酯或氧化锆结构，确保设备的耐磨性的同时解决了金属污染问题，同时采用独特的三联杆机构设计，很方便打开清洗或者更换桶体。

（6）原创设计棒销式转子，棒销材料为高耐磨碳化钨材料，通过合理布局，大大提高研磨效率。

（7）整机具有内、外及端面三重冷却，确保研磨热量及时换出；带水温、料温、料压、水压、气压等即时监控及保护系统，确保设备正常运行。

棒销式砂磨机主要应用在涂料、油墨、农药、颜料、色浆、染料、磁记录材料及其他特殊物料等方面。

二、操作注意事项

（1）长时间停车，开机前应先检查分散盘是否被介质卡死。若联轴器转不动，可用泵打入溶剂，待溶解后再启动。切不可强行启动以免损坏摩擦片。

（2）长时间停车，开机前应检查顶筛网是否有结皮漆浆，若有，应用溶剂清洗干净，以免堵塞而导致冒顶。

（3）一旦出现"冒顶"时，应立即停车清洗筛网，放置接浆盆，调整供浆泵速度，重新启动。否则漆浆有可能侵入主轴轴承而导致轴承磨损，或者损坏进浆泵。

（4）在筒体内没有漆料和研磨介质时严禁启动。

（5）用溶剂清洗筒体时，只能将分散器轻微地、间歇地转动，以免部件磨损。

（6）使用新砂时，应过筛清除杂质异物。砂磨机用砂应定期清洗过筛和补充新砂。

（7）观察窗应保持完好，防止砂磨机工作中崩砂造成伤人事故。

三、典型琅菱卧式棒销式砂磨机特性

（1）V6 卧式棒销式砂磨机是琅菱公司研发的大流量卧式砂磨机。该产品为新型专利产品，能满足各类中高档化工产品对细度指标的要求。同时，产品粒径分布极窄，研磨效率高、产量大，能降低能耗，产品细度可达到纳米级以下。

（2）采用特殊大流量分离器，满足生产所需的大流量多次研磨，流量是传统机器的几倍，分离器不容易磨损，使用寿命长。可以使用 0.05～0.1mm 粒径的研磨介质，不会存在堵塞现象，适合研磨极难分散的材料，经过研磨可达到彻底分散的结果。

（3）采用多种冷却措施，散热性能好，适用于研磨热敏感性产品。

（4）产品质量再现性好，产品质量不受循环流量的影响。

（5）带冷却液的双端面机械密封，密封效果好无泄漏，采用能与物料相溶的液体作冷却液使用，运行可靠，确保产品不受污染。

（6）研磨白色产品不变色，对防金属污染的产品可灵活搭配最佳不同材质进行超细研磨（如碳化钨钢、碳化硅材质等）。

四、棒磨机衬板的安装

（1）安装衬板前应首先将筒体内的尘垢清除干净。然后在对衬板进行检查和修整，其背面和四周应酌情用砂轮修理平整，螺栓孔应彻底清砂和清除铸造飞边，使螺栓能顺利穿入，达到安装要求。

（2）安装衬板时，应在筒体内壁与衬板之间涂一层 1∶2 水泥砂浆，并趁湿将衬板螺栓拧紧。衬板之间的间隙也用砂浆抹平。

（3）固定衬板的螺栓，应仔细地垫好密封垫，以防止漏出矿浆或矿粉。

（4）筒体衬板不得形成环形间隙。

（5）水泥砂浆凝固达到强度要求后才可以投料试车。运转中发现螺栓松动应及时拧紧。

五、棒销式砂磨机结构原理及计算机仿真系统模拟设计

粉体工程（以下粉末粒子是通过粉末模拟计算机模拟）设备的设计和颗粒设计的计算机模拟是粉末模拟滚动造粒让球磨机来进行研磨。在此，运用计算机仿真模拟可有助于设备的设计，尤其是粉末模拟研磨分析出纳米粒子的最佳研磨效果。

颗粒减小可以显著提高物料或化学性质，可以看到新的提升。粉碎小颗粒到纳米级有两种方法：一是气相法，二是液相法。因为它是质量颗粒聚集在一般情况下，使用棒销式砂磨机研磨分散的纳米粒子状态。即使在前一种方法中棒销式砂磨机也可用于在分散液中的纳米粒子的聚集体。

棒销式砂磨机的基本结构见图 4-9。

转子上的棒销、粉末和珠已被固定在一个容器中高速研磨和分散，并且与棒销式砂磨机壁面碰撞。基本原理简单，研磨性能参数（变量）却是多方面的。

例如，在研磨容器的作业参数输入有孔玻璃珠的大小、转速和棒销的设计参数，目前，国内计算机仿真系统已经可以进行复杂的模拟系统仿真的设计。

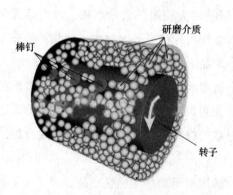

图 4-9　棒销式砂磨机基本结构

如这个模拟系统内包括有研磨容器、多层棒销、研磨介质、研磨材质、转速等重要参数。

分散体在棒销式砂磨机中研磨，通过仿真模拟能准确找到影响研磨和分散、有孔玻璃珠（研磨介质）的移动性能、研磨性能、温度变化、细度变化等重要技术参数。

第六节 篮式砂磨机

篮式砂磨机适用于小批量生产（换色容易），预分散和研磨可在一个漆浆罐内完成。主轴可以调速，运转平稳，噪声小，附属设备少，清洗方便，更换研磨介质容易。

篮式砂磨机是集研磨、分散两道工序于一体的一种多功能设备。广泛应用于油墨、色浆、染料、涂料等方面，具有节能、高效、操作维修方便等特点。

一、结构和工作原理

本机由电器柜、转轴、研磨器、泵叶、分散盘及填充了高强度研磨介质的研磨篮组成。在工作时，转轴及转轴上的研磨器、泵叶、分散盘高速旋转，研磨器带动研磨介质与物料产生强烈的剪切、碰撞，达到磨细物料和分散聚体的作用，同时，经研磨的物料在泵叶强大吸力的作用下被吸出研磨篮，再由分散盘进行分散，故可在短时间内得到理想的研磨效果。

吸料：自吸泵叶高速旋转，产生强大的抽吸力和涡流，将物料吸入研磨篮内。

分散：分散盘高速旋转产生的离心力，将从研磨篮中吸出的物料甩出，加速物料分散，形成物料高效率的分散混合。

效率卓越的分散研磨机：自吸泵叶高速旋转→研磨篮内极细地研磨→分散盘高速旋转→出料，分散、高效率的循环，解决了物料翻动的难题，避免循环死角，短时间内可得到出色的研磨效果。

清洗、换色方便：研磨结束后，将研磨篮升至液面以上，进行短暂运行，利用离心力甩出残留的物料。

二、产品的特点

（1）独立驱动的两片搅拌桨提供了彻底平稳的物料循环，确保物料均匀分散。

（2）搅拌桨的泵吸和分散篮的离心力使研磨介质不会倒流。

（3）搅拌叶片装在分散独立轴套上，可设定最佳转速，或依物料生产工艺要求量体定做。

（4）篮式砂磨机的双作用研磨可根据不同配方通过冷却或加热，能很好地控制产品的温度。

三、篮式砂磨机的优势

综上所述，篮式升降砂磨机有以下优势。

（1）分散、研磨于一体，两种工序由一道工序、一台设备完成。

（2）由于使用分散盘和泵叶，高黏度物料亦有较好的流通率。

（3）容易清洗的研磨篮，可快速更换材料。

（4）不需要泵和管道。

（5）采用流体力学设计的泵叶，确保在生产过程中无死角。

（6）专有的线切割成型技术使网板过流面积增加30%，阻力减少60%，便于磨介与物料的精密分离。

（7）可根据用户要求采用液压、气动、机械升降，机架运行可靠、平稳。

（8）先进的变频控制，可实现无级调速。

（9）短时间内得到理想的效果。

四、技术参数

其见表4-5。

表4-5 篮式砂磨机主要规格和技术参数

型号	批量加工/L	功率/kW	篮容积/L	介质尺寸/mm	行程/mm	长×宽×高/mm
LMJ-1.1	0.5~1.0	1.1	0.07	1.2~1.7	320	450×380×880
LMJ-7.5	40~170	7.5	2.5	1.8~2.5	950	1500×600×1500
LMJ-11	45~250	11	4			1700×745×1625
LMJ-18.5	80~500	18.5	7		1000	1700×745×1800
LMJ-22	100~800	22	12			1800×850×2000
LMJ-37	120~1300				1200	1800×850×2000

五、试车

做好试机前的准备工作，检查各部件的安装是否牢固，主轴转向是否正确，升降是否灵活。研磨篮中加入研磨介质，使用新研磨介质要进行筛分以去除杂质及破碎颗粒，介质的填充量为篮容积的2/3~3/4，并根据物料的黏稠度适当调整，以上各项无误后方可投料试车，正常工作。选择主轴转速要根据物料的黏稠度进行，黏度大，转速降低，反之增高。

工作结束后，应清洗磨篮，以利下次工作，清洗时，应间歇性转动，因分散器与磨介在无料情况下磨损增大。

第七节　三辊磨

一、三辊磨概述

三辊磨是一种开发较早且比较常用的研磨设备。三辊磨适用于高黏度料浆和厚料型涂料生产用，其特点为砂磨机和球磨机所不及，因而被广泛用于厚料、腻子及部分原浆状涂料的生产。

三辊磨易于加工细颗粒而又难分散的合成颜料及细度要求为 $5\sim10\mu m$ 的产品，也被用于某些贵重颜料的研磨和高质量表面涂料的生产。三辊磨的缺点是生产能力低，结构复杂，手工操作劳动强度大，由于是敞开操作，有易挥发物散发损失同时污染环境。

二、三辊磨的工作原理和结构

单辊磨只有一个钢辊，机架上装有可以调节角度和压力的楦梁。色漆靠钢辊的径向运转和轴向运动与楦梁之间的摩擦作用进行研磨分散，然后通过刮刀刮下。单辊磨既可研磨分散颜料色浆，还可过滤色漆。调整楦梁和油压即可产生不同作用。

（1）三个钢辊组成与分类

三辊磨是由三个钢辊组成，装在一个机架上，由电机带动。辊子间的转动方向不同，前辊和后辊向前转动，中辊向后转动，有的还有横向运动。三个辊筒的转速比一般为 $1:3:9$，前辊快，后辊慢，中间辊速度居中。各辊筒的中心是空的，可插入水管进行冷却。在前辊上安装有刮刀和刮刀盘，研磨后的产品经刮刀刮下。由于相邻两个辊旋转方向相反，它们的转速往往各不相同，相互之间的间隙很小，在这些缝隙中，物料受到强烈的剪切作用，从而使颜料得到分散。这是现代化三辊磨所具备的功能，见图4-10。其磨辊的液压管路调节见图4-11。

最古老的分散设备辊磨，其单位时间产量受到辊子极限转速的限制，极限转速以离心力值不使色浆开始脱离辊子而定。目前辊子均是空心的，经表面淬火或渗氮处理，水冷却。辊子尺寸一般为 $\phi(300\sim400)\mathrm{mm}\times(800\sim1000)\mathrm{mm}$，因而其第

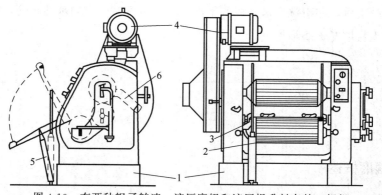

图 4-10　有两种辊子转速、液压磨辊和液压提升料车的三辊机

1—机座；2—辊子；3—装料槽；4—电动机；5—料车液压提升器；6—带刮刀的挡板

三辊转速不大于 200～250r/min，极限圆周速度不超过 4～5m/s，速比为 1∶2∶4 或 1∶3∶9。由于换色时易清洗，适用于高黏度颜料浆的分散，能研磨难以分散的颜料。所以，尽管在大批量生产时已很少采用，但在小批量，特别是在研磨难分散颜料浆时仍在广泛使用。

　　轧第一道浆时用较小的速度，继而再用较大速度。根据所加工的颜料浆的性质和对成品的研磨细度（按刮板细度计）要求，用液压调节磨辊间隙。液压提升料车装置可免去安装电动平行车，减少了厂房投资。

　　(2) 磨辊自动调温装置

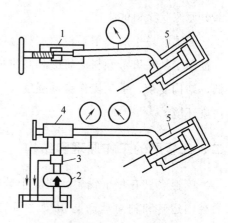

图 4-11　辊压的液压管路调节

（上面为静压系统）

1—压力心轴；2—电动泵；3—溢流阀；
4—调节阀；5—液压罐

自动调温装置对于涂料中的颜料成分选择正确的温度范围是很重要的，但这一点往往被人们所忽视。现在三辊磨上已装有自动恒温装置，可以预先确定每个辊子的温度。如果实际温度超过预定值，则自动调整水的进给量，以恢复到预定值范围，详见图 4-12、图 4-13。这将保证全部需要工作温度的一致性和再现性，且能节约冷却水量。

　　试验结果表明，分散的颜料和基料混合物有一最佳研磨温度。见图 4-13，Rubine 2B 在 28℃时能达到可接受的产品质量，此时的产量为 380kg/h。而在同一磨辊上 50℃时其产量为 60kg/h。虽然此时的质量更高一些，但从经济上讲是不合算的。而从图 4-13 中可看出，Rubine 4B 低于 50℃时则其质量不符合要求。

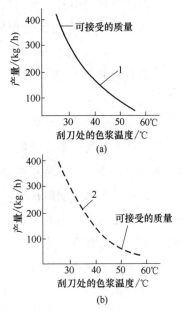

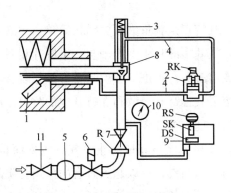

图 4-12　辊子的自动冷却调节系统

1—触头；2—主调节器；3—调节阀顶部；4—毛细管；

5—过滤器；6—螺旋管阀；7—减压器；8—阀；9—稳压器；

10—压力表；11—停止阀；RK—调节旋钮；RS—调节螺丝；

SK—标尺；DS—差分螺丝；R—调节环

图 4-13　产量与温度的关系

1—Rubine 2B；2—Rubine 4B

（3）浮动辊装置

图 4-14 为浮动辊装置结构图。浮动辊装置调节见图 4-15。第三辊（刮刀辊）的位置固定。刮刀对该辊也保持恒定，不必经常调节。第一辊（给料辊）压向第三

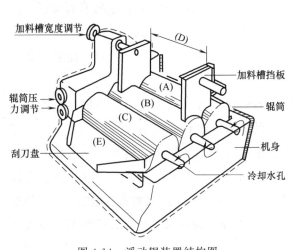

图 4-14　浮动辊装置结构图

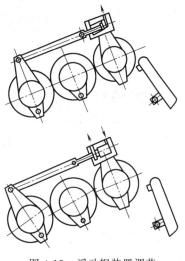

图 4-15　浮动辊装置调节

辊，第二辊在它们中间活动。第一和第二通道间隙的正确调整是自动的。

辊磨的表面沿着轴线是中间直径最大，并逐渐向两端减小。其半径差约在 0.0254～0.0762mm 之间变化。这样，当两辊相互接触时，不仅可以得到恒定的钳压力，而且可得到理想一致的产品，颜料颜色进一步提高，这在油墨行业尤为重要。

（4）三辊磨的分散装置

溶解装置是使用最广泛的工具之一。其特点是容量大而且结构简单，尤其具有良好的可清洁性。溶解装置可分为几类，最基本的只由一根轴与一个圆片相联，复杂一些的有三个偏移的圆片可以制成双波溶解器。再进一步就是带有卸料装置的偏心溶解器，这就可以组成混合釜。因为溶解装置都有分散和保持其中的材料流动的功能，而在这些装置中这些功能都在很大程度上被分离开了。

进一步改善就要使用真空溶解装置，这样可以很好地防止空气进入到涂料中。为了增强分散作用，圆盘上要带有齿、凸点和挡板，可以起到研磨的作用。实际的分散作用是靠溶解装置中的湍流来完成的，团聚的固体颗粒在不断改变的压力（剪切力）作用下被分离开。

除了不断进行的浸润作用之外，固体颗粒之间也具有相互的研磨作用。由此就很容易理解，为什么要达到良好分散就必须在溶解装置中要有良好的流动。前提条件是建立合适的黏度和保证所需的几何形状。如果黏度过高，分散就不能正常进行。黏度过高常常会发生这样的情况，由于放热和流动的结果在圆盘所及的区域较软，而其他区域的材料仍会保持固定，这样就等于溶解装置的搅拌器是在一个孔里边搅拌，不能达到分散的效果。如果黏度太低，不能形成平稳的流动，也不能传递能量，分散作用也就无从谈起了。最佳的流动形式是形成所谓的环形室效应，就是从溶解装置的上面观察，搅拌圆盘还有一小部分可以看得见（见图 4-16）。所以保证合适的黏度和几何形状以及选择适当的液体深度都是必不可少的条件。

图 4-16　溶解装置中理想的流动情况

搅拌圆盘的转速也对溶解装置的能量传递起着关键性作用。一般的分散液涂料黏度 $10mm^2/s$（25℃）就足够了，对于其他涂料则需要更高的转速。分散时一般都要求加热升温，而且现在也弄清楚了，加热的能量会传递给要分散的物质。尽管如此，我们还要注意水基涂料的剪切和热稳定性，加热温度不应超过 50℃。还有一个问题就应该首先分散得到水基色浆，然后将其放入黏结剂中。

溶解装置的能力有限，它们只适合分散那些容易浸润的中等细度的颜料，对于像有机色颜料那样的非常细的颜料其分散能力就不够了。一般分散时间超过 20min 分散作用就不会再提高了，如果分散效果不满意，只能选择其他的分散方法。

辊筒研磨机是完全不同的分散工具，它适合分散像色浆和印刷油墨这样高黏度的介质，特别是分散那些难以浸润的颜料。对于水稀释产品，这样工具的用处不大。

如今几乎只有三辊研磨机才使用，而单辊研磨机（也叫卵石球磨机）则很少用于分散液涂料色浆（中等细度）的生产。分散所需的能量是由梯度分布的剪切力（辊筒间转速不同）、介质的黏度和辊筒之间的间隙所提供的。注意材料中如果有粗大的团聚颗粒会对辊表面造成伤害。混合物的 PVC 对混合效果也有影响。随着颜料的增加，团聚颗粒之间的相互摩擦增多，这跟剪切力一样可以促进分散。这种辊筒研磨机的缺点是产量很低。单辊研磨机可做筛分之用，因为大颗粒可以运动到顶部并被除去。

球磨机是第三类分散设备。其中的球由转鼓带动其运动，以压力和摩擦的形式把能量传递给团聚的颜料颗粒，对功能涂料产生一种和辊筒研磨机类似的作用。要选择合适的黏度以保证球的运动。现在球磨机不像以前用得那么多了，但它所产生的分散效果确实很好，在使用时不会引起什么问题，不需要特别注意。而其问题则在于可利用的体积太小（球和被研磨材料之比为 1:1 到 2:1，大约只能装满 75% 的体积），而且只能间歇操作，产量低、分散时间长、难清理，所以适应性比较低，还有就是操作时噪声很大。

磨碎机在工作原理上与球磨机类似，但在性能上有所改进。研磨时仍然需要研磨介质，但是由一转盘保持其运动，运动的速度比较快。以前只有 Ottawa 砂作为磨料使用，现在由玻璃、陶瓷（如 Al_2O_3、ZrO）及钢制成的球都可以使用。磨料越细，研磨的效率就越高，但后边把磨料和被研磨材料筛分开的过程就越烦琐，现在小到 0.2mm 的球都在使用。

磨碎机的一个显著优点是它可以进行连续生产，产量提高，并且可以通过控制产量来调节分散效果。它的分散能力很强，可以分散有机颜料。以前使用的通常是竖式磨，现在使用的也不少，如今水平式的磨使用渐渐多了起来，因为水平磨的操作更容易，生产量也大。磨碎机的发展很快，不断地使过程时间缩短并达到更好的分散效果。这里要提一下的是所谓的涡轮研磨机，它是溶解装置与磨碎机的结合形式。其基本结构是一个溶解装置，但其中的搅拌盘为一个钢筛篮所代替，在篮中放进磨料，搅拌器的运动使其保持运动状态。材料在这个容器中就好像在溶解装置中一样，但分散得更好。与磨碎机相比，涡轮研磨机的优点是，其灵活性更高，很容易清洗干净。一般来说，生产时使用磨碎机并同时使用色浆更好，产量更高，但对于那些对剪切力敏感的黏结剂则只能在放置时加入。

再次强调，为了防止结皮（结皮过程是不可逆的）的发生，一般功能涂料生产时建议采用密闭的设备。

第八节　球磨机

球磨机是古老的涂料研磨分散设备之一，分卧式和立式，卧式的应用较为普遍。靠罐体旋转带动球磨球跌落撞击和摩擦来研磨分散涂料，可以把颜料、基料一起投入球磨机进行混合分散。只能分批操作，同时周期长、噪声大。

一、卧式球磨机

卧式球磨机是涂料行业中应用较广泛的一种研磨设备。它可以自动连续运转，运转期间不需专人照管，且由于机体全封闭，溶剂不挥发，对周围环境影响小。球磨的容积可以由几升至数千升，适宜于大批量生产。球磨机的结构主要由卧式钢筒和传动设备组成，内装钢球或石球作研磨介质。石球磨装有石衬里。由于钢筒旋转使球上升至一定位置，而后开始下落，在相互滚撞过程中，使处于接触钢球之间的任何颗粒被压碎，并使混合物在球的空隙间受到高度的湍动混合作用。

卧式球磨机是硅酸盐制品、新型建筑材料、耐火材料、化肥、黑色与有色金属、石英砂以及玻璃陶瓷等生产行业方面进行干式或湿式粉磨的关键设备。（卧式球磨机结构见图 4-17）。

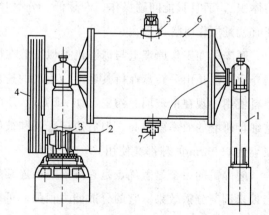

图 4-17　卧式球磨机结构

1—支座；2—料泵；3—马达；4—支架；
5—阀门；6—筒体；7—输料器

1. 适应范围

卧式球磨机（参见图 4-18）用

于液固相物料的研磨分散，特别适合对高纯物料的精细研磨、混合。广泛应用在电子材料、磁性材料、陶瓷釉浆、油墨颜料、非金属矿等特种行业方面。

图 4-18　卧式球磨机

2. 工作原理

卧式球磨机在密闭的条件下进行研磨分散，防止了溶剂挥发。该机罐体转速优化设计，可使研磨罐体内的介质球形成倾流式运动分散物料，获得最佳的研磨效果，能较快地研磨细料。该机磨筒、进料口、出料口采用一次性热浇铸耐磨聚氨酯，具有高耐磨、密封好、污染小、低噪声、超细度、低消耗、进料、出料方便的特点，适合研磨、混合高纯度的物料。

3. 结构特点

(1) 罐体转速优化设计。这样可使球磨罐体内的介质球形成倾流式运动分散物料，获得最佳的研磨效果，能较快地把物料磨细。

(2) 该机为直联式传动结构。它由电动机驱动斜齿轮减速机，减速机输出空心轴直接套在磨球罐传动轴上，并装有减速机启动减冲击垫。具有传动扭矩大、机械效率高，启动平稳的特点，并免除了经常性调整传动带所带来的麻烦。

(3) 该机采用了数显时间控制器控制。它根据需要可随时设定工作时间，并具有暂停、累加定时控制功能，操作省时省力，轻松方便。

卧式球磨机型号规格见表 4-6。

表 4-6　卧式球磨机型号规格及技术参数

规格	50L	100L	200L	300L	500L	1000L	1500L	2000L
磨筒转速/(r/min)	55	50	50	50	45	40	35	35
电机功率/kW	2.2	3	4	4	5.5	11	15	18.5
磨筒容积/L	50	100	200	300	500	1000	1500	2000
装料容积/L	20	40	90	130	200	450	700	900
装球容积/L	25	50	100	150	225	500	750	1000
重量/kg	100	220	360	510	780	1060	1600	2200

4. 卧式球磨机的发展

(1) 德国 Notzshe 公司的行星式球磨机　该机于 20 世纪 60 年代问世，当时获原联邦德国专利。有 6 种型号，装 4 个机筒，能自转和公转，机筒体积 750～4000L，内有石衬、瓷球。

（2）前苏联 JITN-1 型带搅拌桨连续式球磨机 该机长径比大，达 1：3，机筒中央横贯一空心轴颈的轴，轴上装有带孔的隔板，将旋转机筒分成几段，每段分别填入磨球。相应各段轴上均装有三根搅拌桨。物料从一端空心轴颈处加入，由轴上侧孔流入第一段机筒，再经多孔隔板流入第二段，直至最后一段机筒上轴侧孔再流出机筒。连续加料和出料，相当于几个球磨机串联使用，机筒喷淋冷却水以便冷却物料。

由于搅拌桨的作用，使全部磨球都能投入工作，单位能耗为相同球磨机的二分之一，生产能力却提高一倍。衬里磨损少，运转 16 个月仅磨损 0.5~0.8mm。

（3）前苏联 JITN-2 型多室球磨机 其结构和普通球磨机相似，仅用多孔纵向隔板将机筒隔成 8 个小室。分隔方法可用径向多孔隔板，每个小室内分别填入磨球。物料可通过多孔隔板在各小室间流通。球磨机的生产能力与磨球的滑动面积成正比，所以多室球磨机的生产能力大为提高，为普通球磨机的 3.5 倍，但其隔板易受磨损，必须用高强度耐磨合金钢板制造。

二、立式球磨机

立式球磨与卧式球磨不同之处，其结构由直立不锈钢研磨筒及垂直搅拌轴组成。研磨介质为直径 9.5~12.5mm 的钢球，废轴承滚球即可使用。色漆浆通过输料泵送入机内进行循环研磨，用泵装料和卸料。这种设备的特点是结构简单，检修方便，投资小，操作方便，生产效率高，适用于研磨黏度较大、颜料颗粒较粗或有假稠现象的色漆。

立式球磨机的容积一般在 1000L 以下，装球量为筒体容积的 70%~80%。

立式球磨机生产能力低，噪声大且清洗困难限制了它的使用，但在分散研磨硬质天然颜填料、研磨有腐蚀性颜料时仍有很大的使用价值。特别是由于不需要专人操作、不挥发、物料无需预混合、投资小等优点，在小批量色浆生产中使用仍很广泛。

1. 基本参数的确立

研磨介质：卵石、瓷球、金属球，直径 ϕ （7~60）mm。

内壁衬里：磨石、瓷板、橡胶。

最佳转速（英国 Torrance 公司数据）：

$$n_{op} = \frac{20.27}{\sqrt{R}} - 1.02\sqrt{R}$$

式中，n_{op} 为最佳转速（产生瀑布运动），r/min；R 为球磨机半径，m。

最佳装球量：40%～50%球磨机体积。

长径比（球磨机直径与长度比）：1.0～1.2。

最佳装料量：40%～45%球磨机的容积。

清洗方法：投入少量溶剂，运转 2min 后连同磨球一并倒出。

安装方法：装在弹性基础上，集中于隔音室。

2. 立式球磨机的发展

立式球磨机又称搅拌磨，发明者为 Andrew Szegvari 工程师，故又称安德鲁·谢格瓦利磨，是当今发展最快，最有效的研磨设备之一。其主要部件为一立式带水冷夹套的机筒；一根大直径用水冷的空心轴，轴上装有搅拌桨，对应于搅拌桨间隔的机筒壁上各装有挡板。轴转速为 100～500r/min。内装直径为 1.2～2.5mm 的瓷球或玻璃珠，如生产黏稠物料和难分散颜料，可装直径 2～3mm 合金钢球或碳化钨球。机筒一般为 50L，底部进料，上部出料。水平搅拌桨的转动，搅动研磨介质和物料，使之形成剪切力与冲击力，从而达到研磨作用。最大研磨作用区在离轴中心三分之二处。

目前，质量较好的立式球磨机是英国 Torrance & Sons 公司生产的 Q 型立式球磨机，按生产方式可分间歇式、连续式、循环式三种。间歇式为机筒内借助外管由下而上反复循环研磨，直至达到细度要求。循环式的机筒为圆锥形，物料由下而上经筛网出料，循环式的球磨机由装有高低速双轴搅拌器的预分散罐和一台连续式立式球磨组成，由预分散罐下部输送泵将预分散的物料送入立式球磨机底部。循环次数为 10 次/h。

立式球磨机的优点：

① 单位体积生产能力为立式砂磨机的 1～2 倍；

② 在相同的输入比能 [（kW·h)/min] 条件下，生产能力为立式砂磨机的 1 倍；

③ 适用于微细分散和难分散颜料，如炭黑、铁蓝、酞菁蓝、氧化铁等，为高效分散研磨机；

④ 可分散研磨高黏度的悬浮液（黏度可达≥10Pa·s），甚至可生产腻子；

⑤ 全封闭；

⑥ 结构简单，易维修；

⑦ 温升易控制，冷却面积大；

⑧ 占地少。

三、连续湿式球磨机

连续湿式球磨机（见图 4-19、图 4-20）主要由机架、缸体、主轴、研磨盘、压滤装置等构成，是一种水平湿式（流体研磨）连续性生产的超微粒研磨机，操作简单。操作方法是将要研磨的物料（流体）通过气动隔膜泵打入带有夹套的静止研磨缸中，通过搅拌臂和分散叶片的高速作用，赋予研磨介质足够的动能，借助高速运动的介质对物料施加剪切力和冲击力，从而获得最佳分散、研磨效果。特殊的分离装置，将被分散物与研磨介质分离排出，可实现大批量连续式生产，大大提高了品质，又大幅降低了成本。

图 4-19　连续湿式球磨机

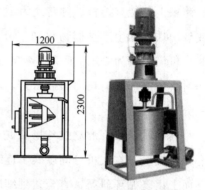

图 4-20　连续湿式球磨机结构

型号规格见表 4-7。

表 4-7　连续湿式球磨机型号规格及技术参数

型号名称	CZM-5	CZM-15	CZM-20	CZM-30	CZM-50
筒体容积/L	5	15	20	30	50
电机功率/kW	5.5	15	18.5	22	30
主轴转速/(r/min)	1450	1230	1160	1000	800
泵流量/(L/min)	0～17	0～17	0～17	0～17	0～17
生产能力/(kg/h)	10～80	20～200	30～300	40～500	70～800
介质添加量/%	70	70	70	70	70

四、转筒式球磨机

下面介绍一下转筒式球磨机，结构如图 4-21 所示。
转筒球磨机为缓慢转动的圆筒，筒内部分充填自由运动的球形或其他形状研磨

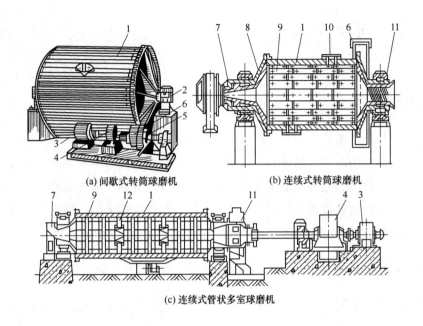

图 4-21　转筒式球磨机

1—转筒；2—轴承；3—电动机；4—减速器；5—摩擦离合器；6—齿轮传动（冠状）；7—装料轴颈；

8—端板；9—衬板；10—人孔；11—卸料轴颈；12—栅板（多孔隔板）

体及待粉碎的物料。圆筒转动时产生研磨体的雪崩和瀑布状的工作状态，物料因受撞击、挤压和研磨作用而粉碎，如图 4-22 所示。

在球磨机中物料受研磨体多次作用，就有可能达到高的粉碎度。用球磨机可使干燥物料细碎。

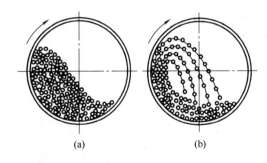

图 4-22　研磨体雪崩状运动状况（a）及瀑布状运动状况（b）

第九节　研磨介质

一、研磨介质简介

磨机中靠自身的冲击力和研磨力将物料粉碎磨细的载能体叫做研磨介质。研磨介质一般为研磨用高硬度鹅卵石。最常用的研磨介质为球介质和棒介质，有些情况下采用圆台、柱球、短圆棒等不规则形体，此称异形介质。制作研磨介质的材料多为经特殊加工的铸铁或合金，其次有陶瓷、氧化铝等；砾磨用的研磨介质砾石有近球体、椭球体、蛋形（鹅卵石）等，是由矿石或岩石专门制取的。

二、研磨介质的特点

金属材质的研磨介质应耐磨损、抗腐蚀，有足够的强度和硬度，工作中不易碎裂，磨损后仍能大致保留原有形状。对于金属球介质的消耗量（粉碎1t物料所消耗的介质数量）和碎球率（不同尺寸的球在外力作用下，破裂量占试验球量的分数）为衡量其质量的主要指标。对于棒介质，则要求不易弯曲和折断。在磨研生产中，尽可能发挥研磨介质的功能是提高磨机效率的最关键因素。

三、研磨介质的要求

① 根据被磨物料性质、给料及产品粒度和下步工序的工艺要求，确定研磨介质的形状和材质。

② 根据给料及产品粒度分布的要求，确定适宜的介质尺寸及不同尺寸的配比。

③ 根据磨机型式及磨机转速率，确定介质充填率。

④ 根据介质磨损规律及生产条件，确定研磨介质的合理补给。

1. 要正确选择合适的胶体磨

（1）胶体磨具有非常广阔的使用用途，选择时，首先应该了解以下影响研磨效果的因素。

① 一是转速，二是磨头的机构。

② 胶体磨头的剪切速率越大，效果越好。

③ 胶体磨头的齿形结构，分为初齿、中齿、细齿、超细齿，越细齿效果越好。

④ 物料在研磨腔体的停留时间，研磨粉碎时间：可以看作同等的电机，流量

越小，效果越好。

⑤ 循环次数：越多，效果越好，到设备的期限，效果就不好了。

以上是胶体磨研磨粉碎效果的5大因素。

（2）对于一些常见的物料在选型方面也有讲究。

① 胶体磨选型粉碎黏稠物料宜选用带刮板的直出口式。

② 粉碎稀质物料宜选用循环管式，可对物料自动反复加工，并便于上下工序衔接。

③ 加工果茶、饮料等稀质软物料宜选用JM100型胶体磨，JM140型胶体磨加工流量大。通常情况下，磨花生酱、芝麻酱等酱类产品尽量选择大点的带水冷却的胶体磨；如果是水磨，流动性比较小，也应该选择JM-80以上的分体式胶体磨。机器越大，磨的效果越好。

2. 要选择砂磨机用的珠状研磨介质

砂磨机的珠状研磨介质应该呈真正的球形，粒度分布范围窄，价格便宜。此外，还应考虑三个主要因素：粒径、密度和化学组成。粒径砂磨机的出口处都设置有过滤筛网，分散好的浆料由此通过而砂磨介质却被阻留。

在不堵塞筛孔的前提下，应尽量采用较小的珠子，因为它可以提供更多的研磨接触点，也就是说，只要珠子能提供能量，越小的珠子使颜料分散得越好。

对于常用的立式砂磨机来说，分散珠的密度低，珠子下沉以及沉到砂磨机底部结块的趋势就少，珠粒的磨耗和砂磨机的磨损程度也小，但它产生的分散力也小。故对于易分散的颜料和附聚体较小的颜料，可采用密度较小的珠粒，对于难分散的颜料和附聚体粗大的颜料，应该使用高密珠粒，此时，颜料浆的黏度应配得稍微高些，以减少珠粒的沉积影响分散作用。

研磨时常用的研磨珠是玻璃珠，它是比较透明的，也不很耐磨，不会导致砂磨机的过度磨损，高强度的玻璃珠也仅显示中等磨损。玻璃珠本身的磨损产物一般是看不见的和不磨损性的。绝大多数的玻璃珠，其硬度和磨损速率几乎一样。

四、研磨介质对研磨效果的影响因素

1. 研磨介质密度

研磨介质在直径和速度相同时，其密度越大，它所具有的动能也越大，分散效果自然会好一些。但是，研磨介质密度太大，也会带来一些弊病，如增加砂磨机和送料泵的功率消耗；加剧研磨介质自身及机件的磨损；研磨介质沉底现象严重，以致立式砂磨机启动困难。所以要根据物料的黏度、密度、固体含量及分散难易程度等因素，综合考虑，选择密度合适的研磨介质。显然，对黏度高、密度大、固体含量高及难分散的漆浆，要用密度较大的研磨介质。如低黏度漆浆使用高密度研磨介质，无疑会导致过度磨损。

使用氧化锆陶瓷珠（密度为 $3.76g/cm^3$），对浆料黏度提出了要求：一般建议立式砂磨机的浆料黏度不低于 $0.8Pa \cdot s$，卧式砂磨机的浆料黏度不低于 $0.6Pa \cdot s$。玻璃珠的密度一般不超过 $2500 \sim 3000kg/m^3$，只适用于中、低黏度的漆浆。

研磨介质不同，其密度差异较大，目前工业上使用的研磨介质，其密度在 $2.2 \sim 14g/cm^3$ 这样的大范围内。大密度研磨介质能够提高磨效，但同时密度大，消耗的能量也大，研磨介质间的机械能转化为大量的热能使浆料温度升高，从而加剧了微粒子的布朗运动。造成已磨碎的颗粒重新凝聚，使磨效降低。此外，密度大的研磨介质造成砂磨机的径向和轴向能量密度严重不均，也影响产品质量。一般物料选用理想的密度为 $2.45 \sim 6.1g/cm^3$ 的玻璃珠或氧化珠即可。当然，分散和粉碎黏度大的硬质物料，尚需用钢珠（密度 $7.8g/cm^3$）。

2. 研磨介质球形度

球形研磨介质在随叶片公转的同时，还有本身的自转，其总的动能为：

$$T = 1/2mv^2 + 1/2J\omega^2$$

式中　T——研磨介质总动能；

　　　m——研磨介质的质量；

　　　v——研磨介质的运动速度；

　　　J——转动惯量；

　　　ω——平面运动研磨介质的角速度。

式中的 $1/2J\omega^2$ 是研磨介质自转产生的附加能，由此产生对粒子的剪切和摩擦的粉碎作用。显然，自转角速度 ω 越大，产生的附加能也越大，当球体不均匀时，自转运动受阻，降低了附加能，不利于研磨。

3. 表面光洁度

研磨介质与浆料混合装入研磨室，在研磨粉碎物料的同时，介质也会有一定的磨耗，磨耗的材料进入浆料后，用通常的方法很难分离，影响产品质量，甚至改变漆料的色泽，这是生产者所不希望的。对于同一种材料，磨耗率与研磨介质表面光洁度成正比，所以要求研磨介质表面光滑，以减少磨耗率。

4. 机械强度

研磨介质的机械强度主要指正常工作情况下的抗弯强度、抗压强度、抗冲击强度。对于金属类研磨介质一般无大问题，而对非金属类研磨介质，要达到这些指标并不容易。其综合要求是在正确使用条件下基本不产生破碎。

5. 耐磨性

耐磨性是衡量研磨介质质量的重要条件。不耐磨的介质因磨耗而需经常进行补充，不仅增加成本，而且影响正常生产。磨耗的介质材料还会影响产品质量，同时，对机械零件，如叶片、筒体、送料泵及密封都带来危害，在选材时应特别注意。

6. 研磨介质直径

研磨介质间的接触产生粉碎物料的机械力，在两研磨介质接触后形成一个区域，物料只有在这一区域的包容下才有可能粉碎，其体积为：

$$V_a = \pi r^2 (R + 1/3r)$$

式中　V_a——研磨有效区域体积；

　　　R——研磨介质半径；

　　　r——物料半径。

7. 研磨介质的粒径

当砂磨机装填研磨介质的空间容积为一定值时，所装研磨介质珠子粒径越小，则所能容纳的珠子数目越多。珠子粒径减小一半，珠子数目增加到原来的 8 倍。珠子越多，珠子间相互撞击和摩擦的次数增加，分散效果也越好。同时，珠子越多，其总表面积越大，因而有更大的分散作用面积，并限制了物料粒子的聚集，从而加速了分散作用。

根据实验和生产经验，对不易分散或要求分散细度小的漆浆，要选用粒径小的研磨介质；对容易分散或对分散细度要求不高的漆浆，可适当选用粒径较大的研磨介质。粒径较大的长处是机械强度大，不易碎，磨损后仍可继续使用，有利于降低生产成本，提高生产的连续性。

当然，珠子的直径也不能太小，否则它具有的动能太小，不足以分离颜料聚集体。此外珠子太小，还容易堵塞筛网等出料装置。一般建议最小粒径要大于出口缝隙宽度的 2.5 倍。

在串联砂磨机或多筒砂磨机上，研磨介质可采用前粗后细的方案，逐台减小粒径，以求得到既快又好的综合效果。

目前常用玻璃珠的粒径大多在 1～3mm 范围内。就单位体积而言，小研磨介质比大介质这一区域增大约 $1/R^2$。假设随机堆积因数 φ 为 0.639，每个研磨介质约有 4.6 个接触点。在 25.4mm³ 的体积中，研磨介质直径为 3.175mm 有 2900 个接触点，而直径为 0.794mm 有 180000 个接触点，即小研磨介质直径是大研磨介质直径的 1/4 时，接触点增大约 62 倍，这是小介质提高磨效的主要原因。小粒径介质虽然磨效明显，但同时损耗也明显，生产的实际情况需要根据物料粗细来确定研磨介质粒径。

8. 介质均匀度

从动力学的角度看，当介质直径一致时，体积相同，则质量相等，即 $m_1 = m_2$，在运动中可获得相同的动量 $m_1 v_1 = m_2 v_2$；当 $m_1 > m_2$ 时，$m_1 v_1 > m_2 v_2$，两球相撞时大球将小球撞开，造成大球追小球的情况，磨效会降低。从几何学的角度考虑，不同直径研磨介质混装，小介质填充了大介质的空隙位置，增多了介质的接触点，提高了磨效，但随着研磨时间的加长，产生了大介质磨小介质的情形，最后加快小介质的变形以致破碎。所以应当尽量避免不同粒径的介质混装。

9. 介质填充率

研磨介质的装填量：砂磨机装研磨介质若装入太少，即装填系数（研磨介质堆积体积与砂磨机筒体有效容积之比）太低，分散效率自然很低。但装得太多，即装填系数超过一定限度时，物料占据的容积减少，研磨介质自身及对机件的磨损加剧，工作温度猛升，主电机负荷加大，连送料泵的压力也升高，这样非但不能提高分散效率，反而无法正常开车。

研磨介质的装填系数与物料的黏度、分散盘（或棒销）的圆周速度及机器结构等因素有关。一般的经验是物料黏度高，分散盘（或棒销）的圆周速度高，装填系数应稍低，反之则取较高值。

通常立式开启式砂磨机的装填系数可取 65%～75%，特殊情况下可取 60%～80%；立式密闭式砂磨机因没有"冒顶"问题，装填系数可取 80%～85%；卧式砂磨机启动容易，装填系数可比立式砂磨机大些，一般可取 80%～85%，特殊情况下可取 90%。

确定装填系数后，就可算出研磨介质装填量。它等于砂磨机有效容积（L）与装填系数及研磨介质堆积密度的乘积。一般来说，只要砂磨机的温升、功率消耗等指标在合适的范围内，适度加大研磨介质装填量，有利于提高砂磨机的生产能力。通过多次生产实践，就能找到相应工艺条件下理想的研磨介质装填量。

10. 化学稳定性

要求研磨介质对物料应有一定的化学稳定性，以防止研磨过程中介质与物料间发生化学反应，造成产品污染和加速介质磨损，一般非金属介质优于金属介质。研磨介质的 pH 值应尽可能接近中性。

第十节　调漆/色浆研磨/色漆调配及其配套设备

一、调漆釜

1. 调漆釜适用范围

其适用于涂料、油漆、颜料等的色浆配色混合，以及其他行业的液-液，液-固物料的混合。

2. 调漆釜工作原理

浆料经过分散、研磨、乳化等工艺，将其抽至调漆釜（见图 4-23），开动釜内搅拌器，加颜料色浆及助剂，调整黏度、pH 值至合格，停止调漆搅拌器，开出料泵抽半成品至过滤器过滤装桶。

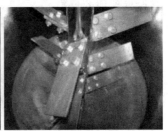

图 4-23　调漆釜

3. 调漆釜介绍

调漆釜调色均匀，混合、混溶性好，结构合理，有强力搅拌的功能。

4. 调漆釜主要技术参数

其见表 4-8。

表 4-8　调漆釜型号规格及主要技术参数

型号	YT-0.3	YT-0.5	YT-1.0	YT-2	YT-3	YT-4	YT-5	YT-6	YT-8
电机功率/kW	1.1	1.1	1.5	3.0	4.0	5.0	7.5	7.5	11.0
容积/m³	0.3	0.5	1.0	2.0	3.0	4.0	5.0	6.0	8.0
主轴转速/(r/min)	87	87	87	112	112	112	85	85	85
搅拌器直径/mm	185	240	300	700	850	850	1050	1050	1250

二、色浆研磨

1. 色浆研磨机

① 立式砂磨机　用于细度要求不是太严格的色浆研磨，或者很容易分散的钛白浆等的研磨，清洗容易，设备价格较低。

立式砂磨机用于有机颜料、铁黄、铁红等不容易研磨的颜料时，生产效率较低。

② 篮式砂磨机　篮式砂磨机集研磨和分散为一体，特别适用于成套生产线中的密闭连续化生产，生产效率较高。设备价格较高。

③ 三辊研磨机　三辊机拥有最大的剪切力，特别适用于对不挥发或低挥发的高黏度色浆的研磨，不过三辊机的研磨效率较低。对于易挥发溶剂，最后色浆的色含量很难控制。

④ 立式/卧式球磨机　球磨机主要适用于色浆黏度较大，颜料颗粒较粗较硬或有返稠现象的色浆。

2. 提高色浆研磨效率的方式

① 选择合适的色浆配方与助剂。

② 选用恰当的色浆研磨设备。

③ 选用合适的研磨介质及恰当的缸体内介质填充比例。

④ 多做色浆研磨实验，选择对应设备最合适的研磨方法。

3. 色浆研磨建议

多和色浆研磨机制造厂家沟通，多做几次色浆研磨实验，研磨一定要使体系达到一个平衡，防止存放几天又返粗，比如铁蓝调色浆。

三、色漆调配

1. 涂料配方

电脑调漆的重要组成部分之一就是涂料配方。涂料的配方来源于每个涂料厂家的专业技术人员通过对颜色的调配、记录、研究、比对、色谱分析，然后制作出来的一个标准化数据信息。每个涂料厂家有不同的技术人员，他们生产出来的涂料会有或多或少的差别，那么涂料配方的组成和重量也会有些许的变动，因此每个涂料厂家都有一套涂料配方或者调漆软件系统，才能保证所调配出来的色样的一致性。举例说，大家都熟悉的五十铃蓝色，它是由标准蓝色母、紫色色母、纯白色母、纯黑色母组成，而他们所占比例若是 80：4：15：1，那么由于不同厂家色母特性有差别，这个比例就相对有细微变动，如 78∶5∶16∶1。总之而言，涂料配方不通用，即使是进口涂料也是如此，因此就需要调漆技术人员的配合。

2. 微调

电脑调漆（见图 4-24）的另外一大组成部分即调漆技术人员的微调。虽然说是微调，但它起着至关重要的作用。电脑调漆一般都是针对汽修厂的修补汽车漆而言的，通过涂料配方，我们把主要色母都调配好，大体颜色就已经相差不远。但是要达到补漆的准确度，就靠技术人员的微调起作用了。一般进行修补的车都是已经使用过的，使用年限不同，车身颜色也会有少量变化。即使是同一款车，也会出现颜色差异，甚至由于车辆不断的修补而出现车身颜色不一致的情况，这些都需要调漆技术人员现场进行比对涂料样板和车身颜色进行微调。因此微调才是电脑调漆的最关键的环节，而调漆技术人员对技术的把握也决定了颜色最终的精准度。

图 4-24　电脑调漆用调色机

四、配套设备选择

设备安装方式、占用空间、水电配置情况、装机容量等，选用的设备应与厂房布局相协调。

费用估算：设备购买成本、安装费用、操作费用、维修养护费用、折旧费用都应估算在内。

下面介绍一些调色设备。

1. 调漆机

调漆机又称涂料搅拌机。各大涂料公司都有调漆机及其配套产品，有 32 号、38 号、59 号、108 号等各种规格的调漆。调漆机配有电动机、搅拌桨，利用这种工具很容易混合倒出涂料。涂料中的树脂、溶剂及颜料经过一段时间就会分离，这是因为它们的密度不同所致。因此，涂料在使用以前需要充分混合。

2. 电子秤

电子秤又称配色天平，是一种称涂料用的专用天平，帮助计算适当的混合比，由托盘秤、电子显示器和集成电路板组成。常用的电子秤量程可达7500g，精确度为0.1g，由明亮的发光二极管作显示，安装在托盘上方，使用方便，属于专为汽车修补漆称量用的配套产品。

电子秤的操作程序是：

① 水平放置电子秤，避免高温、振动。

② 按下归零键，将被称物轻置于秤板中心，依序操作。

③ 使用完毕后，按下电子秤电源关闭键，关闭电子秤电源总开关。

3. 阅读机

（1）查阅涂料配方的方法　目前国内有胶片调色和电脑调色两种查阅涂料配方的方法。胶片调色即通过阅读机阅读胶片、查配方。因为这种方式成本低、操作简单，所以目前采用较多。电脑调色即在电脑中存有所有色漆配方，用户只需将自己所需的漆号和份量输入电脑就可以直接查阅到计算好的配方数据，这种方法快捷、方便、准确，而且数据更新方便。这是一种先进的调色方法。目前各大涂料公司都具有完善的电脑调色系统。

（2）阅读机操作程序

① 打开阅读机总电源开关。

② 拉出置片板，将微缩胶片依正确方向置入置片板上。

② 推回置片板后，打开机座底部电源开关。

④ 检视微缩胶片，查出颜色配方。

⑤ 使用完成后，关闭机座底部白色开关。

⑥ 关闭阅读机总电源开关。

4. 电脑调色

由于科学技术的飞速发展，特别是电子计算机技术的发展，在涂装技术中也得到一定的应用。使用电脑调漆，把极其复杂的调漆工作改变为很正规、工作起来极容易而又很准确。

电脑调漆正如上述"阅读机"中顺便介绍的"电脑调色"的情况一样，就是利用电脑中的程序查阅配方、计算配比量。目前市场上使用的调漆软件较多，但基本功能没有多大差别。某些电脑调漆系统，将电子秤与电脑相连，这样在调漆时，一旦某一色母漆加多后，电脑则自动重新计算配比量，从而保证调漆的精度。

使用电脑调漆，可使对轿车面漆调配工作简便而准确。

采用电脑调漆，必须准备足有一定量的各种规格品种的色漆，若数量和品种规格不足，就很难按电脑要求准确地配制出所需的面漆。特别是常用规格品种的涂料是不可缺少的。一般都是采用小包装，基本上是 1kg 的铁筒装。采购的各种数码的色漆必须严格保证其质量，单色漆质量不佳，所调制的复色漆肯定会出问题的。

对于单色漆的储存放置应按标号数码的规律放置，做到标准化、定置化。因为数量品种太多，容易出错，所以，必须加强储存管理。

所用色漆的另一个特点是，品种规格虽多，但每种规格的数量较少。因为维修不同于批量生产。

自动调色生产线采用自动灌装、自动调色，可满足规模化生产和节能减排的要求。

五、调漆及配色和测色设备

1. 调漆及配色

调漆（见图 4-25）是整个涂料生产过程中一个非常重要的工序。对于清漆来说，调漆工序主要是将树脂和各种添加剂加入，并以稀释剂调整其稠度至技术要求的范围之内。而对于色漆来说，则除了上述要求外，还要将涂料的颜色调整到技术要求和标准样板规定的色差范围之内，通常将这个工序称之为"配色"。

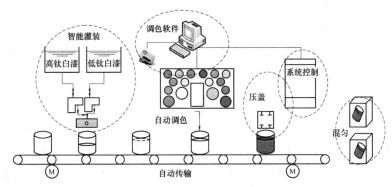

图 4-25　调漆及配色和测色设备

调漆和配色（见图 4-26）是在带有搅拌机的敞开或半密闭的调漆锅内进行的。调漆锅的容积按产量要求设计。搅拌机的转速和桨叶形状均应根据具体要求设计确定，必须使加入涂料中的色浆和其他成分能迅速均匀混合，达到颜色一致的效果。

图 4-26　调漆和配色

2. 配色工艺

配色工艺（见图 4-27）按操作方法可分为人工配色和电脑配色两大类。我国目前多采用人工配色。

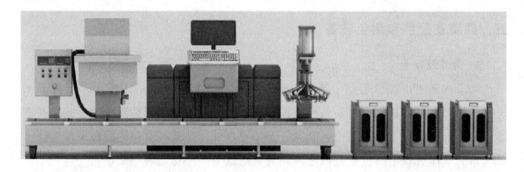

图 4-27　电脑测色的色彩配色工艺

①人工配色　它是将各种不同颜色的色浆按需要加入不断搅拌的涂料中，并不断从涂料中取出样品与标准样品和样板进行颜色对比，至二者的区别达到允许的色差范围为止。

②电脑配色　它是利用根据色彩由色调、亮度和鲜艳度（也称"色饱和度"）三大要素组成的原理设计制成的色彩色差计对涂料进行色彩色差测定，并能精确地计算出三者的数值，同时通过电脑装置对现场生产配色进行自动控制，使最终的产品达到标准色板的色调、亮度和鲜艳度。但使用这种测色和配色装置必须具备一个重要的前提，就是色浆本身的色调、亮度和鲜艳度以及颜料含量必须稳定一致，才能达到预期的效果。

3. 电脑测色

电脑测色的色彩色差计，其构造和型号有很多种，但其基本原理都是根据国际通用的 XYZ 和 L、a、b 等表色系统设计的，仪器中的标准照明光源照射到被测样板上所反映出来的数值即上述色彩三大要素的三个刺激值。

4. 研磨色浆与选择砂磨机

一般来说色浆研磨机，是指能够研磨到很小的细度，高浓度的研磨机。可以是三辊机，也可以是砂磨机。就看你是要做哪种色浆来选择何种砂磨机。

通常混悬液生产工艺流程是以粉体产品或研磨浆料的流动状态、粉体在浆料中的分散性、浆料对粉体的湿润性及对产品的加工精度要求这 4 个方面的考虑为依据，首先选定过程中所使用的研磨分散设备，从而确定工艺过程的基本模式。

（1）依据流动状况可将浆料分为 4 类。

① 易流动的，如磁漆、头道底漆等。

② 膏状的，如厚漆、腻子及部分厚浆型美术漆等。

③ 色片，如硝基、过氯乙烯及聚乙烯醇缩丁醛等为基料的高颜料组分，在 20～30℃下为固体，受热后成为可混炼的塑性物质。

④ 固体粉末状态的，如各类粉末涂料产品，其颜料在漆料中的分散过程是在熔融树脂中进行的，而最终产品是固体粉末状态的。

（2）按照在浆料中分散的难易程度可将颜料分为 5 种类型。

① 细颗粒且易分散的合成颜料。原始粒子的粒径皆小于 $1\mu m$，且比较容易分散于漆料之中。如钛白粉、立德粉、氧化锌等无机颜料及大红粉、甲苯胺红等有机颜料。

② 细颗粒且难分散的合成颜料。尽管其原始粒子的粒径也属于细颗粒型的，但是其结构及表面状态决定了它难于分散在漆料中，如炭黑、铁蓝等。

③ 粗颗粒的天然颜料和填料。其原始粒子的粒径约 $5\sim40\mu m$，甚至更大一些，如天然氧化铁红（红土）、硫酸钡、碳酸钙、滑石粉等。

④ 微粉化的天然颜料和填料。其原始粒子的粒径为 $1\sim10\mu m$，甚至更小一些，如经超微粉碎的天然氧化铁红、沉淀硫酸钡、碳酸钙、滑石粉等。

⑤ 磨蚀性颜料。如红丹及未微粉化的氧化铁红等。

（3）依据浆料对颜色的湿润性可分为 3 类。

① 湿润性能好的，如油基漆料、天然树脂漆料、酚醛树脂漆料及醇酸树脂漆料等。

② 湿润性能中等的，如一般合成树脂漆料包括环氧树脂漆料、丙烯酸树脂漆料和聚酯树脂漆料等。

③ 湿润性能差的，如硝基纤维素溶液、过氯乙烯树脂等。

（4）依据加工精度的不同可将色漆分成 3 类。

① 低精度的产品，细度在 40μm 以上（一般这个用普通的砂磨机就可以很容易做到了）。

② 中等精度的产品，细度在 15～20μm（这个就需要用到盘片式砂磨机或者琅菱篮式砂磨机）。

③ 高精度的产品，细度在 15μm 以下（棒销式砂磨机就很适合）。

对上述 4 个方面因素的综合考虑便是通常选用研磨分散或者砂磨机设备的依据。

六、涂料生产设备与色漆配料

涂料的生产过程的主要设备如图 4-28 所示。主要的生产设备有高速分散机、砂磨机、调漆设备、过滤设备和灌装设备等。

（1）高速分散机　高速分散机的主要作用是将涂料研磨浆进行预混合。现代化涂料原材料中的颜料、填料都是超细化易分散的，加上润湿分散机的应用，许多涂料不必进行研磨，仅仅使用高速分散机就可以达到规定的细度。

（2）砂磨机　砂磨机又称为球磨机，其主要作用是将难分散的颜料、填料、涂料研磨成为色浆或研磨到规定的细度。砂磨机有卧式和立式两种。

（3）调漆设备　调漆设备是用来对分散后研磨细的漆浆与部分树脂、助剂、溶剂和色浆等混合均匀，并达到规定的颜色、黏度等指标。有的涂料还要使用高速分散机来进行调漆。

（4）过滤设备　调漆完的涂

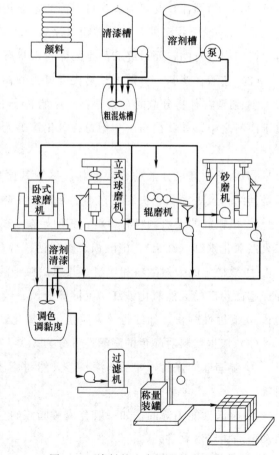

图 4-28　涂料的生产过程的主要设备

料中有少量粗渣等杂质，可以使用过滤设备来净化。常用的设备有振动筛，其操作简单，方便清洗，适应性强。

（5）灌装设备　灌装设备是用于将规定体积或质量的成品涂料包装密闭。可以采用手动或自动灌装设备。

色漆是指含有颜料的涂料产品。在色漆进行研磨前必须将颜料和适量的漆料（或合成树脂）、溶剂等混合成尽量均匀的膏糊状物料，这道工序叫做色漆配料。色漆配料设备产品的型号有许多种，主要根据产品的稠度和产量来设计和选用。稠度较大的产品多采用行星式搅拌机，稠度较小的产品多采用高速搅拌机或配料分散罐。为了防止颜料粉尘飞扬，应尽量采用密封式设备，并安装强力的抽风装置。

七、色漆研磨及设备

1. 色漆制造

其主要是用颜料分散设备制造。分散设备功能在于将颜料以一种原级粒子状态掺入到基料中。从颜料厂购进的颜料其粒子大多呈附聚状态而聚结成相对疏松的团粒。分散设备只是打开附聚的团粒，而不能磨细颜料的原级粒子。整个分散过程可分为三个阶段：

（1）润湿　用漆料介质润湿颜料使颜料—空气（或水）的界面变成颜料—漆料界面。

（2）分散　用外力（如机械力、黏度剪切力、超声波、气蚀等）使附聚体破裂成原级粒子和原来就存在的少量颜料聚集体。

（3）稳定　使已润湿和分离的颜料原级粒子均匀而稳定地永久分散在基料中，不再产生絮凝。

为完成颜料的分散，根据利用外力的不同，有多种不同形式的分散设备可供选用。其选用的原则取决于：批量大小和设备的生产能力；色漆配方、工艺及其成品指标；颜料本身的分散性能；设备原始投资和运行费用；环保要求及设备检修的难易。

2. 乳液涂料的生产

主要是颜料的分散过程费工费时，作为乳液涂料制作工艺有色浆法、干着色法和高速搅拌法，乳液涂料以白色和浅色为主，在生产线上主要生产白色涂料和调色涂料，彩色料浆是另行制备。在制有色乳液涂料时，将各种颜料分色研磨成色浆，最后加入白色涂料中调制。

要将颜料加入涂料基料中制成彩色涂料，就必须将颜料的聚集体颗粒进行分散，使其质点之间彼此分离，制成悬浮液，即色浆，以便在涂料中均匀分散成为胶态悬浮体。悬浮体的制备原理、工艺以及制备设备均同在胶乳配料中的分散体制备。常用分散设备有三辊机、球磨机、高剪切一体化涂料成套设备、高速分散机、分散乳化机，还有砂磨机。

色漆是颜料在液体漆料中形成分散细颗粒的胶状体，必须通过研磨才能达到这一目的。

3. 色漆研磨设备

产品的型号很多，常用的如上海儒佳炭黑色浆砂磨机是其中一种。

（1）中性墨水炭黑色浆砂磨机　中性墨水是指墨水的表现黏度介于油性墨水与水性墨水之间，墨水既有油性墨水的润滑性又有水性墨水的书写舒畅性，同时与传统的染料性墨水相比，具有优异的耐光、耐水、耐温和化学稳定性，墨迹收敛坚牢，可做永久保存，满足档案记录要求。

炭黑作为墨水的着色剂，炭黑在体系中的分散稳定性是决定墨水性能的重要因素。

色浆是高度分散的颜料分散体系，是将颜料与表面活性剂、水等介质经砂磨机研磨处理，使颜料粒子在剪切力的作用下均匀稳定地分散在水性体系中。

（2）色浆砂磨机　炭黑是一种无定形碳的黑色粉末，其表面积很大，主要成分是由碳等元素组成。一般来说，炭黑的粒径越细，则其着色力越强，遮盖力越好，黑度也越高。

色浆砂磨机在色浆制备上的应用，先进行颜料预分散，在去粒子水中加入一定量分散剂，室温下，用电动搅拌机在一定转速下搅拌使分散剂充分溶解，然后加入消泡剂和防腐剂继续搅拌，混合均匀后加入颜料，继续搅拌，制得预分散液。用分散液（10％固含量）以三乙醇胺调整体系 pH 值，使之达到 7.5 以上，加入到填充一定比率研磨介质的砂磨机中，调节适合的砂磨机研磨转速，研磨一定时间，放出静置消泡，得到色浆。

（3）儒佳纳米级色浆砂磨机　儒佳纳米级色浆砂磨机即儒佳 N 系列纳米砂磨机。它采用的是欧洲设计标准，整机的设计更加优秀，设备的稳定比普通机型更优。研磨粒度分布范围窄，针对微小研磨珠的使用进行了优化，研磨细度、分布粒径范围更好。研磨介质可以使用 0.1mm 以上的研磨介质。使用双冷却系统，可以有效控制物料温度，减少物料团聚现象，达到分散研磨效果。

（4）填料干燥、粉碎的设备　填料加入前要进行干燥、研细、过筛等过程，因此，需要干燥器、粉碎设备、振筛机等。现简单介绍如下。

① 干燥器　常见的干燥器有厢式干燥器、环式干燥器、转筒式干燥器、气流干燥器等。不管什么形式的干燥器，原理基本上是一样的，经加热到一定的温度，使填料内的水分、气体蒸发掉，一般加热温度要 100～150℃，特殊情况可加热至 600～900℃干燥活化。

② 粉碎设备　目前常用粉碎设备主要有破碎机、磨碎机、球磨机等。另外还有一些先进的方法，如超声波方法、流体冲击波粉碎方法等。

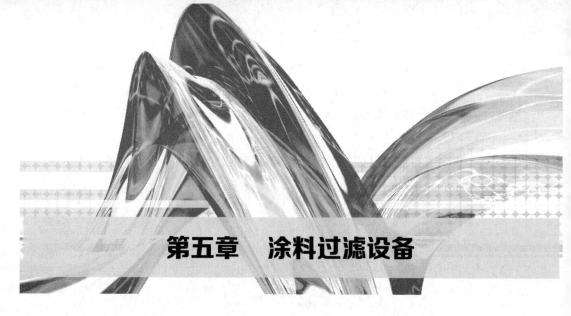

第五章　涂料过滤设备

涂料中的液体料包括原料油、漆料、合成树脂、成品清漆和色漆等，其中由于含有不同的杂质以及不同的质量要求，因而需采用不同的过滤工艺和过滤设备。

过滤操作是涂料工业五个基本化工单元操作之一。无机颜料生产、树脂的合成、制漆过程均有过滤操作。而细度是涂料产品的重要技术指标之一。欲保证细度，除严格把握分散操作之外，过滤则是细度的保证措施。

涂料过滤操作的滤浆是树脂及分散好的色漆的漆浆，属于稀薄滤浆；滤液是涂料产品或半成品（树脂）；过滤介质是网、框、筛、滤芯、助滤剂层等。

过滤操作最终是丢弃滤饼而要滤液。

第一节　概述

一、涂料的过滤设备分类

过滤设备的分类方法很多，一般是按过滤操作的推动力及有无过滤助剂分类。

按过滤操作的推动力分，有真空过滤器、加压过滤器、离心过滤器、重力过滤器等。涂料工业的滤浆黏度均较大，且真空过滤的推动力有限，故很少使用真空过滤设备。以下只介绍一些常用的按过滤操作推动力分的涂料过滤设备。

1. 筛网式过滤器

这是涂料生产过程中使用最广泛的一种过滤设备。它制作简单，采用的筛网有尼龙绢布、丝绵、铜丝布、不锈钢丝布、铁丝布等，适用于过滤原料油、漆料、合成树脂和大多数品种的色漆。所用筛网的孔径目数按液料的黏度和细度要求确定，一般采用的筛网为80～120目。

对于稠度较大的涂料（如硝基漆）则需用加压筛网过滤器，通常使用齿轮泵将需过滤的涂料泵入筛网过滤器内过滤。

2. 离心式过滤器

离心式过滤器是利用离心力的原理将液料中较重的杂质除掉。离心式过滤器按其过滤筒体的转速可分高速离心机（转速4000r/min左右）和超速离心机（转速9000r/min左右）两大类。国内有油水分离机和超速离心分离机等。离心式过滤器适用于黏度在1000mPa·s即1000cp以下的低黏度液料。

3. 板框式过滤器

这是涂料行业常用的一种过滤设备，它由多个滤板、洗涤板和滤框交替排列组成。每机所用滤板、洗涤板和滤框的数目，随液料的性质和过滤的生产能力而定。按其外形可分卧式和立式两种，按液料在机内的流动路线可分内流式和外流式两类。板框的数目可以有10～60不等。板框材料除用钢铁外，也可用塑料、不锈钢、玻璃钢等。

板框之间的过滤介质常用滤纸、帆布，立式板框机采用硅藻土等作粉体过滤介质。板框压滤机适用于液料黏度较大，需要加热到100℃以上、过滤压力超过1MPa以上的场合，也用于分离不易过滤的低浓度悬浮液或胶质悬浮液。

4. 纸芯过滤器

这是一种用特制纸芯制成的过滤设备，液料通过泵或自然压力流入纸芯，然后通过纸芯纤维微孔流出，杂质留在纸芯内，滤渣积满后，将纸芯扔掉或焚烧。这种过滤器已广泛用于涂料行业中过滤黏度较低的油料、漆料、清漆和合成树脂等。

5. 重力过滤器（设备）

一般重力过滤设备有加压过滤设备、离心过滤设备、无过滤助剂的过滤设备、过滤罗往复运动的振动筛板框过滤机；袋式过滤器；滤芯过滤器；筒式旋转过滤器；QL型自清洁过滤器管式离心机、XS11型振动筛有过滤助剂的过滤设备、SL型水平加压过滤器；垂直加压过滤器（BGL板框过滤器，CF型密闭过滤器）。

此外还可按有无过滤助剂分类，分为以下几种。

（1）无过滤助剂的过滤器

如滤芯过滤器，过滤操作的速率及滤液质量决定于过滤介质及过滤过程中形成的滤饼，在恒压时，在相同的时间内，过滤速率又主要决定于滤饼的可压缩系数S，故在恒压过滤操作中，过滤速率不断降低。影响过滤速率的主要因素除压强差、滤饼厚度外，还有滤饼和悬浮液的性质、悬浮液温度、过滤介质的阻力等，所以其生产速率在恒压操作时逐渐变小。此类设备多用于色漆过滤，为无助滤剂过滤设备。

（2）有助滤剂的过滤设备

如水平加压过滤器等设备，使用前在过滤器的网、框、纸上先需敷以不可压缩的助滤剂层（硅藻土）。助滤剂层有形态各异的细孔，本身又有吸附胶体的作用，且不可压缩，过滤阻力不大，有较高的过滤速率，滤液质量可得到良好的保障。此类过滤器 20 世纪 80 年代初在我国涂料工业中就开始使用了。此类设备多用于树脂过滤，为有助滤剂的过滤设备。

（3）涂料工业还曾使用过油水分离器

严格来讲，此种设备不属于过滤设备，它没有过滤介质。目前还在使用，但主要用于热煤油及燃料油脱水。

二、涂料工业在国内使用过的主要过滤设备

1. 无助滤剂的过滤设备

（1）过滤罗

一般过滤罗是最原始的敞开式重力过滤设备。过滤速率随着滤饼的沉积而降低，滤浆的细度可通过更新化工设备与防腐蚀 NO_3^-（硝酸盐过滤介质）换不同规格的滤网（过滤介质）而控制。溶剂挥发严重，生产效率低，但造价便宜，使用方便，又经多年应用，所以目前在色漆，特别是低档漆制造中仍有使用。但其主要作用是去除分散操作后落入漆浆组分的固体颗粒、漆皮等。

（2）振动筛

振动筛又称摇动筛，是通过机械作用而产生快速振动筛析物料的一种板式过滤设备，按其运动方式不同可分有往复运动的振动筛和筛网回转运动振动式离心机。

北京化工机械厂生产的 XS11 振动筛属于振动式离心机，有 0600、01000、01800 三个系列产品，使用中其滤浆在筛网上呈三元运动。

宜兴市过滤设备厂生产的 ZL 型振动过滤机，高频率、小振幅、三元空间振动、无污染。主要用于不适合使用其他过滤设备的乳胶漆和金属闪光漆的过滤。

板框过滤机是加压间歇式过滤设备，由尾板、滤框、滤板、大板、支架及压紧装置组成，滤液的排出有明流和暗流，压紧装置有手动、机械及液压 3 种方式。涂料工业多用暗流式，以减少溶剂的挥发。目前我国生产的板框过滤机有 BAS、BAJ、BA 等形式，主要材质有铸铁、聚丙烯等。

宜兴市过滤设备厂生产的 BZL 型板框式纸板精滤机是一种新型高级滤清、除菌设备，可将 0.2～0.5μm 以上的菌体和微粒全部截留，多用于啤酒行业。该机利用分离筒的高速旋转将浆液中不同密度的物质分离。该分离机以前广泛用于涂料行业，但目前很少用。然而，在燃料油及热煤油脱水中却很有用，但严格地讲，油水分离机不属于过滤设备。

在国内如南京船用辅机厂生产的 DZY、DZQ 型油水分离机曾在涂料行业中应用，但 DZP-30 型更适用于涂料工业。此机型适用于乳浊液的分离，能将密度不同的两种液体分开，同时去除微量的固体。

一般在涂料行业中，管式高速离心机多用于硝基漆的净化。另外，因离心机转鼓容积有限，所以要求清漆中固体含量小于 1%，管式高速离心机的分离因数较高，在 1000 以上，所以滤渣中含液量一般不大于 35%～40%。辽阳制药机构厂推出的 CQQ-105 型机能将浆液中的少量固体分出，要求漆浆中固体组分含量不超过 1%，否则滤饼沉积较多，转鼓必须取出清理。

北京市超纶公司生产的由丙烯酸超细纤维热缠绕结构的超纶滤芯，其超细纤维在空间随机构成三维微孔结构，纤维排列不用黏合剂，微孔孔径沿滤液流动方向呈梯度分布，可阻截不同粒径的杂质颗粒。该公司生产的 CFC 系列超纶滤芯用于 KLG 快捷式过滤器或其他筒状过滤器。CFC 型滤芯的过滤效果和效率及性能与缠绕滤芯（美国树脂型滤芯）性能相同，但其价格低。

天津长城过滤设备厂还生产 YGL 系列纤维管液体过滤机。该机过滤高黏度、高浓度液体有优良的性能，过滤电泳漆寿命可达 200h 以上。该系列机一般为非恒压式过滤设备，间歇操作，每个操作周期包括过滤、排渣、反吹、过滤过程。

北京达观金属塑料制品有限公司生产 DGA 和 DGB 两大系列滤芯过滤器。

2. 有助滤剂的过滤设备

涂料工业中的滤浆属稀薄滤浆，宜采用有预涂过滤助剂的过滤设备，同时过滤助剂有吸附作用，从而降低滤液的色度。

20 世纪 80 年代初，北京油漆厂（北京红狮涂料公司前身）从日本引进一台水平加压过滤器，开创了我国涂料工业使用有助滤剂过滤设备的先河。

凡使用助滤剂的过滤设备均为板式的，并依过滤介质旋转的方位，可分水平板式过滤机和垂直板式过滤机。该类过滤器是由过滤主机、混合槽、输送泵等组成的机组，属于"压力过滤设备 3"有助滤剂过滤设备的使用，标志着我国涂料工业过滤操作上了一个新台阶，使其操作更加科学化，为生产高档涂料创造了条件。此类过滤机的过滤介质有滤板、滤纸、助滤剂层，是垂直放置的。涂料工业中使用的此类过滤机有 AMA 过滤机、CF 型密闭型机、MG-90-7 密闭网型过滤机和 NYB 系列高速板式密闭滤机。

重庆化工机械厂在 110SP-11P 基础上开发了 SL 系列机型，广泛地应用于我国涂料工业，其 SL 型过滤机的主要技术参数有设计压力、设计温度工作压力、工作温度、过滤树脂黏度、过滤面积、生产能力、输送泵流量、过滤板层数、整机重量。硅藻土为助滤剂，它是海生物——硅藻骨骼残骸，硅藻死亡后其骨骼经亿万年沉积，形成类似白垩的软性粉状矿物，经挖掘、粉碎、研磨、化学处理和空气分级成粉，即可做助滤剂使用。

一般我国涂料工业过滤技术采用助滤剂及加压间歇式过滤机，非常适应涂料工业的滤浆为稀薄滤浆及其黏度特性。涂料工业的滤浆中的固体浓度在 5％ 以下，能形成滤饼，但形成速度非常低，且滤浆的黏度高，过滤阻力大，更宜采用加压过滤设备。

三、我国涂料工业过滤设备的选择

随着社会的进步及人民生活质量的提高，过滤机的发展也是日新月异。目前，我国高效过滤器在技术上有很大的突破，在高科技工业里，高效过滤机的应用覆盖率达到了 85％ 以上的程度，由此看来，高效过滤机在国内市场上的发展前景是非常可观的。

经过 30 年来开发的过滤设备大都是封闭型，而没有开发采用真空过滤设备。这完全符合了我国溶剂型涂料占绝大比例的特点，减少了爆炸危险性。

国内已具有很强的开发制造能力，重庆化工在进口的 AMA 过滤机的基础上，开发制造了 CF 型、MG-90 型两个系列过滤机，且在 MG-90 型基础上又系列开发生产了 NYB 系列机型。CF 型机和 NYB 型系列机，除广泛的应用于涂料工业外，在石油化工、饮料、啤酒等行业也大量使用，技术水平均已超过样机。

仅宜兴市过滤设备厂 NYB 系列机的生产能力就达 600 多台/年，其最大规格为 $60m^2$，已达国际最大规格水平。

其他没有助滤剂层的过滤设备（滤芯、滤袋、滤筒型）及其元件等开发、生产均能满足我国涂料工业过滤要求，特别是色漆过滤要求。

过滤机是利用多孔性过滤介质，截留液体与固体颗粒混合物中的固体颗粒，而实现固、液分离的设备。过滤机广泛应用于化工、石油、制药、轻工、食品、选矿、煤炭和水处理等领域。国内经济日益繁荣，我国过滤机得到了长足的发展，在水资源处理上的应用也逐渐广泛和成熟。

过滤机应根据镀槽的容积、不同的镀液来合理地选择机型、流量、滤芯种类、滤芯精度等。目前国内尚有不少用户在选型时对过滤机的标定流量存在误解，造成选型不当，循环过滤量达不到要求，以致达不到预期效果。

近年来国产过滤机无论在选材和适用范围上均有很大改进。随着科技进步，近年来不断有新型基础材料出现，为过滤机及化工、环保设备制造提供了多种选择。

提高过滤设备，特别是有助滤层设备的机电一体化水平，减轻了体力劳动，降低了物耗。

四、涂料工业过滤袋产品的特点和选择

一般在选择涂料工业过滤袋之前，首先要了解各种涂料生产工艺流程与过滤袋产品的特点，以便更好地满足涂料工业的需要。

1. 涂料生产工艺流程

（1）聚合油（定油）、桐油、改性松香（硬树脂） 混合热炼后加入溶剂稀释，然后过滤制成半成品（油漆料）。

（2）干性油改性醇酸树脂

① 一步法生产（脂肪酸法） 用蓖麻油改性也可用此法。将脂肪酸或蓖麻油、甘油、苯酐和回流溶剂逐次投入反应釜中进行酯化反应，当中控指标达到所需指标时用溶剂稀释，而后过滤制成半成品。

② 二步法生产（醇解法） 先将植物油和季戊四醇或甘油（多元醇）并在要求的条件下加入催化剂进行醇解反应，当醇解终点达到时，稍降温后加入苯酐（多元酸）、回流溶剂，升温进行酯化反应，当指标达到中控指标时，降温进行溶剂稀释，过滤制成树脂半成品。

（3）溶剂型清漆及色漆

① 油基或醇酸清漆 将漆料（油基或醇酸树脂）加入催干剂和溶剂进行拌合，而后过滤制成清漆。

② 色漆 将颜料、填料和漆料（油基或醇酸树脂）进行拌合（配料），而后进行研磨（分散），当达到所求指标时加入催干剂和溶剂用其他色浆进行调漆（调色），过滤后制成色漆。

（4）氨基烘干磁漆 将甲醛、三聚氰胺进行羟化（缩合）反应；反应达到一定的程度后加入丁醇进行醚化（缩聚）反应，进行分水（脱水）到一定的程度时制成二聚氰胺甲醛树脂。将醇酸树脂、颜料进行拌合、研磨，达到所要求的指标时加入二聚氰胺甲醛树脂，用色浆调色，而后过滤制成成品。

（5）乳胶漆　将水和部分助剂（增稠剂）进行溶解（搅拌），而后加入颜料及填料、部分助剂进行研磨（高速分散）到一定的程度后，加入乳液，用色浆进行调漆，达到所需色度时过滤制成乳胶漆。其次要了解什么样的材质可以完成对油漆涂料的完美过滤。

过滤袋材质有聚丙烯、聚酯、尼龙单丝复丝、PE、PP、PTFE、NMO、PO。

2. 过滤袋产品的特点

表面过滤：尼龙单丝编织网直接截留颗粒，孔径精确，可反复清洗使用，适用截留大直径颗粒使用，代表材质为尼龙单丝。

深层过滤：无纺纤维内层的三维向空间，直接截留吸附细小颗粒，具有效率高、成本低、容污量大的特点。一般建议不回复用。更适合高黏度液体或小直径的颗粒高效截留，代表材质为聚酯和聚丙烯。

适用场合：涂料、黏结剂、树脂、油脂类、芳香烃溶剂类、强酸碱类。

密封型式：金属钢圈、塑料密封圈。

接缝型式：线缝接或热熔接。

表面处理：单面烧毛处理、红外高温热定形。

在液体过滤领域，如采用的精度过滤滤材，解决了以气体针刺毡滤料工艺加工液体滤材无法解决的问题，如精度不高，表面纤维易脱落，无法达到等级等，现已完全达到规模化生产，满足客户尽快交货的要求。一般可为中间商、设备制造商、外贸公司等生产各种规格材质的过滤袋。

第二节　涂料过滤原理与过滤装置设计

一般涂料过滤装置的内壁下部焊有内圈的圆柱形壳体与槽形端盖采用螺纹连接，端盖底盘上焊接安设过滤网的滤网支架，壳体上安装与外部报警器联结的压力传感器。

其是通过改变壳体高度和圆柱直径的尺寸，调整有效过滤面积，适应涂层钢板生产的需要。综上所述，为了能够让涂装设备正常工作运行，涂装过滤装置也是非常重要的，其外观和质量、尺寸等都是有很高的要求的。

一、涂料过滤原理分析

铸造涂料为非牛顿流体，一般是带有屈服值和触变性的假塑性流体，其流变特性见图 5-1。如果涂料所受到的切应力小于其屈服值 τ_y，则涂料不会产生流动。涂料从流出口接触到筛网后，受到阻碍，其受到的剪切速率减小，导致在筛网面上的涂料切应力减小，流动性减弱，淤积一部分，后续的涂料淤积在上，导致筛网面上的涂料剪切力降低至零，最终无任何流动性，涂料就再也无法流过滤网，完全淤积在滤网上。铸造的涂料具有剪切稀释的能力，其黏度随着剪切率的增大而下降，见图 5-2。若使筛网进行运动，为筛网和涂料的接触面提供切向力，从而在涂料内产生切应力。当该切应力超过涂料的屈服应力时，涂料就可流动而穿过筛网。由于涂料骨料一般为 320 目，只要选择筛网的网眼尺寸比砂粒小，就可保证把砂粒过滤出来。

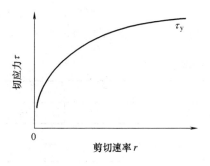

图 5-1　带屈服值的假塑性流体的流变特性曲线　　　　图 5-2　涂料的剪切稀释能力

二、涂料过滤装置设计

目前开发的涂料过滤装置见图 5-3，与以前相比，除增加涂料过滤装置外，并布置了涂料自流管，其作用是让配置好的涂料自涂料搅拌器中在重力作用下自动流入中间槽中，涂料的流量通过球阀控制。

（1）过滤装置组成　过滤装置组成见图 5-4。过滤筒口的直径比筛网筒小60mm 左右，以避免涂料溢出。内侧保持 20°斜度，使筒过滤出的砂能随斜面排出。外侧保持 45°斜度并伸出 30mm 以上，使排出的砂能完全集中到集砂桶中。过滤筒底的直径大于筛网筒 15mm 以上，形成导流边沿，避免涂料淌到筒底外侧，以减少设备的清理。

（2）筛网的选择与检测　根据 GB/T 9442—1998《铸造用硅砂》，铸造用硅砂的粒度用试验筛进行分析，其筛号与筛孔的基本尺寸应符合表 5-1。检测铸造砂的粒度使用的是铸造用试验筛，根据 JB/T 9156—99 铸造用试验筛，筛孔及金属丝直径基本尺寸见表 5-2。

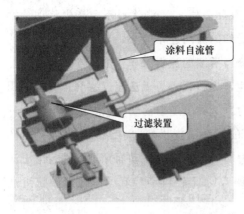

图 5-3　涂料过滤装置

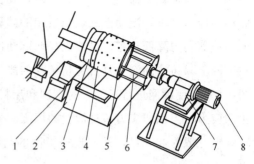

图 5-4　过滤装置组成

1—集砂桶；2—中间槽；3—过滤筒口；4—筛网筒；

5—过滤筒底；6—支撑条；7—减速机；8—电动机

表 5-1　铸造用硅砂的粒度用试验筛基本尺寸

筛号	30	40	50	70	100
筛孔尺寸/mm	0.600	0.425	0.300	0.212	0.150

表 5-2　铸造用试验筛孔及金属丝直径基本尺寸

型号	SSBS05	SSBS06	SSBS07	SSBS08
硅砂目数筛号	40	50	70	100
筛孔基本尺寸/mm	0.425	0.300	0.212	0.150
金属丝直径基本尺寸/mm	0.280	0.200	0.140	0.100

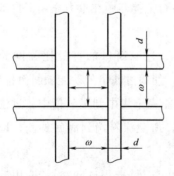

图 5-5　铸造用试验筛筛孔尺寸结构
w—网孔尺寸；d—丝径

从铸造用试验筛筛孔基本尺寸的结构（见图 5-5）可知，试验筛筛孔大小并不包含金属丝的尺寸。

市场上的筛网目前尚无明确的国家标准。以不锈钢丝网为例，制造材料一般为 1Cr18Ni9Ti 不锈钢丝，宽度一般为 1000mm，长度一般为 30m。规格见表 5-3。

市场上的筛网与铸造用试验筛筛孔的结构及尺寸定义与图 5-5 相同，符合 GB6004，两者筛孔的尺寸大小都不包含金属丝的丝径。但是两者名义目数相同时，实际的网孔尺寸并不一致，比较表 5-3 与表 5-1、表 5-2 即可知。

表 5-3 不锈钢丝网规格　　　　　　　　　　　　　mm

目数	30	32	36	38	40	50	60	80
钢丝直径/mm	0.23	0.23	0.23	0.21	0.19	0.15	0.12	0.10
孔宽近似值/mm	0.62	0.56	0.48	0.45	0.45	0.35	0.30	0.21

为保证丝网的选择得当，需对丝网的筛孔尺寸进行测量。由于金属丝径及筛孔尺寸都太小，一般的测量方法无法测量。我们的方法是，选筛网平整处剪一块30mm×30mm 大小的丝网，放在光学显微镜上，背面压一块抛光的金相试样以保证反光，放大 100 倍观察，对照光学显微镜上的尺寸标尺，可测出筛孔及金属丝尺寸。实测用于所设计的涂料过滤装置的不锈钢丝布的筛孔尺寸为 0.3～0.38mm（市场名义目数：60 目），钢丝尺寸为 0.13mm。相对于表 5-3，该丝布应为 50～60目规格，但对照表 5-2 的铸造用试验筛，该筛为 40～50 目。将该筛网卷成圆柱面，接缝处压紧，即制成过滤筛筒。

（3）减速机的选择　实际选用卧式摆线针减速机，该型减速机维修方便，同时在市场上通用性的减速机中，该型的单级变速比最大（实际选型变速比 87）。电机选用三相异步电动机，功率 0.75kW，转速 1450r/min。减速机的输出转速16.6r/min。由于单级的摆线针减速机变速比大，一级变速已达到要求，大大减小了整体装置的尺寸。并由于摆线针减速机的轴承能够承受相当的弯矩，为过滤滚筒采用悬臂梁式的支撑提供了条件，进一步减小了装置尺寸。

（4）过滤装置的安装及使用　安装时保证淋涂槽的涂料流出口伸进过滤筒口内 100mm。

使用方法：启动电机，过滤筒自动转动，对涂料进行过滤。过滤筒内的砂粒积累到一定量后，将从过滤筒口自动排出到积砂筒，不需人工干预。当观察到涂料流淌出过滤筒口时，表明过滤筒内砂过多，临时停机，从筒口将过滤筒内砂手工清理出大部分。再次启动电机运转装置。每日淋涂作业完成后，将积砂桶内的砂倒入淋涂槽，利用清洗淋涂槽的酒精清洗，回收涂料。再停机清空过滤筒的积砂，启动装置，在转动状态下继续用酒精对过滤筒进行清洗干净。

三、过滤装置的技术特点

① 采用单级减速机、悬臂梁式滤网支撑，最大可能减小了装置的尺寸，使装置可在狭小空间内应用。

② 采用自动流砂技术。该装置对涂料中裹杂的砂粒能够自动流出，全面保证过滤后的涂料品质。

③ 采用涂料封闭循环技术。涂料在加入搅拌桶后，通过管道流进静置桶，进入隔膜泵到淋涂槽，通过过滤网回到静置桶。减轻了工人劳动强度，减少了涂料浪费，保持了工地整洁。

④ 采用涂料再回收技术。自动流砂收集后，尚有少量涂料随砂粒流出，每日手工倒入涂料槽中，通过清洗过滤，能够再次将涂料回收。

第三节　涂料行业液料过滤设备

在色漆制造过程中，仍有可能混入杂质，如在加入颜、填料时，可能会带入一些机械杂质，用砂磨分散时，漆浆会混入碎的研磨介质（如玻璃珠），此外还有未得到充分研磨的颜料颗粒。

上述介绍过用于色漆过滤的常用设备有罗筛、振动筛、袋式过滤器、管式过滤器和自清洗过滤机等。一般根据色漆的细度要求和产量大小选用适当的过滤设备。

一、筛网式过滤器

筛网式过滤器（见图 5-6）是过滤器中的一个广义的统称，与之相对的有线隙式过滤器、玻璃纤维过滤器等。

一般过滤器是输送介质管道上不可缺少的一种装置，通常安装在减压阀、泄压阀、定水位阀或其他设备的进口端，用来消除介质中的杂质，以保护阀门及设备的正常使用。

当流体进入置有一定规格滤网的滤筒后，其杂质被阻挡，而清洁的滤液则由过滤器出口排出，当需要清洗时，只要将可拆卸的滤筒取出，处理后重新装入即可，因此，使用维护极为方便。

图 5-6　筛网式过滤器

网式过滤器是一种利用滤网直接拦截水中、油中等液体的杂质，去除水体、油体中悬浮物、颗粒物，降低浊度，净化水质和油质，减少系统污垢、菌藻、锈蚀等产生，以及保护系统其他设备正常工作的精密设备。

1. 结构特点

① 壳体采用碳钢或不锈钢（304、316L），也可采用 NBR 材料，强度大，密封性好。

② 滤芯有不锈钢网、尼龙网，数目丰富，规格齐全，组合性强，安装清洗非常方便。

③ 过滤精度：80 目、100 目、120 目、150 目。

④ 型号：3/4 寸、1 寸、1.5 寸、2 寸。

⑤ 金属丝：3 寸、4 寸。

2. 筛网式过滤器工作原理

其工作原理是利用滤料组成的孔隙，将原水中的泥砂、胶体、悬浮物等杂质截留住。由于滤料进行了科学分布，所以滤床对杂质的截留效果很好，出水质量也大大提高。过滤器的过滤精度最高可达 $10\mu m$。同时，滤床对水中的杂质逐步截留，这样罐体中的各层滤料将得到充分均匀的利用，有效滤层高，从而延长了滤料的使用周期，减少了设备的运行成本（降低了返洗次数和返洗水耗）。

3. 使用保养说明

（1）检查压力表状况，看是否工作正常。

（2）查看压力表 1 和压力表 2 的压力值，当两个压力表的压力值差值超过 0.02MPa 时，要对过滤网进行清洗。过滤网清洗方法如下。

① 关泵停水。

② 旋转压紧手柄，去掉过滤器盖，取出过滤网。

③ 清洗过滤网。

④ 检查 O 密封圈及密封垫状况。

⑤ 安装就位。

⑥ 开水试压，检查是否泄露，观察压力表读数是否正常。

（3）冬季来临时，要排净过滤器内的积水，以防止锈蚀。

（4）装卸运输中应避免碰撞和抛摔。

（5）定期对过滤器外表进行防锈处理。

4. 工作流程

水由进水口进入网式过滤器，首先经过粗滤芯组件滤掉较大颗粒的杂质，然后到达细滤网，通过细滤网滤除细小颗粒的杂质后，清水由出水口排出。在自清洗过滤器过滤过程中，细滤网的内层杂质逐渐堆积，网式过滤器的内外两侧就形成了一个压差。当网式过滤器压差达到预设值时，将开始自动清洗过程：排污阀打开，主管组件的水力发动机室和水力缸释放压力并将水排出；水力发动机室及吸污管内的压力大幅下降，由于网式过滤器负压作用，通过吸嘴吸取细滤网内壁的污物，由网式过滤器水力发动机流入水力发动机室，由排污阀排出，形成一个吸污过程。

当网式过滤器水流经水力发动机时，带动吸污管进行旋转，由水力缸活塞带动吸污管作轴向运动，吸污器组件通过轴向运动与旋转运动的结合将整个滤网内表面完全清洗干净。整个清洗过程将持续数十秒。排污阀在清洗结束时关闭，增加的水压会使水力缸活塞回到其初始位置，网式过滤器开始准备下一个冲洗周期。在清洗过程中，过滤机正常的过滤工作不间断。

精度换算见表 5-4。

表 5-4　筛网式过滤器精度换算

微米	10	25	30	40	50	80	100	120	150	200	400	800	1500	3000
目数	1500	650	550	400	300	200	150	120	100	80	40	20	10	5
毫米	0.01	0.025	0.03	0.04	0.05	0.08	0.1	0.12	0.15	0.2	0.4	0.8	1.5	3.0

5. 注意事项

（1）当过滤网上积聚了一定的污物后，过滤器进、出水口之间的压力降会急剧增加，当压力降超过 0.07MPa 时需及时进行冲洗。

（2）进出水方向必须根据滤芯的过滤方向选择使用，切不可反向使用。

（3）如发现滤芯、密封圈损坏，必须及时更换，否则将失去对水的过滤效果。

（4）在冬季不用时应将水排空，以防冻坏。

（5）网式过滤器可单独使用，也可与其他过滤器组合使用。

二、离心式过滤器

涂料离心式过滤器是利用离心力的原理将液料中较重的杂质除掉。离心式过滤器按其过滤筒体的转速可分高速离心机（转速 4000r/min 左右）和超速离心机（转速 9000r/min 左右）两大类。国内有油水分离机和超速离心分离机等。

三、板框式过滤器

1. 涂料板框式过滤器

它是涂料行业常用的一种过滤设备。它由过滤板、洗涤板和滤框交替排列组成。每机所用滤板、洗涤板和滤框的数目，随液料的性质和过滤的生产能力而定。按其外形可分为卧式和立式两种，按液料在机内的流动线路可分为内流式和外流式两类。板框的数目可以有 10～60 不等。板框材料除用钢铁外，也可用塑料、玻璃钢等。

板框之间的过滤介质常用的有滤纸、帆布，立式板框机采用硅藻土等作粉体过滤介质。板框压滤机适用于液料黏度较大、需要加热到 100℃ 以上、过滤压力超过 1MPa 以上的场合，也用于分离不易过滤的低浓度悬浮液或胶质悬浮液。

2. 涂料液体过滤器

它能使受到污染的液体被洁净到生产、生活所需要的状态，也就是使液体达到一定的洁净度。

3. 涂料盘式过滤器

它由过滤单元并列组合而成，其过滤单元主要是由一组带沟槽或棱的环状增强塑料滤盘构成。过滤时污水从外侧进入，相邻滤盘上的沟槽棱边形成的轮缘把水中固体物截留下来；反冲洗时水自环状滤盘内部流向外侧，将截留在滤盘上的污物冲洗下来，经排污口排出。

四、纸芯过滤器

纸芯过滤器（见图 5-7）是 100％ 以 PP（聚丙烯）材质制成的，故又称塑胶过滤器。它凭借着 PP 材料优异的化学性能，使塑胶过滤器能满足许多化学酸碱溶液过滤。

采用一次塑型的机型，无接触、无死角，规格精。纸芯过滤器是高品质、高效能、经济实用的优良品，采用 5♯ 标准滤袋更换，标配氟橡胶密封，并由耐高温的 PPR 材料制成，最高耐温可达到 90℃ 等。

图 5-7　纸芯过滤器

五、管式过滤器

管式过滤器也是一种滤芯过滤器（见图 5-8、图 5-9）。待过滤的油漆从外层进入，过滤后的油漆从滤芯中间排出。它的优点是滤芯强度高，拆装方便，可承受压力较高，用于要求高的色漆过滤。但滤芯价格较高，效率低。

图 5-8　双筒过滤小车

图 5-9　单筒过滤小车

涂料生产过程中，原料、半成品、成品往往需要运输，这就需要用到输送设备，输送不同的物料需要不同的输送设备。常用的输送设备有液料输送泵，如隔膜泵、内齿轮泵和螺杆泵，螺旋输送机，粉料输送泵等。因树脂和涂料产品品种多，细度要求不一，黏度各异及多年来的使用习惯，涂料工业使用着多种过滤设备。

六、CF型板框式密闭型过滤机

CF型板框式密闭型过滤机由过滤缸、混合缸、输送泵、管道、阀门和电气控制等一些辅助设施组合成一个完整的过滤系统，是一种节能、高效、密闭操作的精密过滤设备，广泛应用于化工、石油、生物柴油、油脂、涂料、食品、制药等方面。该产品设计独特，过滤效率高，滤液细度好，不消耗滤纸、滤布，只需要少量的助滤剂，因而使用成本低，维护和清洗方便。

七、自动密闭型板框精制油脱色过滤机

在涂料生产线上需要用到过滤设备对物料进行过滤，因为在涂料生产中物料可能会混入一些杂质，其中包括在加入颜料时带入的机械杂质，研磨分散时漆浆混入的研磨介质，还有没有充分研磨的颗粒，为了涂料产品的优质、稳定，这些杂质都需要过滤掉。用于过滤涂料的过滤设备中袋式过滤器和管道过滤器的使用较为广泛。自动密闭型板框精制油脱色过滤机也属于其中之一。

恒东罐体过滤设备如图5-10所示。

图5-10　恒东罐体过滤设备展示图

第四节　涂料行业典型的过滤设备

涂料行业典型生产的主要设备有振动筛分散设备、研磨设备、调漆设备、过滤设备、输送设备等。而其中典型的过滤设备介绍如下。

一、色漆制造过滤设备概述

在色漆制造过程中，仍有可能混入杂质，如在加入颜、填料时，可能会带入一些机械杂质，用砂磨分散时，漆浆会混入碎的研磨介质（如玻璃珠），此外还有未得到充分研磨的颜料颗粒。

用于色漆过滤的常用设备有振动筛、罗筛、袋式过滤器、管式过滤器和自清洗过滤机等，一般根据色漆的细度要求和产量大小选用适当的过滤设备。

涂料生产工艺中的振动筛作为目前使用最广泛的物料分离机械，现已被各行业广泛使用到各种生产领域中。振动筛在各行业中起到的作用越来越大。

随着我国经济的飞速发展，涂料等相关建筑材料市场也随之越来越好，振动筛在涂料的生产工艺中也起着非常重要的作用，振动筛可以轻松有效地去除涂料在生产过程中可能混入的杂质。下面分析涂料生产工艺中振动筛的应用。

从本质上来讲，涂料生产的过程就是把颜料固体粒子通过外力进行破碎并分散在树脂溶液或者乳液中，使之形成一个均匀微细的悬浮分散体。其生产过程通常采用四个步骤。

（1）预分散　将颜料在一定设备中先与部分漆料混合，以制得属于颜料色浆半成品的拌合色浆，同时利于后续研磨。

（2）研磨分散　将预分散后的拌合色浆通过研磨分散设备进行充分分散，得到颜料色浆。

（3）调漆　向研磨的颜料色浆加入余下的基料、其他助剂及溶剂，必要时进行调色，达到色漆质量要求。

（4）净化包装　通过振动筛分、过滤，除去各种杂质和大颗粒，包装制得成品涂料。

故振动筛过滤除去杂质在涂料生产过程中是其中一个重要环节。

二、涂料生产的陶瓷颜料粉气旋筛分机

涂料生产的颜料粉是陶瓷上使用的颜料的通称。包括釉上、釉下以及釉料和坯

体着色的颜料。在陶瓷生产过程中，这些颜料要经受不同温度的煅烧，对用途不同的颜料，其要求也不同。

近年来又制成了红、黄、青、绿、黑、灰、褐等釉上颜料，只需经受 600～800℃ 的温度，因而品种繁多，色彩丰富。此外，作为釉上彩饰的还有液体颜料，如金水等，是用金属与有机物化合成硫化香膏，再加有机溶剂制成。20 世纪 70 年代后又发展了高温快烧颜料（釉中彩），彩烧温度 1100～1260℃，彩烧时间 35～120min，色调也较丰富。

陶瓷颜料粉气旋筛分机，其除杂筛分通常就靠气旋筛分机，陶瓷颜料粉通过气旋筛上的螺旋输送系统，和气流混合，雾化进入网筒内，通过网筒内的风轮叶片使物料同时受离心力和旋风推进力，并使物料喷射过网，由细料排出口排出，不能过网的物料沿网筒壁从粗料排出口排出。

陶瓷颜料粉气旋筛分机具有以下特点。

① 整机体积小、重量轻、平稳无振动、无噪声、密闭性能好、无粉尘、效率高。

② 壳体结构新颖，安装简单，控制方便。

③ 可单机或多机配套使用，长时间连续运作，安全可靠。

④ 筛网受旋风的冲刷，可自动清网。

⑤ 对结块物料有再破碎功能。

⑥ 新式外球面轴承，延长使用寿命。

⑦ 可特殊设计，满足特别需要。

三、高频振动筛

高频振动筛简称高频筛。高频振动筛由激振器、矿浆分配器、筛框、机架、悬挂弹簧和筛网等部件组成。

高频振动筛效率高、振幅小、筛分频率高。与普通筛分设备的原理不同，由于高频振动筛采用了高频率，一方面破坏了矿浆表面的张力和细粒物料在筛面上的高速振荡，加速了大密度有用矿物的析离作用，增加了小于分离粒度物料与筛孔接触的概率。从而造成了较好的分离条件，使小于分离粒度的物料，特别是比重大的物粒和矿浆一起透过筛孔成为筛下产物。

高频振动筛采用筒体式偏心轴激振器及偏块调节振幅，物料筛淌线长，筛分网格多，具有结构可靠、激振力强、筛分效率高、振动噪声小、坚固耐用、维修方便、使用安全等特点，高频振动筛广泛应用于矿山、建材、交通、能源、化工等行业的产品分级。

1. 高频振动筛结构

其主要由筛箱、激振器、悬挂（或支承）装置及电动机等组成。电动机经三角皮带，带动激振器主轴回转，由于激振器上不平衡重物的离心惯性力作用，使筛箱振动。改变激振器偏心重，可获得不同振幅。

2. 主要特点

① 无转动零件，无需加润滑油。

② 结构简单，维修方便，经久耐用，故障率低。

③ 振动器运用了共振原理，双质体临界共振状态工作，所需驱动功率小，在启动时无大的启动电流，噪声低。

④ 振动器启动后，振幅瞬时即可达到工作稳定值。停车时，它的振幅瞬时即可消失，并且允许在额定电压、电流和振幅下直接启动和停车。

⑤ 筛体的激振或振幅可调，可以通过改变筛体的激振力（调节激振）来控制筛下产品粒度，对于保证不同结晶粒度矿石的精矿品味是非常有益的。

⑥ 在筛体振动的同时，筛片的筛条之间也产生相对的颤动，筛片缝隙不易堵。

3. 影响因素

高频振动筛及其他筛分机械的主要影响因素。筛分过程的技术经济指标是筛分效率和生产率，前者为质量指标，后者为数量指标，它们之间有一定的关系；同时两者还与其他许多因素有关。这些因素决定着筛分的结果。影响筛分过程的因素大体可以分为以下三类。

① 物理性质因素　包括物料本身的粒度组成、湿度、含泥量和粒子的形状等。

当物料细粒含量较大时，筛子的生产率也大。当物料的湿度较大时，一般来说筛分效率都会降低。但筛孔尺寸愈大，水分影响愈小，所以对于含水分较大的湿物料，为了改善筛分过程，一般可以采用加大筛孔的办法，或者采用湿式筛分。物料含泥量大（当含泥量大于 8％时）应当采用湿式筛分，或预先洗矿。

② 参数影响因素　直线高频振动筛是使粒子和筛面作垂直运动，所以筛分效率高，生产能力大。而粒子与筛面相对运动主要是平行运动的棒条筛、平面高频振动筛、筒筛等，其筛分效率和生产能力都低。

对于一定的物料而言，筛子的生产率和筛分效率决定于筛孔尺寸。生产率取决于筛面宽度，筛面宽生产率高。筛分效率取决于筛面长度，筛面长筛分效率就高。一般长宽比为 2。

有效的筛子面积（即筛孔面积与整个筛面面积之比）愈大，则筛面的单位面积生产率和筛分效率愈高。筛孔尺寸愈大，则单位筛面的生产率越大，筛分效率越高。

③ 生产条件因素　当筛子的负荷较大时，筛分效率低。在很大程度上原高频振动筛筛子的筛分率取决于筛孔大小和总筛分效率；筛孔愈大，要求筛分效率愈低时，则生产率愈高。

给料均匀性对筛分过程意义很大。

筛子的倾角要适宜，一般通过试验来确定。再就是筛子的振幅与振次，这与筛子的结构物理性有关，在一定的范围内，增加振动可以提高筛分指标。

4. 主要技术参数

其见表 5-5。

表 5-5　高频振动筛型号规格及主要技术参数

型号	振动频率 /min^{-1}	分离粒度 /mm	生产能力 /(t/h)	驱动功率 /kW	外形尺寸 （长×宽×高）/m
GPS-900-3	2850	0.045～2.0	2～16	1.5	2.7×1.6×2.7
GPSⅡ-900-3(双层)	2850	0.045～2.0	4～20	1.5	2.7×1.6×2.7
GPS-1200-3	2850	0.045～2.0	5～20	2.2	2.7×1.6×2.9
GPSⅡ-1200-3	2850	0.045～2.0	7～30	2.2	2.7×1.6×2.9
GPS-1400-3(双层)	2850	0.045～2.0	8～25	3.0	2.8×2.2×3.4
GPSⅡ-1400-2(双层)	2850	0.045～2.0	8～30	3.0	2.8×2.2×3.4
GPS(筛板)-4	2850	0.1～2.0	5～25	2.2	3.6×1.8×3.4
GPS(筛板)-6	2850	0.1～2.0	7～35	3.0	2.8×2.2×3.4

5. 存在的问题

① 对筛机本身结构了解不够。在设计过程中由于对各个部件的结构强度的了解不够，在生产中容易造成应力集中，进而造成侧板、支撑梁、筛板等断裂现象，影响正常的生产活动。

② 在向大型化设计过程中进步缓慢。目前，国内应用成功的最大的型号是 QZK-2041 曲面筛，正在研究中的 GFS-2445 曲面筛，但由于对结构了解不够，目前还处于不太成熟的阶段。

③ 对高频振动筛技术参数之间的关系了解不够。由于对高频振动筛各个工艺参数或振动参数之间关系的了解不够，在设计或选型上容易出现失误，造成"跑水"和"跑粗"等现象，以致影响正常的生产。

④ 材料的结构强度满足不了要求。目前，国内对材质的研究与国外相比还有许多差距，使国产高频振动筛的寿命普遍较低，目前寿命一般在 3～5 年，而国外

的为 8 年左右，因而造成生产成本增加和资源浪费。

6. 保养方法

① 设备正常运转时，应经常观察筛子的给矿浓度，使浓度控制在 40％ 左右，以便提高分级效率。

② 因该筛分级效率高，脱水性能好，筛上量浓度高，使得筛上量溜槽中的矿浆流动性差，应配上水管。

③ 电磁激振器与控制箱要严防淋水，以免短路。要用胶板将激振器盖好，防止水、矿浆落入，造成短路和堵塞气隙。

④ 随时检查各部位螺栓是否松动，以及筛框是否与溜槽等碰撞。

⑤ 随时注意电流表指针不能超过额值，筛机每运转半个月左右时，应将电流调整近额值（一般 8～9A）振动 4～5min，以便将筛片背面附着物振掉。

⑥ 可根据矿石性质和作业要求，调整激振电流（振幅），为了使筛子在最高效率条件下工作，可做激振电流条件试验。

⑦ 当筛片使用 1 个月后，将筛片取下，进行 180°掉头，增强筛条"切割"作用，以便提高分级效率。

⑧ 当布料斗给入筛片的矿浆流射得太远时，应及时调整筛框的位置或角度，以免影响分级效率。

四、耐高温滤袋过滤

（1）耐高温滤袋过滤风速设计

玻纤经拒水防油抗结露配方处理除尘器骨架，允许过滤风速为 0，为了保证设备长期稳定高效低阻运行，本除尘器风速设计为一种风速设计。

立窑烟气露点较高，在除尘器进气管道和灰斗钢结构部分采用。

（2）耐高温滤袋滤料选择

① 玻璃纤维过滤材料是玻璃纤维机织物或非织造物经表面化学处理的，收集细粉能力强，除尘效率高，适用反吹风袋除尘器。具有耐高温、耐腐蚀，除尘器骨架尺寸稳定，除尘效率高，粉尘剥离性好及价格便宜等优点。这是一种理想的高温过滤材料。

② EW500-psi 玻纤滤料采用拒水防油抗结露配方，利用有机硅类憎水剂把憎水、耐磨、抗折、防腐等性能通过特定工艺有机地统一在一起。它也是一种很好的滤料。

五、袋式过滤器

一般袋式过滤器由一细长筒体内装有一个活动的金属网袋，内套以尼龙丝绢、无纺布或多孔纤维织物制作的滤袋。接口处用耐溶剂的橡胶密封圈进行密封，压紧盖，可同时使密封面达到密封，因而在清理滤渣，更换滤袋时十分方便。

国内过滤器的材质有不锈钢和碳钢两种。为了便于用户使用，制造厂常将过滤器与配套的泵用管路连接好，装在移动式推车上，除单台过滤机外，还有双联过滤机，可一台使用，另一台进行清查。

这种过滤器的优点是适用范围广，既可过滤色漆，也可过滤漆料和清漆，适用的黏度范围也很大。选用不同的滤袋可以调节过滤细度的范围，结构简单、紧凑、体积小、密闭操作；操作方便。缺点是滤袋价格较高，虽然清洗后尚可使用，但清洗也较麻烦。

袋式过滤器对涂料的过滤：袋式过滤器由一细长的筒体内装有一个活动的金属网袋，滤袋有无纺布滤布和多孔纤维织物滤袋，接口处有密封圈进行密封，压紧时，可同时使密封面达到密封，因此在过滤完物料时，清理滤渣很方便，只需更换滤袋就可以了，工作时袋式过滤器依靠泵将涂料送入滤袋中，滤渣会留在袋内，过滤完成的涂料就会从出料口流出。

袋式过滤器还可组装在移动推车上。袋式过滤器的优点是使用范围广、既可过滤色漆也可过滤漆料和清漆，适用的黏度范围也很大，不同的滤袋可以调节规定细度范围，结构紧凑、体积小、操作简单方便，但袋式过滤器的价格相对较高。

快装法兰除杂质无纺布袋式过滤器介绍如下。

本过滤器是去除杂质用的涂料过滤器。其也是处理涂料中不溶性颗粒杂质效果最好的过滤装置。它通过物理加压、袋式过滤、用滤袋截留杂质。一般精度选用300目~400目的比较多，也可以按要求选精点或细点的，再粗点的有100目、150目、200目等，细点的有500目、2500目、12500目等。本过滤器常有现货。

本过滤器结构新颖、体积小、操作简便灵活、节能、高效、密闭工作、对环境适应性强。它是一种压力式过滤装置。其液体由过滤器外壳旁侧入口管流入滤袋，滤袋装置在加强网内，液体渗透过所需要细度等级的滤袋即能获得合格的滤液，杂质颗粒会被滤袋捕捉。本过滤机更换滤袋十分方便，过滤中也基本无物料消耗。但愿它是你最理想的选择。

六、卡箍式普通法兰袋式过滤器

去除杂质用涂料过滤器采用优质不锈钢 304 材质加工而成，过滤器内装有滤袋，滤袋过滤精度可根据液体杂质的颗粒大小来选择，过滤器内可装多个滤袋或一个滤袋，根据流量的大小来选择滤袋的数量，高黏度油漆过滤机可过滤液体内所有的杂质，当过滤器的滤袋内杂质装多了就要更换或清洗滤料，滤袋清洗或更换也比较简单，只要把过滤器的盖子打开把滤袋拿出来把杂质倒掉再用清水清洗，清洗完后再把袋子装到过滤器内，这样就可以重新再使用了。过滤器不仅可以用来过滤油漆、涂料、胶水、油墨等化工类液体中的杂质，也可以用来过滤食用油、蜂蜜、糖浆中的杂质颗粒。

卡箍式 1 号机：外形尺寸：$\phi 219 \times 410mm$，直径 219mm，总高 800mm 左右；有效过滤面积：0.23m²；设备重量：12kg；进出口 DN25 内丝，最大承压 6kg，价格 1800 元。活动法兰式，最大承压 10kg，价格为 2500 元。

卡箍式 2 号机：外形尺寸：$\phi 219 \times 810mm$，直径 219mm，总高 1300mm 左右；有效过滤面积：0.5m²；最大承压 6kg；价格 2500 元。活动法兰式，最大承压 10kg，价格为 3200 元。

关于泵：可以是气动隔膜泵也可以是齿轮泵，只要有 2kg 压力，扬程有个 20m 左右，流量要大于使用最大处理量就可以了。

七、涂料过滤袋

涂料生产的塑料环全热熔焊接液体过滤袋，主要应用在腐蚀性强的液体过滤行业，为此材料都是选用全球同行业最高标准的专用耐酸碱滤料。滤液滤出面均经特殊烧毛处理，既有效防止纤维脱离污染滤液，又避免了传统辊压处理造成滤孔过分堵塞而缩短液体过滤袋寿命。

采用无硅油降温的高速工业缝纫机生产，不会产生硅油污染问题，所有原料均是白色，未经任何特别漂染处理，完全符合环保标准，更由于针刺毡的三维过滤层，使得液体流过针刺毡时，颗粒会由于深层过滤机理滞留于液体过滤袋的内壁表面及深层，对固体或胶体颗粒具有高捕集效率。针刺毡厚度均匀、稳定的开孔率及充分的强度使液体过滤袋效率稳定、运用时间更长。热熔过滤袋的底部、侧面及领环的连接，都以热熔方法焊接，而产生的旁漏问题、纤维脱落问题等都被此种全热熔焊接的液体过滤袋解决，高精度技术确保其在化工行业中受到广泛应用。

塑料环滤袋可在涂料过滤与油墨过滤及涂料循环的工艺路线（见图 5-11）中

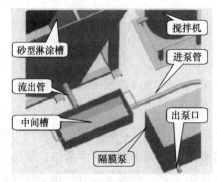

图 5-11　涂料循环的工艺路线

使用，尤其是在树脂过滤，乳胶漆、涂料原料和溶剂过滤，胶水过滤，CIP 过滤，印刷油墨、打印油墨过滤，精细化工、石油化工、电子、纺织、印染、造纸等行业的各种液体净化过滤中，以及电泳漆过滤、喷淋冲洗水过滤、循环水过滤及废水处理过滤等中应用。

该涂料塑料环过滤袋常用材质有以下几种，即聚酯（PE）、聚丙烯（PP）、尼龙（MO）。

热熔做的过滤袋袋口环材质一般有 PE、PP 塑料感压密封环两种，可用在腐蚀性强的液体过滤。

现在在国内涂料生产的标准过滤袋尺寸有以下 5 种：

5 号袋-152×510mm（ϕ6×20 英寸）；

4 号袋-106×380mm（ϕ4×15 英寸）；

3 号袋-106×230mm（ϕ4×9 英寸）；

2 号袋-180×820mm（ϕ7×32 英寸）；

1 号袋-180×430mm（ϕ7×17 英寸）。

过滤面积：1 号袋＝0.25、2 号袋＝0.5、3 号袋＝0.1、4 号袋＝0.15、5 号袋＝0.3。

过滤细度/μm：1～200。

最高操作压差/MPa：0.3。

最高操作温度/℃：聚酯（PE）130（瞬间 180）、聚丙烯（PP）90（瞬间110）、尼龙 180。

如一般涂料塑料环过滤袋可以来料来样定做各种非标准过滤袋，尺寸样品由客户提供。对于不同的涂料厂家的过滤器因为使用条件不同，形状材料各异。在长期的制袋业务中接触了很多种非标过滤袋，可以根据涂料客户提供的过滤袋制作出完全一致的替代产品。

一般可以提供涂料的过滤材料有毡类、丝网类、织布类、熔喷类、热轧类等。

除标准产品外，一般我国按不同要求制作过涤纶编织布过滤袋、板框压滤机滤袋、不锈钢筛网过滤袋、活性炭纤维过滤袋、双层复合过滤袋、防掉毛过滤袋、滤芯过滤袋、除尘滤袋。

八、涂布涂料专用过滤筛

涂布涂料专用过滤筛选用某公司的 B1 款过滤筛，是一款节能型、特殊构造的机型设备，振动源采用节能型铝壳、免维护型振动电机，框与上盖一体成型结构，密封性能好；出料口设计在振动体上，更有利于排料。单网结构设计，减少了与母网的摩擦，使筛网使用寿命更长。

1. 涂布涂料专用过滤筛的特点

① 处理量大。

② 单层，敞口型，无上盖，便于观察物料在筛网上的运行情况。

③ 筛网使用寿命长，一般在 30 天左右。

④ 振动电机采用原装进口，全封闭轴承，免加润滑油，隔绝无粉尘，使用寿命长。

⑤ 机座、弹簧、振动体采用防腐处理，不易生锈，有效延长设备使用寿命。

⑥ 可 24h 连续生产。

2. 涂布涂料专用过滤筛适用范围

其适用于陶瓷泥浆、电瓷、颜料、高岭土、造纸等行业的液体、浆液过滤。

九、树脂砂型涂料在线过滤装置

对呋喃树脂砂型采用淋涂工艺进行涂料涂覆，涂料在搅拌机中配置好后，手工加入中间槽，涂料经过进泵管、隔膜泵、出泵口在淋涂槽上淋涂到砂型上，从砂型上流下的涂料经过流出管回到中间槽。

由于树脂砂型表面的浮砂（主要是背砂层面）在砂型翻转的过程中，跌落到淋涂槽中，混入涂料中，随着涂料的循环使用最后黏附在涂层表面，造成涂层表面的不完整，从而影响到铸件的表面质量及内在质量，因此必须对涂料中夹杂的砂粒进行过滤。为进行涂料过滤，开始选择的过滤方案是在流出管和中间槽之间设置静态过滤网。原砂的粒度为 40～100 目，首先选择的滤网为 60 目，涂料不能通过滤网，再次选择 40 目的滤网出现同样的情况，清洗干净的滤网在前 10s 还可通过涂料，3min 后就淤积堆满在滤网上。

第五节　涂料行业粉末树脂覆盖过滤器

回顾粉末树脂过滤器在我国的发展过程，对近几年来使用中出现的问题及其原因进行了分析。认为粉末树脂过滤器的除盐能力很低，在凝结水处理中主要是作为除铁过滤器使用。提出了粉末树脂过滤器在湿冷和空冷机组上的使用条件及其改进意见。

粉末树脂覆盖过滤技术已经在我国火力发电厂中大量使用，通过总结数年的应用经验，对该系统的优缺点有了较为全面的了解，本文对粉末树脂覆盖过滤技术的应用及其存在问题进行探讨。

一、粉末树脂过滤器概述

早在 1978 年，中国电机工程学会火电设计赴日考察实习组在考察报告的"前置过滤器"部分，介绍了覆盖过滤器和粉末树脂过滤器在日本的使用情况。20 世纪 80 年代，认为粉末树脂过滤器不适合我国电厂使用，因此该过滤器未能在国内进行研究和推广使用。20 世纪 90 年代初，机械电子工业部组织的凝结水处理赴美考察团在"大型电厂凝结水精处理赴美技术考察报告"中介绍了凝结水精处理的状况，并详细介绍了粉末树脂过滤器的性能、特点及其使用，从美国引进了有关的技术。1999 年 11 月，国家电力公司电力规划设计总院召开了对粉末树脂覆盖过滤设备的评审会，提出了如下的评审意见。

① 粉末树脂覆盖过滤设备具有系统简单、基建投资省、设备占地面积小、有较好的除铁和除硅效果、无酸碱废液的排放等优点。

② 可作为火电厂正常运行时的凝结水处理、机组启动时的除铁除硅、直接空冷机组的凝结水除铁除二氧化碳等处理的比选方案。

③ 无锡锅炉厂从美国引进的粉末树脂覆盖过滤系统的设计及设备制造技术，在国内处于领先地位。

④ 粉末树脂覆盖过滤设备的生命力在于国产化，建议通过和外商合作生产，加速实现国产化，不断完善与提高，增强市场的竞争能力。

1999 年，R. Kunin 和 Elisalem 在我国介绍了粉末树脂覆盖过滤器的性能、优点以及美国多家电厂和我国某电厂的使用情况。2003 年讨论了粉末树脂过滤器的机理和应用。此后，有些新建电厂的凝结水处理采用了粉末树脂过滤器。

二、粉末树脂覆盖过滤器具体情况

粉末树脂覆盖过滤器是从纸粉覆盖过滤器发展而来，利用粉末树脂替代纸粉作为过滤材料。使用粉末树脂替代纸粉的目的是希望该设备具有过滤除铁和除盐的双重作用，达到前置过滤和混床的双重效果。但是，在实际应用中出现了下列问题。

① 如此细的树脂粉末无法进行再生和重复使用，失效的粉末树脂必须弃去，大大增加了运行费用。

② 由于所覆盖的粉末树脂数量少，离子交换量低，凝结水中的氨可使氢型阳树脂粉末迅速变为铵型（约 4～8h），树脂直接与高 pH 值的凝结水接触，失去除盐能力。

③ 氢型阳树脂转为铵型时，颗粒体积缩小，造成树脂覆盖层的体积收缩，出现裂缝。有的设备为了防止树脂覆盖层裂缝，用铵型阳树脂粉替代了氢型树脂粉，虽然解决了覆盖层的裂缝问题，但失去了 4～8h 的除盐能力。

④ 由于粉末树脂要与高 pH 值凝结水接触，并与水中的离子达到平衡，因此必须具有很高的再生度（在深床工艺的氢型混床中，不需要如此高的再生度）。要达到此再生度，必须消耗大量的酸碱，同时产生大量的废酸碱。因这部分废酸碱在粉末树脂的制造厂排放，对环境的污染可能增大。

⑤ 由于该设备在大部分的运行时间内没有除盐作用，即使在凝汽器发生微小泄漏时，也难以维持锅炉给水的质量，因此失去了对热力设备的保护作用。

⑥ 虽然树脂在电厂不进行再生，可以不使用酸碱，从而减少了酸碱贮存的设备和废液处理的麻烦，但是存在废弃粉末树脂的处理问题。

问题分析如下。

① 从上述出现的问题可以看出，以氢型阳树脂铺膜的粉末树脂覆盖过滤器能够发挥除盐作用的时间只占运行周期的 1.67%（按照美国某公司提供的运行周期为 20 天，能够除盐的时间为 8h 计算），而其他运行时间没有除盐作用。使用铵型粉末阳树脂则完全没有除盐作用。粉末树脂覆盖过滤器只是用粉末树脂作为过滤材料的覆盖过滤器，与纸粉覆盖过滤器的效果相似，但使用粉末树脂比纸粉容易爆膜。

② 颗粒很细的树脂粉末对运行水流必将产生很大的阻力，影响设备出力。为了防止滤层的水流阻力过大，除了减低覆盖层厚度外，国外有关专家认为：可以利用阳、阴树脂粉末混合时产生的"空间效应"（即阳、阴树脂混合后的体积大于二者之和）使滤层的水流阻力降低。但是，在运行中的水流作用下，此效应迅速消失，水流阻力又会增大。再者，铵型阳树脂与氢氧型阴树脂的空间效应明显小于氢型阳树脂与氢氧型阴树脂。

③ 粉末树脂覆盖过滤器在大部分运行时间内失去了除盐作用，其出水的电导率和含盐量也与进水近似或相同。

④ 粉末树脂覆盖过滤器的作用主要是对凝结水中腐蚀产物和悬浮物的去除。

近年来，淘汰了 20 世纪 80 年代曾使用的梯形绕丝滤元，而改用管式过滤器作为滤元。由于管式过滤器本身就具有过滤除铁的作用，覆盖粉末树脂后，其过滤作用可进一步提高。

⑤ 由于粉末树脂覆盖过滤器基本上没有除盐作用，因此其失效终点也不应根据出水漏过的离子含量确定，而是以进出水压差或出水含铁量超标作为失效终点。如按照运行周期为 20 天计算运行费用，又按照铺膜后 4～8h 内的出水水质与长时间能够除盐的深床除盐进行比较是不科学的。当凝汽器存在微小泄漏时，应立即停止运行防止进行爆膜，用氢型阳树脂和氢氧型阴树脂粉末重新进行铺膜，但其除盐时间最多能够维持 4～8h（取决于凝结水中的含氨量和凝汽器的泄漏率）。

三、粉末树脂覆盖过滤器的使用

① 湿冷机组　粉末树脂覆盖过滤器可以作为去除凝结水中的腐蚀产物和悬浮物的前置过滤器使用，也可用于凝结水含盐量低、不需要除盐时使用。

如果使用铵型阳树脂粉末作为过滤介质，即已失去除盐作用，可以考虑省去价格昂贵的粉末树脂，改用其他覆盖材料，这样既能保持除铁效率，又能节省运行费用。

② 空冷机组　粉末树脂过滤器适用于空冷机组的凝结水精处理使用，这是基于粉末树脂在过滤器内是一次性使用的，不必考虑温度超过 60℃ 出现的阴树脂降解问题。实际上，更高的凝结水温对强碱树脂的降解和去除二氧化硅的能力是有影响的。

水温超过 65℃ 时，强碱阴树脂的降解速度明显增大。考虑到粉末树脂覆盖过滤器本身几乎不具有除盐能力，则可以不使用耐温性能差的强碱阴树脂，而单独使用铵型阳树脂与纤维素作为覆盖材料。这样，既保证了对凝结水中悬浮杂质（包括腐蚀产物和非活性硅等）的去除，又解决了高温情况下粉末树脂过滤器退出运行的问题。使用铵型阳树脂粉末，运行中树脂体积不存在转型收缩，覆盖层不会出现裂缝，同时阳树脂具有价格低、运行周期长等一系列优点。

空冷机组初投运期间，由于庞大的空冷系统在安装过程中带入的灰尘、沙土和基建垃圾不能彻底清除，在机组启动过程中大量的铁、盐类杂质和硅的化合物会穿过粉末树脂覆盖过滤器进入热力系统，造成机组投运过程中水汽品质不合格。同时，由于大量杂质进入粉末树脂覆盖过滤器造成频繁爆膜，运行费用大大增加。

空冷机组正常运行后，虽然凝结水中的溶解盐类比较少，但仍然应该考虑漏入的空气使凝结水中 CO_2 和 SiO_2 含量升高的问题。对给水质量要求高的直流炉和核电站，应考虑在粉末树脂覆盖过滤器后设置氢离子交换器混床或＋阳－阴分床系统，以达到去除离子杂质的目的。

四、粉末树脂覆盖过滤器评价

① 粉末树脂覆盖过滤器由于铺膜的树脂量少，几乎不具备除盐能力，建议用铵型阳树脂粉末为过滤介质，作为覆盖过滤器使用，达到去除腐蚀产物和悬浮物的作用。

② 当锅炉给水水质要求高时（如直流炉或核电站），可以在粉末树脂覆盖过滤器后设置氢离子交换器混床或＋阳－阴分床系统，以达到去除离子杂质的目的。

③ 在机组凝结水精处理系统设计时，应充分评估粉末树脂覆盖过滤器的实际效果和对机组安全经济运行的影响。

第六节　超细粉末超声波旋振筛

根据需要，填料的目数选用相应的筛子在振筛机（振动惯性筛或旋振筛）上过筛。振筛机是用机械的方法使填料在筛网上振动，细的物料就通过筛网漏入下部容器。振动惯性筛示意图如图 5-12 所示。

一、超声波旋振筛

超声波振动筛是旋振筛的一种衍生产品，将超声波控制器与振动筛有机结合在一起，在筛网上面叠加一个高频率低振幅的超声振动波，超微细粉体接受巨大的超声加速度，使筛面上的物料始终保持悬浮状态，从而抑制黏附、摩擦、平降、楔入等堵网因素，从而解决了强吸附性、易团聚、高静电、高精细、高密度、轻比重等筛分难题，使超微细粉筛分不再成为难事，特别适合高品质、精细粉体的用户使用。

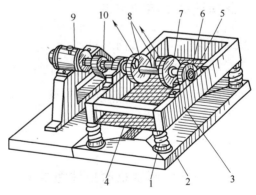

图 5-12　振动惯性筛

1—机座；2—弹簧；3—筛框；4—筛；5—轴承；
6—轴；7—填圈；8—惯性块；
9—电动机；10—弹性轴承

二、超声波旋振筛技术参数

最大超声输出功率：200W。

最高输出电压：900V。

最大输出电流：1A（限制电流）。

保险丝：100～120V，2×2.5A；

200～240V，2×1.25A。

工作模式：连续工作模式，100％占空系数；循环脉动工作模式，1Hz调制，50％占空系数；脉动工作模式，10Hz调制，70％占空系数。

保护等级：IP65。

污染等级：2。

环境温度：—10～35℃。

超声波旋振筛是将220V、50Hz或110V、60Hz电能转化为18kHz的高频电能，置入超声换能器，将其变成18kHz机械振动，从而达到高效筛分和清网的目的。该系统在传统的振动筛基础上在筛网上引入一个低振幅、高频率的超声振动波（机械波），以改善超微细分体的筛分性能。特别适合筛高附加值精细粉体的用户使用。

三、超声波振动筛的特点

① 减少或不产生清网时间。

② 不产生弹跳球等辅助物对粉体的污染。

③ 保持网口尺寸，稳定筛分精度。

④ 分解黏附物质，减少筛上物。

⑤ 减少筛分次数。

四、超声波振动筛试机时应注意的事项

正确合理地使用振动筛分设备不仅可以有效地提高筛分效率，还能延长设备的使用寿命。因此要正确合理地使用振动筛分设备包括超声波振动筛的试机。超声波振动筛试机时应注意的事项如下。

1. 运转前检查

① 机体内保护超声波导线的密封胶管是否锁紧。

② 筛框上固定的连接口是否锁紧。

③ 检查超声波发生器使用电源是否为 220V，并确保有接地保护。

2. 安装

① 按超声波发生器连线指示，插入接口并锁紧，使超声波发生器电源与机体超声波接口连接正确。

② 将超声波发生器电源上微调旋钮旋至最小，打开超声波发生器电源开关，检查电流表有无异常。常规电流应小于 200mA。

③ 调试三次元振动筛分过滤机，使物料运转轨迹达到理想状态。

④ 启动三次元振动筛分过滤机，少量投料微调超声波发生器电源上微调旋钮，使筛网达到一个理想状态（电流应小于 200mA）。

⑤ 均匀投料进入使用。

3. 规格型号

其见表 5-6。

表 5-6　超声波振动筛规格型号及主要参数

型号	过滤面积 /m^2	工作压力 /MPa	工作温度 /℃	过滤缸容积 /L	重量 /kg	外形尺寸 /mm
CF-2	2	0.1～0.4	≤150	120	1800	1800×1250×2100
CF-4	4	0.1～0.4	≤150	250	2050	2300×1300×2400
CF-7	7	0.1～0.4	≤150	420	2200	2500×1400×2500
CF-10	10	0.1～0.4	≤150	800	2600	3000×1600×2800
CF-15	15	0.1～0.4	≤150	1300	3200	3100×1700×2800
CF-20	20	0.1～0.4	≤150	1700	3850	3100×1700×3200

4. 使用中注意事项

① 超声波发生器所用电源 220V，50Hz，并确保有接地保护。

② 单层网筛分，必须均匀投料；可根据客户要求，设置 1～3 层。

③ 定期检查机体内保护超声波传导线的密封胶管是否锁紧。

第六章　涂料助剂成套设备

第一节　概述

一、腻子粉成套设备市场分析

由于国内涂料市场的动荡，造成涂料行业发生了很大的波动。与此同时，新一轮革新也开始了，很多商家就开始了新一轮的科研，不论是从技术上还是从产品换代上，都投入了很大的人力、财力、物力。

从2016年12月的调研结果显示，腻子粉成套设备在山东地区需求量最大，其次，广东、河北、安徽、湖北、广西这几个省市区域对设备的需求量还是很大的；在浙江、重庆、湖南、辽宁、江西、福建这几个省市地区对设备的了解热度比较高；河南在全国范围内，是生产、制造腻子粉设备规模最大的，而且就近就能销售的。

二、腻子粉设备选择要求

如何选择小型腻子粉设备首先需要根据自己的实际情况，考察相应的市场，了解市场需求情况，定量自己的生产能力，根据自己的产能大小理性投资，选择合适的腻子粉设备。

市场上一直存在对小型腻子粉设备的需求，而且量也是比较大。郑州市永大机械设备有限公司从1993年就开始小型腻子粉设备的生产，月生产数量一直保持50

台以上，产品曾遍布全国各地。

小型腻子粉设备对涂料与粉体企业具有结构合理、搅拌质量好、搅拌时间短、能耗低等特点。适于搅拌做硬性、半硬性、塑性及各种配比的腻子，以满足不同的需求。

三、腻子粉搅拌机设备的选择与评价及运营

1. 腻子粉搅拌机设备的选择与评价

① 设备的选择：腻子粉搅拌机设备选择的类型是影响设备选择的要素或要点。

② 设备投资的评价：利用回收期法、费用效率法、费用换算法来评估设备的优点。

③ 设备使用的评价：使用情况评价，维修费用评价。

2. 设备的安装与使用管理

① 设备的验收：订购设备的验收，大修完工设备的验收。

② 设备的安装：设备安装的程序，设备安装的方法，设备安装位置的检测与调整，设备的试运转，设备的交付使用。

③ 设备的使用：设备使用前的准备，设备使用的程序，设备使用的要点。

④ 设备的使用管理制度：设备的"三定"（设备定号，管理定户，保管定人）制度，岗位专责制度，点检制度，交接班制度，安全生产管理制度和设备三级保养制度。

3、设备的检查与维护

① 设备的检查：开机前的检查，日常巡回检查，管理人员的抽查。

② 设备的维护：确定设备维护的原则，编制设备维护的内容，制订设备维护的级别，确定设备维护的重点。

③ 设备的润滑：润滑材料的选用，设备润滑的方式，制定设备润滑的管理体制。

4. 设备的维修

① 设备的磨损与故障规律：摸清设备磨损的类型，找出设备磨损的规律，总结设备故障的规律。

② 设备修理的类型与技术：划分设备修理的类型，建立设备修理的体制，总结设备修理的方法和完善设备修理的技术。

③ 设备修理复杂系数与定额：确定设备修理的复杂系数，确定设备修理周期定额，确定设备修理工时定额，确定设备修理停歇时间定额，确定设备修理费用定额，确定设备修理材料消耗定额。

④ 设备修理计划的编制：年度设备修理计划，季度设备修理计划，月度设备修理计划，年度大修计划。

⑤ 设备修理的实施：修理前的检查，准备修理材料，设备修理的组织实施，设备修理的质量管理。

⑥ 设备修理备件的管理：备件的确定，备件的分类，备件管理的内容，备件管理的工作流程，备件的储备，备件库存的控制，备件的分类（ABC）管理。

5. 设备的故障管理

① 设备故障的形式及模式：划分故障形式及模式的种类，分析对设备的影响及预防方法。

② 设备故障的类型及判断标准：分清类型，划分等级，找出原因，制订判断标准。

③ 设备故障的检测：分析设备运行状态的特征，确定检测方法。

④ 设备故障的预防：分析检测结果，从根源上消除故障。

第二节　腻子粉、砂浆成套设备

一、腻子粉搅拌机主要分类

腻子粉搅拌机通常分为立式腻子粉搅拌机和卧式腻子粉搅拌机两种类型。

（1）立式腻子粉搅拌机　它采用圆筒竖放的形式，中间穿插搅龙，轴承在圆筒下方，连接固定搅拌电机，配有上料提升机。物料通过搅龙将中间物料搅拌上抛的形式来达到混合均匀的效果。

立式腻子粉搅拌机的特点如下。

① 成本低，适合小投资，个体用户和小工程队都可以使用。

② 搅拌速度受到滚筒的限制、已经上料的限制以及电机的限制，效率不高。

③ 混合的质量没有卧式的好，因为是稍微简易的产品，物料运动的形式主要是抛混合形式。

④ 加装方便，配有电控箱，提高安全性和操作的便捷性。

⑤ 损耗较大：因为轴承的位置在搅拌机下料口，物料再搅拌的过程中会进入轴承中，所以轴承会成为耗材，要经常更替。每次使用完以后一定要注意清理。

（2）卧式腻子粉搅拌机　它采用圆筒卧放的形式，中间穿插 2～3 层螺带，轴承在圆筒两端，通过减速机连接搅拌电机，同时配有上料提升机。物料通过多层螺带搅拌整体运动的形式达到混合均匀的效果。

二、小型腻子粉搅拌机

这类搅拌机的特点如下。

① 采用圆筒竖着放置方式。这样可节省空间。

② 圆筒下方链接轴承，并且固定搅拌电机和上料机结构紧凑方便耐用。

③ 物料通过搅龙将中间物料搅拌上抛的形式来达到混合均匀的效果。

三、中型腻子粉搅拌机

1. 设备规格

• 250kg 380V 电压搅拌机配 4.0kN 电机，提升机配 2.2kW 电机，其尺寸：180cm×140cm×70cm；重量：420kg。

• 500kg 380V 电压搅拌机配 5.5kW 电机，提升机配 2.2kW 电机，可提升 3m。

• 1000kg 的 380V 电压搅拌机配 7.5kW 的电机，提升机配 3kW 的电机。提升机长度：3.5 米；机器尺寸为 320cm×170cm×140cm。

• 两吨圆形卧式搅拌机 7.5kW 3.5m 上料 4kW 直径 220cm。参见图 6-1。外观尺寸 3.8m×1.1m×2.3m，两头由 8mm、中间由 3.5mm 的 12 号槽钢支撑。单轴双螺旋容量 2.2m^3、约 1.3t 重。

• 一吨圆形卧式搅拌机 7.5kW 3.5m 上料 4kW，直径 180cm。外观尺寸 3.2m×1.05m×1.9m，两头 8mm 中间 3.5mm、12 号槽钢支撑。容量 1.5m^3，约 1t 重，单轴双螺旋。

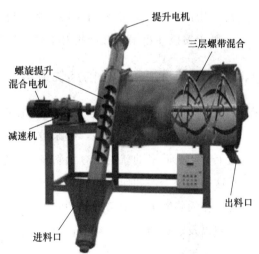

图 6-1　涂料粉体圆形卧式搅拌机

• 半吨圆形卧式搅拌机 5.5kW 3m 上料 3kW 直径 165cm。外观尺寸 2.3m×0.8m×1.7m，两头 5mm、中间 3mm、12 号槽钢支撑。容量 0.8m^3，约 600kg 重，单轴双螺旋。

• 250kg 圆形卧式搅拌机 4kW 2.5m 上料 3kW 直径 165cm。外观尺寸 1.6m×0.7m×1.5m，两头 5mm、中间 3mm、12 号槽钢支撑。容量 0.4m³，约 350kg 重，单轴双螺旋。

2. 腻子粉搅拌机主要特点

腻子粉搅拌机作为一种新型的专业粉体搅拌混合设备，目前已经在市场上赢得了很大的好评，尤其是在设备从立式搅拌到卧式搅拌原理改进后，稳步提升的生产效率，让这一设备走入更多用户的手中。目前市场上流行的卧式腻子粉搅拌机具有以下 8 个特点。

① 混合速度快。采用多层螺带搅拌，物料整体运动，速度快，产量高，平均搅拌时间在 5～10min。

② 一机多用。亦可生产保温砂浆、腻子膏、粉刷石膏、真石漆等。

③ 维修率低。轴承在搅拌机两端，物料不容易进入，配有减速机，维修率低。

④ 混合均匀度高。物料多方位运动，多层螺带，搅拌无死角，均匀度高，质量好。

⑤ 占地面积小。自动上料装置，提升工作效率。

⑥ 圆形筒体结构。运转平稳，噪声低，使用寿命长，适用范围广。

⑦ 采用内外多层螺带来回搅拌。无死角，混合速度快，均匀度高。

⑧ 腻子粉搅拌机采用螺旋提升上料。进料口和地面平齐，进料方便。

四、涂料腻子粉加工设备的选优避劣

（一）客户择优避劣选购腻子粉生产设备的一般技巧

随着国内经济的快速发展，越来越多的人把投资眼光放在了新型建材的生产加工行业上，随之而来的就是当今涂料腻子粉搅拌机、干粉砂浆设备生产厂家遍地开花。在这种情况下，如何选购适合自己生产质量高、竞争力好的腻子粉搅拌机呢？许多客户在面临购买腻子粉设备的时候，通常都会感到纠结，因为不懂腻子粉设备机的品牌以及购买的一些技巧。针对这些问题，建议客户从以下几方面来选购。

（1）了解产生腻子的均匀度　它是分析物料掺合好坏的物理量，通过概率论获得，混合均匀度是由混合机种类确定的。

（2）了解物料有无死角　它是指物料在混合容器中不能参与混合的物理现象，死角百分比是评价混合机制造好坏的物理量。

（3）了解物料在机中的混合时间　它是评价混合速度的物理量，指不同物料开始混合到混合达到均匀度要求内的时间，混合时间是由混合机种类及型号确定的。

（二）怎样精心选购涂料腻子粉搅拌机

1. 以"五看"来判定腻子粉搅拌设备效率更高

同样功率的设备，要判断哪个生产厂家的腻子粉设备效率高：一是看一批物料的混合时间和物料的偏析程度来进行区别，若偏析越小，证明腻子粉设备的运营就越平稳；二是看各项指标达到技术要求、混合均匀度的高低和变异系数的大小，混合越均匀，变异系数越小，说明机器能满足需要的程度就越高；三是看液体添加范围及装填充满数可变范围的大小、吨位耗电量的大小，耗电量越小，说明效率越高；四是看死角所占的百分比的大小，死角越小，说明物料在混合容器中不能参与混合的部分越少；五是看物料从开始混合到达到均匀度要求内的时间长短，混合时间越短，效率就越高。

2. 在选购涂料腻子粉搅拌机时需注意的事项

（1）注意从涂料腻子粉搅拌机的混合性能上来挑选

选用腻子粉搅拌机时必须充分比较其混合性能，既要考虑对腻子粉各种原料的质量要求，又要考虑过程要求。例如腻子粉搅拌机混合均匀度的好坏，混合时间长短、重钙粉、灰钙粉等粉料物理性质对腻子粉搅拌机性能的影响，搅拌机所需动力及生产能力，加、卸料是否简便，对粉尘的控制等。

（2）注意从满足对腻子粉搅拌机的基本要求来挑选

① 腻子粉搅拌机配套的上料装置能满足重钙粉、灰钙粉、白水泥等细粉状原料的快速、无粉尘泄露的投料。

② 能满足腻子粉多种组分的混合均匀度要求，同时有较高的混合效率。

③ 腻子粉泄料后在搅拌机容器内的残留量要少；腻子粉搅拌机的出料装置能根据客户使用敞口袋还是阀口袋来定制。

④ 设备结构简单，坚固耐用，便于操作、检视、取样和清理，维修方便。

⑤ 配套的电控箱及电器元件能在生产车间长期积尘的情况下正常使用。

⑥ 符合环境保护和安全运行的要求。

（3）注意从腻子粉产量和生产效率对腻子粉搅拌机选型的影响来挑选

预期的产量，通常是影响客户选择哪种或哪套涂料腻子粉搅拌机的主要因素。

首先，涂料腻子粉技术人员了解生产腻子粉主要是自己工地使用材料，方式推荐初期的腻子粉每天产量及之后提高产能的方式。

① 每天腻子粉产量<10t 的可使用传统的立式腻子粉搅拌机，但因立式搅拌机单批次混合时间需 30min，加上投料和出料装袋的时间，生产效率较低，同时需配 1～2 名工人，建议选用卧式螺带腻子粉搅拌机为更好。

② 每天腻子粉产量＜20t 的可使用卧式螺带腻子粉搅拌机，该机单批次混合时间约 5～8min，加上投料和出料装袋的时间约 20～30min 一批次。$2m^3$ 容积的卧式螺带搅拌机根据腻子粉组成材料比重的不同，一般单批次可生产 1～1.4t，每天 8h 产量通常为 15～20t。

③ 每天腻子粉产量≥20t 的使用干粉砂浆成套设备可实现连续化生产，采用双轴桨叶的无重力搅拌机，单批次混合时间约 3～5min，在整套生产线上的不同工艺段中，同时存在 3 个混合批次的物料。根据腻子粉组成材料的配方与比重，腻子粉混合主机工作容积，工人操作熟练度等，每小时产量约 3～5t 腻子粉。每天 8h 产量通常为 20～35t 腻子粉。

总而言之，选购涂料腻子粉搅拌机的过程是一个需要慎重考虑的过程，因为腻子粉搅拌机不仅关系到腻子粉的产量，同时也关系着腻子粉的质量，因此建议多参考一些专业资料以及专业人士提供的意见，选购好适合自己的、质量过关的腻子粉搅拌机。

(三) 涂料腻子粉的加工生产

涂料腻子粉加工根据细度的不同可以选择不同的腻子粉设备产品，而腻子粉设备结构是由主机、选粉机、管道装置、离心引风机、隔离式旋风集粉器、除尘器组成的。腻子粉呈粉末状，是漆类施工前，对施工面进行预处理的一种表面填充材料。腻子分油性腻子与水性腻子，分别用于油漆、乳胶漆施工。

选粉机工作过程：变频调速电机带动叶盘旋转，叶盘上的叶片所形成的旋转气流让大颗粒物料离心力较大被甩向筒壁后下落回到磨机，合格物料通过选粉机。

电机的转速要按成品粉子粒度大小做相应的调节：如果要获得较细粒度的粉子时，就应该提高叶片的转速；如果要获得较粗粒度的粉子时，就应该降低叶片的转速。具体的转速要根据成品的目数、物料的比重、当地的温度和湿度、气压高低以及颗粒的具体特性、磨机的使用状态进行仔细调节。旋风集粉器对磨粉机的性能起到很重要的作用。

带粉气流进入集粉器时在集粉器内形成向下运动的旋转气流。旋转粒子在离心力的作用下，使颗粒物甩向筒壁。颗粒一旦碰到筒壁即被捕集并沿着筒壁滑向桶底。向下运动的气体在锥体的作用下加速旋转并被向上反射从回气管排出进入风机。集粉器的下端装有卸料阀，从集粉器下端掉落下的粉子通过上下锥阀排出。由于在集粉器锥底形成的向上旋转的气流核心呈负压状态，所以对集粉器的下端密封要求很高，不允许有漏气现象。一旦漏气会使已经被捕集的粉子被气体重新吹起带走，直接影响到整机的产量。电动机通过三角带带动横向传动轴，横向传动轴再通过另一端的锥齿轮带动主轴，主轴的上端连接着磨辊吊架，磨辊部件通过横担轴悬挂在磨辊吊架上，整个磨辊部件可以绕横担轴摆动。当主轴转动时，磨辊部件在围绕中心轴回转的同时，在离心力的作用下磨辊沿着磨环内圆滚动，磨辊吊架下端装有铲刀架，铲刀架下装有铲刀座盘，铲刀座盘上装有铲刀。铲刀刃将磨机内的物料铲起后送往磨环和磨辊之间进行碾压。因此集粉器的下端装有上、下锥阀，其作用是分别打开或关闭，从而能够在卸料时保证外界空气不被吸入集粉器。

五、腻子粉、砂浆生产线设备

腻子粉生产线一般都会选择品牌设备（参见图 6-2～图 6-6），品牌设备的性能以及质量都是非常好的，即使价格贵一点，也是很划算的。品牌腻子粉生产线在使用中很少会出现故障，并且使用的寿命更长。

图 6-2　大型楼式干粉砂浆生产线

图 6-3　大型干粉砂浆设备

图 6-4　干粉砂浆生产设备

图 6-5　干粉砂搅拌设备

图 6-6　干粉砂浆成套设备

腻子粉生产线主要由五大系统组成，它们分别是配料系统、高效混合系统、散装技术、混合系统以及智能电脑配料系统。从上面的五大系统就可看出这一设备是比较先进的设备，而且是非常智能化的设备，在实际使用的过程中，不需要人为的

第六章　涂料助剂成套设备

161

进行配料，只需要将系统调置好，设备便可以实现自动化的操作。

六、腻子粉搅拌机运转时注意事项及问题

腻子粉搅拌机运转时注意事项：当更换物料机颜色时，必须将混合容器和排料部位清扫干净。电设备投料不得超过最高装载系数。设备运转时，如添加增塑剂应缓缓加入，主轴轴承、三角皮带轮等转动零件运转正常，该机要非常均匀混合流动性能好的粉状或颗粒状的物料，才能使混合的物料达到最佳效果。物料直接接触的混合筒采用优质不锈钢材料制造，筒体内壁经精密抛光。

腻子粉搅拌机混合中最忌的有两点：一是混合运动中离心力的存在；二是被混合物料成团块状和积聚运动。而其克服了上述弊病，是目前国际上理想的高效能混合设备。该机机座由型号钢制成，外复加一层不锈钢面板，机座结构合理。它在立方体三维空间上作独特的平移、转动、摇滚运动，连续不断地推动物料，运动产生的湍动则有变化的能量梯度，使各质点在频繁的运动扩散中不断地改变自己所处的位置，从而产生了满意的混合效果。

腻子粉搅拌机筒体气密性好，平面光洁无死角、无残留、易清洗。不对称设计更利于物料均匀混合，放料时，同时将物料放尽。由于在混合运动中离心力的存在，它能使不同密度的被混合物料产生偏析。为使混合机的运动状态克服上述弊病，它配有新型高速螺旋刀，彻底解决纤维分散不匀的问题。

七、腻子粉搅拌机操作方法

腻子粉搅拌机见图 6-7～图 6-15。各式各样的腻子粉搅拌机可供客户选择。

销售时首先都会有专业技术人员对客户（操作工人）进行技术培训，从最基础的动作开始一步一步地指导，直到操作者学会为止，如果客户需要远程指导，则可

图 6-7　电动出料腻子粉搅拌机　　图 6-8　双轴桨叶高效腻　　图 6-9　卧式腻子粉搅拌机系统
　　　　　　　　　　　　　　　　　子粉搅拌机

图 6-10　腻子粉搅拌机

图 6-11　豫商螺带腻子粉搅拌机

图 6-12　立式腻子粉搅拌机

图 6-13　卧式腻子粉搅拌机

图 6-14　卧式螺带腻子粉搅拌机

图 6-15　玻化微珠生产线

按照生产厂家安装图样把设备安装好，接通电源，在搅拌前，先用湿布将搅拌桶和搅拌叶擦净。也就是把机器清理一下，防止遗留污染物，导致生产出物料不合格。然后，将称好的水泥与标准砂浆通过螺旋提升机提到搅拌桶内。边提升原料边搅拌，物料上完后，在搅拌机上方投小料口加入小料，搅拌 3～5min，开始下料。注意装料、下料速度慢了会使干粉砂浆发生离析。所以，在装料下料时速度要快、下料量大，就可以降低离析发生的频率。放完料后，开始第二个批次的上料搅拌，生产结束要及时清洗设备，以方便下次使用。其实搅拌机的操作使用也是非常容易的，只需要细心向技术老师学习，按照安装要求安装，按安装操作步骤操作，不懂的就请教技术老师，就很快能学会并掌握操作技术的。

第三节　涂料干粉与砂浆的成套设备

一、涂料干粉砂浆的分类

不同的涂料干粉砂浆根据不同的应用分类。

1. 普通干粉砂浆

① 干粉砌筑砂浆。它是用于砌筑工程的干粉砂浆。

② 干粉抹灰砂浆。它是用于抹灰工程的干粉砂浆。

③ 干粉地面砂浆。它是用于建筑地面及屋面的面层或找平层的干粉砂浆。

2. 特种干粉砂浆

特种干粉砂浆是指薄层干粉砂浆、装饰类干粉砂浆或具有一系列特殊功能如抗裂、高黏结、防水抗渗和装饰性的干粉砂浆。它包括墙地砖黏结剂、界面剂、填缝胶粉、饰面砂浆、防水砂浆等。

二、涂料干粉砂浆设备的工作运转程序

（1）试机前必须先将本套干粉砂浆设备所有减速机加油。

本例干粉砂浆设备需要加油单机有：①输送泵减速机；②配料称斗；③斗提机；④双轴混合机；⑤成品仓减速机；⑥空气压缩机等。

（2）接通所有电机线路，气动控制线接至配电柜，然后逐个试转，调好转向，将配料秤、阀口包装机调试好后，准备生产。

（3）首先开启斗式提升机、空气压缩机、除尘器，启动配料秤斗开始工作，并将配好的物料由斗提至待混仓。

（4）启动双轴无重力混合机，再启动成品仓电机。

（5）双轴无重力混合机工作 3～5min 后启动成品仓电源，打开双轴无重力混合机阀门将物料放入成品仓进行包装。

（6）当松开气动阀门按钮时，气动门关闭，启动斗式提升机进行第二批次投料。

三、干粉砂浆设备提升机的优点

干粉砂浆设备在现代化建设中使用越来越频繁，为了加强大家对设备的了解，这里介绍一下其中的一个重要的设备——提升机的优点。

（1）形式优。干粉砂浆设备的提升机形式多样。

（2）运行优。干粉砂浆设备的提升机运行稳定。

（3）可操作优。干粉砂浆设备的提升机操作简单。

（4）传输优。干粉砂浆设备的提升机传输经济，节省成本。

四、干粉砂浆设备中的电气系统

电气控制系统是成套干粉砂浆生产线中最重要的部件之一，电路和气路同等的

重要。在干粉砂浆生产线中应用气动原件有很多优点。气动原件是利用压缩空气作为工作介质，成本低，零污染，且结构简单、轻便、安装维护简便。气动系统的输出和工作很容易调节，且相应速度快。超长的使用寿命和高可靠性也是其广泛应用于干粉砂浆设备中的原因之一。电器元件的有效动作次数约为百万次，而一般电磁阀的寿命大于 3000 万次，某些质量更好的阀超过 2 亿次，完全降低了干粉砂浆设备在频繁操作中的故障概率，减少了维修成本。气动控制具有防火、防爆、防潮的能力，可在高温场合使用并且空气流动损失小，压缩空气可集中供应，远距离输送。这样不仅节省了干粉砂浆设备的成本，并且也降低了投资者的投资成本。

在干粉砂浆设备中用哪些气动控制的元件呢？就最简单的小型干粉砂浆成套设备来说，包装系统需要用到气动原件，阀口自动计量包装机采用汽缸控制包装机的压袋、掉袋、控制出料速度等操作。大型的全自动干粉砂浆生产线用到气动系统的部分更多，首先待混仓到混合机的连接是用气动蝶阀控制混合机的进料。整套设备心脏——双轴无重力混合机同样采用气动放料的形式，使用汽缸控制放料门的开关，提高了混合机的工作效率。脉冲除尘器也需要气动元件的帮助来完成除尘和排气工作，另外整套设备的供料系统基本都是采用气供料。可以说气动原件在干粉砂浆设备中扮演着很重要的角色。

五、典型 SGS 型干粉砂浆成套设备

如图 6-16 所示是一套干粉砂浆成套设备。

图 6-16　干粉砂浆成套设备

1. 技术参数

根据客户的实际需求索维选配了各种粉料输送、计量、混合、包装设备，组成密闭自动化的、成本可接受的干粉砂浆成套设备。

2. 流程简述

依据客户要求定制各种配置的实现各种工艺的干粉砂浆成套设备。以下简述为巴斯夫完成的一套干粉砂浆成套设备的简要工艺流程。

① 各种原料以风送或斗式提升的方式送入各原料仓。

② 分类从原料仓中开始，经斗式提升机提升并分配到不同的中间仓，并完成配比计量。

③ 物料从中间仓落入混合机混合为成品。

④ 成品由包装机保证为完整的产品。

第四节　腻子粉、砂浆设备常见故障分析

一、腻子粉设备使用中的注意事项

使用腻子粉设备的注意事项如下。

(1) 接通电源，在搅拌前，先用湿布将搅拌锅和搅拌叶擦净。

(2) 将秤好的水泥与标准砂倒入搅拌锅内。

(3) 开动机器，拌和 5s 后徐徐加水，在 20～30s 内加完。

(4) 自开动机器起搅拌（180±5）s 停机。

(5) 将粘在叶片上的胶砂刮下，取下搅拌锅。

(6) 待操作结束后，应及时清洗搅拌叶和搅拌锅。

二、腻子粉设备液压系统常见故障分析

1. 腻子粉设备液压系统故障的特点

液力机械传动系统主要由液压泵、控制阀、变矩器、变速器和动力换挡变速阀等组成，其故障通常表现为行走无力或液压离合器接合不良。工作装置液压系统主要由液压泵、控制阀、液压发动机和液压缸组成，其故障主要表现为发动机的行走或回转无力、液压缸活塞的伸出和缩回迟缓。这两种系统故障的共同特点为：系统压力不足。

2. 腻子粉设备液压系统的故障检查方法

① 直观检查法。对于一些较为简单的故障，可以通过眼看、手摸、耳听和嗅闻等手段对零部件进行检查。

② 对换诊断法。在维修现场缺乏诊断仪器或被查元件比较精密不宜拆开时，应采用此法。先将怀疑出现故障的元件拆下，换上新件或其他机器上工作正常、同型号的元件进行试验，看故障能否排除即可作出诊断。

③ 仪表测量检查法。仪表测量检查法就是借助对液压系统各部分液压油的压力、流量和油温的测量来判断该系统的故障点。在一般的现场检测中，由于液压系统的故障往往表现为压力不足，容易察觉；而流量的检测则比较困难，流量的大小只可通过执行元件动作的快慢作出概略的判断。

④ 原理推理法。腻子粉设备液压系统的基本原理都是利用不同的液压元件、按照液压系统回路组合匹配而成的，当出现故障现象时可据此进行分析推理，初步判断出故障的部位和原因，对症下药，迅速予以排除。对于现场液压系统的故障可根据液压系统的工作原理，按照动力元件→控制元件→执行元件的顺序在系统图上正向推理分析故障原因。现场液压系统故障诊断中，根据系统工作原理，要掌握一些规律或常识。

一是分析故障过程是渐变还是突变，如果是渐变，一般是由于磨损导致原始尺寸与配合的改变而丧失原始功能；如果是突变，往往是零部件突然损坏所致，如弹簧折断、密封件损坏、运动件卡死或污物堵塞等。

二是要分清是易损件还是非易损件，或是处于高频重载下的运动件，或者为易发生故障的液压元件。而处于低频、轻载或基本相对静止的元件，则不易发生故障。

⑤ 严格执行交接班制度。交班司机停放腻子粉设备时，要保证接班司机检查时的安全和检查方便。检查内容有液压系统是否渗漏、连接是否松动、活塞杆和液压胶管是否撞伤、液压泵的低压进油管连接是否可靠、液压油箱油位是否正确等。

此外，常压式液压油箱还要检查并清洁通气孔，保持其畅通，以防气孔堵塞造成液压油箱内出现一定的真空度，致使液压油泵吸油困难或损坏。

⑥ 保持适宜的液压油温度。液压系统的工作温度一般控制在 $30\sim80\,℃$ 之间为宜。液压系统的油温过高会导致：液压油的黏度降低，容易引起泄漏，效率下降；润滑油膜强度降低，加速机械的磨损；生成碳化物和淤碴；油液氧化加速，油质恶化；油封、高压胶管过早老化等。

为了避免温度过高：不要长期过载；注意散热器、散热片不要被油污染，以防尘土附着影响散热效果；保持足够的油量以利于液压油的循环散热；炎热的夏季不要全天作业，要避开中午高温时间。液压油温过低时，其黏度大，流动性差，阻力大，工作效率低；当油温低于 $20\,℃$ 时，急转弯易损坏液压发动机、阀、管道等。

此时需要进行暖机运转，启动发动机后，空载怠速运转 3～5min，然后以中速油门提高发动机转速，操纵手柄使工作装置的任何一个动作（如挖掘机张斗）至极限位置，保持 3～5min 使液压油通过溢流升温。如果油温更低则需要适当增加暖机运转时间。

3. 干粉砂浆设备生产易发生的离析问题

干粉砂浆设备生产的干粉砂浆容易发生离析问题，一些厂家为了降低成本、减少开裂，使用的砂偏粗，更加大了离析的概率。下面针对不同的离析问题分别给出解决方法。

① 当干粉砂浆装于仓储罐及运输车内时易出现离析现象。这时要注意仓储罐和运输车内的干粉砂浆要满贯储存，运输过程要保证匀速、平稳。

② 干粉砂浆储存在散装移动筒仓中，在最初放料和即将结束放料的那部分容易离析。解决方法是保证施工现场散装移动筒仓中的干粉砂浆存量在 3t 以上，避免干粉砂浆在打入过程中，下料高度差过大，造成严重离析。

③ 散装移动筒仓下方的搅拌机容量较小，搅拌料量少，也是造成出料速度慢和砂浆离析的原因。只要改装散装移动筒仓下方的搅拌机容量或者更换大容量搅拌机皆可。

④ 装料和下料的速度过慢也能使干粉砂浆发生离析。所以，在装料、下料时，要速度快、下料量大，则可以降低离析发生的频率。

4. 减少粉尘颗粒和加注防冻剂措施

随着我国科技水平的提高，各种污染问题也出来了。现实中生活环境遭到了严重的破坏。其中，粉尘污染对大气环境就有比较严重的影响。而干粉砂浆设备在生产的过程中，会出现很多的粉尘颗粒。那么，我们应该怎么来减少干粉砂浆设备生产过程中的粉尘颗粒呢？下面几条不失为好办法。

① 在干粉砂浆设备的生产过程中一定要限制、抑制粉尘，以防止粉尘的扩散。

② 使用密闭的管道进行输送以及采用密闭的设备来进行加工，以此来减少粉尘的扩散。

③ 在不妨碍设备操作的条件下，可采取半封闭、屏蔽、隔离的措施，以此来防止粉尘外逸，减少扬尘。

三、腻子粉起泡的原因分析和解决方法

腻子粉在施工过程中产生气泡以及过一段时间后，腻子表面起泡。

（1）产生原因

① 基底过于粗糙，批荡速度过快；批刮时腻子将孔洞内空气压缩，之后空气压力反弹形成气泡。

② 一次施工腻子层过厚，大于 2.0mm；腻子孔隙中的空气没有压挤出来。

③ 基层含水率过高，同时密度太大或太小。由于含有丰富的空隙，且腻子含水率高，因而不透气，空气被封闭在空隙空腔内，不容易消除。

④ 施工一段时间后，才在表面出现的爆裂起泡主要是搅拌不均匀造成的；浆体中含有来不及溶解的粉状颗粒，施工后，大量吸收水分，溶胀形成爆裂。

⑤ 耐水涂料、高标号混凝土等密闭性好的基面不透气引起起泡。

⑥ 高温施工时腻子易产生气泡。

⑦ 纤维素添加量过大。

(2) 解决方法

① 出现大面积起泡的腻子面，用铲刀直接压破小泡口，重新用合适的腻子施刮起泡的面层。

② 腻子一般在搅拌均匀后，静置 10min 左右后，然后用电动搅拌机再次搅拌后上墙。

③ 施工第二道或者最后一道面层出现起泡现象，应在水印消除前用刮刀进行压泡破除处理，保证腻子面上不出现气泡。

④ 特别粗糙的墙面，一般底料尽可能选择粗的腻子。

⑤ 在墙体过分干燥或风大光照强烈的环境下，先尽可能用清水润湿墙面，待墙体无明水之后，进行腻子层的施刮。

⑥ 对基面粗糙孔洞应先加白水泥或嵌缝石膏填补压实后再整体批刮。

⑦ 表层腻子厚度应在 1mm 左右为宜。

⑧ 太过干燥的基底可用水润湿后批刮腻子。

⑨ 用界面剂封底或清水滚湿墙体。

砂浆（混凝土）膨胀/渗透压力的原因及加注防冻剂的分析如下。

一般而言，当砂浆（混凝土）毛细孔壁承受膨胀压力和渗透压力，而这两种压力总和超过混凝土的抗拉强度时，混凝土就会开裂。反复冻融后混凝土中的裂缝相互贯通，甚至完全崩掉，使混凝土由里到表遭受破坏。当砂浆（混凝土）加注了防冻剂从而提高砂浆（混凝土）的抗冻性从而使混凝土更具耐久性，一些发达国家是这样做的。

(1) 膨胀压力　冰的密度小于水的密度。根据质量守恒定律在密度降低的情况下体积必然增大。混凝土遭受的膨胀压力正是因为毛细孔中水固化成冰，体积增大造成的。这种自然界的物理力量非常强大，冬天柴油机的水箱如果没有放水，经过一夜冻结后第二天早上水箱上会出现裂缝，这与混凝土所受的膨胀力原理是一样的。

（2）渗透压力　渗透压力很复杂，因为牵涉分子运动，因此很难形象解释。在同温度下冰的蒸汽压力比水的蒸汽压力低，压力高的水分子会向压力低的冰分子移动，这样的现象使混凝土毛细孔又产生一种渗透压力，同时又使冰的体积进一步膨胀。有人质疑看着坚硬的混凝土怎么会在这种细微的作用之下崩溃呢？实际上千里之堤溃于蚁穴正是如此。

（3）加注防冻剂的分析　一般防冻剂中各组分对砂浆（混凝土）的作用有：改变混凝土中液相浓度，降低液相冰点，使水泥在负温下仍能继续水化；减少混凝土拌合用水量，减少混凝土中能成冰的水量。同时使混凝土中孔隙孔径变小，进一步降低液相结冰温度，改变冰晶形状；引入一定量的微小封闭气泡，减缓冻胀应力；提高混凝土的早期强度，增强混凝土抵抗冰冻的破坏能力。上述作用的综合效果是使混凝土的抗冻能力获得显著提高。各类防冻剂具有不同的特性，因此防冻剂品种选择十分重要。氯盐类防冻剂适用于无筋混凝土。

尤其氯盐防锈类防冻剂可用于钢筋混凝土。无氯盐类防冻剂，可用于钢筋混凝土和预应力钢筋混凝土，但硝酸盐、亚硝酸盐类则不得用于预应力混凝土以及与镀锌钢材或与铝铁相接触部位的钢筋混凝土。含有六价铬盐、亚硝酸盐等有毒防冻剂，严禁用于饮水工程及与食品接触的部位。防冻剂的掺量应根据施工时环境温度确定；其中防冻组分的含量必须控制，过多过少均会导致不良后果。

一般北方的企业他们在混凝土中掺入具有火山灰活性的地质聚合物-偏高岭土。降低水灰比，消耗大量的水泥水化产物，提高混凝土的结石率和早强，使混凝土内部更加密实，这样存在于混凝土内部的可冻水减少，使游离水分子变成结晶水，并且改善孔隙结构。

因此适当加注了防冻剂是有用的。总之，这种自然的力量和物理现象造成的破坏我们无法逃避，关于如何提高混凝土的抗冻性从而使混凝土具有耐久性一些发达国家是这样做的。

四、腻子粉设备进料端漏料解决方法

1. 加装溜槽

溜槽固定在三通漏斗的钢结构支架上。一端在搅拌机进料端新焊接的引料口下方，增加引料口的目的，就是为了将漏出来的混合料引进新增的溜槽中，从而避免漏进轮胎底座加速轮胎的磨损。另一端虽与三通漏斗相通，但考虑到三通漏斗的位置与新增的皮带机相距较远，混合料不能顺利地流入新增的皮带机，故根据现场空间位置在新增的溜槽下又设计了一个小溜槽，同时把一个混合平台凿开一个400mm×400mm的方孔，安装一个漏斗，将漏出来的混合料引至新增的皮带机上。

2. 新增皮带机

因一次搅拌机下方新增的1、2号皮带机长度不同，其两个三通漏斗的位置相错约2m，因此新增皮带机的中心线，只好与这两个三通漏斗的中心连线平行布置。皮带机主、从动滚筒中心距为8.3m、电动滚筒功率3kW、带速1.25m/s、皮带宽度650mm。

3. 改进加水管

一次搅拌机筒体内的粘料厚度与加水管的加水点位置及加水量有关。在加水点周围粘料厚度较小，而没有加水点的周围粘料厚度大，填充率严重超标，北侧因能加足水，粘料厚度相对较小。

另外，在工艺操作上，要求在烧结配料下做好白灰的消化工作，要加足水，使白灰在消化器中充分消化成糊状。经观察，一次搅拌机除进料口周围，外筒体粘料厚度沿搅拌机长度方向分布均匀，且厚度≤100mm，这说明搅拌机内南端加水点和加水量对粘料厚度影响较大。

研究上述情况后，将原加水管加长，使整个筒体内沿长度方向上均能布置加水点。同时，新增设一根加水管，解决搅拌机南端加水不足的问题。混合料进入一次搅拌机筒体时就可以加水，使整个搅拌机长度方向上加水均匀，粘料现象大为减轻。

4. 密封问题

一次搅拌机进料端的三通漏斗上焊有一圈密封板，它与一次搅拌机进料口之间的密封皮带存在间隙，最大间隙超过了50mm，将此间隙修整到5mm左右。运行一段时间后，由于混合料的磨损，此间隙又会增大，每次停机检修时，及时更换或焊补密封板，保证间隙在5mm左右。此项改进，对减少漏料量十分有效。

5. 效果

改进后经过近两年的使用证明，一次圆筒搅拌机运转稳定，混合效果得到改善，进料端漏料现象大大减少。

五、腻子粉设备操作注意事项

正确地使用腻子粉设备，能够延长机器使用寿命，提高机器的工作效率，同时也可以提高腻子粉、保温砂浆的产量，有些刚刚完成腻子粉设备安装的客户往往急于生产，却忽略了一些新装腻子粉设备第一次使用时需要注意的事项，下面就简单介绍一下。

1. 腻子粉设备初次使用时需注意的一些事项

① 腻子粉设备电源电压应在 360～400V 之间，确保有三相四线电源，零线要牢靠。

② 投料时必须先开动提升机，不能重负荷启动，否则会造成电动机损坏。

③ 多螺带腻子粉设备混合时间根据所需来确定时间：300 型搅拌 10 分钟到 15 分钟；500 型与 1000 型搅拌 15 分钟到 20 分钟。

2. 腻子粉设备操作程序简要提示

① 开启总电源开关，查看电压指示表，需保持在 360～400V 之间。

② 检查腻子粉设备，放料门，确认是否在正确位置。

③ 开启提升机，混合机同时运转。

④ 开始均匀有序的投放原料，投完后，开启腻子粉设备，投入物料连续生产。

六、助剂 PLC 自动化涂料设备

涂料生产自动控制系统由操作台、可编程控制器 PLC（日本三菱公司）、工业控制计算机（中国台湾研华公司）、中间继电器、交流接触器、热继电器、空气开关等组成。在 Windows-XP 中文环境下，使用工业组态软件，可以使涂料生产的各个控制阀、泵、管路的流程显示出来。其如图 6-17 所示。

并且使用自动或半自动进行生产，可以非常方便、直观地了解整个系统的生产过程。

1. 控制系统工作原理及操作方法

控制系统电路由两部分组成，即一次主线路和二次控制电路。

① 一次主线路（强电部分）　它是在主空气开关下各执行器主线路并联供电方式。每个执行单元均采用二级保护，即"热继电器""空气开关"。

② 二次控制电路（弱电部分）　它是由日本三菱 FX2N 系列可编程控制器 PLC、带灯的按键、中间继电器组成，控制一次主线路中交流接触器的线圈，既而完成各执行器的启动与停止。

2. 自动生产操作方法

在自动生产工艺流程图主画面中，将涂料生产设备各个控制碟阀、泵、电机等显示出来。可用鼠标直接按显示器上的电机、蝶阀，即可控制电机、蝶阀的工作状态。在断开、停机时，显示红色；在闭合、工作时显示绿色。管线在工作时有流程

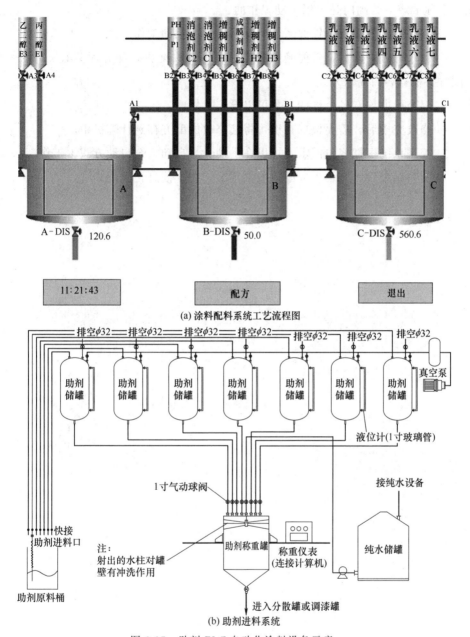

(a) 涂料配料系统工艺流程图

(b) 助剂进料系统

图 6-17 助剂 PLC 自动化涂料设备示意

符号表示，在不工作时显示原色。

3. 工业组态软件显示及操作说明

① 每个配料秤均有液面显示，表示所加物料的重量的多少。

② 自动工作方式下，每个称重罐上的阀门是锁定的，不能手动工作。其他情

况每个称重罐下的阀门是可以手动工作的。

③ 手动方式下没有互锁关系，所有阀门均可手动工作。

④ 进入配方画面后，首先确定配方号，即调取配方，配方库共有 50 组～100 组配方（根据客户需求）。

⑤ 每个配方均有各个秤的参数可以设定、修改。

⑥ 修改完毕后，需要按保存键，将已修改的配方存到计算机中。

⑦ 控制系统根据客户需求，可以在手动、半自动、全自动方式下工作。

⑧ 配料结束后，自动生成配料数据报表，便于信息化管理。

第七章　涂料包装设备

第一节　概述

一般涂料厂，由生产系统、原材料贮运系统、成品包装和成品贮运系统和水、电、汽等公用工程系统所组成。在中国，大型涂料厂有些还附设生产涂料包装容器的制罐车间。

① 生产系统　其包括漂油和炼油（植物油）、树脂合成和造漆等工序。中小型涂料厂由于技术力量和经济条件的限制，所需涂料用树脂大多由专业生产厂提供。大型涂料厂一般多由自己生产大部分树脂和漆料，少部分向专业生产厂采购，以便提高产品质量，增强市场竞争能力，获得最大效益。

② 生产结构　造漆生产线布置和厂房设计常有两种基本类型。一种是高层立体结构厂房，一般为三层或四层，按生产线的流程顺序，将混料、研磨分散、调合配漆、包装等设备自上而下布置，物料靠自重流动。另一种是单层或两层高架厂房，设备可以集中布置和集中管理，虽然动力消耗可能稍多一些，但整个生产线整齐紧凑。

现代化涂料厂的生产方式采用单色单品种生产线，代替早先沿用的混用生产线。虽然相应地增加了设备和管道，但可省去清洗设备、管道的繁重劳动，最主要是可以从根本上消除了混用生产线串色污染的弊病，以保证产品质量。

③ 环保和检验　涂料厂所用的原料，有些具有一定的毒性，如各种溶剂、含铅和含铬的颜料等，可能引起中毒或职业病。有的原料如溶剂、硝化棉、油脂等属

于易燃易爆的危险品。因此，涂料厂要有良好的通风装置、完善的安全防爆措施和消防设备、保护工作人员健康的必要劳动保护和卫生设施。

由于涂料的使用性能只有在涂装物体后才能显示出来，因而涂料厂为保证其产品的品质，除了在试验室要进行常规品质检验及人工老化试验外，还需要作长时期的考察，如进行天然曝晒场的自然老化试验，更重要的是与用户单位建立紧密的技术联系，做好技术服务工作，以保证涂膜品质，及时改进产品。

④ 贮运系统　涂料厂使用的原材料多至上千种，经常使用的也不下 200 种。涂料厂的原材料仓储及输送系统，既有像植物油、溶剂类的大型液体罐和液体输送机械及设备，又有各种包装形式和数量不等的固体原料的各类固体输送机械及设备。

原材料的质量能直接影响涂料产品质量，因此，厂内还设置原（材）料检验和调配的相应设施。大型涂料厂的油料及液体料，采用自动计量和程序控制的机械化输送，固体料采用高架仓库存贮，用风力输送或集装箱（袋）送料。小型涂料厂多数仍沿用平面堆存，用叉车或小车输送。

以灌装机的未来创新为最基本准则的情况介绍如下。

涂料行业的灌装机，产品质量是企业的立足之本，而如果想在激烈的同行业的竞争中脱颖而出，涂料灌装机创新便是关键了。

企业的生存靠的是产品，产品是否具有存在价值就在于市场对于产品的评估，市场能够促进企业之间更高层次的展开合作或者是竞争，有合作就会有竞争，有竞争就会有改变，有改变就会有创新，所以不管企业怎么发展，最终还是应该以市场为准则，随着包装行业竞争的激烈进行，涂料灌装机需要实现在技术上的创新，但是在实现创新的过程中首要的基础还是要以市场为基本准则。

在市场经济条件下，竞争是不可避免的，它是企业之间为了扩大或者是维护自身的利益而做出的一些行为，其主要的出发点就是要在涂料灌装机产品品质、服务、战略等方面创造自身发展的优势，在经济不断发展的时代，创新是涂料灌装机生存与发展的重要出路，但是想要创新就不能盲目乐观，创新应该来自市场的压力和激励。

首先就是要分析客户的需求，其次就是验证需求是否具有可实施性，最后才能满足客户的需求，只有对外部环境充分认知即对市场需求充分认知的情况下，涂料灌装机才能对自身的发展策略进行适时的调整。市场就像是一个大家庭，没有任何一个企业不想在这个大家庭中生存，只是想要在大家庭中生存即要找到适合生存的办法，那就是要进行技术的创新，在产品品质、服务、发展战略等方面都没有缺陷下，只有创新才是唯一的发展出路。

在产品进入市场时都会经历四个阶段，即导入期、成长期、成熟期到衰退期。不管是多么优秀的产品随着市场的不断发展都会有与市场不相适应的时候，市场是不断变化的，需求也是在阶段性的增加，灌装机想要适应这样的社会环境，就要进行创新，包括对产品的创新，对服务的创新，对产品品质的创新。

创新的实现还是要经过市场的考验的，只有顺应市场发展需求的创新才是对市场的负责，想要创新首先就是要改变观念。灌装机在创新之际想要彻底迎合市场的发展需求首先要做的就是要改变观念，只有观念改变了，才会有创新的理念，然后才是对创新理念的实施，这也需要市场的启发。以市场为首要准则就是要灌装机超越自己的窠臼，实现新的创新。

第二节　包装设备

一、涂料灌装机

涂料灌装机主要是灌装机中的一小类产品，从生产的自动化程度来讲分为半自动灌装机和全自动灌装生产线。从灌装物料性质分防爆型灌装机和普通灌装机。按灌装方式分有普通潜入式灌装和升降潜入式灌装。

1. 主要特点

① 该系统灌装机采用秤重式灌装，计量精度高，不受物料的影响。

② 由快加和慢加组成的加料阀，既能提高灌装速度又可提高灌装精度。

③ 计量范围大，计量误差小。

④ 灌装头采用防滴漏装置，灌出的物料无气泡产生，效果好。

⑤ 自动控制物料进料，配有气动夹盖和气动压盘装置。

2. 标准配置

仪表（志美），传感器（梅特勒-托利多），气动元件（亚德客），防爆设备（飞策）。

自配：输料泵，出口压力在 $3\sim5kg$，流量 $\geqslant16m^3/h$。

3. 操作方法

人工移上桶；手动启动；自动开启输料泵及大小给料阀门；一般到设定工作点1关闭快给料阀门及到设定工作点2停输料泵并关慢给料阀门止；人工加盖移桶至

压盖位置（有辅助定位装置）；人工压盖，压盖结束，人工移桶；入库。上下桶配不锈钢滚道。

二、小包装涂料灌装机（0～5L/kg）

其有全自动液体自动灌装机（见图 7-1）及半自动系列灌装机。

图 7-1　全自动液体自动灌装机

该系列产品可以满足从 0.2～5L 各种包装容器的剂量灌装压盖要求。该机采用气动，具有防爆防燃功能。产品运桶推桶计量灌装压盖等工序实现了自动化，并有反应灵敏的联锁和报警装置。该系列产品操作方便，调整灵活。

全自动系列设有自动和手动装置，各工序能联合自动，也可进行单个工序的操作。通过节流阀调整灌装速度，调整计量盘可得到不同的灌装量。

该机计量精确、经济效益显著；该机采用容积式计量，仔细认真调整好计量盘，一升容器可以保证误差在 ±5 克以内，耗能少、清洁度高；该机耗气量仅为 $0.3m^3/min$，有空压站车间不需增加其他动力。采用毛细孔转阀封闭，严密无滴漏现象，保证了产品和工作环境的清洁。

为适应国内部分用户的需求，已有厂家研制开发了将液体自动灌装计量及压盖，部分单独组合设计，推出半自动液体灌装机。该机没有复杂的自动联锁装置，踏一下灌装脚踏阀，该机便自动完成灌装动作；踏一下压盖脚踏阀，该机便自动完成压盖动作。该机还通过节流阀调整计量灌装速度的快慢，调整计量盘可得到不同的灌装量。

三、大包装涂料灌装机（5～50L/kg）

（1）型号：DW-30BQ

（2）用途：主要用于化工原料的定量灌装封口的自动生产线，特别适用于化工行业涂料、油料的自动定量灌装封口，也适用于食品、制药行业乳液类物料自动定量灌装（用户提供物料样品和部分特性参数）。

（3）性能特点：本产品是程序控制，机、电、气一体化的智能产品，具有如下特点：带有 50L 的料斗，称量误差小，静态误差≤0.13%，动态误差≤0.25%。

能与中央控制室计算机联网（用户选用），实现现代化管理。具有故障报警提示显示（见图7-2）。

（4）技术参数

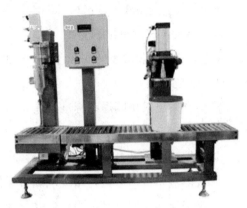

称量范围/kg	5～30
灌装速度/次/时	160～240
允许误差	±0.2%
配备电源	AC220V
60Hz±2Hz	AC220V
配备气源流量	$0.1m^3/min$
压力	0.4～0.6MPa
功率/W	200
工作温度	0～40℃
外形尺寸/mm	以提供的外形图为准
重量/kg	500

图 7-2　DW-30BQ 涂料灌装机

四、超大型溶剂涂料灌装机（50～200L/kg）

溶剂液体灌装机（见图7-3）是一种自动定量计量设备，其功能是将大量的散装液体物料自动分成预定重量的小份载荷，进行定量容器包装。液体灌装秤自动化程度高，可以尽量避免物料溢出，最大程度地防止物料本身对环境的污染，从而对操作人员进行有效地劳动防护。其系统工作稳定可靠，操作简便，称量准确，重量数据可通过仪表输出给计算机等其他外接设备。

图 7-3　溶剂液体灌装机

（1）基本参数

灌装形式：液面下灌装

最大秤量：300kg

最小感量：50g

灌装范围：10～300kg

灌装误差：≤0.1%

灌装速度：30～45桶/h（视流速和脉冲力而定）

枪头材质：SUS304 不锈钢（可选SUS316）

适用容器：≤φ600×1000mm

使用电源：AC220/50Hz

使用气源：0.5MPa

使用温度：−10℃～50℃

防爆等级：EX～dⅡBT4

可选辊道：1-斜坡型，2-平台型，3-加长型

（2）系统特点

① 整套系统采用隔爆型标准制造，防爆等级：EXdIIBT4。

② 称重显示控制仪表及称重传感器均有防爆认证。

③ 根据液面上升自动分段提枪报警功能。

④ 液体落差自动修正，始终跟踪目标值，灌装结果超差报警。

⑤ 每桶灌装完成会显示提示，并累计重量和次数，并可外接打印机。

⑥ 人工将桶放在磅台上，对准桶口后按启动键即可进行灌装。

⑦ 灌装枪采用插入式灌注，避免造成物料飞溅于桶上，影响外包装。

⑧ 系统采用两段式大小料自动灌装方式，以提高准确度。

⑨ 每次在灌装启动同时系统会自动执行扣重功能，将磅台上的重量清零。

⑩ 单桶灌装值到达后，灌装枪会自动提起等待下次启动。

⑪ 灌装完成后，只需人工将桶子推出磅台即可。

⑫ 若遇紧急状况按下紧急停止钮即可解除本次灌装。

⑬ 当灌装枪未插入桶内而顶在桶口外时，灌装枪自动提起，不执行灌装。

⑭ 独特防滴漏装置，避免物料滴于桶子上。

⑮ 采用一键式操作方式：启动—灌装枪下降—自动去皮—开始灌装—完成灌装，枪升起。

五、全自动涂料灌装机

全自动涂料灌装机（见图 7-4）是全密闭一体化涂料生产设备，其全自动灌装机系统实现了自动理桶，自动秤重灌装，自动压盖，自动堆垛一系列工序，彻底解放了劳动力。跟传统的灌装方式相比多了如下优势。

1. 全自动上桶系统

全自动涂料灌装机从涂料桶的取用环节就采用全自动生产，只需要将相同规格和型号的涂料用桶整齐摆放在指定位置，专业机械手会每次准确取出一个涂料包装桶，通过动力轨道将包装桶精确输送到灌装机下面。

图 7-4 全自动涂料灌装机

2. 灌装系统

全自动灌装机装置设有自动计量器，会按照预先设定的标准通过灌装嘴所设定数量直接将涂料灌装到传送过来的包装桶里。整个过程准确快捷，不会造成材料的浪费，更不会造成环境污染。装好涂料的包装桶将经过动力轨道传输到下一个环节。

3. 自动上盖压盖系统

全自动灌装机灌好标准量涂料的桶，被准确送到自动理盖机下，理盖机通过机械手，每次吸取好一个桶盖，准确放置到灌装好涂料的桶上面，自动封口机会立即配合动作将桶盖准确挤压，对灌装机灌好的涂料进行密闭封口。此时，一桶涂料灌装就基本完成。

4. 自动码垛系统

全自动涂料灌装机灌装好涂料的包装桶经过密封包装，传递到自动堆垛机下。自动堆垛机通过专业机械手，将装满涂料的包装桶准确吸取并放置到设定的托盘内。当托盘内涂料桶的个数达到指定数目，机械手会自动将放置完涂料桶的托盘运输到指定位置。此项技术不仅能让涂料的灌装节省了人工成本 80％以上，减少了人为浪费和环境污染，同时也极大地加快了生产速度，整个灌装的过程变得更加轻松、精确和专业。

第三节 新型全自动涂料灌装生产线及其设备

一、全自动涂料灌装生产线

中国的技术人员从 20 世纪 90 年代开始对全自动灌装线进行探索，但是全自动灌装线（见图 7-5）的灌装效率非常高，过去全自动涂料灌装线的应用很少。由于涂料行业新一轮的洗牌，中国的大型涂料工厂越来越多，全自动灌装线的应用也越来越广。为了使大型涂料工厂的灌装效率提高，包括了自动上桶、自动理桶、自动计量、自动灌装、自动压盖、自动堆垛等功能的全自动灌装线成为了涂料生产线中非常重要的部分。

图 7-5　全自动涂料灌装生产线

从原料的准备和自动进料，到全自动灌装，涂料生产的整个过程得以整合，各个环节的实现方式得以改进，在工业自动化控制系统的管理下，成为完善的涂料生产线，为涂料企业实现安全、环保、高效、连续、自动化的生产提供了可能。

二、全自动涂料灌装设备

5L 全自动涂料灌装机（见图 7-6）具有以下特点。

图 7-6　5L 全自动涂料灌装机

① 应用范围广，灌装容量从 0.5L 到 5L。操作简单，可换上不同规格的盖仓，相适应的灌装头，压、拧盖机构，调整护栏的宽度，几乎能够适应各种容器、各种黏度物料的灌装。也可根据客户需求，使用粉料灌装头，进行粉料的灌装，从而达

到一机多用。

② 灌装速度快，5L桶速度可达10～12桶/min。

③ 灌装精度高。

④ 能够做到从放空桶到链道，从链道取走灌好的桶，实现全自动，无桶不灌装，不加盖，不滴漏。

⑤ 智能化触摸屏人机界面，设置操作简单。

⑥ 灌装机外部结构采用透明材质，美观的前提下更有利于操作者观察、调整、维护。

⑦ 所用的电、气、PLC、触摸屏、各种传感器等都是国际知名大品牌。

⑧ 只需一人操作，减少了劳动力的浪费。

⑨ 设备可按用户要求配套自动理桶单元、贴标单元、打码单元、装箱码垛单元，组成全自动灌装生产线。

⑩ 经过工业设计，设备美观大方，小巧精致，占地面积小。

第四节　涂料胶黏剂混合、分装设备

一、混合器（搅拌器）

其用于填料与树脂（或固化剂）。混合设备类型取决于所得混合物的黏度。

小批量高黏度黏合剂混合可采用带可垂直升降的行星式搅拌器（图7-7）并可更换料车的混合器，以免清洗机体。搅拌器降入料车时，料车的锥形盖同时降到车上。

大批量低黏度混合器可采用制浆状混合物的螺旋混合器（图7-8），其特点是用整体螺旋输入粉状物料，由压紧的粉状物料形成一个"塞子"，后者在混合器中形成浆而挤出。浆式螺旋使送入混合器中的液体与粉状物料混合。

图7-9为带齿盘式搅拌器的固定型间歇式混合器，搅拌器通过弹性轴套与电机联接，其容积一般在$1～3m^3$，适用于中黏度批量生产。

制造较少量的易流动黏合剂可采用带可升降旋桨搅拌器（图7-10）和可更换料车的间歇式混合器。

用于制造易流动悬浮液的连续式混合器不仅是立式，而且一般为两段式、带搅拌的设备，还有螺旋型混合器。图7-11为带齿盘式搅拌器的连续式两段混合器。

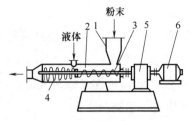

图 7-8 连续式螺旋混合器

1—颜料装料斗；2—机体；3—整体螺旋；

4—桨状螺旋；5—减速器；6—电动机

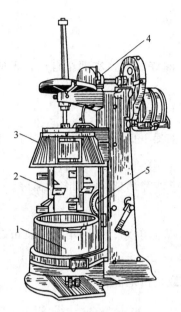

图 7-7 带可垂直升降的行星
式搅拌器的混合器

1—料车；2—搅拌器；3—顶盖；

4—传动装置；5—提升装置

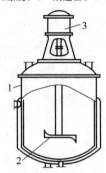

图 7-9 带齿盘式搅拌器的固定型
间歇式混合器（高速分散机）

1—机体；2—齿盘式搅拌器；3—电动机

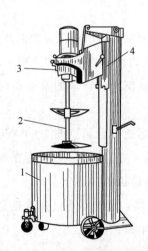

图 7-10 带可垂直升降旋桨
搅拌器的混合器

1—料车；2—搅拌器；

3—电动机；4—提升装置

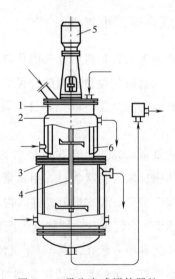

图 7-11 带齿盘式搅拌器的
连续式两段混合器

1—机体；2—夹套；3—隔板；4—齿盘式
搅拌器；5—电动机；6—挡板

二、分装设备

小包装的分装机可为一圆筒（如图 7-12），活塞在此筒中往复移动，从装料漏斗中抽入黏合剂，然后将其推出装桶。活塞的行程可调整，对黏稠的黏合剂采用三通旋塞代替阀门。

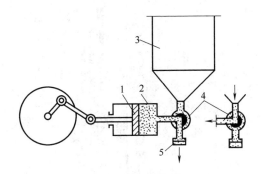

图 7-12　分装机

1—活塞；2—圆筒；3—料斗；4—三通旋塞；5—嘴

黏合剂产品分装成小包装是劳动量大的工序，目前已建立了装桶、贴标签、装箱自动化生产线。

第五节　其他涂料灌装机设备

一、概述

涂料灌装机是一种采用称重灌装方式的半自动灌装机。称重系统采用国际品牌，高精度传感器和新一代数控系统。具有精度高、可靠性强，多功能的显著特点。

涂料的大桶包装，在生产中非常常见，主要品种有乳胶漆、汽车漆和防腐漆等。包装容器的材质除了铁质以外，常见的还有聚氯乙烯桶。涂料的大桶包装，对包装设备有着包装精度要求高，包装速度快，易清洗的要求。因为包装容量大，通常 20L 以下可以采用称重式与活塞式灌装，但是通常在 20L 以上皆采用称重式灌装为主。这是由包装设备的计量原理决定的。通常活塞式灌装机的计量缸筒直径不宜做得过大，过大的计量缸筒会对驱动气缸力的要求非常大。这对于设备灌装精度控制，设备的安装与清洗，都存在很多不利因素。

国内生产的应用于涂料的大计量包装的设备，将通过 GWJ01-20 活塞式涂料灌装机与 GCJ01-50-IB 称重式涂料灌装机设备来进行说明。

如图 7-13 半自动称重灌装方式的灌装机一般在应用领域用于灌装油漆、油墨、涂料、黏合剂、固化剂、有机溶剂和其他化工品。

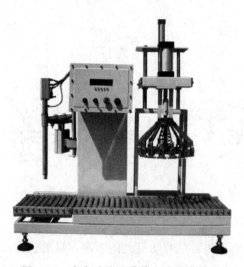

图 7-13 半自动称重灌装方式的灌装机

一般技术参数：

灌装称重精度/kg （10～30）±0.015；

灌装介质黏度/mPa·s 10000（最大）；

工作气压/MPa 0.5；

工作电压 220V，50Hz；

容器高度/mm 100～350；

物料接口 Dn32；

气源气压（mPa） 0.5±0.1；

外形尺寸（长×宽×高）/mm 1000×1000×1650。

二、GWJ01-20（20L 的机型）型活塞式灌装机

图 7-14 为常源油漆涂料设备厂生产的 GWJ01-20 型活塞式涂料灌装机，它的结构和工作原理与上节中介绍的小包装活塞式涂料灌装机相似，但是由于计量的增加，计量缸缸筒与驱动气缸的尺寸也大大增加。此灌装机通常用于 20L 左右的涂料灌装。当灌装计量大大高于 20L 时，可使用每一包装灌装两次的方法达到所需

要的包装值。此分次包装方法对于灌装机的灌装重复精度要求更高。

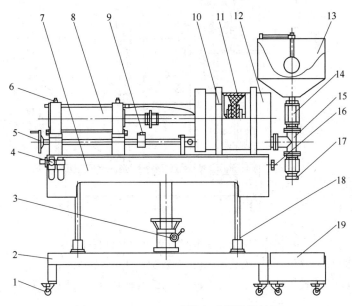

图 7-14　GWJ01-20 型活塞式灌装机结构

1—滚轮脚；2—底座；3—升降机构；4—三联件；5—计量调节机构；6—调速阀；7—机架；

8—汽缸；9—行程阀；10—夹片；11—活塞；12—缸筒；13—料斗；14—气动球阀；

15—三通；16—急停按钮；17—灌装头；18—支撑杆；19—输送带

三、称重式灌装机

（1）图 7-15 为常源油漆涂料设备厂生产的 GCJ01-50-IB 型半自动涂料包装机，灌装范围可以从 5～50kg 任意调节。其工作原理与 GCJ01-06-IB 型小包装称重式涂料灌装机的工作原理类似。但是由于其计量范围更大，采用了不同量程范围的计量秤与料斗。对于包装中的压盖操作，其压盖盘的尺寸需要根据桶与盖子的不同形状作出更换。

（2）由于活塞式灌装机对驱动气缸的要求过高，各缸之间的一致性由于驱动系统与制造精度之间的差异很难控制，多头式活塞式涂料灌装机的发展受到了限制。由于称重式灌装机的计量特性，多头式涂料灌装机得到了进一步发展。图 7-16 为 GCJ02-50-IBQ 型称重式双头涂料灌装机。

称重式涂料多头包装机采用了一个大型的料斗，内部无封闭结构，更适合于清洗、更换物料以及维护保养。称重式涂料多头包装机采用了两个相互独立的称重与控制单元同时工作，互不影响。在接通电源、气源，设置好目标灌装值、快加量值、

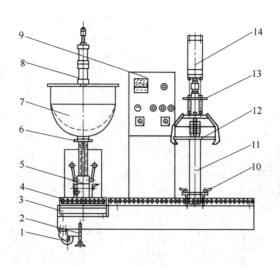

图 7-15　GCJ01-50-IB 型半自动涂料包装机结构

1—脚轮；2—机架；3—称台；4—滚轮输送带；5—灌装升降机构；6—灌装头；7—料斗；8—灌装气缸；

9—控制箱；10—定位板；11—压（夹）盖升降机构；12—夹盖头；13—压盖盘；14—压（夹）盖气缸

落差值、皮重上限、下限、超差千分值一组配方数据后，机器即会按入桶触发信号→自动去皮→快加量灌装→慢加量灌装→落差估计的程序自动完成一次灌装。当两个独立的灌装单元都完成灌装操作以后，驱动气缸才会推动包装桶进入下一步的包装流程。称重式涂料多头包装机针对涂料包装中的压盖流程也作出了相应的改进，可实现全自动化放盖与压盖的过程，大大加快了包装速度，使得涂料包装的自动化又更进了一步。

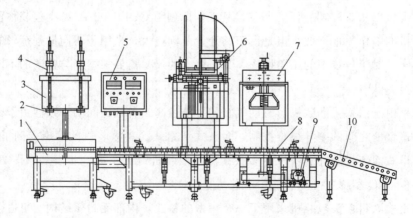

图 7-16　GCJ02-50-IBQ 型称重式双头涂料灌装机结构

1—电子秤；2—灌装头；3—料斗；4—灌装气缸；5—控制箱；6—自动落盖机；7—自动夹盖机；

8—动力滚道；9—电机；10—无动力滚道

称重式涂料多头包装机的设定与其他称重式涂料包装机的设定无异，但是两个控制器必须同时设定，才能保证包装精度的一致性。

四、DCS-100-ZXSQ真石漆自动灌装线

其见图7-17。主要功能：

① 无管道连接，拆洗非常方便；

② 灌装头可升降，方便不同规格的包装桶灌装；

③ 人工上桶，自动计量灌装，人工放盖，机器自动输送压盖，自动送出包装桶；

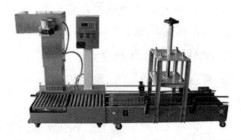

图7-17　DCS-100-ZXSQ真石漆自动灌装线

④ 采用32位双核CPU；

⑤ 数字输入设定重量；

⑥ 称重数值及时显示；

⑦ 可设定和存储十种配方；

⑧ 净重和毛重两种灌装方式；

⑨ 自动零位跟踪；

⑩ 加料快/慢二级速度；

⑪ 紧急停止/断电/二重保护。

技术指标见表7-1。

表7-1　真石漆自动灌装线技术指标

称重范围	<70kg	罐桶规格	(直径)400mm×(高度)600mm
分度值	10g,20g,50g	电源	AC220V±10％　50Hz
准确度等级	x(0.5)级	气源	>0.5MPa
灌装速度	6～10罐/min	外型尺寸	1500mm×800mm×1200mm

五、液体灌装机

1. DCS-5-ZXCT液体灌装机

其见图7-18。

主要功能：

① 手动、自动两种启用方式；

② 人工上桶，双头自动计量灌装，自动

图7-18　DCS-5-ZXCT液体灌装机

线输送，自动拧盖；

③ 采用 32 位双核 CPU；

④ 数字输入设定重量；

⑤ 称重数值及时显示；

⑥ 可设定和存储十种配方；

⑦ 净重和毛重两种灌装方式；

⑧ 自动零位跟踪；

⑨ 加料快/慢二级速度；

⑩ 紧急停止/断电/二重保护。

DCS-5-ZXCT 型技术指标见表 7-2。

表 7-2　DCS-5-ZXCT 液体灌装机技术指标

称重范围	＜5kg	罐桶规格	(直径)150mm×(高度)200mm
分度值	1g,2g,5g	电源	AC220V±10%　50Hz
准确度等级	x(0.5)级	气源	＞0.4MPa
灌装速度	10～30 罐/min	外型尺寸	850mm×600mm×1100mm

2. DCS-50-LX 型称重式液体灌装机

其见图 7-19。

图 7-19　DCS-50-LX 型称重式液体灌装机

DCS-50-LX 型技术指标见表 7-3。

表 7-3　DCS-50-LX 型称重式液体罐装机技术指标

称重范围	＜70kg	罐桶规格	(直径)300mm×(高度)400mm
分度值	10g,20g,50g	电源	AC220V±10%　50Hz
准确度等级	x(0.5)级	气源	＞0.5MPa
灌装速度	6～10 罐/min	外型尺寸	1500mm×800mm×1200mm

3. DCS-300 型称重式液体灌装机

其见图 7-20。主要功能：

① 人工上桶，自动灌装；

② 采用 32 位双核 CPU；

③ 数字输入设定重量；

④ 称重数值及时显示；

⑤ 可设定和存储十种配方；

⑥ 净重和毛重两种灌装方式；

⑦ 自动零位跟踪；

⑧ 加料快/慢二级速度；

⑨ 紧急停止/断电/二重保护；

⑩ 防爆配置。

适用领域：涂料，油墨，树脂；食用油、农药、日化品等各种流动性液体。

4. DCS-50-CT3 型液体灌装机

其见图 7-21。

图 7-20　DCS-300 型称重式液体灌装机

图 7-21　DCS-50-CT3 型液体灌装机

适用领域：家具漆，工业漆，乳胶漆，白乳胶，云石胶等流动性液体。

主要功能：

① 手动、自动两种启用方式；

② 双头自动计量灌装；

③ 采用 32 位双核 CPU；

④ 数字输入设定重量；

⑤ 称重数值及时显示；

⑥ 可设定和存储十种配方；

⑦ 净重和毛重两种灌装方式；

⑧ 自动零位跟踪；

⑨ 加料快/慢二级速度；

⑩ 紧急停止/断电/二重保护；

⑪ 防爆配置。

DCS-50-CT3 型技术指标见表 7-4。

表 7-4　DCS-50-CT3 型液体灌装机技术指标

称重范围	＜50kg	罐桶规格	（直径）350mm×（高度）450mm
分度值	1g,2g,5g	电源	AC220V±10%　50Hz
准确度等级	x(0.5)级	气源	＞0.4MPa
灌装速度	10～30 罐/min	外型尺寸	2100mm×1200mm×1300mm

六、涂料灌装机系列

DCS-50-ZCT 涂料灌装机见图 7-22。

适用领域：白乳胶，乳胶漆，涂料，工业漆，油墨等流动性液体。

主要功能：

① 手动、自动两种启用方式，操作工可自行选择；

② 采用 32 位双核 CPU，计算速度快；

③ 数字输入设定重量，便于操作；

④ 称重数值及时显示，便于管理；

图 7-22　DCS-50-ZCT 涂料灌装机

⑤ 可设定和存储十种配方；

⑥ 净重和毛重两种灌装方式；

⑦ 自动零位跟踪；

⑧ 加料快/慢二级速度；

⑨ 紧急停止/断电/二重保护；

⑩ 防爆配置；

⑪ 人工放桶，双头自动灌装，人工放盖，机器自动输送压盖。

涂料灌装机技术指标见表 7-5。

表 7-5 DCS-50-ZCT 涂料灌装机技术指标

称重范围	<50kg	罐桶规格	(直径)350mm×(高度)400mm
分度值	1g,2g,5g	电源	AC220V±10% 50Hz
准确度等级	x(0.5)级	气源	>0.4MPa
灌装速度	10~30罐/min	外型尺寸	2200mm×800mm×1300mm

七、树脂灌装机系列

DCS-1500 树脂灌装机见图 7-23。

主要功能

① 灌装口高度可电机自动升降，人工上桶，自动灌装；

② 采用 32 位双核 CPU；

③ 数字输入设定重量；

④ 称重数值及时显示；

⑤ 可设定和存储十种配方；

⑥ 净重和毛重两种灌装方式；

⑦ 自动零位跟踪；

⑧ 加料快/慢二级速度；

⑨ 紧急停止/断电/二重保护；

⑩ 防爆配置。

图 7-23 DCS-1500 树脂灌装机

适用领域：涂料、油墨、树脂以及食用油、农药、日化品等各种流动性液体。

八、干挂胶、云石胶灌装机系列

1. DCS-50-LX 干挂胶灌装机

图 7-24 DCS-50-LX 干挂胶灌装机

其见图 7-24。适用领域：干挂胶等黏稠性物料。

主要功能：

① 快接式连接口，可升降，螺旋输送物料，拆洗非常方便；

② 人工上桶，自动灌装，人工放盖，机器自动压盖；

③ 采用 32 位双核 CPU；

④ 数字输入设定重量；

⑤ 称重数值及时显示；

⑥ 可设定和存储十种配方；

⑦ 净重和毛重两种灌装方式；

⑧ 自动零位跟踪；

⑨ 加料快/慢二级速度；

⑩ 紧急停止/断电/二重保护；

⑪ 防爆配置。

2. DCS-50-LC 干挂胶灌装机

主要功能：

① 快接式连接口，可升降，螺旋输送物料，拆洗非常方便；

② 人工上桶，自动灌装，人工放盖，机器自动压盖；

③ 采用 32 位双核 CPU；

④ 数字输入设定重量；

⑤ 称重数值及时显示；

⑥ 可设定和存储十种配方；

⑦ 净重和毛重两种灌装方式；

⑧ 自动零位跟踪；

⑨ 加料快/慢二级速度；

⑩ 紧急停止/断电/二重保护；

⑪ 防爆配置。

九、磷酸灌装机系列

1. 概述

Y50 系列称重式磷酸液体灌装机可以与打标机、打码机、贴标机、上盖机、旋盖机、输送机及其他配套设备配合使用，根据不同的物料及工艺要求，组成自动和半自动灌装生产线。广泛应用于涂料、树脂、农药、日化品、油墨、固化剂、润滑油、化工溶剂、黏合剂、稀释剂等方面。

2. 系统组成

灌装机主要由灌枪升降装置、灌枪、吸气罩、接液杯、系统控制柜（包括称重仪表、操作按钮）、秤台（含进口称重传感器）、无动力输送辊道、机架等组成。

3. 功能特点

① 无动力输送辊道；

② 手/自动可选择；

③ 采用进口称重元件；

④ 存储配方数据多达 10 组；

⑤ 液上/桶口内灌装模式可选；

⑥ 防撞桶设置：灌装下降时撞到空桶自动返回；

⑦ 快/慢两速加料，加料速度可调；

⑧ 灌枪堵头采用聚四氟乙烯防腐材质；

⑨ 自动判断皮重范围，自动去皮；

⑩ 称量超差报警及故障自诊断；

⑪ 与物料接触部采用 316 不锈钢（选配）；

⑫ 自动统计灌装桶数，灌装总重量；

⑬ 防爆配置，可在危险区域使用；

⑭ 手动/自动压（旋）盖机（选配）；

⑮ 保温加热装置（选配）；

⑯ 标准预留 RS232/485 接口，选配 DP、MUDBUS 总线，方便计算机数据管理。

4. 技术参数

① 规格　Y50-Ⅰ单头，Y50-Ⅱ双头；

② 灌装容量　0～50kg；

③ 灌装速度　80～150 桶/小时（50L），150～250 桶/小时（50L）；

④ 灌装精度　0.2 级，±(0.1～0.2)%；

⑤ 称重装置　最大称量 50kg，分度值：10g/20g；

⑥ 灌装容器　方桶、圆桶、敞口桶、小口桶等；

⑦ 工作温度　−10℃～45℃；

⑧ 相对湿度　≤95%；

⑨ 工作电源　AC380V/AC220V，50Hz，<500W；

⑩ 安装要求　水平固定在混凝土地面（混凝土厚度要求大于 15mm）；

⑪ 工作气源　0.4～0.6MPa；

⑫ 耗气量　8m³/h，15m³/h；

⑬ 物料接口

DN32 标准法兰，物料进口压力：小于 0.6MPa；

DN40 标准法兰，物料进口压力：小于 0.6MPa；

⑭ 选配件　用于危险区域的防爆配置（正压型，ⅡBT4 级）。

十、真石漆灌装机系列

真石漆质感漆灌装机一般做真石漆、质感漆的灌装机。有卧式的储罐，还是立式的储罐；有铁桶包装，还有胶桶包装；如联益 DCS-50-ZSQWY 参数如下。

适用瓶高：400mm。

适用瓶径：300mm。

生产能力：10（罐/分钟）。

品牌：联益

型号：DCS-50-ZSQWY。

功率：1.5kW。

外形尺寸：1500mm×800mm×1200mm。

灌装头数：1。

灌装量：70000mL。

灌装精度：0.05%。

包装类型：桶。

工作原理：常压。

适用对象：真石漆、质感漆。

物料类型：液体。

自动化程度：半自动。

简易型干粉包装机（图 7-25）及单嘴包装机（图 7-26）如下。

图 7-25　简易型干粉包装机

图 7-26　单嘴包装机

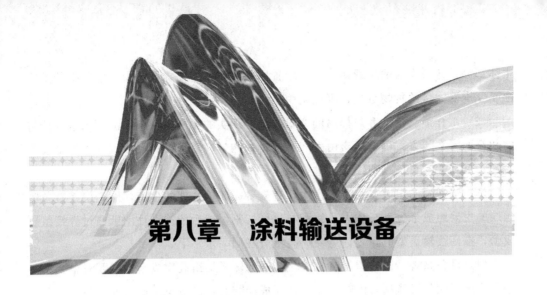

第八章　涂料输送设备

第一节　输送设备简介

一、概述

涂料工厂的液料输送设备主要是各种形式的泵和管道。泵的种类很多，涂料工业常用的是离心泵和齿轮泵。在选用输送泵时，应该根据液料的性质、黏度和温度等参数确定，否则就不能达到预期的效果，甚至还会导致事故。例如，低功率的泵无法输送黏度大的液料；常温泵不能用于输送高温液料，会引起渗漏；输送易燃液体的泵必须装有静电消除设施，以防产生火灾和爆炸事故等。

二、机械化输送设备分类

机械化输送设备主要分为空中输送和地面输送两大类。

（1）空中输送　有普通悬挂输送机、双链式悬挂输送机、轻型悬挂输送机、积放式悬挂输送机、自行葫芦输送等。

（2）地面输送　有反向积放式输送机、滑橇输送、坦克链式输送机、普通地面输送机等。

机械化设备的作用是在整个涂装生产线中起着组织协调连接各类设备达到稳定运作的作用。

三、链条输送线的制作工艺

（1）链式生产线　主要由输送架、链条、动力装置三个部分构成，输送架作为主体部分，链条作为输送载体，动力装置则是给设备运作提供动力。输送架的主体由于要承受大量的货物重量，因此是由钢材作为主要的制作材料。

（2）工程师　依据客户提出的要求，结合现实的生产条件、产品等因素设计与之相符的方案，方案确定后交由生产部安排采购生产所需材料，以及安排人员投入生产，对相关材料依据图纸要求进行加工。

（3）输送架的组装　整个生产中，首先要完成输送架的生产，输送架是链条输送线的主要组成部分。工作人员将钢材进行切割，然后依据设计图纸通过焊接组装成型，在衔接输送架时，要注意保持各部分在同一水平上。

（4）设备涂装　通过焊接将链式生产线的输送架组装完成后，就要对整个设备进行涂装，颜色可依据自由选定涂装，完成涂装后将设备至于通风处"晾干"。

（5）安装动力装置　链式生产线一般用于输送重量较大的物品，链条传动所需动力由电机提供，电机的选择可由客户指定。动力装置安装于输送架的高侧。

（6）输送链条的安装　安装完动力装置，接下来就要将用来载运货物的链条安装到输送架上。安装输送链条时要注意链条之间的衔接是否紧固，以免出现在设备运作过程中脱节的现象。至此，一条具有高效率的链条输送线就完成了，设备完成生产还需要经过工程师进行出厂前的运行检测，以确保设备的正常运作。

四、涂装设备主要测试要求

（1）烘干类设备　主要测试炉温的均匀性，通常控制在±5℃，采用随炉测温仪一次最多可测试 6 个位置。

（2）喷漆类设备　主要测试照度、温度、湿度和平均风速：对于要求较高的喷漆类设备其照度要求在 800～1000Lx，温度要求在（23±2）℃，相对湿度 55％±5％，平均风速 0.45～0.55m/s。

（3）所有设备　在操作区噪声测试。

（4）输送机的主要参数　一般根据物料搬运系统的要求、物料装卸地点的各种条件、有关的生产工艺过程和物料的特性等来确定各主要参数。

① 输送能力　输送机的输送能力是指单位时间内输送的物料量。在输送散状物料时，以每小时输送物料的质量或体积计算；在输送成件物品时，以每小时输送的件数计算。

② 输送速度　提高输送速度可以提高输送能力。在以输送带作牵引件且输送长度较大时，输送速度日趋增大。但高速运转的带式输送机需注意振动、噪声和启动、制动等问题。对于以链条作为牵引件的输送机，输送速度不宜过大，以防止增

大动力载荷。同时进行工艺操作的输送机，输送速度应按生产工艺要求确定。

③ 构件尺寸　输送机的构件尺寸包括输送带宽度、板条宽度、料斗容积、管道直径和容器大小等。这些构件尺寸都直接影响输送机的输送能力。

④ 输送长度和倾角　输送线路长度和倾角大小直接影响输送机的总阻力和所需要的功率。

（5）机械设备维护保养

① 为保证机械设备经常处于良好的技术状态，随时可以投入运行，减少故障停机日，提高机械完好率、利用率，减少机械磨损，延长机械使用寿命，降低机械运行和维修成本，确保安全生产，必须强化对机械设备的维护保养工作；

② 机械保养必须贯彻"养修并重，预防为主"的原则，做到定期保养、强制进行，正确处理使用、保养和修理的关系，不允许只用不养，只修不养；

③ 各班组必须按机械保养规程、保养类别做好各类机械的保养工作，不得无故拖延，特殊情况需经分管专工批准后方可延期保养，但一般不得超过规定保养间隔期的一半；

④ 保养机械要保证质量，按规定项目和要求逐项进行，不得漏保或不保。保养项目、保养质量和保养中发现的问题应作好记录，报本部门专工；

⑤ 保养人员和保养部门应做到"三检一交（自检、互检、专职检查和一次交接合格）"，不断总结保养经验，提高保养质量；

⑥ 资产管理部定期监督、检查各单位机械保养情况，定期或不定期抽查保养质量，并进行奖优罚劣。

（6）机械设备的节能调速　机械设备的动力装置主要来源于交流电机，而电机在启动时，电流会比额定高 5～6 倍的，不但会影响电机机械设备调速器的使用寿命而且消耗较多的电量。系统在设计时在电机选型上会留有一定的余量，电机的速度是固定不变的，但在实际使用过程中，有时要以较低或者较高的速度运行。这种情况下，一般会加装 SAJ 变频器，实现电机软启动，通过改变设备输入电压频率达到节能调速的目的，而且能给设备提供过流、过压、过载等保护功能。

第二节　自动化输送控制与输送生产线及链板输送机

一、概述

在涂料工业中需要将有结块性、吸湿性的粉末输送至生产线分散搅拌缸，要求配料及输送过程全过程密闭无泄漏。系统配料计量输送全过程的自动化操作见图 8-1、图 8-2。

图 8-1　自动化输送设备

图 8-2　自动化输送系统

（1）适用物料　涂料工业中物料如高岭土、重钙、陶土粉、膨润土、钛白粉、滑石粉、白炭黑、抗氧剂、各种颜料。

（2）系统特点

① 管道的耐磨处理；

② 防止堵管的措施；

③ 物料的防潮保护；

④ 仓底的流化出料；

⑤ 设备电气的防爆保护；

⑥ 分散缸的水汽排出；

⑦ 除尘滤袋的表面覆膜处理，提高使用寿命。

二、自动化输送控制

1. 输送线自动化控制系统

采用 PLC 控制系统与气动执行系统配置，可根据输送线多工位各种不同类型的运动要求，实现智能化自动编排和控制的输送，并通过气动执行机构，直接可靠输送到达工位，应用于食品工业自动化生产的流水线半成品全自动输送。

2. 控制方式分类

根据控制方式可分集中控制系统、分散控制系统。因输送线占用地比较大，通常都采用多级联接，这样可节省布线及方便维护。

三、自动化输送线组建原则的分析

一般自动化输送线组织轮换生产时，要在变更品种时，采取相应措施，使变换品种的损失减至最小限度。对于变动的方法有同时变更与顺序变更之别。对那些经常发生变动的流水线设备，最好能利用休息时间或在下班以后进行。这在方案中必须注明。

顺序变动的方式是在不中断流水线的情况下，现在正进行生产的产品的最后一个，已完成第 1 道工序时，立即将变更的产品投入流水线。同时变动的方式是将流水线在同一时间内中断，对全部工序作同时变动。特别是在半成品可以当作各工序的储备品以便随时可以应用的情况下，以及在产品与将要投产的产品节拍时间有差别的情况下，采用这种方法较为有效。当产品的工序数量少，而总的作业时间又较短（小件），或者变动也比较简单，所需的时间又较短的品种变动，也多采用这种方法。

四、自动化输送线组建的试车前的准备

自动化输送线组建的试车前的准备工作：成立试车小组，负责设备试运转，分工明确；备齐所需的各种仪器、工具、材料；通信要畅通，联络要及时、准确；电机接地系统要进行最后检查；现场要备齐灭火材料和器材。

先将连接头部滚筒与减速机的联轴器解开，试电动机，观察其转动方向是否与头部滚筒的转动方向一致，如果不一致，调整电机的接线，使电机正确运转。同时，记录电机的启动电流、无负荷电流。然后，连接头部滚筒与减速机的联轴器，启动电机，带动设备空运转并记录启动电流、空载电流。进行边续 4h 输送机空负荷试运转，8h 带负荷试运转（钢丝绳牵引带式输送机须空负荷试运转 8h，处理输送带跑偏等问题）。

自动化输送线组建的试车前的检查：各固定部分应牢固可靠；各润滑部位要有足够的油量，减速机（电动滚筒）、液力耦合器的加油应满足油位和油量的要求；调整好胶带的松紧度；确保电机接地良好；检查电压是否正常。

五、链板输送机及带的选择

链板式输送机外表光滑平坦，摩擦力较小，运行平稳，维护起来比较简单，可以满足饮料贴标、灌装、清洗等设备的单列输送的要求，同样也可以使单列变成多列并行走缓慢，满足杀菌机、储瓶台、冷瓶机的大量供料的要求。

链板输送机以大节距特种弯板链条为传送介质，链板输送机能顺应不同的工艺和产品特点去选择链板材质规格以达成不同行业的要求。链板式输送机输送能力非常大。其是带动金属面板作循环往复运行的一种输送设备，由于链板式输送机的线体结构及输送介质较为坚固，选购链板输送机要注意输送带的选择，现介绍如下。

链板输送机中的输送带给生产作业带来了很大的影响力，所以在选用的时候其是一个重要考虑的因素。链板式输送机在选择输送物料时，一般是要考虑物料的一般特性、密度、最大粒度、有无油或化学药品等。物料是否带有一定的腐蚀性、酸碱性等，这些都将影响输送带的使用寿命。一般输送带所能承受的拉力是有限的。如果物料比重较大，而输送带不能接受设备运行时所产生的拉力，就容易将输送带拉断。这时对输送带的选择可以考虑选用多层带有钢丝绳芯的链板式输送机。

其可作长距离的输送。链板式输送机能在同一条输送线路上进行各种形式的输送，如水平的输送，转弯的输送，倾斜的输送，能直接与水进行接触，也可以直接浸泡在水中，这样对链板式输送机的清理非常方便，能达到食品行业的卫生要求。运输的过程中能进行多种工艺流程，如对物料进行分类、装配、冷却、干燥等。

第三节　涂料粉体螺旋输送机

一、原理及结构特点

螺旋输送机又称绞龙，适用于颗粒或粉状物料的水平输送、倾斜输送、垂直输送等形式。输送距离根据机型不同而不同，一般从2～70m。

（1）螺旋输送原理　旋转的螺旋叶片将物料推移而进行螺旋输送机输送。使物料不与螺旋输送机叶片一起旋转的力是物料自身重量和螺旋输送机机壳对物料的摩擦阻力。

（2）螺旋结构特点　螺旋输送机旋转轴上焊有螺旋叶片，叶片的面型根据输送物料的不同有实体面型、带式面型、叶片面型等型式。螺旋输送机的螺旋轴在物料运动方向的终端有止推轴承以随物料给螺旋轴轴向反力，在机长较长时，应加中间吊挂轴承。

（3）双螺旋输送机　其就是有两根分别焊有旋转叶片的旋转轴的螺旋输送机。说白了，就是把两个螺旋输送机有机地结合在一起，组成一台螺旋输送机。

（4）注意事项　螺旋输送机旋转轴的旋向，决定了物料的输送方向，一般螺旋输送机在设计时都是按照单一方向输送设计旋转叶片。当反向输送时，也可用，但会大大降低输送机的使用寿命，因此应尽量避免。

二、涂料粉体无轴螺旋输送机

螺旋输送机，简单来看的话，它就是一种输送设备，其应用，就目前来看是非常多的，因为它具有结构紧凑、操作简单方便且对环境污染少等优点，因此是一种不错的输送机。

1. 安装调试

① 其固定应使用膨胀螺栓来进行，并且要固定牢固了。

② 应按照规定要求和顺序进行安装，以确保安装正确和到位。

③ 在安装好以后，应进行检查，检查其油位是否在正常范围内，如有问题应及时处理。

④ 安装和检查没有问题后，继续通电试机，应进行点动，检查部件有无摩擦。如果没有摩擦且一切正常的话，那么就可以开始进行试运转了。

⑤ 开机试运转的时间为 2h，期间查看设备有无异常。

2. 使用和维护保养

① 操作人员应持证上岗，否则不能操作使用该设备。

② 每天都要巡视设备的使用运行情况如何，如有异常应及时进行处理。

③ 如果冬季使用的话，那么要做好防冻工作，避免结冰或结块。

3. 产品说明及分析

螺旋输送机是建材、化工、冶金、粮食及机械加工等部门广泛应用的一种连续输送设备。

从涂料粉体输送物料位移方向的角度划分，螺旋输送机分为水平式螺旋输送机和垂直式螺旋输送机两大类型，主要用于对各种粉状、颗粒状和小块状等松散物料的水平输送和垂直提升，该机不适宜输送易变质、黏性大、易结块或高温、怕压、有较大腐蚀性的特殊物料。

螺旋输送机一般由输送机本体、进出料口及驱动装置三大部分组成；螺旋输送机的螺旋叶片有实体螺旋面、带式螺旋面和叶片螺旋面三种形式，其中，叶片式螺旋面应用相对较少，主要用于输送黏度较大和可压缩性物料，这种螺旋面型，在完成输送作业过程中，同时具有并完成对物料的搅拌、混合等功能。

螺旋输送机与其他输送设备相比，具有整机截面尺寸小、密封性能好、运行平稳可靠、可中间多点装料和卸料及操作安全、维修简便等优点。

螺旋输送机使用的环境温度通常为－20～50℃；其中，水平型螺旋输送机，其输送物料温度应小于200℃；输送机倾角一般应小于20°；输送距离一般小于40m，最大不超过70m。垂直型螺旋输送机，其输送物料温度一般不大于80℃，垂直提升高度不超过8m。

鉴于螺旋输送机的应用范围及功能特点，用户在选型时，应根据使用环境及输送物料情况充分考虑、统筹兼顾、合理选定，以避免不必要的麻烦和损失。

4. 出现堵料的解决方法

螺旋输送机是建筑业和涂料及油漆中用途较广的一种输送设备，螺旋输送机适合用于颗粒、粉状和小块状物料的水平输送、倾斜输送、垂直输送等形式，其输送间隔从2～70m规格多种，并可根据客户需求制作。最常见的故障就是堵塞。产生堵塞的原因很多，防止发生堵塞主要可采取以下措施。

（1）对进入输送机的物料进行必要的清理，以防止大杂物或纤维性杂质进入机内引起堵塞。安装料仓料位器和堵塞感应器，实现自动控制和报警。加大出料口或加长料槽端部，以解决排料不畅或来不及排料的问题。同时，还可在出料口料槽端部安装一小段反旋向叶片，以防端部堵料。

（2）在卸料端盖板上开设一防堵活门。发生堵塞时，因为物料堆积，顶开防堵门，同时通过行程开关堵截电源。尽可能缩小中间吊挂轴承的横向尺寸，以减少物料通过中间轴承时堵料的可能。合理选择各技术参数，如慢速转速不能太大。严格执行操纵规程，做到无载启动、空载泊车；保证进料连续平均。

螺旋输送机是一种连续的物料输送机械，由于连续运输机在工作原理、结构特点、输送物料的方法和方向以及其他一系列特性上各有不同，因此种类繁多。在螺旋输送机设计中，主要是根据输送物料性质、输送量、输送距离、输送倾角、螺旋转速确定螺旋输送机的生产率和功率。

三、螺旋输送机——差速器

一般而言，差速器是卧式螺旋离心输送机中最复杂而又极为重要的传动部件，其性能和质量往往决定着整个机器的工作能力和可靠性。要设计出体积小、重量轻、可靠耐用、效率高的差速器，就必须正确选择传动类型，精确合理进行结构设计和强度计算，精密制造齿轮、行星轮轴承和转臂等主要构件，并进行严格的动平衡。常用的差速器有两类。

1. 摆线针轮行星差速器

这种差速器是一种行星传动装置，装有内齿传动轮的针轮，针轮与转鼓相连。

行星轮是摆线轮，它通过 W 机构由 V 轴与离心机螺旋相连。这类差速器的体积小、重量轻，结构较简单紧凑，其传动比大，一级传动的传动比可达 9.97；传动效率较高。

主要缺点是输入轴上的转臂轴承在高速重载条件下工作，寿命较短，这类差速器主要用于中小功率的卧式螺旋沉降式离心输送机。

2. 渐开线行星齿轮差速器

这类差速器有多种结构形式，其中普遍应用的是双级 2K-H 结构。差速器外壳内装有两级半联的 2K-H 行星齿轮传动。两内齿轮 b1 和 b2 及差速器外壳与离心机转鼓相连，第二级传动的转臂 H2 与螺旋叶片相连。渐开线行星齿轮差速器属多分流对称结构的传动装置，充分利用了内齿轮的空间并将功率分为多股传递，另外内啮合本身还具有承载能力大和内齿轮内的空间可以利用，使结构比较紧凑。因此这类差速器具有承载能力大、体积小、重量轻、传动比大、噪声小、便于维修等优点，其传动效率达 0.99，对大、中、小功率的各种卧式螺旋沉降式离心输送机均通用。

通过以上可以看出，两种差速器都具有一定的优点。从长期的使用情况来看，渐开线行星齿轮差速器更具有优势，其使用更加可靠，而且寿命较长，故障率较低。因此目前国内外螺旋沉降离心输送机所使用的差速器大都为渐开线行星齿轮差速器。比如 LW500 型离心机差速器，LWF380-N 型离心机差速器，LW630 型离心机差速器都是渐开线行星齿轮差速器。这三种差速器的适用范围很广，基本适合各类型的各种功率。而摆线针轮行星差速器却不适合于大功率离心机，具有一定的局限性。

四、螺旋输送机——除尘器

除尘器及系统风网设备安装完工之后，要对安装质量进行最后一次检查。事实上，对于安装质量的详细检查工作，在每台设备的安装过程中已随时进行了。所以在试车前的检查，只能是一种核对性的外表检查。不能把问题都留在这时候来解决。在进行外表检查时，应注意下列一些问题。

① 以原设计方案为依据，检查核对各种除尘器的规格及其配装方式是否符合设计规定。对某些布袋除尘器的吸尘口位置、面积、管网组合等，除目测外，必要时要用量具实测。并记录实测结果，以备调整时参考。

② 检查管道和除尘设备的密闭性，要特别注意那些隐藏的部位。例如管道通楼板时的连接处，各个法兰连接处，并联旋风除尘器的进口、卸料器和除尘器的排

料管等。

③ 检查所有设备和管道的固定是否牢固可靠。对那些支承、拉杆、吊挂设置，不允许用绳索捆绑或铁丝吊挂。特别是输送管，更不允许有摇晃现象。

④ 对那些在负压状态下工作的管道、对用薄铁做成的汇集管要检查它们的耐压强度。一般要求能承受一个人站在上面的重量。

⑤ 检查输灰机构、调风阀等调节机构是否灵活。

⑥ 检查风机和叶轮闭风器（星型卸料器）转动部分是否正确灵活。传动带的松紧和防护罩是否达到安全运转的要求。

⑦ 外表修饰及油漆等是否合适。

⑧ 注意各部设备内部是否有安装时遗留的螺帽、钉子等杂物，如有发现必须清除。

第四节 涂料输送泵的主要类型

涂料生产已经有上百年的历史，从传统的纯手工作业到如今的全自动，生产方式发生了质的转变，这种转变首先反映在生产效率的飞速提升。

使用涂料气力输送设备要提倡低碳环保。涂料低碳环保是我国目前主要提倡的社会发展道路，涂料设备企业的发展都需要按照社会环保低碳发展，涂料粉体气力输送设备是目前行业领域中最环保低碳的输送设备，被行业内广泛应用，低碳环保也是我国机电一直致力发展的核心方向。

现代市场经济与计划经济最大的区别就是要按照市场需求来分配生产材料，这在任何一个行业都适用。在市场经济发达的国家，买方市场已经完全取代了卖方市场，成为市场的主流。在我国，经济正处于从买方市场向卖方市场转变的重要时期，因此，强调涂料设备企业要以顾客需求为导向具有重要的意义。

以顾客需求为导向具体来说就是企业要按照目标受众对产品规格、样式、价格、质量等的要求来研发和生产产品，以求与顾客的需求达到最大程度的契合。以顾客需求为导向是市场经济发展到一定程度的必然产物，而反过来又会促进市场经济的进一步发展。

拿我国的粉体气力输送设备等涂料设备企业机械行业来说，在以前的很长一段时间内，气力输送设备行业是卖方市场，企业生产什么，用户就得用什么，这非常不利于行业的可持续发展。因此，对于涂料的粉体气力输送设备厂家来说，想要去打更大的突破就需要以顾客的需要为向导，这样才能保证我们的企业蓬勃发展。

同时，随着人类对环保意识的逐步加强，对生产过程中产生的有害元素控制也显得越发迫切。涂料生产过程中的粉料投放就是其中最重要的控制环节，以下作者主要对涂料粉体输送泵的主要特点、工作原理、组成部分及涂料气力输送的几个方式进行解读。

一、涂料粉体输送泵

粉体输送泵，是一种通过真空吸气达到粉体输送的目的使罐内产生较强负压的泵。

真空粉体输送系统是通过真空吸气达到粉体输送的目的，再结合过滤、反吹、放料、阀体控制等综合因素集成的系统。系统主要应用于输送粉状料、粒状料、粉粒混合料等物料；系统能自动地将各种物料输送到包装机、注塑机、粉碎机等设备的料斗中，也能直接把混合的物料输送到混合机和各类混合反应罐中，解决了加料时粉尘问题，减轻了工人劳动强度，是粉体输送的首选系统。

1. 主要特点

① 替代效率低下的手工粉体输送方式，可直接用于生产工艺，降低空气污染和原料浪费；

② 专利的气流诱导系统，防止粉体突然喷发现象；

③ 系统经济，简单即装即用。不像昂贵的传统大型复杂的预安装粉体输送系统；

④ 轻便：可以方便的随处移动使用，即放即用，免安装调试；

⑤ 口径有 2 寸和 3 寸，有不锈钢和铝合金材料；

⑥ 可广泛应用于多种干粉体，如煅制氧化硅、白炭黑、膨胀云母石等非矿行业的粉体；丙烯酸树脂、硅树脂等有机粉体；精细化工、医药原料及中间体生产行业以及所有的轻质粉体的输送，用途十分广泛。

2. 工作原理

当风机从集粉罐抽出空气，使罐内产生较强负压，粉袋内的粉体通过吸粉管随着空气一起被吸入集粉罐内，集粉罐内的过滤器将有效地防止灰尘及细小的颗粒随空气抽出；在这个过程中，集粉罐旁的蓄压罐内蓄满一定压力的空气，当吸料结束时，蓄压罐内的空气会在瞬间脉冲释放，对过滤器进行反吹，吹落吸附在滤芯上的物料，使过滤芯能保持正常的过滤面积，不至于影响产量。

当系统开始运行时，集粉罐下方的卸料器开始工作，连续不断地将粉体物料落下，为了防止罐内粉体堆积不易落下，在罐体下方安装了高频振荡器，能够确保粉体顺利落料；若粉体输送量不高的情况下，可采用间歇式落料的方式，采用气体射流形成负压，粉桶内吸满物料时，通过料位计的料位控制，自动停止吸料，反吹空气口开启，气动放料阀门打开放料，最后由放料口下端的料位计控制，当料位低于料位计时放料口阀门关闭又重新开始吸料。以上连续式或间歇式落料过程均可由 PLC 设置及自动控制。

3. 组成部分

整个真空粉体输送系统是由以下部分组成。

(1) 集粉罐　其主要用于临时储存吸入的粉体物料。采用内外抛光处理，材质为不锈钢 304，符合卫生要求，顶部含出风及过滤装置，下部为锥底出料结构，整个罐体方便拆卸、清理和安装。

(2) 过滤系统　其主要用于过滤空气和集粉罐内的粉尘。采用多组微孔滤管，确保形成最大的过滤面积，保证进风与出风量，并有效防止粉体物料进入风机；滤管滤芯采用 PE 或不锈钢材质；整体结构方便清洗与更换。

(3) 高压风机机组及阀组　其主要用于连续抽出气体，形成集粉罐内的负压环境。高压风机的风量抽吸能力大，容易形成罐内较大负压，保证吸粉效率；且进口阀组，确保设备稳定连续运行。

(4) 蓄压反吹及脉冲系统　其主要用于积蓄一定压力和容量的气体，对过滤装置进行瞬间反向吹气。脉冲式反向吹气，能够有效的将过滤滤芯上吸附的粉体颗粒吹落，确保抽气的过滤面积；蓄压罐为不锈钢材质，有良好的抛光表面。

(5) 自动卸料装置　其主要用于将集粉罐内粉体物料连续输送至罐外。具有较好的气密性，叶片式转动结构，能够将粉体均匀定量的进行输送。

(6) 高频震荡辅助卸料装置　其为了防止集粉罐内粉体堆砌而不易被卸料装置输送，采用高频震动的方法，让罐内粉体均匀流动，从而达到粉体均匀输送的目的。

(7) 料位控制系统　其采用 CKD 电磁阀与料位计，有效控制粉体料位。

(8) PLC 自动控制系统　其整套系统可采用半自动控制或 PLC 控制，液晶触摸屏集中显示与监控，后台参数设置，实现粉体输送的全自动控制。

(9) 吸料及放料管道阀门系统　其采用特殊设计的网式吸粉管，在粉体大流量吸入的前提下，尽可能减少吸附粉袋，除软管外，均采用不锈钢抛光管，减少粉体输送过程中阻力。

粉体输送泵见图 8-3。其是输送轻质干粉的无故障可靠设备。

IR ARO 骄傲地向世界宣布经过最新设计的一种新的气动高效轻质粉体输送泵已成功应用于轻质粉体输送领域，输送的粉体密度最高可达 $800kg/m^3$。

图 8-3　IR ARO 粉体输送泵

IR ARO 粉体输送泵是在原普通气动隔膜泵的基础上，经过技术改进，整合了专利技术的无失速气阀，配合全新的气流分配诱导流化系统，大大提高了输送效率，还能有效防止启动瞬间粉体的突然喷出。IR ARO 粉体输送泵可以替换许多采用手动运送粉体方式这种又脏又污染环境的作业方式，实际使用也证明，结构简单的、使用简便的 IR ARO 粉体输送泵与传统的复杂的粉体输送系统相比，具有更简便，更好的经济性。经过严格的实验室测试和工厂现场测试证明，IR ARO 粉体输送泵完全满足各种粉体输送使用要求，是一种具有简单免安装，可移动便携，可靠低故障率的理想的新型粉体输送设备。

二、涂料气力输送泵

在输送散装物料的气力输送过程中，发现管道伴随着强烈的磨损，严重时导致整个气力输送系统停运。我们需要提高气力输送管道的耐磨性，保证系统的顺利运行。

经验表明，气力输送管道的磨损和输送空气的流速、被输送货物的磨蚀性、散状物料的浓度、管路直径以及管路所采用的材质有关。直线段和转角的磨损显著不同，对于有些输送物料来说，弯头的使用寿命只有几小时，而同样材质的钢管直线段使用寿命达几个月。

由于重力因素，水平管道的磨损也是不均匀的，下部比上部磨损严重，因此推荐使用带法兰连接的厚壁管，以便于经过最大期限后可以把管子旋转 90 度。管道的安装过程应该正确，不应该出现轴线的偏斜和从大口径向小口径过渡。

管道装配采用带有止口连接的车制法兰是最好的，在气力输送管道磨损最严重时，可以使用特制管道，不推荐使用倾斜的管道，因为磨损比水平、垂直管道都快。对于弯头的选择，原则是把最容易产生磨损的弯头部分做成厚壁的或者容易更换的，使用专门的耐磨材料效果往往很好。

第五节　容积式泵及其他类型

一、容积泵

容积泵是能量通过力的作用，周期性地向 1 个或 1 个以上的移动式有效附件的界面、液体——相当于容积施加，导致压力直接上升，达到输送液体通过阀门或管件直至排出管线所需压力的装置。

其也是依靠活塞、柱塞、隔膜、齿轮或叶片等工作件在泵体内作往复运动或回转运动，使泵体内若干个工作腔的容积周期性地变化，而交替地吸入和排出液体的一种泵。

容积式泵是依靠工作元件在泵缸内作往复或回转运动，使工作容积交替地增大和缩小，以实现液体的吸入和排出。工作元件作往复运动的容积式泵称为往复泵，作回转运动的称为回转泵。前者的吸入和排出过程在同一泵缸内交替进行，并由吸入阀和排出阀加以控制；后者则是通过齿轮、螺杆、叶形转子或滑片等工作元件的旋转作用，迫使液体从吸入侧转移到排出侧。

容积式泵在一定转速或往复次数下的流量是一定的，几乎不随压力而改变；往复泵的流量和压力有较大脉动，需要采取相应的消减脉动措施；回转泵一般无脉动或只有小的脉动；具有自吸能力，泵启动后即能抽除管路中的空气吸入液体；启动泵时必须将排出管路阀门完全打开；往复泵适用于高压力和小流量；回转泵适用于中小流量和较高压力；往复泵适宜输送清洁的液体或气液混合物。总的来说，容积泵的效率高于动力式泵。

容积泵是利用其工作室容积的变化来传递能量，主要有活塞泵、柱塞泵、齿轮泵、隔膜泵、螺杆泵等类型。

二、螺杆泵

其是依靠螺杆转动时泵腔容积的变化吸入和输送水体的一种容积泵。有单螺杆、双螺杆和多螺杆等类型。在农业中使用的是单螺杆泵，其泵腔由钢制螺杆和固定安装在泵壳内的橡胶套管组成。具有单螺距的螺杆在具有双螺距内螺旋的套管内转动，两者间形成的空腔由吸入端移动到出口端，从而形成连续的水流。由于其结构简单、体积小、拆装容易、工作可靠，自吸性能好，多用于移动式喷灌系统。

三、手动隔膜泵

其用于低扬程、小流量的提水作业，由泵体、进出水管、进出水阀门、隔膜和推拉杆等组成。泵体可由一个或两个泵腔组成。具有两个泵腔的隔膜泵，其隔膜设置在泵体的中央，或两个隔膜分别装在分隔的两个泵腔外侧。工作时由两人用手操纵与隔膜相连的推拉杆，推动隔膜作压进和张开的往复运动，使两个泵腔的容积交替扩大和缩小。当泵腔扩大时，压力减小，进水阀开启出水阀关闭，水从进水管流入泵腔；当泵腔缩小时，压力加大，进水阀关闭，出水阀开启，泵腔内的水从排水管流出，两个泵腔交替吸水和排水，每小时可提水 10～20 吨。

四、拉杆式活塞泵

由畜力原动机、风力机或内燃机等驱动，常在放牧场上从井中提水时使用。由泵缸、活塞、进出水管、进出水阀门、拉杆和传动装置等组成。活塞靠连接在它上面的拉杆带动，在泵缸内做上下往复运动。当活塞向上运动时，进水阀开启，进水管中的水进入泵缸，同时出水阀关闭，活塞上面的水被带动向上提升；当活塞向下运动时，进水阀关闭，出水阀开启，泵缸内的水由出水阀升到活塞上面，如此反复进水和提升，使水不断从排水管排出。

第六节　粉体自动化输送储存装置

一、概述

粉碎成品通过排料装置输出有三种方式：自重落料、负压吸送和机械输送。小型单机多采用自重下料方式以简化结构。中型粉碎机大多带有负压吸送装置，优点是可以吸走成品的水分，降低成品中的湿度有利于储存，提高粉碎效率 10%～15%，降低粉碎室的扬尘度。机械输送多为台式产量大于 2.5t 的粉碎机采用。

二、粉末微注射技术

1. 粉体微注射成形技术发展概况

随着技术进步和创新速度的加快，元器件的微型化和高性能已成为一种发展趋势，这极大地推动了微细加工技术的发展。同期，20 世纪 80 年代兴起的微机电系统（micro electron mechanical system，简称 MEMS）技术也取得了长足进展，并已成为当今应用前景广阔的重要新技术之一，正逐渐实现从实验室研究为主向工业应用开发的转移。

由于该技术具有体积小、重量轻、性能高、可批量生产、能耗低等特点，其在信息与通信、生物医疗、汽车工业、国防、航空航天、核工业领域显示出了广泛的应用前景。它必定会对社会生产方式和人类的进步产生重大影响，故微结构制造技术被认为是 21 世纪最有发展潜力的高科技产业。总的来看，随着微系统技术研究的逐渐深入，微结构制造技术得到了快速发展。相应地，微结构制造技术也进一步推动了微系统技术的发展与创新。

微机电系统首先是在快速发展的微电子制造工艺的基础上制作的，但微电子工艺还不能满足微电子机械系统对制造技术的要求。微机电系统不仅包含了各种半导体器件，还包括了各种微齿轮、微泵、金属滤网、微电机、微红外滤波器、微加速度传感器、微光谱仪等多种微结构件。相应地，与之相对应的制造技术包括微电子制造工艺、LIGA 和准 LIGA 技术、微细电火花加工、激光微细加工等。微细加工技术的发展推动着微机电系统在各个领域得到广泛的应用，并朝着批量化、市场化的方向发展。

值得一提的是，由于微系统及微制造技术是在微/纳米尺寸领域进行研究的，很多在大尺寸结构中可以忽略的问题在微系统中极有可能成为关键，加上尺寸效应的影响，也会出现一些新问题，如重力、惯性力、摩擦力、弹性力、黏性力、电磁力、表面张力、静电力等力的尺寸效应。

一般，根据加工材料的不同，MEMS 加工技术主要包括硅基和非硅基两种加工技术。硅基 MEMS 加工技术是在硅片上制作 MEMS 器件，此技术主要来源于传统的微电子加工技术，因此具有批量化、低成本、集成度高等优点。非硅基 MEMS 加工技术主要包括 LIGA（光刻、电镀和铸造工艺）、准 LIGA、精密机械加工等加工技术。非硅基 MEMS 加工技术可得到更大纵向尺寸的可动微结构，缺点是批量加工能力、重复性差，而且具有较高的加工成本。现将几种常见的微加工技术作了比较，见表 8-1。

表 8-1 常见的微加工技术比较

项目	LIGA 技术	微机械加工技术	蚀刻技术	薄膜技术
加工深度	$500\mu m$	1mm	$500\mu m$	$10\sim20\mu m$
材料	有限	范围广	固定	固定
成本	高	低	低	固定

项目	LIGA 技术	微机械加工技术	蚀刻技术	薄膜技术
IC 相容性	佳	极佳	尚可	佳
技术成熟度	初期	发展中	中等	中等
工件大小	$0.2\mu m$	$0.2\mu m$	$0.2\mu m$	$0.2\mu m$
少量生产	差	佳	尚可	差
大量生产	佳	可能	极佳	极佳
组装能力	低	佳	低	尚可

总之，现有的微加工技术，如微型切削、硅刻蚀技术、激光切削、LIGA 技术等往往受加工材料少的限制，无法同时满足技术可行性与高性价比的双重要求，且生产效率低，无法应用于批量化生产。随着 MEMS 技术的快速发展，以前在微细加工技术中常使用的材料，如单晶硅、金属和有机化合物等，目前无法满足一些特殊要求，如耐高温、耐氧化、耐酸碱腐蚀、耐磨损、高硬度、重量轻。而陶瓷材料很好地满足了这些特殊性能，故陶瓷微型元器件在高温、机械强度和重腐蚀环境等苛刻条件下有比金属、硅材料更为优越的性能。德国已经利用氧化铝陶瓷的耐高温和化学惰性的特点来制作陶瓷微反应器，用以研究高温气相微化学反应。

近年来，粉末微注射成形技术逐渐受到研究人员们愈来愈多的关注，主要是由于其可成形具有复杂形状的纯金属、合金及陶瓷零件。与其他微制造技术相比具有材料加工范围广、可实现批量生产和低成本的优势，因此它更适合于制造陶瓷或金属微型零件，是一种很有前途的微制造工艺。

粉末微注射成形技术始于 20 世纪 80 年代末，最早是德国的 IFAM 研究所在传统粉末注射成形的基础上针对尺寸小到 $1\mu m$ 的零件所开发的一种成形技术。它的出现极大地增强了用注射成形方法批量生产微型金属或陶瓷零件的能力。国外关于该技术的研究已有近 20 年的历史，其中以德国的 IFAM 和 Karlsruhe 研究中心以及新加坡和日本的研究工作较为突出。

2. 粉末微注射成形技术特点及研究现状

由于粉末微注射成形技术由传统粉末注射成形演变而来，所以该技术的工艺步骤与粉末注射成形技术基本相同，即喂料制备（制备原料粉末和黏结剂的均匀混合物）、注射成形（将熔融喂料填充到模具型腔中，得到预成形坯）、脱脂（完全去除生坯中的黏结剂组分，即得到脱脂坯）和烧结（将脱脂坯进行热处理，使其具有一定的致密度和力学性能）。另一方面，它也继承了传统粉末注射成形技术的三大优势，即低成本、复杂形状和高性能。然而，当所成形的微结构尺寸降至微米级范围时，对原料、成形设备、注射成形和热处理工艺均提出了更为苛刻的要求，这正是粉末微注射成形技术与传统粉末注射成形技术的重要区别之处，同时也是粉末微注射成形技术研究的意义所在。

三、自动化流水线链传动机构

链传动机构的组成、特点与结构如下。

① 链传动的组成、特点　链传动由两个链轮和连接两个链轮的链条所组成，是通过链与链轮啮合来传动的。

由于链传动是啮合传动，可保证一定的平均传动比，同时适用于两轴距离较远的传动，传动较平稳，传动功率较大，特别适合在温度变化大和灰尘较多的场合使用，故得到广泛应用。

② 传动链的结构　结构主要为套筒滚子链。销轴与外链板，套筒与内链板分别用过盈配合固定；而销轴与套筒、滚子与套筒之间则为间隙配合。这样，当链节屈伸时，套筒可绕轴自由转动。当链与链轮啮合时，两者之间主要是滚动摩擦，因此流水线磨损较小。

四、粉浆料混合均质泵

一种新型的在线粉浆料混合均质泵，见图 8-4。其采用液体循环而产生的真空将粉末吸入泵内迅速与液体进行高速混合均质输送。该设备完全解决了粉尘飞扬、污染环境、粉尘爆炸及工人尘肺等问题，这种固-液混合机目前已用于电池浆料、生物制药、农药、化工、轻工、医药、食品等方面。该设备占地面积少、噪声小、无振动、混合速度快、安装使用方便等深受用户青睐，并且解决了固-液混合工艺中因比重轻、易悬浮、均质难、混合时间长等工艺难题。

图 8-4　粉浆料混合均质泵

五、粉料配料输送称量系统

目前，国内涂料生产中要用到大量的粉料，约占其原料的30%～40%，且品种多样。这么多的粉料在生产过程中进行人工投料劳动强度大，会产生大量的粉尘，飞扬的粉尘对工人的身体健康危害极大，且污染其他正在生产和包装的产品，直接影响到产品质量，也造成环境污染。现在，一方面随着经济的发展，全民综合素质的提高，工人的健康意识逐步提升，工人在工作选择上更倾向于选择低劳动强度和健康环保类的工种，对于部分高劳动强度的生产制造型企业来说，逐渐面临着用工难问题；另一方面，随着国家对于涂料生产企业提出了更高的节能环保要求，同时，将全密闭式一体化涂料制造工艺作为环保规划目标。逐步使用自动化生产替代人工操作已成为涂料行业发展的一个新的趋势。

1. 称量配料输送系统的引进

为确保产品质量，降低劳动强度，改善现场工作环境，提升公司形象，各涂料生产企业都在尽力改善生产车间的条件，想尽办法从源头上解决生产环境粉尘污染严重、工人劳动强度大等问题。随着管道气力输送技术的发展，彻底解决了粉料贮存、投料粉尘飞扬及产品污染等问题，并且广泛应用于橡胶轮胎、油墨、化工、电力、食品、医药等方面，但是在涂料行业却鲜有应用。嘉宝莉化工集团股份有限公司在准备投资筹建上海新工厂时，综合考虑了产品质量、生产效率、人工成本及生产环境等多方面因素，决定采用新的密闭式一体化生产工艺，将上海新工厂的乳胶漆生产作为试点项目。结合目前国内外涂料生产情况，经过多次考察，决定采用气力输送系统结合称量工艺实现粉料的自动配料。

（1）系统原理简介　气力输送装置分为吸送式和压送式两种。吸送式是采用罗茨风机或真空泵作为气源设备，气源设备装在系统的末端，当风机运转后，整个系统形成负压，由于管道内外存在的压力差空气被吸入输送管，与此同时物料和一部分空气便同时被吸入，并被输送到分离器。在分离器中，物料与空气分离。压送式是采用罗茨风机或空气压缩机为气源设备，并将气源设备布置在系统的前端，更适合于从一处向数处的分散输送，以及长距离、大容量的输送。如图8-5所示。

（2）系统特点　从气力输送的输送原理和应用实践均表明它具有一系列的优点：

① 输送效率较高，输送管道能灵活地布置，从而使工厂设备工艺配置合理；

② 实现散料输送，效率高，降低包装和装卸运输费用；

③ 系统密闭，粉尘飞扬逸出少，环境卫生条件好；

第八章　涂料输送设备

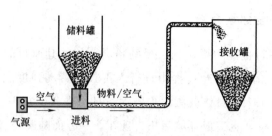

图 8-5 压送式气力输送装置示意图

④ 运动零部件少，维修保养方便，易于实现自动化；

⑤ 能够避免物料受潮、污损或混入其他杂物，可以保证输送物料的质量；

⑥ 可以进行由数点集中送往一处或由一处分散送往数点的远距离操作；

⑦ 对于化学性能不稳定的物料，可以采用惰性气力输送。

用于工厂车间内部输送时，可以将输送过程和生产工艺相结合，这样有助于简化工艺过程和设备。另外，自动配料系统能够降低工人劳动强度，减少工人误操作，配料精度高，产品均一性高，产品质量较容易控制。

(3) 系统配置　根据该上海工厂年产 8 万吨的生产能力以及 5 台 3~10m³ 不等的分散缸的设备配置条件，经过对生产能力和生产周期、多个分散缸供粉需求的时序排布以及整个系统运行能耗的计算，决定采用以空气压缩机为动力源的正压气力输送模式，实现一套称量装置供给 5 台分散缸的粉料称量、输送。设计系统的整体配置如图 8-6 所示。

① 工艺流程介绍　通过人工解包方式将小包装、吨袋包装的原料在解包站 1 进行解包，双压送罐 2 交替压送将原料送入到 100m³ 的大储仓 4 中贮存。也可以通过原料槽车 3 直接对接到输送管路 5 上，将原料压送到大储仓中。大储仓中的物料，按照系统中设定的工艺配方的要求自动进行称量，3 台大储仓对应 1 台压送秤 6，2 台压送秤交替称量和输送。称量好的物料输送到缓冲罐 7 中，并在缓冲罐中进行单批次物料总重量的校核。缓冲罐中的物料按照系统设定的速度匀速送入到分散缸 8 中。系统的二级输送管路上单独配置了 1 台解包站 9、压送罐 10，可实现大储仓内原料种类以外的其他原料的输送，有一定的灵活性。系统在解包投料位置和气力输送末端均设有高效除尘过滤装置 11，避免粉尘泄漏污染环境。

② 系统参数　5 台分散缸的生产周期均按照 2h/批次，用粉量按照 65% 计算，则系统设计能力：一级气力输送能力 20t/h；二级称量、输送能力 12t/h。按照该涂料的生产工艺需求，系统静态称量精度小于 0.5%，分散缸投料误差小于 1%。

③ 技术难点　通过对涂料行业目前生产状况进行调查及对生产原料的物性分

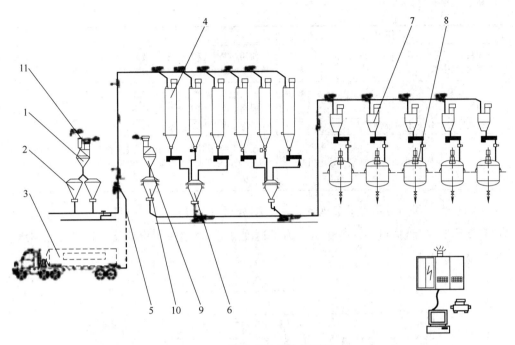

图 8-6　设计系统的整体配置

1—解包站；2—双压送罐；3—原料槽车；4—大储仓；5—输送管路；6—压送秤；

7—缓冲罐；8—分散缸；9—解包站；10—压送罐；11—高效除尘过滤装置

析，发现制约自动配料系统在涂料行业推广的瓶颈之一是黏性粉料的处理。因为钛白粉粒径小，黏附性强，在输送过程中极有可能造成管道的堵塞，钛白粉输送一直是国内外急需解决的一大难题。针对在涂料行业黏性粉料处理的难题，结合多年在粉料配料输送方面的经验和专利技术，对该套系统的关键设备进行特殊处理，气力输送管道分段安装压力传感器，通过实时监控管道输送压力开启辅管阀补气，既避免管路堵塞又能最大限度地降低能耗，并且可以做到系统随停随启，降低设备维护量。经过设备在生产中的实际使用，验证了这些技术的应用可以解决钛白粉等黏性物料在自动配料系统中对输送管道的黏附、堵管问题，以及对于容器的黏附和起拱问题。

2. 称量配料输送系统的使用效果

（1）系统使用前后现场管理及操作情况对比　其见表 8-2。

表 8-2　系统使用前后现场管理及操作情况对比

系统使用前	系统使用后
多台分散缸多点投料，开放式投料，粉尘不易控制，环境污染严重	解包站单点投料，半封闭式负压环境投料，粉尘无飞扬、泄漏，生产现场整洁

系统使用前	系统使用后
投料多使用小包装,包装袋不回收;工人劳动强度大、效率低	使用吨袋大包装物料,包装袋可回收;可使用槽车,40t物料50min内即完成自动输送,工人劳动强度大大降低
生产效率受工人解包速度、人员安排等各种因素制约	自动配料,生产效率大大提高,以7m³分散缸为例,生产周期较人工方式缩短1h左右
分散缸投料速度不易控制	可按工艺要求匀速投料,提高分散性能
生产数据不可追溯,配方数据安全性不可控	控制系统一对多的控制理念,具有密码保护、条码扫描、报表记录等功能,保证生产数据的安全性、完整性、可追溯性

(2) 生产能力分析 通过现场实测数据分析(见图8-7),一级气力输送能力可达到28t/h,二级称量、气力输送能力可达到14t/h,超过了设计能力,完全能够满足目前生产需要。

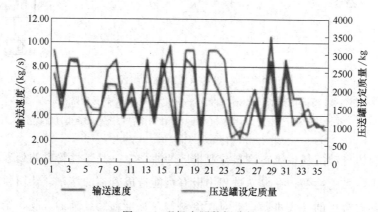

图 8-7 现场实测数据分析

(3) 部分投资效益分析

① 节能 按年产8万吨生产能力计算,系统使用后每台生产时间可节约30%～50%(含配料、投料时间),耗电量相对应节约20%～30%,提高了生产效率。

② 环保 系统使用前,粉料投料基本上都是开放式投料,粉料四处飞扬,对于车间环境、工人身体健康都有很大的影响;开放式投料每批原材料至少要浪费1～2kg。投料完成后工人需要清理现场,不管是人力成本还是生产效率都会受到影响。系统使用后,以年产8万吨生产能力计算,可节约原料浪费至少3t/a,整个生产过程从解包投料到原料进入分散缸都是密闭的环境,避免了粉尘飞扬,对于改善工人劳动环境、减少职业病的发生起到了重要作用。

③ 仓库利用率 年产3万吨左右的涂料生产企业,粉料原材料约占地

1095.5m²/月，使用大储仓贮存物料，可节约仓库占地面积，提高原材料总体周转率，提高仓库的使用率。

④ 人力成本　系统使用前，以年产 8 万吨涂料生产企业为例，一般需要 4 人以上来完成投粉工作，投料时间长，劳动强度大。系统使用后，只需安排 1 人专门负责原材料的解包及中控室的操作。部分粉料可利用槽车直接输送到大储仓内，节约了人工装卸、仓库到车间的运输和管理成本。相比系统使用前，至少可节约 2～3 人完成生产工作。

⑤ 其他方面　系统使用后，生产自动化程度明显提高，生产数据可追溯，配料更准确，产品质量及均一性明显提高，设备操作、维护方便，故障率低。

总之，涂料粉料配料输送称量系统已成功运行了 20 多年时间，经连续跟踪调研表明，该系统可降低工人劳动强度，改善工作环境，提高生产效率，提升产品品质，节能降耗环保，提高涂料生产自动化水平，有助于推动涂料生产的进步和自动化进程。

六、液料贮存设备

涂料的液体原料、半成品和成品的品种是很多的，其中绝大多数都是属于易燃物，所以对于它们的贮存和保管应该特别注意，就是必须有安全可靠的贮存设备。

液料贮罐按存放位置可分地上贮罐和地下贮罐，按受压情况可分压力贮罐和常压贮罐，按保温情况可分保温贮罐和常温贮罐。液料贮罐的材料一般用钢铁板材制成，也有少数根据要求用不锈钢或其他金属制成。

液料贮存设备的首要问题是必须确保安全，除了选择适当的安装地点之外，还应安装避雷、防静电、隔离火源、自动报警和消防灭火等整套设施。其次是考虑贮存设备输送液料应尽量方便，少消耗动力。

第九章 纳米技术/材料/粉体及其粉末涂料生产设备

第一节 纳米技术/材料设备制造

目前，纳米技术及纳米材料被视为人类 21 世纪最重要的科技之一。超声波雾化，尤其是超声喷头技术在纳米粉料（见图 9-1）、碳纳米管、高分子纤维、纳米薄膜（见图 9-2）等纳米材料生产制备中起着越来越重要的作用。

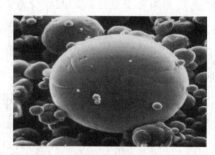

图 9-1　纳米喷涂颗粒达 10μm

图 9-2　纳米薄膜材料 10～20nm

纳米技术在涂料行业已得到较广泛的应用，其产品主要应用于汽车业、航空业及其他工业领域。研究指出，加强技术研发是推动全球纳米涂料市场发展的关键因素。例如国内有企业研发的超薄型纳米保护涂料，既环保又无毒，且具有优异的抗紫外线、耐久性等性能。

纳米技术还可广泛应用于汽车挡风玻璃、玻璃墙面、淋浴间等需要达到优异疏水效果的基材表面，以此抑制水渍污染。此外，也可应用于施药器材、移植手术系统、内窥镜诊断仪等医疗领域。在消费电子产品领域，其应用需求也与日俱增，并为全球纳米涂料市场带来了新的发展空间。

研究指出，纳米涂料及其纳米粉体粉末涂料生产设备在亚太地区预计未来几年发展最快。其中，中国、日本、印度在纳米技术及涂料生产设备研发方面表现更为活跃，是推动市场发展的主要因素。

一、纳米喷雾干燥及热解设备

超声喷头技术正在被视为用于纳米喷雾干燥、喷雾冻干和高温热裂解（见图9-3）等纳米材料制备工艺的最佳解决办法。高温超声波喷雾技术可用于各种微细喷雾干燥、高温热解设备制造等领域。

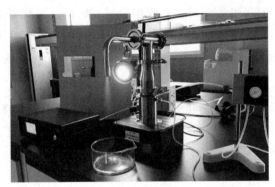

图 9-3 纳米喷雾干燥及热解设备和超声喷头

二、纳米薄膜设备

超声波喷涂技术可在常温常压下制成均匀、致密的纳米级和亚微米级薄膜，且原料利用率高达85％以上，使纳米薄膜大规模产业化成为可能。如国内的超声波喷涂喷头及其系统广泛应用于纳米薄膜的制备中。

如纳米薄膜镀膜设备（见图9-4）是采用双离子束共轰击以动能转换搬迁靶材原子新技术，将靶材原子逸出来并以纳米级（1～100nm）晶粒尺寸的粒子有序淀积形成厚度为几纳米至几微米的薄膜，获得大面积（Φ250mm）内非均匀性为±2％～±5％的致密、平整光洁、无污染、内应力小、几乎无缺陷的优质薄膜的设备。其广泛用于薄膜材料科学研究、微电子机械二维、三维加工技术研究和各种微电子器件的开发、生产应用。

（1）产品的主要功能特点

图 9-4 纳米薄膜镀膜设备与薄膜压力传感器

① 原位反应连续淀积金属、半导体、电介质、可控多组元合金成分和化合物等的单层、多层薄膜。

② 具有多种不同组元成分材料的原位动态混合淀积模型。

③ 在薄膜淀积之前，利用低能离子束对衬底或靶材轰击获得原子级清洁表面，从而提高薄膜的纯度，增加薄膜的附着力，减少薄膜的内应力。

④ 在薄膜淀积过程中，利用低能离子束轰击正在淀积的薄膜，实现对薄膜的机械、电性能的改进，如改善光学薄膜的光学特性，改进薄膜的硬度，改善晶体的择优取向和磁性薄膜的各向异性，改善薄膜间的阶梯覆盖性能。

⑤ 多束多靶同时轰击生成的合金膜组分平衡时间比采用复合单靶形成的合金膜时间短，提高生产效率。

⑥ 与一般的等离子溅射相比，该机工作时，机器的工作参数与成膜的工艺参数可以分别独立调整，互不影响，可以多种选择工艺参数淀积薄膜，扩大应用范围。

⑦ 与一般的等离子溅射相比，该机工作时，衬底处在高真空的低温环境中，而不处于高温等离子体的恶劣环境中，这样淀积的薄膜污染少，质量高。

⑧ 被轰击的靶材不需作特殊处理，片料、粉料均可，随意方便。

（2）产品的主要用途

① 用于制备温敏、气温、力敏、磁敏、湿敏等薄膜传感器用的纳米和微米薄膜。

② 用于制备集成电路中的高温合金导体薄膜，贵重金属薄膜等。

③ 用于制备光电子器件和金属结构器件、太阳能电池、声表面波器件、高温超导器件等所使用的薄膜。

④ 用于制备磁性器件、磁光波导、磁存储器等磁性薄膜。

⑤ 用于制备高质量的光学薄膜，特别是激光高损伤阈值窗口薄膜、各种高反射率、高透射率薄膜等。

⑥ 用于制备薄膜集成电路和 MEMS 系统中的各种薄膜以及材料改性中的各种薄膜。

目前该类设备在国家 863 等重大科研课题和国家许多高科技产品产业化生产中发挥着重大作用，为我国薄膜技术的发展作出了积极的贡献。

三、纳米超声分散设备

随着我国建筑涂料的迅猛发展，涂料生产设备也在不断被革新，有了较大程度的进步。例如一体化涂料成套设备，其囊括了研磨（见图 9-5）、分散、真空吸料、真空消泡、半自动灌装等整套工艺流程，从投料到成品一道工序完成，不仅有效改革了生产工艺，更是大大提高了生产效率。

另外，可在注射器中加入超声波（见图9-6），使得注射器中的纳米或微米级悬浮颗粒均匀分散，从而可实现在液体输送过程中对悬浮液的实时分散。特别适用于微细悬浮液的喷涂及输送领域。

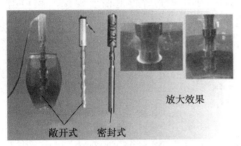

放大效果

敞开式　密封式

图9-5　NT-V6～300L 高效棒式纳米砂磨机

图9-6　注射器中加入超声波

四、手机触摸屏镀膜设备

其是应用于导电层、触摸屏玻璃、高精度半导体清洗，AFAGAR 纳米薄膜、石墨烯、碳管、纳米银等纳米薄膜制备、超细粉体制备等领域的最新技术及产品。

纳米喷镀技术研发体系包括纳米自动喷镀技术、纳米喷镀机、纳米喷镀设备、纳米双头喷枪、纳米三头喷枪、质量管理体系。

我国在纳米喷镀双头、三头喷枪方面取得了突破性进展。此技术的诞生避免了传统电镀工艺引起的一系列环境污染问题，是继电镀、水电镀、真空镀之后的又一项技术创新。超声波喷涂技术可在常温常压下制成均匀、致密的纳米级和亚微米级薄膜，且原料利用率高达85％以上，使纳米薄膜大规模产业化成为可能。

国内某公司超声波喷涂喷头及系统（即手机触摸屏镀膜设备见图9-7）可高效地应用于触摸屏玻璃的自清洁薄膜（见图9-8）、阻光膜等的制备，其制造出的薄膜寿命和均匀度均远高于传统二流体喷涂、真空蒸镀等工艺。

图9-7　手机触摸屏镀膜设备

图9-8　自清洁薄膜

五、支架、导管、导丝、球囊等表面涂覆

超声喷涂技术已大量用于心血管支架、导管导丝、球囊等介入式医疗器械的表面涂覆工艺。相对于传统的二流体（气体喷枪）喷涂，超声喷涂可以精确地控制喷涂流量，且雾化颗粒更加微细和均匀，使涂层均匀，不易产生粘连现象。超声喷涂的涂覆效率也远远高于点滴式喷涂，涂层厚度可到亚微米级。2008 年超声波精密喷涂技术试验成功，喷涂颗粒达 $10\mu m$，均匀度超 85%。

如国内东方金荣公司设备（即超声波精密喷涂技术设备见图 9-9）常用于纳米材料薄膜、超细粉料及碳纤维制备等。

图 9-9 超声波精密喷涂技术设备

第二节 超微细粉体涂料生产设备

一、超微细粉体材料与设备开发

随着科技的发展，我们经常需要既能适应高温、高压、高硬度条件又具有能发光、导电、电磁、吸附等特殊性能的材料。因此，需要人们不断地开发超细粉体这一新兴材料体系。

目前研究开发超微细粉体材料受到各国重视。日本超微细粉体材料的开发涉及70 个公司，50 多个研究机构；韩国科学技术研究院提出的科技发展战略及五年发展计划中提到对下一代技术革新起开创作用的项目，也列出了包括精细陶瓷在内的超微细粉体材料；英国成立了新型先进材料制造技术中心，研究包括陶瓷在内的超微细粉体材料；美国国家关键技术小组预测了多项对全国未来发展至关重要的关键技术，包括材料的合成与加工、电子、光学材料、陶瓷材料及复合材料，并把纳米

技术列入"政府关键技术"及 21 世纪的重要研究方向。

由于各国开发力度的加大，新品种也层出不穷。近几年德国德固萨公司不断推出了不同用途的 SiO_2 系列品种，如 A200、A300 用在聚酯凝胶涂料中，R972 作为特种树脂流变剂和橡胶改性专用 SiO_2；美国 PPG 公司推出消光剂等系列超细 SiO_2 新品种。据近几年统计，SiO_2 新品种的开发涉及十余家公司、几十个品种。另外，美国的矿物工业公司在北美范围内建立了 30 余家超微细碳酸钙生产厂，生产不同牌号的碳酸钙；日本开发了 PTC 热敏电阻用钛酸钡，还有多家公司联合开发了氮化硅新材料，并为适应电子零部件、合成树脂和绝缘体应用投资 5 亿日元建立了世界第一个合成云母厂；美国的金刚石公司开发了钛酸铝钴耐热冲击陶瓷；挪威开发了多种用途的 ZrO_2，涉及十几家公司。

超微细粉体材料具有超常效果。如果把超微细无机粉体材料或颜料添加到油墨或油漆中，它会使色彩艳丽而发光。加到涂料中可使黏合度大大加强。纳米级白炭黑能赋予橡胶极高的抗张强度、抗撕裂性和耐磨性。超微细 $r-Fe_2O_3$ 磁粉用在录音带或录像带中，信息储存量比普通磁粉高 10 倍。在海湾战争中，美国的隐身战斗攻击机 F-117A "夜鹰"号由于在其表面涂敷了钨钴-铁氧体超微细粉体材料制成的吸附层，使其在执行 1200 多次空袭中无一损伤。另外，超微细粉体材料随着粒径的减小，比表面积增大，这种表面效应导致材料机械性能、热传导性能均比一般材料优异。超微细粉体材料可使光学性质和电学性质改变，如 TiO_2、ZnO、PbO 等金属氧化物纳米微粒加入到化妆品或某些材料中，具有防止紫外线的效果。铜是良导体，但纳米级铜不导电，而绝缘的二氧化硅在 20nm 时则开始具有导电性。

无机超微细粉体材料有着广泛的用途。它可在造纸、涂料、塑料、轻工、冶金等方面中作填料和功能材料；在涂料、颜料中作阻燃剂；在电子、航空工业尖端领域中还可作电容器材料、敏感元件材料、超硬材料、超导材料及光、电、磁、波的吸收材料（防红外、防雷达隐蔽材料）等。由于无机超微细粉体材料用途广泛及其特殊的性能，其价值会大幅度提升。一般而言，超微细粉体材料的价格比普通粉体材料高 3~5 倍，有的甚至达到几十倍。因此，有针对性的开发超微细粉体材料已是大势所趋。总体上看，无机超微细粉体材料今后的发展具有以下四大趋势。

（1）微细化 在十多年前超微细粉体材料的研究对象是 $1\mu m$ 以上的粉体，而近年来超微细粉体材料的研究已进展到纳米级。随着颗粒度的变小，使其本身的性能增强，并可使光、电、磁特性兼于一身。比如，日本电子公司开发的纳米级压电陶瓷材料的强度是传统压电陶瓷材料的 3 倍。

（2）高纯化　高纯化是为了实现物质本身的特性，防止外来杂质的干扰。如精细陶瓷的光、电、磁材料及超导材料等均需高纯度。

高纯度产品可产生巨大增值，99.998％的 ZrO_2 价格为普通耐火材料用 ZrO_2 的 300 多倍，是电子材料用 ZrO_2 的 50 多倍。

（3）功能化和复合化　功能化和复合化是人们对材料性能追求的结果，也是高新技术发展的需求。如新型毛细管状苯乙烯-二乙烯基本离子交换树脂中 $r\text{-}Fe_2O_3$ 构成的磁性材料，不仅是一种超顺磁材料，在室温下具有极强的磁性，而且有良好的光透明性。

由于具有这种特种功能，使其在彩色成像和印刷中显示出非常好的效果。功能是材料的核心，科技的发展需要各种功能的材料；而复合的目的是人为地赋予材料新功能改进老功能。比如在氧化锆中添加少量的稳定剂，强度和韧性会大大提高，可使过去只能做耐火材料的 ZrO_2 陶瓷，一跃成为结构陶瓷中的佼佼者，抗断裂强度大大提高。再如，含有氧化锑的亚微米级氧化锡，不但导电而且透明。

（4）精细化　材料的精细化是指粉体性能的精细化，如对其颗粒度、粒度分布、颗粒形状、比表面、孔容、孔径、晶相、导电、磁性、光吸收、光导等一系列性能，不同粉体有不同的要求。如对不同类型的纸张要求不同晶相的碳酸钙；封装 SiO_2 不同的形状，会产生不同的效果。

目前，我国无机超微细粉体材料的研究开发刚刚起步，无论天然非金属矿物加工，还是人工合成超微细粉体的研究开发都起步较晚。近年来在磁性记录介质、电子陶瓷、高档涂料、油墨等方面，引进了十多套以超微细粉末为原料的涂装成型加工生产线，其中许多具有国际先进水平。建立起与之配套的粉末产业及超微细粉体材料的产业链。

另外，我国目前从事超微细粉体材料的研究开发单位很多，研究开发的品种也不少，但由于技术难度大，应用领域和产品市场的开发遇阻等多种原因，只有少部分产品已经工业化，大部分产品处于研究开发阶段。因此必须加快发展超微细粉体材料。

二、超微细粉体研磨分散设备开发

1. 胶体磨

胶体磨是超细微粉碎设备，可以代替石磨、砂磨机、球磨机、组织捣碎机等设备，并且效率比这些设备要高出许多。胶体磨设备有它独特的特点，在各类工业领域上都有所运用。一般胶体磨设备有多种型号和形式。如图 9-10 所示为胶体磨设备展示。

图 9-10　胶体磨设备

胶体磨的工作是靠一对锥形的转齿与定齿作相对运动，物料通过定转齿之间的间隙受到剪切力、摩擦力、离心力和高频振动而达到粉碎、乳化、均质、分散的目的。

胶体磨接触物料部分均采用不锈钢材料制成，耐腐蚀性好、对超细微粉体及化工原料无污染。磨齿采用高硬度耐腐蚀合金制成，硬度可达 HRC55 左右，可粉碎较硬物料。

（1）分体式胶体磨　分体式胶体磨的电机与磨座分立，具有稳定性好、操作方便、电机使用寿命长等特点，不会产生物料泄漏烧坏电机的现象。采用迷宫式密封，无磨损、耐腐蚀、故障少。通过皮带轮传动，改变传动比、提高转速，可使物料粉碎得更细。

（2）立式胶体磨　立式胶体磨由特制加长轴电机直接带动转齿，结构紧凑、重量轻、占地小，各类型胶体磨工作平稳，振动小，可不打地基。

小型立式胶体磨解决了国内胶体磨因功率不足、密封性能差而不能长时间连续工作的问题，胶体磨设备整体结构精巧、尺寸小、重量轻、密封结构可靠，可长时间连续工作。电机电压有 220V 或 380V，特别适用于小型企业及实验室工作。

2. 色漆研磨分散设备

研磨分散设备是色漆生产的主要设备，其基本型式可分为两类，一类带自由运动的研磨介质（或称分散介质），另一类不带研磨介质，依靠磨研力进行研磨分散。

常用色漆研磨分散设备（见图 9-11）有砂磨机、辊磨、高速分散机等，砂磨

图 9-11　色漆研磨分散设备

机分散效率高，使用于中、低黏度漆浆，辊磨可用于黏度很高的甚至成膏状物料的生产。

图 9-12、图 9-13、图 9-14 为各类砂磨机设备。各类砂磨机、球磨机依靠研磨介质在冲击和相互滚动时产生的冲击力和剪切力进行研磨分散，由于效率高、操作简便，成为当前最主要的研磨分散设备。

图 9-12 为双锥卧式砂磨机。其为空心轴结构，离心分离器，有效地保护了筛网的使用寿命。高效离心式分离系可很好地分离产品和研磨介质。双锥卧式砂磨机确保了机器对于高黏性产品的良好运作。根据产品的具体要求，该机器可按照不同的材料进行设计（如聚氨酯、陶瓷、耐磨钢、碳化钨）。

图 9-13 为 LDM5L～60L 炭黑棒式砂磨机。其具有生产效率高、分散细度好、操作简便、结构简单，便于维护等特点，因此成为了研磨分散的主要设备，但是进入砂磨机必须要有高速分散机配合使用，而且深色和浅色漆浆互相换色生产时，较难清洗干净，目前主要用于低黏度的漆浆。

图 9-12　双锥卧式砂磨机

图 9-13　LDM5L～60L 炭黑棒式砂磨机

图 9-14 为盘式砂磨机。其输送泵将经过预稀释搅拌后的液固混合原料泵入筒体内，主轴带动分散涡轮作高速旋转，并搅动筒体内的研磨介质（玻璃球、瓷球、氧化锆珠、氧化铝珠等），使之产生旋流和径轴向运动。

上述三款砂磨机、球磨机机体内装有钢球、鹅卵石或瓷球等研磨介质，运转时，圆筒中的球被向上提起，然后落下，

图 9-14　盘式砂磨机

球体间相互撞击或摩擦使颜料团粒受到冲击和强剪切作用,分散到漆料中。球磨机无需预混作业,完全密闭操作,适用于高挥发分漆及毒性大的漆浆的分散,而且操作简单、运行安全,但其效率低,变换颜色困难,漆浆不易放净;不适宜加工过于黏稠的漆浆。辊磨利用转速不同的辊筒间生产的剪切作用进行研磨分散,能加工黏度很高的漆浆,适宜于难分散漆浆,换色时清洗容易,以三辊磨使用最普遍。

3. 超微细粉体实验室用砂磨机

图 9-15 为 LDM 炭黑棒式砂磨机。其与琅菱 LBM 砂磨机是中国湿法研磨设备民族品牌,是全球湿法研磨技术的领先者之一,广泛应用于工厂、科研机构、高等院校等湿法研磨实验和颜料、染料、油墨、墨水、涂料、医药、化妆品、色浆等对细度要求较高的领域小批量生产。

图 9-16 为实验砂磨机。图 9-17 为 LBM-T2 实验室砂磨机。其又名实验室用砂磨机,是相对于工业生产用砂磨机型的一种研磨设备,工作原理与工业生产用的砂磨机相同,均是将物料通过一个具有转子的研磨腔体,研磨腔体内填充有一定量的研磨介质(研磨珠子),物料通过旋转的转子与内部的研磨介质相互碰撞、挤压、搅拌、混合从而达到料浆粉碎、细化效果的一种研磨设备。

图 9-15　LDM 炭黑棒式砂磨机　　图 9-16　实验砂磨机　　图 9-17　LBM-T2 实验室砂磨机

与工业生产用砂磨机相比,其具有体积小、结构紧凑、功率小、移动轻便、拆装方便、产量相对较小、噪声小、价格低等特点。与工业生产用砂磨机区别最大的是研磨腔体积,实验室砂磨机研磨腔体积,小至 0.1L,大至 10L、15L 不等。

实验室砂磨机主要类型与传统工业生产用砂磨机类似,按照安装结构区分有立式、卧式等;

按照研磨腔内部转子结构区分有叶片式、棒销式、涡轮式、涡轮棒销式等;

按照研磨腔体内部材质区分有合金钢式、钨钢式、陶瓷式、硬塑料式等;

按照研磨最小细度来区分有纳米式(研磨颗粒细度达到 100nm 以下)、非纳米式等。

实验室砂磨机主要应用领域如下。

由于实验室用砂磨机产量比工业用砂磨机的小，故该设备一般用于有少量研磨场合的机构，例如高等院校、化工、电子、医药、涂料、油漆、油墨等相关领域的实验室、研究所等。

图 9-18 为 LBM-T2 实验室篮式研磨机。其特点如下。

其一般手动升降/气动升降，适用于中低黏度流体的湿法研磨，属于间歇式生产的实验室生产设备。物料通过研磨介质之间不规则的碰撞所产生的各个方向的强大动能，使物料中的颗粒粒径变小。分散研磨一体，减少了工艺过程，一台设备加一个容器即能完成分散研磨，提高生产效率，减少了物料浪费。该设备研磨效果好，性能稳定，清洗方便，便于更换物料。其生产设备车间见图 9-19。

图 9-18　LBM-T2 实验室篮式研磨机　　　　图 9-19　研磨机生产设备车间

4. 颜料超细研磨机

颜料的超细机械粉碎法：颜料超细化一般使用的是超细粉碎法（也叫超细研磨法）。使用的超细砂磨机见图 9-20。这种方法主要是通过对有机颜料的粒子进行超精细的研磨、剪切，使颜料的粒子均质化的分布，要想有机颜料在水中有良好的稳定性，必须要具备三个条件就是润湿、稳定以及固液分离。

（1）润湿　顾名思义就是将颜料完全浸润，去除粒子聚集体中的空气和杂质。

（2）分离　是指将抱团的物料解聚成均匀较小的粒子后的一个重要步骤，而非将颜料晶体研磨成更小粒度的粒子。要想分离的效果好，就要提高超细砂磨机（如 SF 系列超细砂磨机，见图 9-21）的剪切力。一般说来，剪切力越高，颜料分离的速度越快，分离效果越好。常用的颜料分离机械有砂磨机（颜料砂磨机）、球磨机和高速分散机等。超细颜料的稳定化是影响整个粉碎

图 9-20　超细砂磨机

分散过程的关键。

颜料的超精细研磨必须选择适当的分散介质和分离设备，超细机械粉碎法简单可行，只要具备常规的研磨分散设备，如超细砂磨机（如颜料砂磨机见图9-22）、球磨机、超微粉碎机和适当的分散剂，即可制得在水介质中均匀分散的有机颜料粒子。国内某公司生产的纳米砂磨机（颜料砂磨机）能将颜料超精细研磨细度达到数十纳米。

图9-21　SF系列超细砂磨机

图9-22　颜料砂磨机

5. 奎特（上海）砂磨机设备示例

（1）奎特砂磨机产品品种　其产品见图9-23～图9-28。

（2）产品介绍　产品密闭式结构，用于湿法超细研磨分散在液体中的固体颗粒物料，适合多次研磨或循环研磨与分散操作。物料用泵送入砂磨机，在很短时间内就能够达到超细研磨和分散的效果，产品细度均匀，能耗低。

此产品广泛应用于涂料、油墨、化妆品、农药等方面，因性价比较高，受到广大高校、科研单位热烈欢迎。

图9-23　棒销卧式砂磨机

图9-24　盘式卧式砂磨机

图 9-25　卧式砂磨机

图 9-26　大流量卧式砂磨机

图 9-27　高黏度卧式砂磨机

图 9-28　工业级篮式研磨机

（3）产品特性

① 设备占地面积小；设备轻盈，移动方便。

② 适用范围较广，相比普通研磨机效率提升 20%。

③ 适用于 8000mPa·s 以下的流体研磨。

④ 研磨细度可达到亚微米。

⑤ 使用简单、操作方便，自带变频调速功能。

⑥ 设备搅拌部件及内筒均为陶瓷材质，不污染物料。

（4）技术参数

其见表 9-1。

表 9-1　奎特砂磨机型号及技术参数

型号	型号	筒体容积/L	加工批量/L	外形尺寸/mm	研磨介质/mm
TPD-0.5	TL-0.75	0.5	0.3～10	580×240×600	1.0～3.0
TPD-2	TL-5.5	21	0～50	800×500×100	0.5～3.0

三、超细气流粉碎机设备

超细粉碎机广泛用于重晶石、方解石、钾长石、滑石、大理石、石灰石、白云石、萤石、石灰、活性白土、活性炭、膨润土、高岭土、水泥、磷矿石、石膏、玻璃、保温材料等，易燃易爆矿产、化工、建筑等行业各种材料，高精细加工过程，成品在 400～3000 目任意调节尺寸范围。

1. 超细粉碎机结构

粉碎机是利用粉碎刀片高速旋转撞击并由空气气流旋风分离的形式来实现干性物料超细粉碎的设备。它由投料口、集料罐、粉碎室、高速电机等组成。超细粉碎机由粗碎、细碎、风力输送等装置组成，以高速撞击的形式达到粉碎的目的。粉碎机利用风能一次成粉，取消了传统的筛选程序。

超细粉碎机中，物料由投料口进入粉碎室，被高速旋转的刀片撞击粉碎，粉碎机刀片的高速旋转也引起了空气气流的流动，从而把粉碎后的物料带到粉碎罐中，气流经粉碎机滤袋排出，完成粉碎。

2. 超细气流粉碎机的工作原理

气流粉碎机与旋风分离机、除尘器、引风机组成一整套粉碎系统。压缩空气经过滤干燥后，通过拉瓦尔喷嘴高速喷射入粉碎腔，在多股高压气流的交汇点处物料被反复碰撞、摩擦、剪切而粉碎，粉碎后的物料在风机抽力作用下随上升气流运动至分级区，在高速旋转的分级涡轮产生的强大离心力作用下，使粗细物料分离，符合粒度要求的细颗粒通过分级轮进入旋风分离器和除尘器被收集，粗颗粒下降至粉碎区继续粉碎。

物料通过螺旋进料器进入粉碎腔后，由数个相对设置的喷嘴喷汇出高速气流冲击能，及气流急速膨胀呈流化床悬浮沸腾而产生的碰撞、摩擦力对物料进行粉碎。粗细混合粉在负压气流带动下通过顶部设置的涡轮分级装置，细粉强制通过分级装置，并由旋风收集器及布袋除尘器捕集，粗粉受重力以及高速旋转的分级装置产生的离心力甩向四壁并沉降返回粉碎腔继续粉碎。

作为粉碎动能的高压气流进入粉碎腔外围的稳压储气包作为气流分配站，该气流经过拉瓦尔喷嘴加速成超音速气流后进入粉碎磨腔，同时物料经文丘里喷嘴加速导入粉碎磨腔内进行同步粉碎。

由于拉瓦尔喷嘴与粉碎腔安装成一锐角，因此该高速喷射流在粉碎腔内带动物料做循环运动，颗粒之间以及颗粒与固定靶板壁面产生相互冲击、碰撞、摩擦而粉碎。微细颗粒在向心气流带动下被导入粉碎机中心出口管道进入旋风分离机进行收集，粗粉在离心力的作用下被甩向粉碎腔周壁做循环运动并继续粉碎。

3. 超细气流粉碎机的优点

（1）分散性好　混合机内部采用独特的结构设计，能有效地分散聚丙烯纤维和木纤维，完全解决了由于物料的比重不同引起的离析和纤维二次团聚等问题。

（2）使用范围广　该气流粉碎设备能够满足不同性能要求的干粉砂浆的生产需要。如砌筑砂浆、抹灰砂浆、保温系统所需砂浆、装饰砂浆等各种干粉砂浆。

（3）性价比高　该气流粉碎设备具有明显的价格优势，特别是针对外墙保温和装饰砂浆的生产项目，不但投资少，效益高，而且避免了投资过大造成的设备闲置和资源浪费。

（4）使用简单方便　该气流粉碎设备具有占地面积小，能耗低，易操作，不用基础就可直接安装使用的优点。每小时产 3~5t，操作工人 2~6 人即可。

第三节　纳米粉体涂料生产设备

纳米科技是 21 世纪科技发展的重要技术领域，纳米科技将创造另一波技术创新及产业革命。其应用领域非常广，遍及涂料油漆、电子、光电、医药生化、化纤、建材、金属及各基础产业。

纳米粉体材料其应用领域所需要用的材料均为次微米或纳米级尺度材料。机械的湿法研磨是得到纳米级粉体最有效且最合乎经济效益方法之一。

一、纳米及微米级粉体设备

1. 热解

喷雾热分解——简称热解。热解过程可以简单描述为将各金属盐按制备复合型粉末所需的化学计量比配成前驱体溶液，经雾化器雾化后，由载气带入高温反应炉中，在反应炉中瞬间完成溶剂蒸发、溶质沉淀形成固体颗粒、颗粒干燥、颗粒热分解、烧结成型等一系列的物理化学过程，最后形成超细粉末。

利用超声波雾化技术，可以将溶液均匀雾化成微米甚至是纳米级液态颗粒，通过载气将雾化液滴送入高温反应炉中进行热裂解反应。超声喷雾热解法可以制备出比常规热解法更均匀和微细的粉体颗粒。

一般国内各种喷雾热解及喷雾干燥的技术设备都有整体系统解决方案。其见图 9-29。

超声波雾化的特点

■ 微细雾化颗粒，最小液态颗粒可达500nm

■ 雾化颗粒均匀

■ 可用于1000℃以上高温热解

■ 可与各种管式炉对接

■ 喷雾流量可控，最高精确度0.001mL/min

■ 高防腐蚀，可适应酸碱以及强有机溶剂

图 9-29　超声波雾化仪解决方案

2. 纳米微雾发生仪

纳米微雾发生仪（见图 9-30）可产生最小 500nm 的液体颗粒，是目前雾化颗粒最细的喷雾系统，适用于纳米和亚微米级喷雾干燥、喷雾热解、化学反应物注入以及薄膜喷涂等。

图 9-30　纳米微雾发生仪

其特点如下。

① 用于纳米和亚微米级超声波喷雾干燥、喷雾热解、化学反应物注入以及薄膜喷涂等。

② 超细雾化颗粒，最小雾化液体颗粒直径可达 500nm。

③ 多种喷头可选，可调节雾化颗粒大小。高温喷雾热解喷头见图 9-31。

④ 适合于盐溶液及有机溶液，液体黏稠度<1.2mPa·s。

⑤ 标准接口输出喷雾，可与各种管式炉及干燥塔进行对接。

图 9-31 高温喷雾热解喷头

二、典型纳米和微米级粉体及处理设备

1. 实验室专用纳米湿法搅拌磨

其如图 9-32 所示。主要应用于电子陶瓷、结构陶瓷、磁性材料、钴酸锂、锰酸锂、催化剂、荧光粉、长余辉发光粉、稀土抛光粉、电子玻璃粉、燃料电池、陶瓷电容器、氧化锌压敏电阻、压电陶瓷、纳米材料、圆片陶瓷电容、MLCC、热敏电阻（PTC、NTC）、ZnO 压敏电阻、避雷器阀片、钛酸锶环形压敏电阻、陶瓷滤波器、介质陶瓷、压电换能器、压电变压器、片式电阻、厚膜电路、聚焦电位器、氧化铝陶瓷、氧化锆陶瓷、荧光粉、氧化锌粉料、氧化钴粉料、Ni-Zn 铁氧体、Mn-Zn 铁氧体等产品的生产领域。

2. 空气分级磨 ACM

其如图 9-33 所示。其应用范围如下。

① 各种塑料 酚醛树脂、纤维素、三聚氰胺树脂、PVC、PE、尿素树脂。

② 调色剂 油漆。

③ 工业原料 水泥、陶瓷、催化剂。

④ 化学品 苏打、橡胶、发泡剂、颜料、染料、杀虫剂、表面活性剂、农产品、制药中间体、清洁剂。

图 9-32 实验室专用
纳米湿法搅拌磨

⑤ 矿物 无机物、金属氧化物、碳酸钙、氧化铝、石墨、碳、氧化镁、钛化物、碳酸镍。

⑥ 食品 小麦粉、大米、大豆、玉米粉、淀粉、藻酸盐、凝胶、茶、糖（砂糖）、盐、琼脂、海藻、角叉菜胶、香料（辣椒粉、咖喱粉）。

⑦ 饲料 鱼粉、豆粉、骨粉、糠麸。

3. 微米分级机 TTC

其如图 9-34 所示。TURBO TWIN 分级轮专有的几何外形可以达到高产量和高的切割点，成为阿尔派多轮分级机重要组成部分。低压降可以比 ATP 更节能。

图 9-33　空气分级磨 ACM

图 9-34　微米分级机 TTC

分级轮两端都有支撑，允许高速运转，如边缘速率可以达到 120m/s。进料靠重力或者气动驱动。

分级机底部区域和 ATP 的是一样的。因此现存的 ATP 设备都可以通过加装 TURBO TWIN 分级轮而得到改进。分级轮通过带有变频器和皮带驱动的三相鼠笼发电机驱动。目前，有 5 种型号，设备输出功率在 18.5kW 和 132kW 之间。

应用领域超细产品中的中硬度材料有以下无机材料。如石灰石、滑石、硅微粉、石墨、重晶石、云母和高岭土等。

4. 纳米粉体高效洗涤机处理设备

一般情况下，湿化学法生产纳米级超细粉体工艺，需反复洗涤浆液以除去杂质离子。常规的离心或板框处理等方法生产效率低，产品回收率低（约 70%～90%），且劳动强度大，并产生大量的废水（约 100～200 倍）。陶瓷超滤膜用于粉体材料的洗涤工艺，粉体浆料在不断通过膜面的循环过程中脱除溶液中的杂质离子，劳动强度低，生产效率高。与传统工艺比较，膜技术洗涤过程连续进行，操作时间减少，在减少产品损失率的同时，洗涤废水量大大减少（约 20 倍）。选用不同分离精度的陶瓷超滤膜，可实现粉体材料不同粒径范围（1～30nm、30～60nm，60～100nm）的分级、纯化和浓缩。

5～20nm 级纳米粉体溶液快速脱盐陶瓷膜高效洗涤机，如图 9-35 所示。

主要应用范围：纳米氧化锆、氧化钛、氧化锌、

图 9-35　纳米粉体溶液快速
脱盐高效洗涤机

氧化铝的洗涤；纳米钛酸钡、碳酸钡等无机盐的洗涤；纳米钛硅分子筛的洗涤；还有很多其他种类。

三、纳米砂磨机设备基本条件、性能及相关产品

1. 纳米级砂磨机设备必须具备的条件

（1）零污染条件　基于砂磨机的分散机理，当微珠在撞击和摩擦固体颗粒的同时对粉碎腔体及腔体内的搅拌装置的磨损破坏强度也是很大的，所以要保证腔体及搅拌组件的材料必须有超高的耐磨耗性能；否则因其磨损而污染了原料，不仅造成设备使用寿命很短，更重要的是该污染源造成所分散的原料再次团聚从而无法达到纳米级细度及正态分布要求。

（2）低温工作状态要求　基于砂磨机的分散机理，当粉碎腔体内的微珠及物料颗粒在相互撞击、摩擦作用时，会产生较高的热量，该热量若不能及时被带走，物料在较高的温度下会再次结团，从而无法达到纳米级细度要求。

（3）使用最小尺寸极限的微珠　一般来说同样装填量微珠的砂磨机，所使用的微珠越小，其装填微珠个数成几何倍数增加，也就增加了几何倍数的接触点，从而研磨分散效率就越高；反之较大的微珠在做纳米级研磨分散效率就越低。通常来说一般做亚微米级研磨分散中使用 0.2～0.6mm 的微珠，做纳米级研磨分散中使用 0.05～0.1 的微珠。为补充微珠的质量较少引起的能量不足可用提高转速来补充。所以纳米级砂磨机转速通常是传统砂磨机的几倍。

（4）使用大流量循环研磨分散工艺　要使用最可靠的珠液分离装置，不仅实现微珠不能堵塞分离器，而且使流经分离器的液体浆料快速通过分离器，这样才不会使已经变小的纳米级原料粒子在粉碎腔中吸收过多的撞击能量而团聚，而且降低了研磨分散腔内的温度。

（5）高能量密度及能量密度的合理分布　在砂磨机的粉碎腔中，为了评判微珠的撞击和摩擦力的强弱，我们引入能量密度的概念。能量密度指单位体积内微珠在多种力量的作用下，提供给原料粒子的破碎动能。能量密度越高，粉碎效率就越高，但当原料粒子由亚微米级向纳米级转变时能量密度的合理分布就显得特别重要。一般来说最优秀的纳米级的砂磨机在粉碎腔中的能量密度是有规律性的，其规律性要达到能量密度高的区域来粉碎较大颗粒的粒子，能量密度低的区域来粉碎较小颗粒的粒子并层层递减，这样就实现了各有所需，从而快速得到正态分布很窄的纳米级粒子。

2. 纳米砂磨机的分散原理及其特点

砂磨机又称珠磨机。其运转过程就是在一个封闭容器内放置一条传动轴，传动轴上安装有若干个搅拌装置。当搅拌装置高速运转时，带动容器内的微珠做有序的运动，从而使连续的进入容器内的粉液混合物在微珠的撞击摩擦作用下，使固体粒子快速被破碎变小排出容器外的一个连续作业的过程。

一般纳米砂磨机采用的研磨介质有边角圆的砂粒、由各种玻璃或耐磨材料制成的珠、钢珠和钢屑等。砂磨机适用于涂料、染料、油墨、药物、感光胶片、录音磁带等方面。

（1）纳米砂磨机特点　一般设备研磨腔所有配置单元——研磨缸、分散盘、衬套、压盖、前后盖封板、出料筛圈等全部为钇稳定氧化锆（YZr）材料制成，高耐磨，稳定性非常好，无污染。

研磨盘有极高的线速度（最高达到 26m/s），配置极小的研磨微珠（最小可以为 0.2mm），高效的研磨系数，使得产品达纳米的细度（最高达 50nm）。

采用筛圈的分离作用，使物料和介质在研磨筒的尾端产生分离，后出料。该机具有进口双端面动密封系统、多重复杂的强制冷却系统及全套的 PLC 自动控制保护系统，可按客户要求配置全触摸屏式的操作，并完成远程联机监控，适合批量作业。

（2）纳米砂磨机分散原理　一般主电动机通过三角皮带带动分散轴作高速运动，分散轴上的分散盘带动研磨介质运动而产生摩擦和剪切力使物料得以研磨和分散。一般设备由于采用了机械密封使之达到全密闭，从而消除了生产中溶剂挥发损失，减轻了环境污染。另一方面，由于防止了空气进入工作筒体，避免了物料在生产过程中可能形成的干固结皮。

3. 纳米砂磨机的优越性能

（1）高能量比　新型棒销式研磨转子，集中动能给予磨珠最大的能量比。提高研磨效率与细化程度，同时减小物料在磨腔内的阻力，更适用于中高黏度超细化要求的物料。

（2）高效长径比　高效长径比设计筒体，错落式棒钉排布加长物料在磨内的有效时间。

（3）加长型轴承座　其是瑞士 RETNU 一体式加工工艺退火消除焊接应力后经镗床深加工成形。解决了国产砂磨机轴承位不同心而导致主轴跳动，影响设备稳定性与使用寿命的问题。国产同类产品中，加长型轴承座为易勒所独有的。

（4）大面积出料方式　应用大面积管状离心式出料，出料面积大、缝隙小（常用规格有 0.1mm、0.3mm、0.5mm），专用小粒径介质，最小可采用 0.2mm 锆珠，确保超细化研磨，提高研磨效率。同时，出料网装于转子中心部位的安装结构，高速转子的离心作用让出料粒径分布更窄，并且减少珠子对栅网的撞击，延长使用寿命。解决了传统动静环式出料结构不能采用微珠研磨，出料速度慢，易卡碎研磨介质的缺陷。

（5）全方位冷却　采用内螺纹导流式筒体冷却方式，加顶端盖双冷，散热效率是传统砂磨机的2～3倍，保证研磨体内部热量有效的散失。

（6）机械密封　采用集装式双端面机械密封，最大可耐8～10kg压力。纳米砂磨机专用，专为带细颗粒物料而设计。整体件，使用安装方便，无需专业人员即可自行更换。

4. 如何选购合适的纳米砂磨机

（1）研磨桶体的材质　在砂磨机这个行业当中，有很多厂家研磨桶体大多数都是用的不锈钢材质，在不锈钢材质当中也分很多种，需要业主自己确认。

（2）研磨桶转子的材质　在砂磨机的工艺上面来讲主要分两种，一种是盘式的研磨盘，第二种是棒销式的研磨桶和棒销式的转子。棒销式的砂磨机要比盘式砂磨机的研磨效果要明显很多。

（3）物料和研磨介子（锆珠）的分离装置　在卧式砂磨机里面物料和研磨介质分离的时候主要是采用间隔分离装置，间隔分离装置主要是由静环和动环两大部分组成。

（4）机械密封和设备的冷却效果　机械密封是否有泄漏，使用寿命多少小时。其关键是看机械密封循环液采用的是否是研磨物料相溶的溶剂或水，这避免了在生产中污染产品的意外，从而带来不必要的经济损失。

（5）生产效率方面　结构设计是否合理，决定了生产效率和产品质量。

（6）操作方面　机器的主控制部分非常集中，操作简单。

（7）换色、清洗及更换锆珠方便　主要研磨腔体无死角设计，自清洗效果好。

（8）安全保护功能齐全　整机保护功能齐全，选用电料质量安全等。

5. 相关产品

现介绍几种相关的产品。

（1）派勒纳米砂磨机　派勒（广州）开发与生产砂磨机及湿法超细纳米研磨设备包括：PSD变频高速分散机，PBM篮式砂磨机，PHE卧式偏心盘砂磨机，PHN纳米销棒式砂磨机，PHE1/PHN05实验之星研磨机，PHN03C实验专用纳米研磨机，PTR三辊机，PDB碟形双轴混合机，PML行星搅拌混合机，PUC万能磨等。

① 卧式砂磨机

a. 卧式砂磨机 PHE 50（见图 9-36）挖掘砂磨机无限潜力，独特的设计，强劲的动力和高度的灵活性，有着诸多无可比拟的优势。噪声低，运转平稳，操作简单。易于操作和维修，运行和维护成本低。省时、高效、节能。

b. 棒销式纳米砂磨机 PHN 60（见图 9-37）通过采用最新研发的多通道动态分级轮研磨转子功能部件与大流量无筛网离心式料珠分离。新型分离器，特殊的螺旋线设计（专利产品）。使用 0.05～1.0mm 研磨介质。流量恒定、大流量出料、无堵塞、无漏珠。

图 9-36　卧式砂磨机 PHE 50

图 9-37　棒销式纳米砂磨机 PHN 60

② 适用范围　适用于油漆涂料、油墨、颜料染料、药品、化妆品、食品、造纸、电子原料等中黏度液体原料的研磨制造；特别适用于黏度大、细度小、易挥发的物料（密闭式研磨）。

③ 工作原理　卧式砂磨机是连续操作的全密闭式的湿法研磨分散机械，由泵输送液体原料进入卧式砂磨机密闭研磨缸内，再由主机推动介子研磨珠高速运转，使原料在狭窄的研磨珠间隙中经加压高速旋转冲击，产生混合、乳化、分散、揉搓、滚动等研磨功能，迅速将物料颗粒磨细和分散，从而达到原料要求的细度和很窄的粒度分布范围。研磨后再由高速旋转的坚硬钨钢分离隙缝输出研磨缸外，而研磨珠仍被留在缸内。一般为一次循环研磨作业，连续循环研磨细度可达 5μm 以下。

④ 相关性能介绍

a. 卧式砂磨机由机身、传动系统、研磨轴、研磨缸、供料系统和电控系统组成。

b. 湿法研磨方式使介质磨细速度更迅速更均布。

c. 卧式砂磨机的研磨作业是在全密闭且具有压力的研磨缸内高速运转研磨，所以没有溶剂挥发污染空气的问题，保证了车间卫生，确保操作人员的身心健康。更因为没有溶剂挥发而节约能源，降低生产成本。

d. 研磨缸底部配置滑动轨道，方便更换研磨珠及保养维修拆卸，只要拆开固定螺丝即可拉开研磨缸使研磨珠流出。

e. 卧式砂磨机的传动结构与研磨结构之间装置机械轴封，并用溶剂型液体循环润滑机械轴封，使研磨原料和传动结构分开，循环润滑机械轴封的溶剂在储存桶内，并输送冷却水循环冷却润滑用溶剂。

f. 卧式砂磨机原料输送有分齿轮泵及气动隔膜泵两种，供使用者依研磨料的物理性质和特性区分选择。

（2）儒佳科技纳米砂磨机

儒佳科技拥有上海纳米技术中心的产学研基地。其开发与生产的砂磨机，在涡轮式纳米砂磨机的湿法研磨设备（见图 9-38）、超大流量的纳米循环式研磨设备方面，具有自己的知识产权。并且其设立分散研磨实验室，为国内提供专业的试验、小试等服务，而且为国内提供清晰准确的数据，减少企业的前期工作量，避免设备选型错误，为工业生产积累数据，以便于更好的生产纳米棒销卧式砂磨机、盘式卧式砂磨机、篮式砂磨机、实验室纳米研磨机、高能分散机等。

NT-0.3L 实验室纳米砂磨机（见图 9-39）是理想的纳米材料研磨机。其为密闭式结构，设计为能使用 $0.3 \sim 2.0 \mu m$ 的研磨介质，用于湿法超细研磨分散在液体中的固体颗粒物料。适合于多次研磨或循环研磨与分散操作。物料可以在很短的时间内就能够达到超细研磨和分散的效果。该系列产品的价值体现在粒径分布均匀，温控佳，能耗低。

图 9-38　NT-X 系列　涡轮式纳米砂磨机

图 9-39　NT-0.3L 实验室纳米砂磨机

特点如下。

a. 配备高速分散器，适合从微米到纳米级的不同黏度的产品的研磨。

b. 自吸式循环研磨工艺，最小批量为 100mL，根据批次大小可灵活调整。

c. 灵活的运作模式，物料浪费小，适合于连续性操作。

d. 研磨介质细度可在 $0.2 \sim 2.0mm$，物料可达纳米级。

e. 研磨槽拆卸清洗方便，可快速转换实验配方。

f. 研磨效果等同于大型生产设备，实验结果可直接用于生产。

g. 一般研磨分散的必须是无金属污染的材料，可选用以下材质，如氧化锆、陶瓷、碳化硅、PU材料。

（3）其他纳米砂磨机　图9-40为东莞琅菱NT-0.6L实验室纳米砂磨机。图9-41为东莞佳信空心转子实验室纳米砂磨机。其性能及效果适合从微米到纳米级的不同黏度的产品的研磨。

图9-40　东莞琅菱NT-0.6L　　　　图9-41　东莞佳信空心转子
实验室纳米砂磨机　　　　　　　实验室纳米砂磨机

四、纳米砂磨机设备应用

1. 纳米陶瓷砂磨机

NTZr-15L卧式全陶瓷纳米砂磨机见图9-42。其研磨腔结构材料一般采用的是氧化锆（ZrO）或碳化硅（SiC）材料，使它与金属隔离，零金属离子污染，使用的涡轮式分散器一般是传统方式效率的3倍以上，离心式分离出料装置，保证物料畅通运行，不堵塞。其是一款应用于纳米电池正极材料、碳纳米管、喷墨、陶瓷打印墨水、电子浆料、线路板油墨、纳米材料、化妆品、生物制剂、环保涂料等方面的纳米陶瓷砂磨机。

图9-42　NTZr-15L卧式
全陶瓷纳米砂磨机

设备特点如下。

（1）采用全陶瓷氧化锆（ZrO）或碳化硅（SISIC）材料，零金属污染。

（2）采用特殊的涡轮式分散器，是传统方式效率的 3 倍以上。

（3）内筒套装式结构，更换方便。

（4）先进的离心式分离装置，可以保证物料的畅通运行，永不堵塞，可使用小锆球 0.2mm。

（5）自主研发的集装式双端面机械密封，可适应不同的溶剂，永不泄漏，已申请专利。

（6）轴封冷却液采用与物料相容的溶剂或水，解决污染产品的问题。

（7）变频调速，转速可调节，能控制物料在不同线速度状态下研磨，满足不同物料的不同的研磨细度需求。

（8）有温度、压力的自动保护装置，故障自动停机，使用更加安全。

（9）触屏（西门子）操作，故障报警，设备检修方便，使用安全。

2. 纳米销棒砂磨机

森勒（上海）纳米棒销式砂磨机采用德国技术，产量为同类国产机型 3～5 倍。该公司循环研磨系统适用于各个领域，更是适用于所有的黏度和几乎所有的产品，可以使用的最小研磨珠直径达到 0.1mm，可以成功快速地达到最高产量和进入纳米细度范围，最小细度可达到 D97＜100nm。

（1）技术优势

① 较短较大直径的研磨腔体可以减少流动惯性力。

② 更长更大直径的分离系统。

③ 高流量保证了高效的循环操作模式。

④ 可冷却的研磨轴。

⑤ 高能量的研磨系统，高强度，高作用力。

⑥ 同样转速的小尺寸机器可以减少在换料时的物料损失。

⑦ 工艺控制简单。

⑧ 循环研磨工艺一直持续到达到质量要求。

⑨ 可以控制低物料温度，因为物料升温较通过式低。

⑩ 另外可以在管道和物料罐上外加冷却交换系统。

⑪ 一遍或多遍通过式，有更高的产量。

⑫ 配方中另外的原料、添加剂可以在研磨过程中加入。

（2）主要规格参数　其见表 9-2。

表 9-2　纳米销棒砂磨机规格性能参数

型号	筒体容积 /L	加工批量 /L	转速 /(r/min)	效率 /(kg/h)	驱动功率 /kW	细度 /nm	重量 /kg
SNM06	6	50～250	600～1800	100～500	15	D97≤100	600
SNM10	10	100～1000	700～1300	250～1000	22	D97≤100	1300
SNM25	25	500～2000	700～1000	500～2500	37	D97≤100	2000
SNM60	62	≥1000	500～600	1000～6000	70～90	D97≤100	3500
SNM150	146	≥2000	200～480	2000～15000	160	D97≤100	6800

3. 全陶瓷棒销式砂磨机

易勒 EDW-ZrO$_2$ 纳米卧式砂磨机见图 9-43。该机型为湿法研磨机，是专为高洁净度无金属污染物料的超细研磨而设计开发的。易勒全陶瓷棒销式砂磨机的加工技术，源于对原料品质的严格把控，所用陶瓷原料均为高纯度进口纯氧化锆。

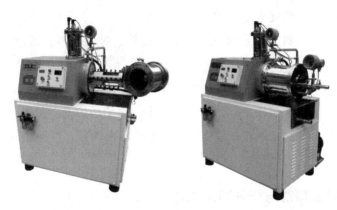

图 9-43　易勒 EDW-ZrO$_2$ 纳米卧式砂磨机

（1）产品特性

① 全陶瓷高耐磨、无污染。

② 多重冷却系统强效冷却。

③ 高效分离系统，不卡珠不碎珠，出料更畅通更快捷。

④ 高能量密度输出，研磨细度更小。

⑤ 配合极佳筒径比分布更窄。

（2）配置参数

① 转子材质　高耐磨陶瓷氧化锆材质。

② 筒体材质　高耐磨陶瓷碳化硅材质、氧化锆材质。

③ 密封方式　集装式双端面机械密封，砂磨机专用，专为带细颗粒物料而设计。

整体件，使用安装方便，无需专业人员即可自行更换。

④ 栅网规格　大面积管状栅网，可选缝隙 0.05mm、0.1mm、0.3mm、0.5mm。

⑤ 仪表　电接点压力表与电接点温度仪表（带温度保护，可自动停机）。

⑥ 进料泵　气动隔膜泵、螺杆泵或齿轮泵。

⑦ 研磨介质　含锆量≥95％纯氧化锆珠，使用的研磨介质直径在 0.1～1.0mm。

⑧ 电控系统　可选防爆/非防爆配置，带现场操作面板（触摸屏/变频无级调速可选配）。

（3）应用领域

① 涂料　汽车漆、面漆、木器漆、工业漆等。

② 油墨　凹版油墨、胶印、丝网、UV 光固、喷绘墨等。

③ 液浆、材料　色浆、色膏、色料、染料、彩绘、笔液、水彩电子材料、电池隔膜氧化铝、磷酸铁锂电池、陶瓷浆料、巧克力浆、农药悬浮液、生物医药、化妆品、微生物功能材料、纳米材料、金属氧化物、磁性材料、造纸材料、光电材料等。

上述几家纳米砂磨机企业之外还有琅菱、套特、信佳、法孚莱等企业。其纳米砂磨机产品大量广泛应用在涂料、油墨、墨水、喷墨、农药、染料、电子研磨液、陶瓷、电池以及各种纳米级粉体等亚微米、纳米研磨领域，并且取得了广泛的市场认可。

五、纳米级湿法研磨与干法研磨的区别

目前在漆业粉体有很多种的处理要求，随着粉体行业的竞争日益激烈，越来越多的客户想要达到更加精细的物料，粉体行业也不断地朝着纳米粉体的方向发展，所以以前的单一的处理方法已经不适用了，那么就会寻找一些相关的纳米粉体制备方法就成了某些企业的关键问题了。

企业界是以物理机械研磨的方法得以让粉体物料达到纳米为主的。即干法研磨和湿法研磨，见图 9-44。对纳米粉体制造厂而言，当然希望以干法研磨方法来得到最终纳米粉体。但是若用干法研磨机研磨粉体时，粉体的温度会因大量的能量导入从而导致急剧上升，且当粉体颗粒细化后，如何避免防爆问题产生等都是研磨机难以掌控的。所以湿法研磨方法就应运而生，用湿法研磨机研磨得到的粉体的方法是最有效且最合乎经济效益的方法。它避免了化学纳米粉体制造的高成本，也避免了机械干法研磨细度难以达到纳米级粉体的不足。一般干法研磨粒径只能研磨到 $8\mu m$ 左右，要是想达到更细或纳米级的就得用湿法研磨了。

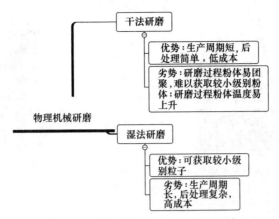

图 9-44 湿法研磨与干法研磨的区别

干法研磨指进行研磨作业时物料的含水量不超过 4％，而湿法研磨则是将原料悬浮于载体液流中进行研磨，适当添加分散剂等助剂帮助研磨进行。湿法研磨时物料含水量超过 50％时，可克服粉尘飞扬问题。在食品加工上，研磨的物料经常作为浸出的预备操作对象，使组分易于溶出，故颇适于湿式研磨法。但湿法操作一般消耗能量较干法操作的大，同时设备的磨损也较严重。

机械干法研磨较难获取亚微米级别的粉体，化学制粉成本高，因此湿法研磨时必须添加研磨介质—氧化锆锆珠（图 9-45）及使用 LSM-1.4L 量式实验砂磨机（图 9-46）成为该湿法研磨、制备超细粉体的一个重要手段。从实际应用来看，这两者之间并没有绝对的优劣之分，要根据实际的产品特点及经济效益来选取适当的处理方法。

图 9-45 研磨介质——氧化锆锆珠

图 9-46 LSM-1.4L 量式实验砂磨机

NT-1L 涡轮式纳米砂磨机见图 9-47。

NT-0.3L 实验室纳米砂磨机见图 9-48。

① 型号 NT-0.3L。

图 9-47　NT-1L 涡轮式纳米砂磨机　　　　图 9-48　NT-0.3L 实验室纳米砂磨机

② 用途　将实验室结果转化到生产上。

③ 特点　自循环研磨，无泵循环研磨。

六、纳米砂磨机在钛白颜料加工中的应用

1. 概述

钛白是主要成分为二氧化钛（TiO_2）的白色颜料。其学名为二氧化钛，分子式为 TiO_2，是一种多晶化合物。其质点呈规则排列，具有格子构造。

由于氯化法，钛白气相氧化生产过程中产生了大量的疤粒，在打浆过程中不能达到完全分散，这部分疤粒如果不进行砂磨处理，在包膜过程中会直接将疤粒包膜，经过汽粉机粉碎后的这部分疤粒上膜不完整，而且粒子形状不规则，影响产品质量，是造成产品分散性低和色相差的一个重要原因。

针对这种情况，对氧化来料和砂磨后的浆料进行了筛分实验，确定疤粒数量，研究砂磨机在钛白后处理工艺中起到的作用。

使用纳米砂磨机是后处理的一道重要工序，不仅硫酸法需要，氯化法也是同样需要。砂磨机是一种湿法连续性生产的超微粒分散研磨机。砂磨的作用就是进一步粉碎在上道工序中产生的聚集粒子、附聚粒子和絮凝粒子，因其粒子间的结合力非常弱，很容易通过机械研磨的方式把它们打开，在分散剂的作用下防止它们再聚凝在一起，这样使一些较粗大的粒子，经研磨达到具有应用性能的粒度范围。

利用砂浆泵将经过打浆分散后的固-液相混合物料输入砂磨机的筒体内，物料和筒体内的研磨介质一起被高速旋转的分散器搅动，从而使物料中的固体微粒和研磨介质相互间产生更加强烈的碰撞、摩擦、剪切作用，达到加快磨细微粒和分散聚集体的目的，从而得到符合粒度要求的产品。

2. 色漆浆的配制和研磨

磁漆中使用的颜料往往有数种。不同颜料在漆料中的分散性难易程度各不相同。为了制得色泽均匀、丰满的磁漆，合理的工艺是采用分色磨浆、调浆制漆的程序。也就是将不同的颜料分别配成一颜料的色浆，调漆时再依据配方的规定，将各色颜料浆调配在一起，再补加规定的漆料、催干剂等助剂制成色漆。在配制色浆时应根据研磨机器的性能和颜料吸油值来决定颜料与漆料的比例。当使用三辊机研磨漆料时，可选用表 9-3 所列的比例。

表 9-3　辊磨分散时每公斤颜料所需漆料量

颜料名称	中油度亚麻油醇酸树脂漆料(不挥发分65%)/kg	酯胶漆料(不挥发分58%)/kg
硬质炭黑	3.5	3.0
钛白粉(锐钛型)	0.8	0.75
锌檬白	0.5	0.1
铁蓝	2.0	1.72
酞菁蓝	9.0	—
甲苯胺红	2.5	2.0
铁红	0.67	0.6
深铬黄	0.70	0.5
中铬黄	0.80	0.7
浅铬黄	1.0	0.8
重质碳酸钙	0.5	0.4
轻质碳酸钙	1.2	1.0
滑石粉	1.0	1.0

对于油漆砂磨机，醇酸树脂溶液最适宜浓度为 $20\%\sim40\%$，这时研磨分散效率最高，且制得的研磨漆浆稳定性最好。对于油基漆、长油度醇酸树脂漆，可取区域范围值上限；对短油醇酸树脂漆及其他合成树脂漆，可取其下限。

3. 漆浆的稳定化及配方平衡

在调漆过程中，由于分散漆浆、漆料和溶剂间在组成、黏度、表面张力和温度等方面的原因，会发生树脂析出及颜料再次絮凝等弊病。从而影响色漆的质量，甚至使涂料变质造成废品，在调漆过程中应注意以下几点。

其一是已经过油漆砂磨机后的分散漆料、调制漆料在组成、温度和黏度方面必须相近。调制时，应在强烈的搅拌下，缓慢均匀补加漆料。在加两种以上漆料时应按照先黏度高、后黏度低的原则。二是在补加溶剂时应在漆料加完后缓慢加入。混合溶剂应预先混合后才能加入漆料中。

为了保证色漆质量，调漆过程应注意配方平衡。以便对每批产品可根据配料和研磨工序实际加料量填平补齐。

4. 复色漆的配制

在配制复色漆时，首先应检查色浆细度（一般在油漆砂磨机中研磨过的浆料、漆料细度都在 1μm 左右）。不合规定的色浆必须重新研磨至规定细度方可使用。调色时本着先找深浅而后找色调的原则，在搅拌下缓缓加入调色浆。每次调色时必须搅拌均匀。在保证颜色合乎要求的前提下，调色浆品种尽可能减少。在配制浅色漆时应将催干剂预先加入，以免影响色调。最后一次观色应将漆料及所加其他组分加齐后观察，以免漆料加入后造成误差。

第四节　纳米涂料的超细粉碎设备与分级技术

一、纳米涂料与超细粉

纳米涂料是一种粉体材料，它的生产工艺和生产设备与溶剂型涂料、油基涂料和水性涂料、粉末涂料是完全不同的。现代化的纳米涂料生产属于流程型连续化作业，其原料到产品的转化过程是通过若干个相关联的装置来实现的。纳米涂料生产过程中需要处理大量的粉（粒）体形态的原辅料、中间产品和最终产品，所以，粉体设备也就成为了涂料工业装备的重要组成部分。

根据粉碎加工技术的深度和粉体物料物理化学性质及应用性能的变化，一般将细粉体和微细粉体划分为 $10\sim1000\mu m$（细粉）、$0.1\sim10\mu m$（超细粉）和 $0.001\sim0.1\mu m$（超微细粉）三种。对于 $10\sim1000\mu m$ 的细粉一般采用传统的粉碎或磨粉设备及相应的分级设备等进行加工，这种加工技术称为磨粉；小于 $0.1\mu m$ 的超微细粉目前还难以完全用机械粉碎的方法进行加工，需要采用其他物理、化学方法进行加工；一般将加工 $0.1\sim10\mu m$ 的超细粉体的粉碎和相应的分级技术称为超细粉碎。涂料工业上所称的超细粉碎一般指加工 $d_{97}\leqslant10\mu m$ 超细粉体的粉碎和相应的分级技术。

二、超细粉体的性能与粉碎过程特点

1. 超细粉体的性能

单个原子具有基本粒子所具有的特征，大块物质遵循统计物理的规律，呈现出块状材料和各种性能。当物质处于从块状到单个原子或分子的中间状态时，就是通常的粉体工程所涉及的范畴。当粉体由数目较少的原子或分子所组成，就处于超细状态，超细粉体其原子或分子在热力学上处于亚稳状态，在保持原物质化学性质的同时，在磁性、光吸收、热阻、化学活性、催化和熔点等方面表现出奇异的性能，这些主要是由表面效应、体积效应和久保效应引起的。

固体表面原子与内部原子所处的环境不同，当粒子直径远比原子直径大时（如大于 0.1μm），表面原子可以忽略；但粒子直径逐渐接近原子直径时，表面原子的数目及其作用就不能忽略。由于粒子的表面积大，表面能也相应增加，对粉体的烧结、扩散等动力学过程均会产生较大影响。除了使气体吸附性和化学活性增强外，还有使与表面张力有关的熔点降低的特性，人们把由此而引起的种种特殊效应统称表面效应。

当物质的体积减小时，将会出现两种情况：一是物质本身的性质不发生变化，只有那些与体积有关的性质发生变化，如半导体的电子自由程变小等；另一个是物质本身的性质发生变化，不再是由无数原子或分子组成的集体属性，而是有限个原子或分子结合的属性，如金属超细粉体的电子数量有限，不能形成连续的能带，出现了能级分立的现象。上述现象统称为体积效应。

在金属超细粒子中所具有的自由电子数目太少，使得其中的电子数很难改变，具有强烈的保持电中性的倾向，人们把由此对比热、磁导率和超导电性产生影响的现象称为久保效应。

正是由于粉体的表面效应、体积效应和久保效应，所以粉体的化学反应速率、光学性能、机械性能、在液相介质中的分散性以及所形成的胶态分散体的流变性、吸附性、颗粒在分散体中的沉降速度、流动性、粉体混合物的偏析现象、结块现象、补强性能、填充性、在液相介质中的溶解速率都与原块状有很大不同，所以粉体颗粒粒径不同，产品性能差异也非常悬殊，而其表现出的优异性能，在微电子、涂料、塑料、橡胶、染料、润滑剂、化妆品、高级牙膏、药品、食品、炸药、农药等方面受到广泛应用。

2. 超细粉碎过程特点

由于物料粉碎至微米及亚微米级，与粗粉或细粉相比，超细粉碎产品的比表面积和比表面能显著增大，因而在超细粉碎过程中，随着粒度减小至微米级，微细颗粒相互团聚（形成二次颗粒或三次颗粒）的趋势逐渐增强，在一般的粉碎条件和粉碎环境下，早期粉碎的超细粉碎作业都为处于粉碎-团聚的动态的平衡过程，经过一定时间的粉碎后的这种情况下，微细物料的粉碎速度趋于缓慢，即使延长粉碎时间（继续施加机械应力），物料的粒度也不再减小，甚至出现"变粗"的趋势。这是超细粉碎过程最主要的特点之一。超细粉碎过程出现这种粉碎-团聚平衡时的物料粒度称之为物料的"粉碎极限"。当然，物料的粉碎极限是相对的，它与机械力的施加方式（或粉碎机械的种类）和效率、粉碎方式、粉碎工艺、粉碎环境等因素有关。在相同的粉碎工艺条件下，不同种类物料的粉碎极限一般来说也是不相同的。

超细粉碎过程不仅仅是粒度减小的过程，同时还伴随着被粉碎物料晶体结构和物理化学性质程度不同的变化。这种变化对相对较粗的粉碎过程来说是微不足道的，但对于超细粉碎过程来说，由于粉碎时间较长、粉碎强度较大以及物料粒度被粉碎至微米级或亚微米级，这些变化在某些粉碎工艺和条件下显著出现。这种因机械超细粉碎作用导致的被粉碎物料晶体结构和物理化学性质的变化称为粉碎过程机械化学效应。这种机械化学效应对被粉碎物料的应用性能产生一定程度的影响，正在有目的地应用于对粉体物料进行表面活化处理。

由于粒度微细，传统的粒度分析方法——筛分分析已不能满足其要求。与筛分法相对应的用"目数"来表示产品细度单位的方法也不便用于表示超细粉体。这是因为通常测定粉体物料目数（即筛分分析）用的标准筛（如泰勒筛）最细只到 400 目（筛孔尺寸相当于 $38\mu m$），不可能用来测定超细粉体的粒度大小和粒度分布。现今超细粉体的粒度测定广泛采用现代科学仪器，如电子显微镜、激光粒度分析仪、库尔特计数器、图像分析仪、重力及离心沉降仪以及比表面积测定仪等。测定结果用"μm"（粒度）或"m^2/g"（比表面积）为单位表示。其细度一般用小于某一粒度（μm）的累积百分含量 $D_y = x\mu m$ 表示（式中 x 表示粒度大小，y 表示被测超细粉体物料中小于 $x\mu m$ 粒度物料的百分含量），如 $d_{50} = 2\mu m$（50% 小于 $2\mu m$，即中位粒径），$d_{90} = 2\mu m$（90% 小于 $2\mu m$），$d_{97} = 10\mu m$（97% 小于 $10\mu m$）等。有时为方便应用同时给出被测粉料的比表面积。对于超细粉体的粒度分布也可用列表法、直方图、累积粒度分布图等表示。

三、超细粉体制备技术

一般粉末涂料的制造技术是基于塑料和微粉化工业广泛使用的设备的基础上发展而来的。因此，粉末涂料工厂的设计完全不同于液体涂料工厂的设计。粉末涂料的生产包括以合理的顺序连接不同的工段工作（包括预混合步骤的准备时间、主设备的准备时间和质量控制时间）。一般通常规模较小的粉末涂料工厂生产过程可以是不连续的；对于具有较高生产能力的粉末涂料工厂来说，通常是将各个单独的工序集合成连续的生产工艺。

1. 超细粉体制备方法及分类

超细粉体的制备方法多种多样，没有统一的分类方法，按性质归类可分为物理方法与化学方法两大类；按产品粒径大小分类可分为微米粉体制备法、亚微米粉体制备法及纳米粉体制备法。按粒径大小分类虽然比较直观，但由于有时这三种不同粒径的粉体往往可以用同一种方法制备而只不过是工艺条件控制不同而已，因此按这种方法分类往往易引起混乱。目前国内外学者通常将超细粉体制备方法分为物理法与化学法两大类。物理法又派生出了粉碎法与构筑法两大类；化学法又派生出了沉淀法（溶液反应法）、水解法、喷雾法及气相反应法等。粉碎法是借用各种外力，如机械力、流能力、化学能、声能、热能等使现有的固体块料粉碎成超细粉体；构筑法是通过物质的物理状态变化来生成超细粉体。化学法是制备超细粉体的一种重要方法，它包括溶液反应法（沉淀法）、水解法、喷雾法及气相反应法等。其中溶液反应法（沉淀法）、气相法及喷雾法目前在工业上已大规模用来制备微米、亚微米或纳米粉体。其产品涉及化工、医药、农药、日化、有机及无机等各领域。化学法与物理法都可以用于制备微米、亚微米及纳米级粉体，其主要差别在于方法的选择及工艺条件的控制。目前，工业上使用最多的是粉碎法，应用最多的粉体是通过粉碎法和化学法生产出的微米或亚微米级粉体，纳米级粉体的生产及使用量相对较少。超细颗粒制备工程问题的相互关系如图 9-49 所示。

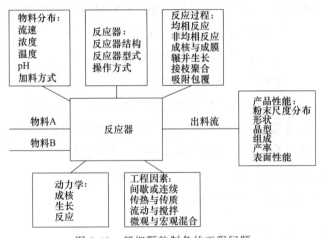

图 9-49　超细颗粒制备的工程问题

而在化学合成的工艺中也常涉及物理过程和技术，例如干燥、超声波分散、微波加热等超细粉体的制备方法。随着超细粉体技术简单分为机械粉碎（物理方法）和化学合成方法两大类已不适合。目前倾向于将制备方法分为固相法、气相法和液相法，即按照反应物所处物相和微粉生成的环境来分类。工业上对超细粉体制备方法提出了一系列严格要求，归纳起来有如下几点：

（1）产品粒度细而且均匀稳定，即产品的粒度分布范围要窄；

（2）产品纯度高，无污染；

(3) 能耗低,产量高,产出率高,生产成本低;

(4) 工艺简单连续,自动化程度高;

(5) 生产安全可靠。

只有基本满足这些要求的制备方法,才是有实用价值的方法,才有可能在工业上推广应用。目前北京科技大学卢寿慈教授、南京理工大学李凤生教授、北京工业大学郑水林教授、清华大学盖国胜副教授在实验室研究中已获得了一批具有国内先进水平的研究成果,他们研制的超细粉体粉碎设备为我国的微粉工业制备打下了良好基础。

2. 超细粉体粉碎设备及分类

目前,国内外超细粉碎设备的主要类型有气流磨、机械冲击式超细磨机、搅拌球磨机、振动球磨机、旋转筒式球磨机、塔式磨、旋风自磨机、离心磨、高压射流粉碎机等。其中气流磨、机械冲击式超细磨机、旋风自磨机等为干式超细粉碎设备;高压射流粉碎机、搅拌球磨机、振动球磨机、旋转筒式球磨机、塔式磨等既可以用于干式也可以用于湿式超细粉碎。此外还有新近开发出的液流式粉碎机、射流粉碎机、超低温粉碎机、超临界粉碎机、超声粉碎机等。在这几大类型设备的基础上根据功能要求不同,又开发出了数十种机型的设备以满足不同产品超细化要求。他们研究中已获得的研究成果,列出了相关粉碎设备分类。这些粉碎设备都是为了适应不同性质材料的粉碎要求而开发出的不同装置,近几年研制成功并通过部级技术鉴定的具有双筒结构的流化床粉碎机更是达到了 20 世纪 90 年代初国际同类产品的先进水平。承担攻关任务的两个主要单位——上海化工机械三厂和江苏宜兴非金属化工机械厂(其中日合资企业为宜兴清新粉碎机械有限公司)已发展为国内最著名的粉碎机械制造和供应厂商。有关各种具体粉碎方式及设备的粉碎原理、功能、特性、结构及适应范围等将在后续章节中分别叙述。

四、超细粉碎技术与现代产业发展

超细粉碎技术是伴随现代高技术和新材料产业,如微电子和信息技术、高技术陶瓷和耐火材料、高聚物基复合材料、生物化工、航空航天、新能源等以及传统产业技术进步和资源综合利用及深加工等发展起来的一项新的粉碎工程技术。现已成为最重要的工业矿物及其他原材料深加工技术之一,对现代高新技术产业的发展具有重要意义。

超细粉体由于粒度细、分布窄、质量均匀、缺陷少,因而具有比表面积大、表面活性高、化学反应速度快、溶解度大、烧结温度低且烧结体强度高、填充补强性能好等特性以及独特的电性、磁性、光学性能等，广泛应用于高技术陶瓷、陶瓷釉料、微电子及信息材料、塑料、橡胶及复合材料填料、润滑剂及高温润滑材料、精细磨料及研磨抛光剂、造纸填料及涂料、高级耐火材料及保温隔热材料等高技术和新材料产业。

具有特殊功能（电、磁、声、光、热、化学、力学、生物等）的高技术陶瓷是近 20 年迅速发展的新材料，被称之为继金属材料和高分子材料后的第三大材料。在制备高性能陶瓷材料时，原料越纯、粒度越细，材料的烧成温度越低，强度和韧性越高。一般要求原料的粒度小于 $1\mu m$ 甚至 $0.1\mu m$。如果原料的细度达到纳米级，则制备的陶瓷称之为纳米陶瓷，性能更加优异，是当今陶瓷材料发展的最高境界。粒度细而均匀的釉料使制品釉面光滑平坦、光泽度高、针孔少。一般高级陶瓷釉料要求不含或尽量少含大于 $15\mu m$ 的颗粒。用作釉料的锆英石粉的平均粒径要求为 $1\sim2\mu m$。因此，超细粉碎技术与高技术陶瓷材料及高级陶瓷制品密切相关。

显像管是现代微电子和信息产业的重要器件。显像管用的氧化铝微粉平均粒径一般要求为 $1.5\sim5.5\mu m$；黑底石墨乳粒径要小于 $1\mu m$，管颈石墨乳小于 $4\mu m$，销钉及锥体石墨乳小于 $10\mu m$；现代重要信息材料的复印粉及打印墨粉要求粒径达到微米级；现代高档纸张用的高岭土和碳酸钙涂料要求细度小于 $2\mu m$ 含量超过 90%，填料要求小于 $2\mu m$ 含量达到 40% 以上。显然，现代微电子和信息产业的发展离不开超细粉碎和精细分级技术。

高聚物基复合材料的重要组分是碳酸钙、高岭土、滑石、云母、硅灰石、石英、氧化铝、氧化镁、透闪石、伊利石、硅藻土等。这些工业矿物填料的重要质量指标是其粒度大小及粒度分布。在一定范围内，填料的粒度越细，级配越好，其填充和补强性能越好。高性能的高聚物基复合材料一般要求无机工业矿物填料的细度小于 $10\mu m$。例如，低密度聚乙烯薄膜要求碳酸钙填料的平均粒径为 $1/4\sim3/4\mu m$，最大粒径小于 $10\mu m$；聚烯烃和聚氯乙烯热塑性复合材料要求填料是平均粒径为 $1\sim4\mu m$ 的改性重质碳酸钙填料；平均粒径 $1\sim3\mu m$ 的重质碳酸钙在聚丙烯、均聚物和共聚物中的填充量为 20%～40%，而且制品的弹性模量较单纯的聚合物还要高；平均粒径 $0.5\sim3\mu m$ 的重质碳酸钙不仅可以降低刚性和柔性 PVC 制品的生产成本，还可提高这些制品的冲击强度。在美国，用作塑料填料的高岭土的平均粒径为：粗粒级 $2\sim3\mu m$，中粒级 $1.5\sim2.5\mu m$，细粒级 $0.5\sim1.0\mu m$；煅烧高岭土 $0.3\sim3\mu m$（硅烷处理）。因此，超细粉碎和精细分级技术是高聚物基复合材料中填充的无机工业矿物填料所必须的加工技术之一。

高档涂料的着色颜料和体质颜料粒度越细、粒度分布越均匀，使用效果越好。

例如，作为白色颜料的金红色型 TiO_2，考虑其光学 性能，最合适的粒径是 $0.2\sim 0.4\mu m$；具有电、磁、光、热、生物、防腐、防辐射、特种装饰等功能的特种涂料，一般要求使用粒径微细、分布较窄的功能性颜料或填料，如含玻璃微珠厚层涂膜的道路标志涂料，所用的玻璃微珠反射填料的平均粒径为 $0.1\sim 1\mu m$；用作玻璃模具脱模剂的高温润滑涂料，其无机矿物填料石墨、碳化硼等的平均粒径要求小于 $10\mu m$。这些颜料或填料的加工无疑离不开超细粉碎和精细分级技术。

矿物原料的粒度大小和粒度分布直接影响耐火材料及保温隔热材料的烧成温度、显微结构、机械强度和容重。对同一种原料，粒度越细烧成温度越低、制品的机械强度越高。所以现代高档耐火材料一般选用粒径 $0.1\sim 10\mu m$ 的超细粉体作为原料。对于轻质隔热保温材料，如硅钙型硅酸钙，石英粉原料的粒度越细，容重越小，质量越好。所以制备容重小于 $130kg/m^3$ 的超轻硅钙型硅酸钙，要求石英粉的细度小于 $5\mu m$。

精细磨料和研磨抛光剂，如碳化硅、金刚砂、石英、蛋白石、硅藻土等，在某些应用领域要求其粒度小于 $10\mu m$，用于制备研磨磨料和抛光剂的硅藻土，小于 $10\mu m$ 的颗粒占 99.95%，颗粒平均粒径 $5\sim 7\mu m$。

目前国内超细粉碎行业与现代新兴生化剂药产业密切相关。研究表明，超细粉碎加工可显著提高药品的生物活性和有效成分的利用率。同时可以将一些难溶或难以提取有效成分的药材加工成易溶、易于提取有效成分或易于被人体吸收的速溶品或保健药品，从而大大提高药材，尤其是传统中药材的有效成分利用率。现在，超细粉碎技术已经在一些药品及保健品，如花粉、人参、当归等的加工中得到应用。预计，随着药品经超细粉碎加工后生理或生物活性和临床应用效果研究的逐步深化，超细粉碎技术将在一定程度上改变传统的制药工业，尤其是某些中药的传统制作工艺和使用方法。

超细粉碎技术因现代高技术新材料产业的崛起而发展，反过来又促进相关高技术新材料产业的更大进步，以至在全球范围内，自 20 世纪 80 年代初以来各种超细粉体原料的需求量呈快速增长。据统计，中国在 20 世纪 90 年代末之前，非金属矿物超细粉体产品还不足 5 万吨，到 1996 年已超过 30 万吨。到 2000 年，中国非金属矿物超细粉体产品的产量超过 50 万吨，2010 年已达到 120 万吨以上。

五、超细粉碎的主要研究内容和发展方向

超细粉碎是一个涉及粉体工程、颗粒学、力学、固体物理、化工、物理化学、流体力学、机械学、矿物加工工程、岩石与矿物学、现代仪器分析与测试技术等多

学科领域的新兴工程技术。它的主要研究内容包括以下几个方面。

1. 超细粉碎基础理论

其包括超细粉体的粒度、表面物理化学特性及其表征方法；不同性质微细颗粒的受力变形和粉碎机理；超细粉碎过程的描述和数学模型；被粉碎物料在不同超细粉碎方法、设备及不同粉碎条件和粉碎环境下的能耗规律、产品细度及粒度分布、粉碎效率或能量利用率；不同设备或机械应力的施加方式，如冲击、打击、研磨、摩擦、剪切、磨削、挤压等在不同粉碎条件下对被粉碎物料晶体结构和物理化学性能的影响（粉碎过程的机械化学效应）；粉碎物理化学环境及助磨剂、分散剂等对产品细度、物化性能及粉碎效率和能量利用率的影响等。这些基础理论研究对于超细粉碎设备的开发、工艺的优化、粉碎效率和能量利用率的提高以及超细粉体的应用等都是极为重要的。

2. 超细粉碎设备

其包括各类超细粉碎设备、精细分级设备以及与之配套的过滤干燥、包装、储存与输送等设备。这是超细粉碎工程最主要的研究内容之一。

3. 超细粉碎工艺

其包括不同种类、不同性质工业矿物及其他原料在一定细度、粒度分布及纯度等指标要求下的超细粉碎工艺流程和设备选型。由于超细粉碎工程技术涉及的原料种类很多，而且性质各异，加上不同应用领域对超细粉体细度、级配及其他质量指标要求的不同，因此，超细粉碎工艺研究是超细粉碎技术、设备应用于工业生产的关键环节之一。

4. 超细粉碎过程的粒度检测技术

超细粉碎过程的在线粒度监控技术是实现超细粉碎工业化自动控制和连续生产的关键因素之一。超细粉体的粒度检测技术是科学研究和生产管理所必须的手段。

在 21 世纪，人类社会面临着高技术和新材料产业发展壮大、传统产业技术进步加快、相关应用领域对各类超细粉体产品的需求量增大的良好机遇，同时也面临着对超细粉体产品粒度及粒度分布、颗粒形状、纯度等要求的提高以及节约能源、保护自然环境和自然资源的严峻挑战。作为与高技术新材料产业及传统产业技术进步密切相关的原材料深加工技术的超细粉碎工程技术面对这些机遇和挑战，将在加强理论研究的基础上发展新技术、新设备、新工艺以及在线粒度大小和粒度分布的监控技术。其主要发展趋势如下。

（1）改进现有超细粉碎与精细分级设备。主要是提高单机处理能力和降低单位产品能耗、减少磨耗、提高自动化控制水平和综合配套性能。

（2）发展新型超细粉碎和精细分级设备。与现有超细粉碎设备相比，新型超细粉碎设备的特点是能量利用率高、生产能力大、粉碎极限粒度小、粉碎比大、磨耗少、污染轻、适用范围宽或可用于特殊物料，如低熔点、高硬度、易燃易爆、韧性物料等的加工；新型精细分级设备的特点是分级粒度细、精度高、处理能力大、与超细粉碎设备的配套性能好。

（3）优化工艺和完善配套。发展能满足或适应不同性质物料，不同细度、级配和纯度的要求，具有不同生产能力的超细粉碎成套工艺设备生产线，以方便用户选用。

（4）开发非机械力超细粉碎技术。与目前工业上广泛采用的机械超细粉碎技术相比，这种技术的特点是工艺简单、能耗低、效率高、生产能力大，同时便于实现工业化生产。

（5）研制高性能粒度监控和分析仪。研制快捷、方便、准确、实用的线粒度分析仪，尤其是能实现生产过程产品细度和级配自动控制及有助于提高粉碎效率的在线粒度监控（分析）仪将是主要的发展趋势。

第五节　粉末涂料生产设备及相关制造设备

目前粉末涂料（泛指热固性粉末涂料，下同）大部分都是用熔融挤出混合法生产，其主要工艺为：原料称量——预混合——熔融挤出——压片破碎——细粉碎和分级过筛——包装——成品。

具体的主要制造设备包括：原材料的预混合设备；熔融挤出混合设备；压片冷却和破碎设备；细粉碎和分级过筛设备；其他辅助设备等。粉末涂料工艺流程见图 9-50。

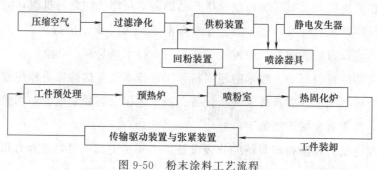

图 9-50　粉末涂料工艺流程

一、概述

粉末涂料被涂敷于底材表面，用于保护基材免于生锈并起到装饰作用。

粉末涂料通常分为热塑性和热固性，可以通过多种方式将固体粉末均匀涂敷于金属等材料表面，主要用于家用电器、铝型材、汽车和零件等领域，粉末涂装与普通液体涂料涂装技术相比能起到更好的效果。

静电喷涂技术由于其效率高、操作简单、成本效益高等因素，是目前最广泛应用的粉末涂料技术之一。

由于粉末涂料的优势，全球范围对粉末涂料的需求不断增加。由于成本上的优势，粉末涂料广泛应用于户内设备和需要在恶劣气候下使用的基础设施。此外，其他一些强于传统液体涂料的性能，如耐擦伤、耐磨损等，也促进了粉末涂料的应用。

然而，粉末涂料涂装设备的一些局限性导致了粉末涂料在应用推广中受到制约。例如，粉末涂料无法应用于大面积的涂装，并且不适合在复杂形状的工件表面进行涂装。此外，部分粉末涂料涂装对空气压缩机的使用使得操作变得更加复杂和繁琐，不利于这一涂装工艺的市场增长。

1. 粉末涂装设备的分类

粉末涂装设备从功能上分为烘箱、喷房、喷枪等。

喷枪一般用于使粉末带上静电，并将带电粉末喷至工件表面。喷枪根据功能可分为热喷枪、双电压粉末喷枪、静电喷枪、摩擦喷枪和其他喷枪。

烘箱用于固化粉末涂料，市场上主要分为对流固化炉、红外线固化炉和其他类型的固化烘箱。

2. 粉末涂装设备的生产商

目前我国市场上主要的粉末涂装设备生产商包括瑞士 Gema、日本 Mitsuba 系统公司、红线工业公司、德国 J. Wagner 公司、Eastwood 公司、诺信公司（Nordson）等。

二、粉末涂料预混机设备

在制造粉末涂料过程中，原材料预混合设备的功能是把粉末涂料配方中的树脂、固化剂、颜料、填料和助剂等固体颗粒或粉末状原材料混合均匀，然后提供给下一步熔融挤出混合工序使用。

1. 预混机设备分类

一般这种设备要求能够在短时间均匀混合和分散固体颗粒或者粉末状物料。可用于粉末涂料原材料预混合的设备种类很多，其中有圆筒形混合机、圆锥形混合机、正方形混合机、双筒V形混合机、桶式混合机、拌合式混合机、双螺杆式混合机（卧式）、螺杆式混合机（立式）、球磨机、高速混合机等。这些设备按功能又可分为辊筒式混合机、搅拌型混合机和高速混合机三大类。

在上述设备中，圆筒形、圆锥形、正方形、双筒V形、桶式和球磨机型混合机是属于辊筒式混合机，其中大部是只有混合功能，没有破碎功能，只有球磨机有混合和破碎双重功能，这些设备的混合时间为10～30min。在粉末涂料生产中使用的设备有圆锥形混合机的改进型三维旋转水冷混合机、双筒V形混合机和桶式混合机。

使用这些设备的多数厂家，用于粉末涂料成品的混合或者美术型粉末涂料（包括金属粉末涂料）的制造，也有少数厂家用于原材料的预混合。当树脂和助剂颗粒太大时，不适合用辊筒式混合机预混合原材料。这是因为这种设备没有破碎功能，当原材料中有颗粒大的树脂，这类树脂是在熔融挤出过程中来不及破碎和熔融分散的，在挤出物中容易出现未分散的树脂颗粒，故很容易产生涂膜的缩孔。

2. 高速混合机设备

高速混合机是既有混合功能，又有破碎功能的设备，一般混合时间为3～5min，是制造粉末料最理想的原材料混合设备。

这种设备一般装有两台或三台电机，装在高速混合机混料罐中央的电机带动搅拌叶片，一般转速为2000r/min以下，主要起到混合作用；另一台或两台电机安装在混料罐的侧面，一般转速为2900r/min，带动粉碎锤子，主要起破碎作用，对于混料罐容量大至500L以上的安装两台电机。

3. 移动式混料斗工作原理

国内如三立机械等厂家有此类设备。这种移动式混料斗工作原理是，将装有待混合原料的料斗推上工位后，由自动控制系统将其提升，与搅拌盖结合并锁紧。料斗与搅拌盖一起翻转，在翻转的过程中进行混合。混合过程完成后，料斗自动回到原工位。整个工作循环用可编程序控制器（PLC）自动控制。混合均匀，生产效率高，不产生固化颗粒。

4. 翻转式自动混合机的先进技术特性

料斗翻转同时机械搅拌；多料斗连续循环作业，换色方便；混合均匀，无固化颗粒；高生产率，机电控制料斗的定位、提升、夹紧和松开；采用可编程序控制器

（PLC）实现自动化；易于清洗和维修。

5. 预混机的选择

因为全国粉末涂料厂的规模大小、品种多少和经济条件的差别较大，而且各厂的传统习惯和经济条件的差别也较大，所以根据各厂的实际情况，选择适合的混料机。

用于热固性粉末涂料的高速混合机，一般不配备冷却装置。这种混合设备结构简单，罐内没有死角，清机、换色和换涂料品种方便。目前国内大多数厂家用这种设备进行原材料的混合。另外国内也有一些外资厂和一些大型粉末生产厂家选择自动混合机为料斗可移动式（翻斗）混合机。

三、熔融挤出混合设备

粉末涂料的生产方法有多种，如干混法、环氧地坪漆热融挤出混合法、沉淀法、蒸发法、喷雾干燥法等。国内使用单螺杆和双螺杆挤出机，将聚酯粉末涂料各组分经预混料机（图 9-51）粗分散后，转入单螺杆或双螺杆挤出机进行挤混，促使复合组分实现充分溶融共混、分散均匀后来达到综合性能优良的要求。通常预混料操作温度为 120℃，物料在螺杆中滞留时间为 30～200s。在我国制造热固性粉末主要采用这种熔融挤出混合法。国内熔融挤出混合设备（图 9-52）最大生产能力为 400kg/h。

图 9-51　预混料机混合设备　　　　　图 9-52　熔融挤出混合设备

国外 Buss 公司的双螺杆挤出机（PCS-100 型）生产能力为 1 200kg/h，采用从侧面双螺杆进料，设备清洗方便，体积也小。由于粉末涂料要求粒度小和分布窄，国外通常采用 ACM（粉末）设备，为了生产超细粉末，在 ACM（粉末）粉碎机后又增添了双旋风分离器，产能达 2～3t/h。

四、冷却和破碎设备

冷却和破碎设备见图 9-53。

图 9-53　冷却和破碎设备

五、ACM 粉磨机和全自动绑定机

1. ACM 粉磨机

（1）设备简介　ACM 粉磨机（见图 9-54）是一种具有内置分级轮的精细冲击磨机，广泛应用于世界各地。一般调整研磨转子的旋转速度和分类转子可以很容易地控制产品的尺寸。ACM 有很多模型。ACM-A 模型可以产生平均粒径为 $10\sim100\mu m$ 的产品，转子速度快（外围速度为 130 米/秒）。ACM-H 模型可以产生平均粒径小于 $10\mu m$ 的产品。

图 9-54　ACM 粉磨机

（2）工作原理　研磨的转子能有效地研磨进料口的物料，在研磨过程之后，粉末被循环气流带到分级区。在分级单元中，细粉被吸进了分级轮的内部，并作为最终产品收集。粗糙的材料受到离心力的影响，通过内导环回流到磨房。ACM 利用内部闭路研磨机制，并通过研磨锤和内衬垫产生的强力冲击力重新研磨材料。

（3）产品特点　改变空气体积，对转子转速进行分类，可以很容易地调整粒子的大小。

ACM 粉磨机使用的大量空气，适用热敏性材料。

ACM 粉磨机型号多样，并且有大量的研磨和分级配置。

2. 全自动绑定机

其全自动绑定机如图 9-55 所示。

结构特点如下。

① 10 寸触摸液晶显示屏控制，绑定工艺自动化。同时配备两套控制系统。

② 热罐搅拌桨为三层螺旋桨叶，绑定效果好，清机方便。

③ 绑定热罐具有水加热和自摩擦加热功能，也具备循环水冷却功能。

④ 冷却罐体和罐底都通水冷却，冷却快且均匀。

图 9-55 全自动绑定机

⑤ 气动开启罐盖，气动控制出料。

⑥ 配置进口名牌仪表及元件，实时监控罐体内的粉末温度。

⑦ 配置大型制氮机，制氮浓度 99% 以上，氮气分两路通入热罐中，防爆性能可靠。

⑧ 热罐配置大型操作平台，2.5 米×2.5 米。

⑨ 无漏粉，不固化，可绑定闪银、闪金、珠光、镜面银，效果杰出。

六、其他辅助设备

粉末涂装生产线见图 9-56。喷房结构示意见图 9-57。粉末涂装用到的其他辅助设备还有静电喷枪（图 9-58）、供粉装置（图 9-59）、喷粉房（图 9-60）、粉末回收装置（图 9-61）。

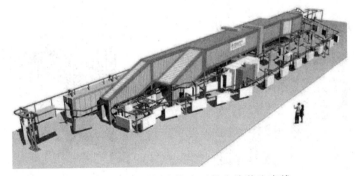

图 9-56　空调器钣金件表面粉末涂装生产线

粉末涂装（见图 9-58～图 9-61）是以固体树脂粉末为成膜物质的一种涂覆工艺。它的涂装对象是粉末涂料。粉末涂装技术的发展堪称涂饰工业近代伟大的成就之一。近 15 年来，全世界的粉末涂装工业以每年两位数的增长率稳定地飞速发展。对粉末涂装技术的需求日益增长的原因在于粉末涂层具有优异的性能、易于施涂、

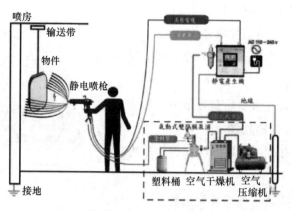

图 9-57 喷房结构示意

节约能源、广泛应用于汽车和家用电器行业，在经济效益和环境保护方面的社会效益显著。

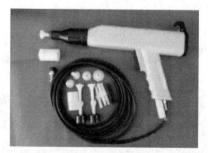

图 9-58 静电喷枪

图 9-59 供粉装置

图 9-60 喷粉房

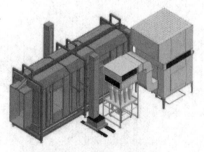

图 9-61 粉末回收装置

七、检验设备

检验用到的测定仪器见图 9-62。

粉末涂料检测工艺如下。

粉末涂料成膜前的性能试验方法（见图 9-62）如下。

(1) 粒度分布　用筛分法测定粒度分布。

(2) 表观密度　模塑料表观密度试验方法测定。

图 9-62　测定仪器

(3) 粉末流出性　GB 6554—2003 流出性的方法测定。

(4) 粉末流化流动性　粉末/空气混合物流动性的方法测定。

(5) 软化温度　科夫尔热板法测定。

(6) 胶化时间　热固性粉末涂料在给定温度下胶化时间的方法测定。

(7) 不挥发物含量　GB 6554—2003 不挥发物含量的方法测定。

(8) 熔融流动性　倾斜板流动性的方法测定。

粉末涂料成膜后的性能试验方法如下。

(1) 冲击强度　漆膜耐冲击测定法测定。

(2) 硬度　涂膜硬度铅笔测定法测定。

(3) 划格试验　色漆和清漆漆膜的划格试验测定。

(4) 杯突试验　色漆和清漆杯突试验测定。

(5) 耐弯曲性　漆膜弯曲试验（圆柱轴）测定。

(6) 边角覆盖率　GB 6554—2003 边角覆盖率的试验方法测定。

(7) 光泽　色漆和清漆不含金属颜料的色漆漆膜的 20°、60°和 85°镜面光泽的方法测定。

(8) 涂层气孔率（均匀性试验）　GB 6554—2003 涂层气孔率的方法试验测定。

(9) 耐磨试验　漆膜耐磨性测定法测定。

(10) 耐化学药品等性能　GB/6554—2003 耐化学药品性试验测定。

部分检测仪器如下。

膜厚测试仪见图 9-63。光泽测试仪见图 9-64。盐雾试验箱见图 9-65。人工加速老化仪见图 9-66。马弗炉见图 9-67。

八、粉末涂料生产设备

粉末涂料生产设备是一条自动化程度较高的生产线，它的主要设备包括原料拌和机、螺杆计量器、混合挤出机、温控器、冷却破碎机、立式磨粉机、旋转筛、旋

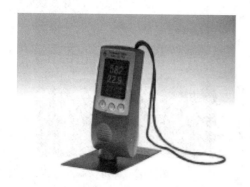

图 9-63　膜厚测试仪

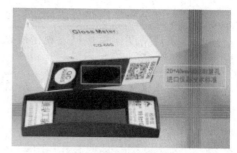

图 9-64　光泽测试仪

图 9-65　盐雾试验箱

图 9-66　人工加速老化仪

图 9-67　马弗炉

风分离器和高压风机等。上述这类生产线的产品，要根据生产厂家配套的情况和根据自己的要求进行选择。

1. PLM 固液混合系统设备

在传统工艺潜能已发挥到极限，而市场对高质量和低价格的追求却日益高涨的情况下，这就迫使制造商寻求更加经济有效的工艺。通过把不同的生产阶段整合成一个系统（而不是一步一步来处理）可取得综合效益。

粉尘，是导致工况恶化及成本上升的原因，可通过 PLM 系统达到降低或避免。

PLM 系统具有优化湿润和瞬间分散的功能，结合更有效的原料传送及均匀的添加，以此来提高终端产品的品质。该处理工艺可实现自动化，并能轻易地整合进现有的设备中。

（1）工作原理　PLM 系统工作原理是利用特殊转子的高速旋转产生真空，把粉末均匀地吸入工作腔，并把它均匀地分布在快速流动的液流中，在液流中粉末被瞬间完全湿润，不产生团聚块状物。然后液体和粉末通过一个高剪切定转子结构，以分散任何可能存在的聚块物，最后得到完全湿润和分散均匀的物料。

PLM 系统是一种完全不同的处理理念。该套设备系统整合了所有必需的处理步骤，全部融合于一部机器中，所有的处理都是瞬间同时完成，彻底解决传统设备难以解决的一些工艺难题。

由于粉末在开始就被液流均匀湿润，因此不存在未完全湿润的粉末，也不会在液流的表面、搅拌轴和容器壁上形成结皮现象。而传统工艺易形成硬的结皮。

由此可见，使用 PLM 系统能使产品的质量得到很大的提高。

粉尘减少的主要原因是真空由液流产生，所有的粉尘都毫无遗漏地被导入液流中。

传统处理工艺中所必需的环保辅助设施在这里都将不再必要。

（2）典型的应用领域　PLM 系统固液混合技术在十多年前就在德国被研发，并在欧美发达国家已被广泛应用于：过饱和溶解；粉体/液体在线分散；颗粒物液体在线分散；两种易起反应的物料瞬间混合；超细轻质粉体的添加；谷物/水在线粉碎、分散、混合；药厂加料工艺（GMP）。另外还有以下几个方面的应用。

① 涂料乳化　物料黏度很高，大量的粉末加入树脂，在传统工艺中需要大量时间和功耗才能达到分散，在用 PLM 系统导入粉末时，粉末在分散剪切腔内直接与液体接触并被迅速湿润和分散。

② 白炭黑添加　超细白炭黑密度很小，在传统工艺中漂浮于介质中，形成团聚、结皮，添加量也达不到高比例要求。在用 PLM 系统导入粉末时，工作时间缩短了 3/4，添加量可达到 40％。

③ 石灰石、二氧化钛、高岭土、硫酸钡和其他的产品处理　其产品常以大袋包装形式供应，在把粉末从这些容器中倾倒出来时，PLM 系统提供了一套完整的粉末导入、湿润、分散处理方案。

（3）PLM 系统的优势　① 粉末的传输在到达分散区之前完全不用接触液体就能全部完成。这一主要优势还可以用来处理易自发膨胀粉末，例：纤维素、淀粉、黄原胶、膨润土等。

② PLM 系统工艺流程简单，可以节省大量容器、管道、阀门及搅拌器，降低设备投资及生产成本。

③ 轻松完成粉末的解聚，避免传统工艺粉末遇液体团聚，然后再解聚的过程。例：纳米级粉体的分散。

高固含量物料在粉末饱和状态时产生很高的黏度。普通的混合设备由于无法取得较好的解聚效果，所以通常要添加湿润剂或配备额外的分散机。如使用 PLM 系统，就不会出现这种情况。粉末在分散腔就被湿润并以悬浮液的形式传送，此时结构黏度或触变性质就不会产生负面效应，因为有最大的剪切力作用于分散腔中，随剪切力度而变化的黏度在这里被降低到最低点。系统固含量能达到传统的搅拌混合技术所无法实现的程度。当粉末被高速导入并均匀地分布在分散腔时，也就避免了聚块的形成。当液流经过定子/转子结构系统时，任何可能存在的聚块都被消除了。导入腔的设计充分考虑到了粉末的种类、其流动特性和内部空气含量。

该机器可产生一个很强的导入真空，能破除凝结在进料口的桥状粉末块，这些桥状粉末块通常是一些较重的粉末比如石灰石、氧化铁、二氧化钛等。

PLM 系统能很容易地与现有的成套设备整合在一起，不需要再另外改变容器。

2. 粉料自动化设备

图 9-68 一体化粉料生产线设备可以通过对物料的精细加工，把物料粉磨至3000 目以上的超细粒度，是市场加工超细粉的常用设备。这也是一种细粉及超细粉的加工设备，应用有多项国家新磨机专利技术，具有设计新颖、结构合理、占地面积小、电耗低、运行寿命长、且易损件造价低、性价比高等特点。其各项技术性能达到了国际领先水平，该粉料自动化设备，主要适用于中、低硬度，莫氏硬度低于 6 级的非易燃易爆的各种脆性物料，如方解石、白垩、碳酸钙、白云石、高岭土、膨润土、滑石、云母、菱镁矿、伊利石、叶蜡石、蛭石、海泡石、凹凸棒石、累托石、硅藻土、重晶石、石膏、明矾石、石墨、萤石、磷矿石、钾矿石、浮石等。

目前一体化粉料生产线设备（见图 9-68）的细粉成品粒度可在 325～3000 目之间任意调节，产量可达 0.5～12 吨/小时。图 9-69 是一体化粉料生产线附属设备。

3. 粉末涂料设备使用时应注意的问题

粉末涂料在市场上应用非常广泛，粉末涂料应用范围涵盖从汽车一直到玩具、

图 9-68 一体化粉料生产线设备

图 9-69 一体化粉料生产线附属设备

活动铅笔。电器方面为了避免使用溶剂漆也都转为使用粉末涂料。随着粉末涂料的不断增加相应的粉末涂料设备也随之增加。那么粉末涂料设备在应用的时候要注意哪些问题呢？

（1）在使用粉末涂料设备时要远离火源、避免日光直接照射，应置于通风良好，温度在 35℃ 以下场所。

（2）避免存放在易受水、有机溶剂、油和其他材料污染的场所。

（3）在使用粉末涂料设备时粉末涂料用后勿随意露于空气中，应随时加盖或匝紧袋口避免杂物混入。

（4）避免皮肤的长期接触，附着于皮肤的粉末应用肥皂水冲洗干净，切勿使用溶剂。保证涂装施工场所的安全和环保。

（5）涂装作业使用设备均要完好的接地消除静电。

（6）避免涂装机无端放电现象。

（7）在使用粉末涂料设备时喷粉室内，浮游粉尘的浓度尽量控制在安全浓度以下，避免粉尘着火爆炸的危险。

第六节　金属粉末涂料粘贴设备的爆炸危险及预防

一、概述

金属颜料粘贴是指将金属颜料粘贴到粉末涂料颗粒表面，制成具有金属闪光粉末涂料的工艺过程。在粉末涂料颗粒的表面粘贴的金属粉颜料主要有铝、铜、锌、镁、不锈钢等金属颜料。

金属粉末涂料粘贴设备是将金属颜料粘贴到粉末涂料颗粒表面，形成金属粉末涂料的设备。

二、金属闪光粉末涂料粘贴设备的爆炸危险

1. 金属颜料的爆炸特性

铝粉、铜粉、锌粉、镁粉及不锈钢粉是粉末涂料常用的金属颜料，以铝粉的用量最大，其引燃能量很低，爆炸指数 K_{st} 很高，在各类金属颜料中爆炸危险最大，铝粉的爆炸特性如下。

① 平均粒径（D50）$22\mu m$。

② 爆炸下限浓度 $25g/m^3$。

③ 最大爆炸压力 $P_{max}=1.24MPa$。

④ 爆炸指数 $K_{st}=110MPa \cdot m/s$。

⑤ 爆炸等级 St3。

随着平均粒径（D50）的减小，金属粉的最大爆炸压力 P 和爆炸指数 K_{st} 增大。

2. 铝粉的最小引燃能量（MIE）

铝粉的最小引燃能量（MIE）因平均粒径、粉尘云浓度、颗粒形状、环境温度和湿度而异。最小引燃能量低于 $10mJ$。

用于制备金属闪光粉末涂料的铝粉颜料通常由 $20\% \sim 40\%$ 的片状铝粉和 $60\% \sim 80\%$ 的非片状铝粉组成。片状铝粉的粒径 D50 为 $4 \sim 12\mu m$，可产生极为光亮的金属闪光效果。非片状的铝粉颜料亦可产生很好的闪光效果，其粒径 D50 为 $10 \sim 30\mu m$。片状铝粉的最小引燃能量可能低于 $5mJ$。

3. 金属粉末涂料的爆炸特性

标准配方粉末涂料的爆炸特性为：

① 平均粒径（D50）$35\mu m$；

② 最大爆炸压力 $P_{max} \leqslant 0.80MPa$；

③ 爆炸指数 $K_{st} \leqslant 11.0MPa \cdot m/s$；

④ 爆炸等级 St1。

添加 $\leqslant 5\%$ 质量分数的铝粉将使金属闪光涂料的爆炸指数提高 10%，即爆炸指数 $K_{st} \leqslant 12.1MPa \cdot m/s$，爆炸等级 St1。

添加≥25％质量分数的铝粉将使金属闪光涂料的爆炸指数接近纯铝粉的爆炸指数，即爆炸指数 K_{st}≥110MPa・m/s，爆炸等级 St3。

三、金属粉末涂料粘贴设备

金属粉末涂料粘贴设备为具有爆炸危险的设备，其技术性能应符合 GB/T 15577 关于粉尘防爆安全的相关要求。

1. 双罐式粘贴系统

图 9-70 所示为最常用的粘贴罐与冷却罐分离的双罐式粘贴系统。金属颜料粘贴罐的功能如下。

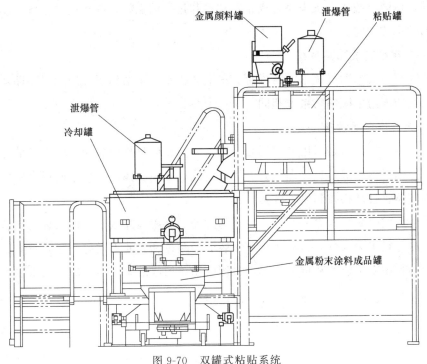

图 9-70　双罐式粘贴系统

① 升温可采用不同的加热方式。其一般是将粉末涂料颗粒均匀升温，达到粉末涂料的玻璃化温度，并精确控制罐内温度。

② 投入金属颜料，充分混合，在最短的时间内将金属颜料粘贴到粉末涂料颗粒表面。粘贴附着过程即告结束。此时，应以最快的速度将粘贴好的金属粉末涂料从粘贴罐中排出到冷却罐中，使之尽快冷却。

③ 在粘贴过程中应充入惰性气体氮气（N_2），并精确控制容器内氧气（O_2）的含量使其低于安全极限。

对于不同配方和不同批次的粉末涂料玻璃化温度存在差异，因此准确测定粉末涂料的玻璃化温度，对于有效控制粘贴工艺参数十分重要。

冷却罐的功能如下。

① 从高速混合机中排出的热态金属粉末涂料进入冷却罐后，应尽快进行冷却，使其温度降到常温以下。

② 冷却过程通常使用低速混合机，其混合容器和搅拌桨设有冷却水套，并可向容器内通入干燥冷气。低速混合机的容量应足够大，以满足批量迅速冷却的需要。

2. 单罐粘贴系统

其是在同一罐体内按程序完成粘贴和冷却过程的系统。单罐粘贴系统的功能与双罐粘贴系统相同。

3. 料罐翻转式粘贴系统

料罐翻转式粘贴系统是在料罐翻转式混合机平台上增添了金属颜料粘贴功能形成的。其功能与单罐粘贴系统相同。

4. 干（掺）混设备

干（掺）混设备是指用普通混合工艺，将金属颜料掺混到粉末涂料中的过程的系统。金属颜料掺混过程存在很大的爆炸危险，必须在掺混过程中向混合容器内充入惰性气体，且严格控制氧气含量。

掺混后的金属粉末涂料亦可产生较为光亮的金属闪光效果。但是金属颜料极易结团，易与粉末涂料分离，从而导致涂装后的颜色和光泽不均匀，色差较大。分离的金属颜料团有可能使喷枪堵塞。通过回收系统回收的金属粉末涂料的重复利用率较低。

第十章　其他涂料生产设备与实例

第一节　水性涂料生产设备

一、一体化涂料生产成套设备

　　北京赛德丽一直注重自主创新，多年来在研发方面的投入一直居国内行业前列，而且产品的主要技术皆以自主研发方式获得，拥有自主知识产权。该公司研制生产的一体化涂料成套生产设备（见图10-1），改变传统的分散、研磨工艺，采用液体计量、高速分散、循环研磨、真空吸料、真空消泡、半自动灌装等整套工艺流程，实现了从投料到出成品一道工序，已获得十七项国家专利，目前已有几百套设备在国内及国外得到广泛应用。

图 10-1　一体化涂料成套生产设备

现将智能化涂料成套设备九大关键技术介绍如下。

1. 粉料底部真空进料

粉料采用底部真空进料方式（见图 10-2），进料距离短，进料速度快，自动控制，避免了由于人工操作不准确造成的浆料倒流、抽空等现象。吸进的粉料被水包住，不存在粉尘污染和堵塞问题，可实现连续吸粉料，2min 可吸 500kg 左右的粉料，效率高。而传统的真空吸料，粉料从罐顶吸入，需要 25min 才能吸完，并且粉料容易被真空吸走和黏附罐壁，造成物料损耗。

2. 双层强力分散盘

整套设备中的核心部件是高速分散机，而高速分散机的重心是分散盘，所以分散盘（图 10-3）是提高生产效率和质量的重中之重。双层强力分散盘见图 10-3，采用耐磨材质，具有高剪切力，高线速度，分散效率是传统分散盘的几倍。

图 10-2　粉料底部真空进料　　　　　　图 10-3　双层强力分散盘

3. 不带冷却水的机械密封

传统的设备是敞口的搅拌罐，采用人工投料方式，粉尘污染大。采用全密封生产方式，真空负压进料，在密封容器中安装高速分散机，无粉尘污染。高速分散机采用不带冷却水的机械密封（见图 10-4）、NSK 轴承、弹性联轴器等工艺，品质保证，维修方便。

4. 全封闭人孔

整套设备要求全封闭、真空负压输送，如果罐体密封不严就会造成整个设备无法使用。人孔中密封硅胶在操作过程中经常接触物料造成密封不严，人孔将密封硅胶安在人孔盖上（见图 10-5），避免物料的接触，使密封更严密。

5. 刮壁式自动过滤器

其采用的是刮壁式自动过滤器（见图 10-6），通过高效的机械清洗方式来自动清除滤元表面的颗粒杂质，能够单机连续性在线过滤，不产生过滤耗材，无需人工频繁清洗。根据压差和时间，可自动开启清洗和排污功能，自动化程度高。

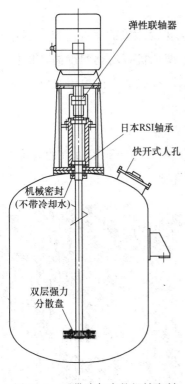

弹性联轴器

日本RSI轴承

快开式人孔

机械密封
(不带冷却水)

双层强力
分散盘

图 10-4　不带冷却水的机械密封

图 10-5　全封闭人孔

6. 双头灌装机

调漆罐可生产 0％钛白含量和 20％钛白含量的产品，通过双头灌装机（见图 10-7），可调配成不同钛白含量的产品，灌装到包装桶内，以满足不同客户需求。

图 10-6　刮壁式自动过滤器

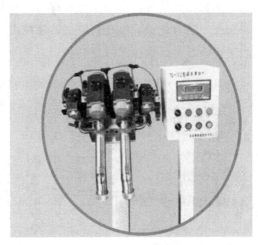

图 10-7　双头灌装机

7. 高精度调色机

其采用电脑控制调色全过程（见图 10-8），省去了对大罐的清洗过程，节省了人力和时间，提高了生产效率，达到零排放标准。调色机自动化程度高，操作简单，维护方便，自动完成选择、计量、注入等操作；包装桶定位采用光电感应控制，准确可靠。

8. 机器人码垛

机器人自动码垛（见图 10-9），完全释放人力，实现整个码垛过程的智能化、无人化，操作方便，数据设置简单，工艺流程设计合理，能耗低。

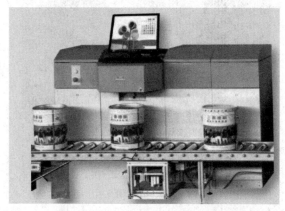 

图 10-8 采用电脑控制调色全过程　　　　图 10-9 机器人自动码垛

9. 整套设备全封闭、无人化作业、智能化生产

整套设备采用全封闭操作，没有粉尘污染和有机溶剂挥发，减少了中间环节的损耗，不会造成环境污染。生产过程全自动智能化（见图 10-10～图 10-12），工艺实时监控、实时记录，实现计算机管理模式，无人化作业，完全释放劳动力，同时提高了生产效率，确保了产品品质。

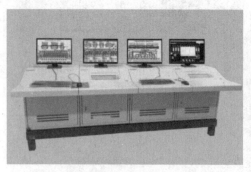 

图 10-10 工艺实时监控、实时记录　　　　图 10-11 无人化作业

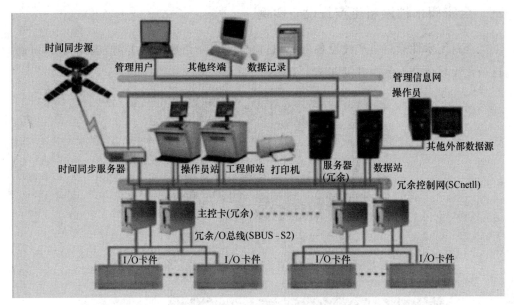

图 10-12　系统整体结构示意图

二、年产 3000 吨 SDL-C2 型一体化涂料成套生产设备

该设备能够独立完成分散、研磨、过滤、真空自动吸料以及半自动灌装等全过程（见图 10-13）。

在 C1 型设备基础上增加一个罐体的容积来增加产量。

两个反冲式袋式过滤器分别控制两个调漆罐，分别出料，互不串色。

图 10-13　年产 3000 吨 SDL-C2 型一体化涂料成套生产设备

三、全密闭水性涂料生产线设备实例

全封闭水性涂料生产线设备见图 10-14。实例介绍如下。实例为索维篮式研磨自动化涂料成套设备。其见图 10-15。

图 10-14　全密闭水性涂料生产线设备

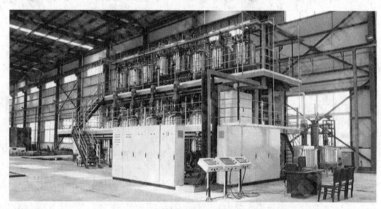

图 10-15　索维篮式研磨自动化涂料成套设备

1. 生产线设备特点

特点是其自动化控制真空进料，电子计量，生产过程自动化控制 PLC 人机界面，多点控制可灵活选择任意种技术配方由 CPU 自动存储，可任意调控稳定可靠，具有误操作自锁功能多项专利技术合理结合，研磨细化功能出众。

2. 生产线设备性能

（1）一般适合于大规模自动化涂料生产。

（2）可根据工艺和产量提供不同的配置。

（3）设计生产能力水性涂料年产量可从 1000 吨到 10 万吨。

（4）采用超细化篮式研磨机进行分散细化生产，时间短、细度好、清洗方便、

残留少。

（5）设备能独立完成真空进料、分散、研磨细化、冷却、调和、过滤、半自动灌装等全过程。

（6）该套设备生产工艺集中，人为因素较少，便于生产管理。

（7）一般可按照其的工艺要求，可选配产量较大全自动设备。自动计量，在线检测，所有阀门采用电控阀门，计算机自动控制。

3. **硬件系统及软件**

一般工控机、工业级触摸显示器是为了保证控制系统的可靠性，选用工业级工作站作为系统的上位机。

（1）称重传感器、涡街流量计及仪表　称重传感器精度高、稳定性好、反应速度快、使用寿命长，可对加料、调漆等环节进行精确计量，并在触摸屏或 PC 机上显示，避免加料、调漆操作中的人为因素造成的误差，有助于提高产品质量。涡街流量计可准确计量液体加料。

（2）可编程序控制器（PLC）　PLC、模拟量输入模块均采用国际知名品牌。以处理器为核心，结构紧凑，抗干扰能力强，具有极高可靠性和稳定性。

（3）操作台及配电柜　一般为了保证设备正常运行，同时便于对系统进行升级和维护。

4. **适用范围**

其适用于油漆涂料、油墨、颜料染料、药品、化妆品、食品、造纸、电子原料等中黏度液体原料的研磨制造；特别适用于黏度大、细度小、易挥发的物料（密闭式研磨）。

四、水包水涂料及生产设备实例

1. 水包水涂料

水包水型多彩涂料具有环保型、外观可灵活设计、装饰性强等特点，生产设备简单、灵活组合有很大的应用前景。水包水型涂料实际上是一种以水性乳胶涂料的小液滴作为分散相，以保护胶水溶液为连续相的多相悬浮体。水性多彩涂料的技术已经相对成熟，作为建筑涂料的高端产品，水性多彩涂料在建筑外墙领域的应用市场正处于高速成长期。

（1）水包水涂料是全水性、多色彩、环保型高科技涂料，仿真石程度可以达到100%，施工简单，一次喷涂即可完成花岗岩效果。许多客户第一次见到水包水型多彩涂料仿花岗石效果的样板或实际工程时，很少有人想到是涂料做的，客户无不对水包水型多彩涂料的天然花岗石仿真效果感到惊讶。这表明水包水型多彩涂料已经开始被大众所认可，水包水型多彩涂料作为替代天然花岗岩等石材进行建筑外墙装饰具备了根本条件。

（2）我国台湾地区有些企业在水包水涂料玻璃装饰面板涂装应用上获得突破，并受到市场欢迎。这种玻璃装饰面板就是将水包水涂料喷饰在玻璃板上，其喷饰的背面作为装饰面应用，其感官效果、触摸感、耐磨性、抗酸碱性、抗老化性能等各项指标等同于或高于天然花岗岩。玻璃装饰面板可以用于建筑内外墙装饰面及地面砖，应用前景十分开阔。

（3）水包水涂料的发展已由装饰性向功能性方向转变，研发了耐候型、防火型、抗静电型等多种功能的水包水涂料，并试图将水包水型多彩涂料应用到更广阔的领域中，真正实现涂料的成品化，涂层效果的工业化，替代更多的天然石材。

2. 水包水涂料设备

水包水（多彩）涂料设备见图 10-16～图 10-18。多彩涂料设备工艺流程见图 10-19。

图 10-16　水包水涂料设备　　图 10-17　单个水包水涂料设备　　图 10-18　水包水涂料成套设备

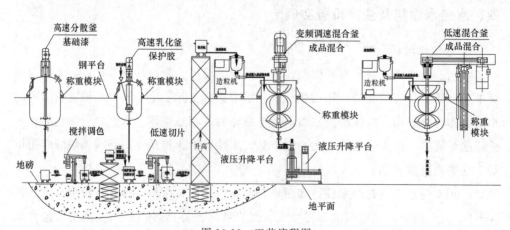

图 10-19　工艺流程图

随着社会的不断进步，多彩涂料消费市场的需求旺盛，消费者对高品质生活的不断追求，使其多彩涂料在功能上不断提高，迫使多彩涂料生产设备也在不断的更新换代，当今的功能性涂料正好弥补了多彩涂料产品这一缺口。

水包水喷枪是喷漆工人必不可少的工具之一。这种喷枪通过一次喷涂产生多种色彩的用于建筑物外墙的单组分涂料。一般涂料是采用丙烯酸硅树脂乳液和氟碳树脂乳液为基料，结合优质无机颜料和高性能助剂，根据涂料的特性，经特殊工艺加工而成的水性外墙多彩涂料。

人们对多彩涂料生产设备的改进也提出了更好的要求，现在的多彩涂料生产设备更加的智能化和科技化，所生产的涂料不仅在功能上有所提升，在视觉效果上更是得到了巨大的发展。多彩涂料生产设备的转型升级促进了多彩涂料质量的不断提升，在市场上普通涂料已经饱和、利润微薄的情况下，涂料厂家纷纷转型和调整生产结构，而多彩涂料生产设备本身却得到不断提升和发展。

现在消费者更加重视产品的质量和安全性，对多彩涂料生产设备的提升提出了更高的要求，健康性能作为涂料产品的重要条件，是吸引消费者购买的重要因素之一，所以现在的多彩涂料企业在注重产品的销量之时也要对多彩涂料设备的质量有个很好的把控。

（1）多彩涂料设备　分为水包油、油包水、水包水、油包油、新型含砂保温功能涂料等设备。

设备用途范围：一般可以对墙体工艺模型进行喷涂；并且对于水泥板、泡沫板、聚酯板、铝塑板及钢化玻璃等材料进行外表喷涂和装饰。该设备也可使用艺术漆来进行外表喷涂。

（2）多彩粒子筛滤机（颗粒状）　设备用途特点如下。

① 敞开式进料腔加配升降系统旋转切刮刀具、可抽式整体网架换网更便捷方便清洗，不易堵筛，放料操作气阀自动控制。整机设备方便可移动。

② 工作时更有效胶液与有色含砂基料包裹更均衡，提高颗粒均匀度，提高批次间花纹重复性。使多彩成品质量更稳定、仿真效果更逼真。

③ 大容量腔体，为大生产上提高产能节约了人力，使造粒过程更加顺畅。

④ 该设备属于真空式自动恒压设备；一般对多彩涂料乳胶包裹造粒设备是不可缺少的。

⑤ 工作环境：车间大批量生产。

（3）多彩涂料筛滤机　设备用途特点如下。

① 多彩涂料筛滤机一般是结合多彩涂料各种配方体系性能要求而设计、专供

建筑涂料行业、多彩艺术水性漆开发实验与生产结合造粒筛选配套设备。

② 设备用于多彩涂料的彩色乳胶颗粒造粒、生产中清洗换色方便，小批量生产与成批量生产便捷灵活、可连续筛滤。

③ 通过此设备生产的多彩涂料粒子的批次可重复性好和稳定均匀性高，且生产过程中减少了劳动力，提高了产能效率。

五、水漆喷涂及生产设备

近年来，越来越多的家庭装修选择环保、无毒的水性漆来喷涂，那么怎样选择真正适应水漆特点的喷涂工具和设备呢？如下作者的回答告诉了读者。因为目前我国气候变化影响空气湿度以及环境温度，而湿度和温度又恰恰是决定水漆干燥速度和雾化效果的关键因素，这主要是由水漆本身的特质所决定的。因此，选择好的水漆喷涂生产设备，对于展现完美的水漆喷涂效果往往能起到决定性作用。

1. 水漆喷涂及设备的三要素

完美的水性漆喷涂必须满足 3 个要素：高质量的水漆、先进的喷涂工具以及洁净的压缩空气。具体需要注重以下几个方面。

（1）调漆时要严格遵照涂料生产商推荐的成分配比。

（2）在选择水性漆喷枪时要注意搭配合适的空气帽和喷嘴。

（3）喷涂时必须保持稳定的气压（参照喷枪生产商的推荐气压）。

（4）使用洁净的压缩空气作为喷枪气源（建议使用高过滤精度的油水分离器）。

（5）配备专用的吹风枪来加快水性漆的干燥速度。

2. 水漆喷涂设备

（1）水漆喷枪　一般来说，水漆喷涂时都会选择带有高流量低压力技术（HVLP）的喷枪。HVLP 的特点之一就是出风量高，通常为 430L/min，所以能提高水性漆的干燥速度。HVLP 喷枪虽然气流量大，但是雾化度低，在干燥的气候下使用，反而会因为干燥速度过快而使得水性漆的流平性不佳，这时只有使用雾化度较高的中压中流量喷枪才会有比较好的整体效果。其实对于车主来讲，水性漆的干燥速度没有任何意义，他们看到的是漆面的流平性、光泽和颜色。所以在喷涂水性漆的时候千万不能一味求快，而更应该重视水性漆的整体表现，从而使车主满意。

（2）水漆吹风枪　有些喷涂人员在实际应用中感觉与溶剂型漆相比，水漆的干燥慢，尤其是在夏天。这是因为油漆在夏天挥发较快，容易干燥，而水漆对温度并非那么敏感。某 4S 店服务经理因为维修车辆交车时间延误，就错误地认为是水性漆干燥过慢所致。

交车延误的原因更多是因为设备不到位，或喷涂人员对水性漆产品不熟悉，以及水性漆调色有过多的调整等。单从水性漆的平均闪干时间（5～8min）来看，其实还小于溶剂型漆。当然，要做到这点，吹风枪是必不可少的。吹风枪是水性漆喷涂完毕后，对其进行人工干燥的工具。目前市场上主流的水性漆吹风枪大多通过文丘里效应达到增加空气流量的效果。

（3）压缩空气过滤设备　未经过滤的压缩空气中含有油、水、尘埃及其他污染物，它们对水性漆喷涂作业危害非常大，会造成多种漆膜质量缺陷，还有可能造成压缩空气的压力及气量的波动。由于压缩空气质量问题而导致的返工，不但会增加人工和材料成本，而且还会阻碍其他工作的顺利进行。

为了获得高质量的压缩空气，就必须使用高精度的过滤设备。例如 DEVIL-BISS 出品的 DVFR-8 油水分离器共带有 3 节过滤瓶。第 1 节过滤瓶内置螺旋离心式油水分离装置，能有效分离油分和水分，黄铜网结滤芯能过滤 $5\mu m$ 以上的颗粒，且滤芯可以清洗。第 2 节过滤瓶内的精细纤维滤芯，能过滤 $0.01\mu m$ 以上的颗粒，可去除漂浮物。第 3 节过滤瓶内的活性炭滤芯能过滤压缩空气中的油蒸气，并去除有机异味，能过滤 $0.00\mu m$ 以上的颗粒。

3. 水漆喷涂及生产设备评价

总之，水漆自身所具有的环保特点非常适合汽车维修行业低碳化的发展潮流，虽然目前国家还没有正式颁布推广水性漆的法令法规，水漆全方位的使用还需要一段时间，但各大汽车公司和涂料公司已经开始顺应全球环保趋势，积极在国内推广水性漆产品。

专家认为，水漆的推广和应用是汽车维修行业势在必行的发展方向。但是由于水性漆对喷涂设备有些特殊要求，所以在从溶剂型漆向水性漆转换的过程中，必然存在设备更新的问题。对此，我们不应盲从，应从自身实际出发，选择更适合、更经济及更实用的水性漆相关设备，从而获得更好的水漆喷涂效果。

第二节　防腐与油性涂料生产设备

一、防腐涂料成套设备生产线

国内一般适用不同防腐涂料工艺的工业级成套生产设备，主要包括原料储存系统、进料系统、计量系统、分散系统、研磨系统、调漆系统、出料系统、过滤装置、灌装系统、操作平台、电气控制系统组成并后续配套色浆调配生产线。

如某公司防腐涂料成套设备生产线见图 10-20。

图 10-20　某公司防腐涂料成套设备生产线

1. 设备用途特点

（1）工艺流程实现高度自动化，节约投入成本。

（2）根据客户的工艺要求和产能要求，进行节约化非标设计。

（3）采用上料-分散-研磨-调漆-出料-过滤-灌装-贴标等过程，减少了输送环境，便于管理。

（4）物料实现了全密闭生产，设备按照使用环境要求符合防爆要求。

（5）工艺流程化，提高了设备利用率，有利于清洗。

（6）针对不同粘度的物料，本套设备都能适用。

2. 技术参数应用

图 10-20 为世界排名前五的某化工集团在中国的工厂制造的防腐涂料生产设备。粉体加入采用人工投料（如粉体输送量大可以采用索维优越的气流输送技术），物料混合采用索维与客户合作设计的桨叶搅拌。成品采用索维半自动灌装机灌装。

二、油性涂料成套设备生产线

国内一般油性涂料的成套设备生产线见图 10-21。其主要包括由原料自动配料系统、分散系统、研磨系统、调漆系统、过滤灌装系统、自动化控制系统、操作平台、色浆生产部分组成。

（1）配料输送　液体配料采用泵、流量计；粉体配料采用称重系统、气体输送；助剂配料采用称重计量、重力。

（2）分散　通过高速分散机将粉液快速均匀的分散到液体里面，形成粉料无团聚、混合均匀的浆料；多种形式和规格可选，

图 10-21　油性涂料成套设备生产线

包含带刮壁式分散机、真空型分散机、双轴分散机（蝶形＋分散）、平台式分散机等产品，满足各种分散、搅拌工况要求。

（3）研磨　选用国际先进的研磨技术，生产线主要选用卧式砂磨机，色浆主要选用篮式砂磨机。

（4）调漆　针对油漆的不同工艺和物料特性（黏度、比重等），有多种形式和规格的搅拌机可选，包含抽真空的、防爆的、单轴的、双轴的、三轴等。

（5）过滤　通过袋式过滤器或自清洁过滤器将成品涂料的杂质进行过滤。

（6）灌装　将过滤后的成品进行灌装，灌装规格常为 $1\sim5kg$ 和 $10\sim25kg$ 两种，可以选择半自动灌装机或全自动灌装机。

上述油性涂料成套设备生产线生产工艺从进料到出料、成品包装，完全自动化生产，流水线式的生产过程，效率高，采用国际先进的分散研磨系统，细度好，产品质量稳定。

1. 设备用途特点

① 控制系统独立完成真空进料，生产搅拌整套工艺流程。

② 进料真空抽吸，速度快，效率高，操作方便，安全环保。

③ 设备搅拌采用犁刀式翻转加框式搅拌，带刮壁，物料混合充分，产品质量稳定，刮壁效果完美，不留死角，干净方便清洗。

④ 正压出料，无残留，无死角，易于清洗。

⑤ 配套灌装机，大口径储料罐，双料口辅助灌装，计量准确，现场干净环保。

2. 技术参数应用

图 10-22 为油性涂料成套设备生产线，自动配料-自动生成-自动出料-自动灌装。

所用硬软件：PLC、称重传感器、温度传感器、液位传感器、压力传感器、编程软件，上位机、触摸屏。

图 10-22　某工厂制造的油性涂料成套设备生产线

第三节　真石漆涂料及其生产设备

一、真石漆设备概述

真石漆设备也称为真石漆混合机，是一种专业生产真石漆涂料的设备。真石漆是一种很稠厚的厚质建筑涂料，是用合成树脂乳液与不同级配的彩砂粒子及多种助剂配制而成的，它的生产过程与一般建筑涂料的生产过程是不相同的，不需要通过高速搅拌或研磨等工序，主要是物料搅拌的过程，因此不能使用普通涂料的生产设备，应当使用适合于搅拌稠厚料浆的搅拌机进行生产。其设备如图 10-23 ～图 10-28 所示。

图 10-23　3 吨不锈钢卧式真石漆设备

图 10-24　5 吨卧式真石漆设备

图 10-25　自反转卧式真石漆搅拌机

图 10-26　卧式真石漆搅拌机

图 10-27　立式真石漆搅拌机

图 10-28　真石漆生产线

真石漆设备运行时能使物料进行三维翻滚，从而使物料快速均匀混合，并有效的消除死角及物料挂壁。高速分散乳化机适合于各种以液体为介质的粉体团的粉碎、混合、均质、分散、乳化以及加速溶解等。

真石漆是一种具有一定的黏性、稠厚、厚质特点的产品，在生产过程中与一般的建筑涂料也不尽相同，由于其本身的特性，不能做高速搅拌，只需要能将稠厚的浆料搅拌均匀即可，因此，在搅拌过程中对真石漆搅拌机的动力输出要求比较苛刻，真石漆搅拌机中电动机的选择也变得尤为重要。

针对真石漆的特性，在真石漆搅拌机的强制性搅拌的设备中，最关键的部位就是电动机了，所以电动机对整套设备来讲还是很重要的。真石漆搅拌机的电动机不同于砂浆搅拌机所使用的电动机，也不同于腻子粉搅拌机所使用的电动机，最为突出的一点原因就是砂浆和饲料，几乎都是属于干粉物料的，而真石漆具有一定的黏性，搅拌阻力大，所以搅拌起来需要的动力也大。一般真石漆搅拌机型号为一吨的设备需要的电动机为国标纯铜包的调速电动机，价格相对高一点，而腻子粉搅拌机所使用的电动机为普通的国标纯铜包电动机，两种电动机一听性能就会知道肯定存在差价，价格高点自然产品质量更可靠。

二、真石漆搅拌机组工作原理及特点

真石漆搅拌机是根据厚质涂料黏度大，搅拌时流动性差，高速搅拌又容易起泡、碎砂等工艺技术特性所设计研发的一种新型搅拌机。其集刮壁、混合于一体，运行时能将物料进行三维翻滚，从而使物料快速均匀进行混合，独特的搅拌螺带设计能够有效地清除死角及物料挂壁。

（1）适用于真石漆、质感漆、多彩涂料等涂料的搅拌。

（2）设备采用立式安装，搅拌形式为同心单、双轴的结构，使用性能稳定，搅拌效果一流，放料干净，易清洗，尤其节能，效益较高。

（3）另可根据客户投资要求，真石漆搅拌机可选用不锈钢材质或普通碳钢材质制作。此外，立式真石漆搅拌机，螺带框式搅拌，广泛应用于真石漆、质感漆、多彩涂料、水包水多彩涂料、仿石漆、石头漆等高黏度稠厚涂料，低速搅拌混合均匀，无死角，不挂壁。不锈钢筒体，高强度搅拌轴及组合式桨叶，无腐蚀耐用。立式真石漆搅拌机采用同心双轴设计，双电机各自单独搅拌，更高效，更节能，采用立式安装。

三、真石漆搅拌罐

真石漆搅拌罐运行时能使物料快速均匀混合，此设备配有刮壁刮底零件。适合于各种以液体为介质的粉体团的粉碎、混合、均质、分散、乳化以及加速溶解等。选购的真石漆设备必须经济适用，是涂料、腻子、膏状体高湿物料最佳混合的理想产品。

真石漆搅拌罐使混合比较均匀，省时省力，其操作简单，是目前比较先进的真石漆搅拌生产设备。

一般真石漆搅拌罐分立式和卧式。大型真石漆混合设备一般选用卧式多些。图 10-29 为 $20m^3$ 真石漆搅拌罐。各种真石漆设备如图 10-30～图 10-32 所示。

图 10-29　$20m^3$ 真石漆搅拌罐

图 10-30　真石漆设备组合 2 吨＋10 吨＋30 吨

图 10-31　涂料成套设备 LKC 型

图 10-32　真石漆成套设备

四、真石漆成套设备及实例

其全线使用自动输送机，依次进行的工艺为：自动除尘—底漆滚涂—干燥—往复式自动喷涂—干燥—出成品。可自动喷涂真石漆、质感漆、多彩涂料。其工艺流程如图 10-33 所示。

图 10-33　工艺流程

图 10-34　年产 5 万吨涂料真石漆生产线

青岛某新型建材公司 5 万吨新建涂料真石漆的成套设备生产线包括工艺设备、泵、仪表系统、电气系统、PLC 系统、钢平台、空压及真空系统、工艺管道及阀门等设备。年产 5 万吨真石漆涂料的投产预案是未来我国外墙涂料市场将向质感涂料、多彩涂料方向发展迈出的第一步。其设备如图 10-34 所示。

第四节　粉末美术涂料涂装系统与生产设备

一、概述

粉末的美术涂料不同于液态涂料，在常温下，粉末美术涂料本身不能流动，不能像液态涂料那样能黏附在被涂物表面。因此，它的涂装是全新的粉末涂装方法。

粉末美术涂料涂装技术的要点有两个，一是如何使粉末分散地附着在被涂物表面，一是如何使它成膜。使粉末分散附着的最早的方法是粉末热涂装工艺，相继开发了滚涂法、火焰喷涂法、瀑布法和流化床法。这些工艺方法的基本点是必须把工件预热到相当高的温度，使粉末熔融黏附于其上，因此主要应用于金属零件的涂装。工件在常温利用静电使粉末附着的方法为冷涂装工艺。无论冷涂装还是热涂装，最后都要经过加热使均匀附着在工件表面的粉末熔融、流平成膜。

当前已有的一些粉末的美术涂料涂装工艺可按热涂装和冷涂装分两大类。

（1）热涂装工艺：包括滚涂法、散涂法、瀑布法、火焰喷涂法、等离子喷涂法、热喷涂法、真空吸涂法、流化床法。

（2）冷涂装工艺：包括静电喷涂法、静电流化床法、静电云雾室法、静电振荡法、静电机械震荡法、喷胶冷涂法。

二、流化床涂装设备与涂装法

流化床涂装工艺最早应用于机电产品，如电机的绝缘涂层、防腐涂层。随着粉末涂料及涂装技术的发展，已广泛应用在家用电器、生活用品、钢结构件等方面。所用原料也由原来的环氧粉末发展到尼龙、聚酯、聚乙烯、聚氯乙烯等。

（1）原理　在流化槽内装入粉末涂料，将经过净化处理的空气或某种惰性气体吹入容器底部。气体经过均压板、微孔隔板进入流化槽，成为均匀分布的细散气流，使粉末悬浮、上下翻动，气流和粉末建立平衡后，保持一定界面高度，如同液体加热达到沸点时的沸腾状态。被涂物经预热，使其温度高于粉末涂料熔点，然后迅速放入粉末中，粉末均匀黏附在被涂物表面后，取出烘烤、流平、固化成膜。

（2）流化床涂装设备　流化床涂装的主要设备是流化床。流化床主要由气室、微孔透气隔板和流化槽三部分组成。图 10-35 所示是较常见的振动流化床结构。现对其结构说明如下。

① 流化床内由圆环形出风管出风，在两块多孔的均压板之间，夹一层羊毛毡，以使上升气流更均匀。气室的作用是将净化的压缩空气分散，经均压板进一步降压后成均匀的上升气流。气室下部有进气管，进气管有莲蓬型结构和盘香型结构两种，气孔开在下方，压缩空气进入气室后碰底板反射向上，达到均化目的。

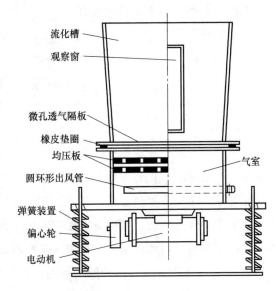

图 10-35　振动流化床结构示意

（标注：流化槽、观察窗、微孔透气隔板、橡皮垫圈、均压板、圆环形出风管、弹簧装置、偏心轮、电动机、气室）

均压板在进气管上部，为两块水平放置的带孔压板，板间距为 30～40mm，其作用是进一步使压缩空气均匀和降压。微孔透气隔板是保证粉末涂料在流化床中均匀悬浮流动的关键部件，要求孔径均匀、透气率高、机械强度好。可用环氧粉末、多层帆布或陶瓷等制造，分为多个型号。

② 流化槽槽壁有 1:10 的锥度，有利于粉末流动得更均匀。为使空间利用率更高，流化槽也可做成矩形或椭圆形。流化槽的材料可用钢板、铝合金板、PVC 板或有机玻璃板，而钢板、PVC 板最常用。

一般流化槽是存放粉末和涂敷施工的场所，其形状一般为圆形或方形。

③ 在流化床中增加振动机构，可使粉末在流化槽里悬浮流化得更均匀，并减少粉末的飞扬。特别是当机器开动时，容易使粉末启动悬浮，便于将粉末调节到均匀悬浮状态。一般振动机构的工作是电机带偏心轮和弹簧运动，产生振动。使振幅一般为 0.2～0.3mm，频率为 50Hz，结构简单、噪声小。这类流化床称为"振动流化床"。

④ 微孔透气隔板是保障流化床达到流化状态的主要部件。

微孔透气隔板可用陶瓷，聚乙烯、聚四氟乙烯制作，也可以用环氧粉末与石英砂黏合制作。其中陶瓷隔板机械强度高、孔径分布均匀、气孔率高。而聚四氟乙烯透气隔板具有不粘粉末涂料的优点。

(3) 流化床涂装工艺　流化床涂装工艺流程如下：前处理—蔽覆—预热—涂敷—除去蔽覆物—加热固化—检查。

① 工件前处理：包括除油、除锈及磷化、钝化。

② 预热：工件预热温度须高于粉末涂料的熔化温度，大约高于粉末涂料熔化温度 30～60℃。预热温度的控制主要取决于工件的材料、形状、热容量、所需涂膜温度等因素。工件预热温度过高，将引起高分子树脂的裂解、涂层产生气泡、涂层焦化、涂层过厚、流挂等现象。工件预热温度过低，粉末熔化后不能达到良好的流动性，导致涂膜不平整，还不易达到预定的厚度。需要注意的是，热容量大的工件升降温慢，时间要长，预热温度略高于粉末涂料的熔化温度即可，热容量小的工件，工件预热温度应相应提高。要求涂层厚时，工件预热温度则要高。

③ 流化床浸涂：将预热后的工件迅速地送入流化槽中，包围在工件周围的粉末通过吸热、熔融黏附在工件表面，实现工件的表面涂敷。为使涂层均匀，工件浸涂中应保持运动，如转动、翻面、水平、垂直运动，同时流化床自身振动。

浸涂的时间、浸涂的方式对涂层的厚度和质量影响较大。要求涂膜较厚的工件，浸涂时间应较长，要求特别厚的工件，可以进行多次涂敷。

均匀的涂膜不是轻易就能获得，可能存在以下原因。

a. 当局部气流受阻时，局部粉末流化不好，造成工件上表面粉层堆积，下表面涂膜很薄或不连续，阻挡面积越大，该现象越严重。

b. 因工件下部总是先浸入粉层中，而又最后离开粉层，故工件易存在上、下部位膜厚的差异。在浸涂过程中，可上下翻转 180°，或旋转运动，同时提高工件进出流化床的速度，使速度大于 0.7m/s。

c. 粉末流化状态不均匀，使槽内各部位粉末密度不同，造成涂膜不均。应检查透气板等设备，最好使用振动式流化床涂装。

④ 加热固化：经流化床浸涂后的工件虽粉末熔融、包覆在工件表面，但必须加热固化（塑化）。热塑性粉末涂料经热塑化可进一步流化，热固性粉末涂料经热固化可使高分子树脂进一步交联聚合。这样能使涂膜具有更好的机械强度、电气性能、表面平整和光泽度等性能。

热固性粉末的固化温度和时间必须严格执行，否则涂膜的性能指标都将明显下降。

⑤ 流化床施工注意事项如下。

a. 粉末涂料保持干燥、纯净。一般粒径为 100～200μm 的颗粒占总质量的

70%～80%为最佳配比，否则粉末在流化床内不易呈平稳的悬浮状态。

b. 工件浸入流化床时的夹具和工件不需涂敷的部位，应蔽覆遮盖，使之不与粉末接触，并尽量使夹具与蔽覆结合起来。

c. 蔽覆夹具尽可能有冷却装置，使之不粘粉末。制造蔽覆夹具的材料宜选用聚四氟乙烯、硅橡胶等，使其粘上半熔粉时容易清理。

⑥ 流化床涂装工艺应用实例　电动工具流化床涂装生产流水线如下。

工件：19mm 电钻转轴；涂料：绝缘环氧粉末；涂层厚度：0.8～1mm。

工艺流程：工件前处理—预热—流化床涂装—后处理—加热固化。

前处理：有机溶剂蒸气除油，去毛刺、杂质。

工件预热：220～250℃，20～30min。

涂装：机械手上下往复慢涂，一般需要 5 次，每次 1～2s。

三、高压静电喷涂设备与喷涂法

粉末高压静电喷涂可以在室温下涂装。粉末利用率高，可达 95% 以上，涂膜薄而均匀、平滑，无流挂现象，特别是在工件尖锐的边缘（和粗糙的表面）亦能形成连续、平整、光滑的涂膜，便于实现流水线生产。

（1）原理　工件在喷涂时应先接地，喷枪头装有金属环或极针作为电极。金属环的端部具有尖锐的边缘，当电极接通高压静电后，尖端产生电晕放电，在电极附近产生密集的负电荷，粉末被空气从喷枪头喷出时，捕获电荷，在气流推动和静电场引力作用下，飞向工件，吸附于其表面。当粉末在工件表面不断加厚，粉层对飞来的粉粒的斥力与工件对粉末的引力相等时，继续飞来的粉末就不再被工件吸附。

吸附在工件表面的粉末经加热后，固体颗粒经熔融、流平、固化（塑化），形成均匀、连续、平整、光滑的涂膜。

粉末粒子吸附于被涂物表面后，电位升高，产生电位梯度。静电力则为库仑力与电位梯度的矢量和。粉末涂料是高电阻率材料，库仑力（静电力）大而可靠，是主要黏附力，故粉末能克服自身重力而黏附在被涂物表面。

（2）高压静电粉末喷涂设备

① 高压静电发生器　高压静电发生器早年为电子管式，目前分为晶体管式和微处理器高压发生器。采用保护电路，当线路发生意外造成放电打火时，即会自动切断高压，保证操作者安全。一般均采用倍压电路，负高压可无级调节输出，要求输出高电压和低电流，以利安全。高压输出 0～100kV，恒流控制 80～220μA（或 300μA），功率小于 300W，电源电压 220V，频率 50Hz。

② 静电喷粉枪　粉末静电喷粉枪应能产生良好的电晕放电，使喷出来的粉末粒子带上尽可能多的负电荷，以便在静电场作用下使喷出的粉末均匀地沉积在工件上。静电喷粉枪的技术性能可参考下列技术数据：最高工作电压 120kV，喷粉量为 50~400g/mm，喷粉几何图形的直径大约为 ϕ（150~450）mm，沉积效率大于80%，环抱效应好。

喷枪嘴的质量至关重要，喷嘴的结构、大小、电极形状及选用的材料直接影响喷涂图形、上粉率和涂层表面质量。喷嘴上带导流锥体，不同形状、不同直径的导流锥体可喷出不同的图形，可根据工件的形状、大小选择相应的导流锥体。

高压静电的输入方式分枪内供电和枪外供电。枪内供电是将高压静电发生器微型化置于枪内，使操作者安全，减少高压泄漏。枪外供电是将高压静电发生器放在枪体外面，虽然金属电缆通过限流电阻与放电针连接，限流电阻可在枪尖与工件距离太近时，限制了因短路电流过大而损坏静电发生器且引起枪口与工件间打火，但还是存在不安全因素。无论枪外、枪内供电的喷枪，枪体一定要接地。

静电喷枪使粉末的带电结构形式有两种。

a. 内带电式　在枪身内部使粉末充电，通过枪身内的极针与接地极环之间在静电高压下产生电晕放电，形成离子区，粉末在此带上负电荷。此空间的电场强度大约 6~8kV/cm，喷枪与被涂物之间的外电场强度一般只有 0.3~1.7kV/cm。

b. 外带电式　喷枪是通过枪口与工件之间的电晕空间使粉末带上电荷的。这种枪的外电场强度一般可达 1.0~3.5kV/cm。

外带电喷枪的外电场强度较大，涂覆效率较高，应用范围相对较广，适用性也强。内带电喷枪的外电场强度较小，不易发生电晕现象。故当喷粉量较大时，特别是喷涂形状复杂、附有凹角的工件时，适宜采用内带电式喷枪。

目前已研制出内带电和外带电相结合的双电极组合式喷枪，它综合了两种结构的优点，已在生产中得到应用。

静电喷枪的关键部位是枪头的带电和扩散机构。喷枪的扩散结构能根据工件不同的形状来改变粉末喷出的几何图形的面积，还可减慢粉末的喷涂速度，以防止喷涂时粉末在工件上产生"反弹"。静电喷粉枪的扩散结构形式有以下几种：冲撞分散式、空气分散式、旋转分散式、搅拌分散式和粉末＋空气搅拌分散式，参见图 10-36。

a. 冲撞分散式扩散　通过导流体阻挡改变粉末的喷射速度和方向，调节导流体位置、形状可改变扩散角的大小。结构简单，操作方便。

b. 搅拌分散式扩散　电机驱动喷杯，靠离心力分散粉末，输送出喷口，喷粉

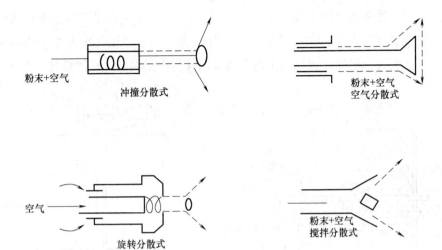

图 10-36　静电喷粉枪的几种粉末扩散结构示意

量和喷涂面积较大。结构较复杂，改变图形时需要更换喷杯。

c. 空气分散式扩散　利用附壁效应的气流分散方法，空气流把粉末涂料输送到枪体导流杆外侧，粉末气流在喇叭状的导流杆头的撞击下形成扩散喷射。调节导流杆伸出枪口的距离可调节喷涂的几何图形。枪头不易积粉。

d. 旋转分散式扩散　粉末气流前进中，靠旋转空气将粉末气流扩散开来，沿着枪前导流杆侧面形成一喷射角，这种结构扩散效果好。

③ 供粉器　供粉器的作用是连续、均匀、定量地给喷枪提供粉流，是喷涂工艺中的重要设备。供粉器的种类很多，常用的有压力式、流化式、机械输送式、抽吸式、流化床抽吸式。前三种随技术的发展被逐渐淘汰，目前主要采用的是后两种形式的供粉器。

抽吸式供粉器的原理是净化的压缩空气在渐缩区流速加快，形成负压区，粉斗里的粉末被吸入集粉嘴的混合段，经增压段后，粉末气流被送至喷粉枪。抽吸式结构简单，易操作保养，供粉器不需密封，可在工作中加料，粉末少也可喷涂，对供粉压力适应性强，0.01MPa 也可供粉。改变供粉气压或改变射嘴与集粉嘴之间的距离即可调节供粉量。在同样气压下，射嘴的输气端面与集粉嘴的进粉端面在同一平面内时，供粉量达最大值。在振动器或搅拌器的作用下，可解决供粉器中的粉末不断向吸粉口流动的问题，见图 10-36。

流化床抽吸式供粉器也是利用文丘里泵的抽吸作用来输送粉末的，其特点是不用振动器和粉桶内搅拌器，其底部安装微孔板，将压缩空气通过流化板注入粉桶，形成流化床的供粉条件，粉流比其他抽吸式更均匀，喷涂效果更佳。流化床抽吸式供粉器有横向抽吸式（图 10-37）和纵向抽吸式，生产中应用最多的是纵向抽吸式流化床供粉器（见图 10-38）。其中一次气流（主气流）将流化床内粉末吸至输粉管中，二次气流（稀释气流）用于调节粉末的几何图形大小，并使粉末成雾更好。

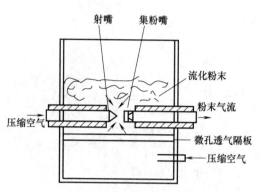

图 10-37　横向抽吸式流化床供粉器结构

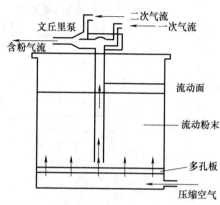

图 10-38　纵向抽吸式流化床供粉器结构

④ 粉末回收装置　粉末涂料在静电喷涂中，工件上粉率大约为 $50\%\sim70\%$，当涂料粉末层达到一定的厚度时，由于同性粉末颗粒的相互排斥，粉末在喷室飞扬、散落，这一部分粉末必须由回收装置回收，经重新过筛后再用。这样既不造成浪费又保护了环境。回收装置的形式很多，有旋风式、布袋式、旋风分离回收和袋式集尘器组合的二级回收器（见图 10-39），还有滤带式、无管道式回收器、脉冲滤芯式回收装置及列管式小旋风回收器等。脉冲滤芯式回收装置结构简单、使用方便，在国内涂装厂家中广泛使用。回收装置应选用导电材料制作，袋滤器应选择不易产生静电的材料，宜选用掺有导电纤维的织物材料；过滤式回收装置应采用有效的清粉装置，不宜采用易积聚粉末的折叠式结构。需要强调的是应从安全与卫生两方面计算和核算喷粉室的排风量，以确保有足够回收排风量，风机的排风量还应附加 $10\%\sim15\%$ 系统漏风量，要定期校核排风量，排风量下降时必须停止作业检修。喷涂室做好粉末回收与通风工作，能够很好地预防和杜绝涂装中火灾事故的发生。

如图 10-39 所示为旋风布袋二级回收器。

⑤ 喷粉室（喷粉柜）　喷粉室的

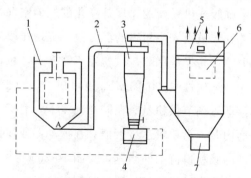

图 10-39　旋风布袋二级回收器

1—喷室；2—管道；3—旋风分离器；4—活动式粉桶；
5—风机；6—布袋集尘器；7—粉末回收器

大小取决于被涂物的大小、工件传送速度和喷粉量。喷粉室的空气流状态是决定其性能的重要依据之一。喷粉室中空气流通的方式一般有三种：第一种是空气向下吸入；第二种是空气水平方向吸入；第三种是两种方向的组合，底部和背部两个方向排风，空气流动较均匀，常被采用。

⑥ 固化设备　可采用烘箱、烘室和烘道。

（3）施工工艺参数　高压静电喷涂的施工工艺直接关系到产品的外观与质量，应根据不同工件选择相应的工艺参数。高压静电喷涂的工艺参数主要为以下几项。

① 喷涂电压

a. 喷涂电压应控制在 60～80kV 之间，喷涂电压过高会使粉末涂层击穿。

b. 喷涂距离（喷枪头至工件表面的距离）一般应掌握在 150～300mm 之间，喷涂距离增大时电压对粉层厚度的影响变小。

c. 一定范围内，喷涂电压增大，粉末附着量增加。但当电压超过 90kV 时，粉末附着量反而随电压的增加而减小。电压增大时，粉层的初始增长率增加，但随着喷涂时间的增加，电压对粉层厚度增加率的影响变小。

② 供粉气压　供粉气压指供粉器中输粉管的空气压力。在其他工艺参数不变情况下，供粉气压与粉末在工件表面吸附沉积效率有关，见图 10-40。

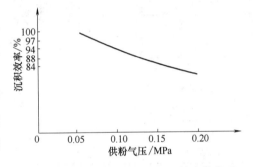

图 10-40　粉末供粉气压与沉积效率的关系

由图可知，在一定喷涂条件下，以 0.05MPa 供粉气压的沉积效率为 100%，则随供粉气压的增加，沉积效率反而降低。

③ 喷粉量　一般喷涂，喷粉量掌握在 100～200g/min 比较合适。

粉层厚度的初始增长率与喷粉量成正比，随着喷涂时间的增加，喷粉量对粉层厚度增长率的影响不仅变小，还会使沉积效率下降。

④ 喷涂距离　喷枪的静电电压不变时，喷涂距离（喷枪口至工件表面）变化时，电场强度也跟着变化。故喷涂距离增大时，粉末的沉积效率下降。

（4）粉末高压静电喷涂典型工艺

① 工件预处理　对被涂工件表面进行脱脂、去油、除锈和钝化化学处理。

② 工件的蔽覆　根据产品要求，对工件不需涂覆的部位遮蔽保护。遮蔽保护的措施有：在需蔽覆处涂一层硅脂；用胶布粘贴包封；大面积不需喷涂的部位可用纸张遮盖；如产品要求对工件所需的涂覆部位，必须按工件制作要求进行等。

③ 喷涂　手持高压静电喷枪，开启静电发生器和供粉开关，控制好恒定的静电电压和固定供粉量。喷涂中应注意喷涂距离。

装饰性涂层一般只要喷涂至不露底即可。防腐性涂层、绝缘涂层可适当加厚。一次喷涂过厚，易发生麻点和流挂现象，对需要厚膜涂层的工件，可采用多次喷涂或热喷涂。多次喷涂，若需对已成膜的涂层多次加温，会引起某些粉末涂料热老化，影响涂膜使用寿命，故多次喷涂一般不超过两次。冷喷涂中粉层出现问题，可用毛刷除去已附着的粉末涂料层，重新喷涂。

④ 固化（塑化）　固化（塑化）是喷涂工艺中一个重要工序，对涂膜的物理、化学性能影响很大。因此，必须严格执行固化（塑化）的条件。

表 10-1　几种粉末涂料固化（塑化）温度和时间

粉末品种	温度/℃	时间/min	备注
环氧树脂	160～180	19～30	
低压聚乙烯	160～200	20～30	半塑化 180℃,3～5min
聚醛环氧	200	30	
氮化聚醚	200～250	10～15	工件预热 10～20min
聚四氟乙烯	300～350	20～30	
聚酯环氧	180～200	10～20	
聚三氟氯乙烯	260～280	15～25	
聚酯树脂	180～220	10～20	
聚氨酯树脂	180～220	10～20	

表 10-1 所列为几种常用粉末涂料的固化条件，其中时间是工件涂膜的温度达到固（塑）化温度后开始计算的时间。控制固化时间的长短很重要，时间太短，固化不完全，成膜性能不好；时间过长，可能产生热老化，物理性能也可能发生变化。

烘箱和烘室应装有保温和热风循环装置，工件与工件之间留有足够的空隙，使整个烘箱或烘室内温度均匀，防止烘箱上半部和下半部受热不均，一半"夹生"，一半"热过头"。

⑤ 冷却　工件烘烤固化（塑化）后要进行冷处理。冷却的方法有空气自然冷却、水冷和油冷等。可根据粉末品种和产品要求而定。有的粉末品种成膜后急剧冷却，涂膜边缘会收缩变形，对产品质量和外观造成影响。工件烘烤后，温度未降下来之前，严禁用手或其他工件、器具触摸、碰撞涂膜，否则不仅使涂膜损伤和留下印痕，而且会烫伤手指。

⑥ 后处理　后处理是对固化（塑化）后的涂膜进行整理、修补及后热处理。整理是指除去蔽覆材料，修整工件，拆去夹具。修补是指对有损伤的工件涂膜进行打磨、重喷，然后烘烤固化。也可以用同种颜色的白干色漆或同种树脂、液态涂料修补，自干固化。后热处理一般指减脆热处理。有些粉末涂料如尼龙1010，高温塑化后到冷却过程中易产生内应力，为防止涂膜脆裂，可将工件置于120~140℃油浴或烘箱中保温一段时间，然后再缓缓降至室温。

（5）应用　粉末静电喷涂应用最为广泛，它能广泛应用于装饰性、防腐性、绝缘性等涂料涂装，目前我国粉末涂装工厂中大部分采用这种喷涂工艺。

随着粉末涂装工艺的迅速发展，家用电器、仪表仪器、机电产品、轻工产品、石油化工防腐、电器绝缘、建筑五金、兵器等已经用粉末涂料替代溶剂型涂料。

四、静电流化床设备与涂装法

静电流化床涂装工艺是静电技术与流化床工艺相结合的产物，克服了流化床热涂敷工艺在高温下操作的缺点。流化床热涂敷的工件如果热容量小，工件预热后温度很快降到粉末熔点以下；如果工件局部较薄、细，此局部温度下降快，造成此处涂膜薄。另外，流化床热涂敷中，如发现涂膜有缺陷，修补很困难，常造成产品报废。

静电流化床涂装工件在常温下涂敷，同时又发挥了流化床设备简单、操作方便、易于实现机械化、自动化生产的优点。它比静电喷涂设备结构简单，集尘和供粉装置要求低，粉末屏蔽容易解决，可得到较厚的涂膜，具有效率高、设备小巧、投资少、操作简便等突出优点。

（1）原理　静电流化床是在普通流化床的流化槽内增设了一个接负高压的电极，当电极上的负电压足够高时，就产生电晕，附近的空气被电离产生大量的自由电子（详见图10-41配有控制电极的静电流化床图）。粉末在电极附近不断上下运动，捕获电子成为负离子粉末，被接地的被涂物所吸附，再经烘烤固化即形成连续均匀的涂膜。

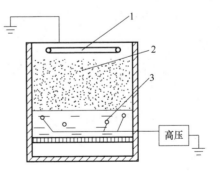

图10-41　配有控制电极的静电流化床
1—控制电极；2—长形零件；3—充电电极

（2）主要设备　静电流化床一般由流化床、高压静电发生器、电晕电极等组成

（详见图 10-42 设备的结构）。电晕电极安装在流化槽内透光隔板的上面，它是由铜条、铜网等制成。为保证安全，流化槽壁必须用绝缘性能优良的非金属材料制成，常用的材料有聚氯乙烯硬板、聚丙烯板和有机玻璃等，其接缝要求用热焊塑料密封以保证高压电极对地和操作者有良好的绝缘。高压静电发生器的波纹电压系数不超过 1%。静电流化床每分钟用粉量比静电喷涂低得多，前者涂装效果要高，所以静电流化床的集尘系统比静电喷涂要求低。

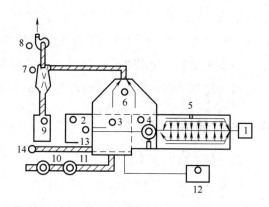

图 10-42　JL-1 型静电流化床自动涂敷设备的结构

1—传送装置；2—送料箱；3—涂敷室；4—清理室；5—远红外线烘道；6—抽风斗；7—集尘器；

8—离心式风机；9—粉料回收筒门；10—压缩空气油水分离器；11—压缩空气精滤器；

12—高压发生器；13—被涂敷物；14—自动供粉装置

（3）静电流化床工艺流程　工件预处理→工件蔽覆→静电流化涂敷→烘烤固化→工件清理

其中，静电流化涂敷是本工艺的关键，要得到均匀的理想涂层，必须注意以下几点。

① 流化床内的粉末应有良好的流化状态。流化槽上部低密度粉末区域的气态粉雾要求更均匀。

② 工件与电极应保持一定的距离，太近易放电击穿，太远则涂层薄、均匀度差。

③ 严格控制涂装电压和时间。工作电压一般为 35kV，波纹系数为 1%。

④ 集尘气流方向最好和粉末运动的方向一致。

（4）应用　封闭流化床上部气态粉雾称为低密度粉末区，下面具有液体特性的粉末称之为高密度粉末区。在低密度粉末区涂装，涂膜薄、厚度均匀、致密，表观平滑；在高密度粉末区涂装，涂膜厚、上粉速度快。

静电流化床国内外目前主要应用于涂覆电枢铁芯、线圈线材、带线电器、电子元件的绝缘和防腐涂层。限于流化床槽体大小和流化床内上下电场不均匀度，静电流化床不宜加工大、中型零件。

五、静电振荡涂敷设备与粉末涂装法

（1）静电磁藕的原理　在用塑料板制成的涂装箱中，以接地的被涂物为阳极，在距被涂物 200mm 左右的底面或侧面设置电栅为阴极。电栅铺在粉末涂料上或埋在粉末涂料中，接上负高电压，在两极之间形成高压电场，并在阴极产生电晕放电，粉末从电晕套或与电栅直接接触而得到电荷，借助交变静电场的作用力使阴极电栅产生弹性振荡而导致粉末粒子由静态变成动态，在高压电场作用下，使得到电荷的粉末粒子漂浮起来，沿电子线方向吸附到被涂物上。其原理示意见图 10-43。

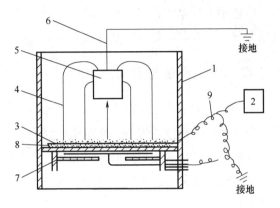

图 10-43　静电磁藕粉末涂装法原理示意
1—塑料涂装箱；2—高压直流电源；3—上侧阴极电栅；
4—电力线；5—被涂物；6—运输链（接地）；7—下侧
阴极；8—粉末涂料；9—高压电缆

图中所示，阴极分上、下阴极，中间隔着耐高压绝缘塑料板，上阴极接负高压（60～90kV），下阴极通过换向开关在零（接地）和额定电压间产生周期性变化，下阴极接地时吸引上阴极，下阴极为负高压时排斥上阴极，在交变静电场力作用下，上侧阴极电栅产生上下弹性振荡，从而使夹在电极间的带电粉末粒子产生激烈的振荡而漂浮起来，故称为"静电振荡"。当切断高压以后，电极电栅迅速地释放电荷，漂浮在空间的粉末马上回到底板上。

（2）施工工艺

① 工艺特点　不需要喷枪、供粉器、压缩空气以及粉末回收装置，设备占地面积小、结构简单、费用低，粉末换色容易、快捷，易实现流水线作业。

② 工艺参数　影响静电振荡粉末涂装效果的主要工艺参数是静电场的场强、涂装时间和振荡频率。

a. 静电场强度　场强是粉末粒子吸附到接地的被涂物的原动力，场强与输入电压的高低成正比，和被涂物与阴极间的距离成反比。

b. 涂装时间　在相同涂装条件下，时间越长，涂膜越厚，但由于粉末的电阻较大以及同性电荷的相斥，粉层厚度的增加将越来越慢。涂装时间根据不同工件要求一般在几十秒到两分钟之间。

c. 振荡频率　振荡是使粉末粒子由静态变成动态的动力，可源源不断向高压静电场输送粉末粒子。振荡频率一般在 60～90 次/min 的范围内涂装效果较好。

d. 涂装电压　50～80kV。

e. 涂装距离　180～250mm。

（3）应用　静电振荡粉末涂装法一般适用于小型金属零件的涂装，如轻工工具、门把手、汽车零件、耕种工具、管材、线材、电子元件、家庭生活用品等。国外已开发出较大型的静电振荡涂敷设备，适宜涂装平面型大零件。

六、摩擦静电设备与喷涂法

（1）摩擦静电喷涂的基本原理　选用强电阴性材料作为喷枪枪体。两物体摩擦时，弱电阴性材料产生正电，强电阴性材料产生负电。喷涂时，粉末粒子之间的碰撞以及粉末粒子与强电阴性材质的枪体之间的摩擦，使粉末带上正电荷，枪体内壁产生负电荷，此负电荷由接地线引入大地。带电粉末粒子离开枪体飞向工件吸附在工件表面，经固化形成涂膜。其原理示意见图 10-44。

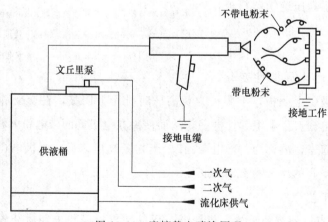

图 10-44　摩擦静电喷涂原理

摩擦静电喷涂的粉末带电不是来源于外电场，而是摩擦产生的。喷出枪口的带电粉末粒子形成一个空间电场，场强取决于空间电荷密度和电场的几何形状，即决定了粉末粒子的带电量、粉末在气粉混合物中所占比例和喷枪口的喷射图形。从喷枪喷出的气粉混合物，因气流的扩散效应和同种电荷的斥力，气粉混合物体积逐渐膨胀，电荷密度下降，电场减弱。电场减弱的方向与气流的方向一致。粉末离开枪口后移动的动力主要是空气。由于不存在外电场，摩擦静电喷涂能较好地克服法拉第屏蔽效应。高压静电喷涂的粉层超过一定厚度时，由于产生反离子流击穿现象，使涂层表面出现"雪花"状、凹坑、麻点等缺陷，而摩擦枪不存在高压枪那样的电场，且不易产生反电离的现象，所以可喷涂较厚的涂层。

（2）摩擦静电喷涂的优点和缺点

优点如下。

① 因不用高压静电发生器，节约了设备投资。

② 摩擦枪内无金属电极，喷涂中不会出现电极与工件短路引起的火花放电，消除了燃烧、爆炸的隐患。

③ 操作简捷，使用范围广，喷枪不积粉。

④ 可以喷涂较厚的涂层，粉末的沉积效率高于高压静电喷涂。

⑤ 摩擦枪喷涂的粉层附着力虽然比高压枪喷出的粉层附着力要小些，但已能很好满足喷涂生产线的需要。

缺点如下。

① 因摩擦中磨损枪体，与高压静电枪相比，摩擦静电喷枪的使用寿命短。

② 因有些粉末品种的摩擦带电效果较差（如聚乙烯），故适用的粉末品种受到限制。

③ 与高压静电喷枪相比，粉末摩擦带电的吸附能力要弱一些。

④ 摩擦静电喷枪对环境、气源要求比较严格。

（3）施工工艺　摩擦静电喷涂的施工工艺有其独特的要求。

为了增强摩擦枪的粉末带电效应，供粉、输粉和喷枪都应设置相应的带电措施。为保证粉末足够的摩擦，要求供粉气压有一定的范围。其中流化床供气气压为0.2MPa，一次气压为0.1～0.22MPa，二次气压为0.01～0.05MPa。

适用于摩擦喷枪用的粉末涂料有环氧类和聚酯改性环氧类粉末，其他的粉末摩擦带电效果较差。因喷枪内摩擦通道窄小，约1mm左右，粉末必须严格过筛，以免堵塞枪口。空气湿度、粉末受潮程度对摩擦带电效应和粉末沉积效率影响明显。空气湿度越低，粉末越干燥，涂装效果越佳。空气湿度大时，就需加大喷枪气压来增加喷粉量，以满足喷粉要求。粉末平时要防潮，在喷涂前一定要烘干。压缩空气必须净化。

喷粉量可根据不同工件要求选择冷喷操作或热喷操作。一般平面喷涂时，喷粉量为80～100g/min。管道内壁喷涂时，喷粉量为100～250g/min。喷涂距离不像高压静电喷涂那么严格，有较大伸缩性，一般为 50～300mm。摩擦静电喷涂沉积效率小于 60％，当采用摩擦静电热喷涂时，沉积效率可达 80％～85％，还可增加涂层厚度，提高均匀性。

（4）喷枪　在摩擦静电喷涂设备中，粉末涂料与枪体材料的相对电阴性相差越大，粉末涂料的带电效果就越好，从表 10-2 可知，选用聚四氟乙烯制造摩擦枪，在喷涂环氧粉末时可获得很高的带电效果。

表 10-2　几种不同材料相对电阴性

相对电阴性	弱电阴性—————————————————————————————➤强电阴性							
材料	聚酯酯	环氧	聚酰胺	聚酯	聚氯乙烯	聚丙烯	聚乙烯	聚四氟乙烯

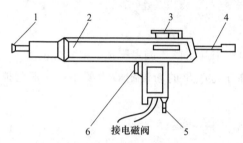

图 10-45　手提式摩擦静电喷枪结构

1—导流体；2—枪身；3—挂钩；4—调节杆；

5—输粉管；6—电磁阀开关

在摩擦静电喷涂中，充电效果与摩擦枪管的形状特征紧密相连。喷枪的结构主要由枪体和枪芯组成，根据应用场合的不同，分三种形式。

① 手提式　手提式摩擦静电喷枪设计轻巧，质量不超过 750g，喷粉量 60～250g/min，枪体和枪芯用聚四氟乙烯制造，应用范围广。其结构如图 10-45 所示。

② 固定式　固定式摩擦静电喷枪结构比手提式更简单，省去了手柄、挂钩、电磁阀开关，与摩擦静电喷涂装置配套使用安装在固定架子上或自动升降机上，适用于自动化流水线喷涂。其结构为一圆柱体，为保证一定的出粉量，常设计成多通道摩擦枪体，如图 10-46 所示。

③ 专用型　专用型摩擦静电喷枪是为某种特定的涂装对象而设计制造的，如钢管内壁喷涂喷枪具有足够的长度及多样化的喷射图形，出粉量大，荷质比高。

为了增加摩擦面积，使粉末与粉末之间、粉末与枪体之间的摩擦更充分，粉末有足够的带电量，可设计成几种不同形状、规格的喷嘴，如图 10-47 所示。

图中喷嘴形状如下。

a. 图 10-47（a）喷嘴呈圆柱形，粉末离开枪口形状为发散图形，适合喷涂工件外表面；

b. 图 10-47（b）喷嘴呈圆孔形，粉末喷射状为直线型图形，适合喷涂工件的凹槽；

c. 图 10-47（c）喷嘴呈椭圆孔形，粉末喷射状为扇型图形，适合喷涂容器的

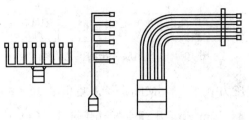

图 10-46　几种形式的多通道摩擦静电喷枪示意

内表面。

另外，还可以根据工件具体情况，设计出其他形状和规格的喷头。

七、熔融喷涂法

熔融喷涂法是从金属熔射法的应用发展而来的，可分为火焰喷涂法和等离子喷涂法。

（1）火焰喷涂法　粉末火焰喷涂法又称为粉末热熔射喷涂法。这种涂装法主要用于金属表面涂装聚乙烯、尼龙、氯化聚醚、含氟树脂等热塑性粉末涂膜，适宜作防腐蚀涂层、耐磨涂层和一般装饰性涂层。

① 原理　火焰喷涂是用压缩空气将粉末涂料从火焰喷枪嘴中心吹出，并以高速通过喷嘴外围喷出的火焰区域，使涂料成为熔融状态喷射黏附到已经被预热的工件上，涂料颗粒相互融合形成光滑涂膜，如图 10-48 所示。在粉流与火焰之间设有冷却空气隔离区域，使粉末不直接与火焰接触，避免造成变质老化，同时这股环形气流可冷却喷枪嘴中心的铜管，防止温度过高熔化粉末而造成喷嘴堵塞。火焰燃烧的燃料一般采用乙炔与氧的混合气体，输送粉末和冷却保护气体采用脱水除油的压缩空气或氮气。

(a) 圆柱形　　(b) 圆孔形　　(c) 椭圆孔形

图 10-47　几种常用的喷嘴结构示意　　　图 10-48　火焰喷涂原理

② 工艺流程与工艺参数　火焰喷涂法的工艺流程如图 10-49 所示。

注：工件预热温度 180～200℃（聚乙烯）；喷粉时不能关闭保护气体；氧气和乙炔气管上必须装有回火防止器。

图 10-49 火焰喷涂法的工艺流程

工艺参数：氧气压力 0.2～0.5MPa；粉末喷出量 30～60g/min；乙炔气压力 0.05MPa；喷涂速率 8～10m^3/h；压缩空气（或氮气、CO_2）压力 0.1～0.5MPa；每 kg 粉末喷涂面积 2～3m^2。

③ 特点 火焰喷涂设备简单，价格低廉，可在生产作业现场施工，不像静电和流化床涂装必须有成套设备。此方法一次喷涂可得到较厚的涂膜。火焰喷涂对储罐、框架等大型工件、设备的施工有其独特的优势，因无固化（塑化）工序，大工件可不受烘炉尺寸的限制。

此技术已用于易被腐蚀、磨损的机械零部件，如机轴、活塞杆等的防护涂装和化工设备、化工池槽、板材、线材等方面。

(2) 等离子喷涂法 等离子喷涂是由大电流弧光产生的等离子火焰，靠其热能使粉末涂料喷流熔融，因为是局部高温，短时间熔融又不是氧化火焰，故粉末涂料氧化少。等离子喷涂喷出量（40～50kg/h）远比熔射法喷出量（5～6kg/h）要大。国外已有产品，并得到实际应用。

八、粉末热喷涂法

粉末热喷涂法也是一种常用涂装工艺方法，因其设备少，投资低，应用场合较普遍而为人们广泛使用。

(1) 原理 热喷涂是将室温下的粉末喷涂于经过预热处理的工件表面的一种工艺方法。工件预热温度介于该粉末的熔融温度和分解温度之间。喷到工件表面的粉末涂料经过熔融、流平很快形成连续涂膜，经固化（塑化）后形成坚固的涂膜。

热喷涂一般适用于热容量大的物件涂装，尤其是厚壁工件，其缺点是粉末飞扬严重，涂膜厚且不易均匀，不适合涂装形状复杂的工件。为保证工件施工对涂膜的厚度和均匀度的规格要求，可采用热喷涂加静电喷涂的施工方法。

(2) 工艺流程及工艺参数 热喷涂的工艺流程如图 10-50 所示。

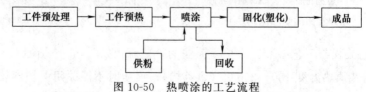

图 10-50 热喷涂的工艺流程

热喷涂所使用的设备比高压静电喷涂要简单，其喷枪也省去了高压电缆和电晕放电系统。其枪头可用金属制成，也可用耐高温的聚四氟乙烯等塑料制作。常见的热喷涂枪头有如下几种型式，见图 10-51。

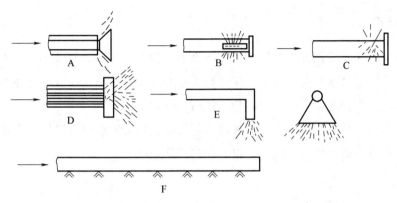

图 10-51　常见热喷涂枪头的几种型式

图中热喷涂枪头型式如下。A 型：由导流锥体使气粉混合物扩散喷出；

B 型：气粉流从枪身周围的三等分开口槽喷出；

C 型：枪身圆周有等分的出粉孔；

D 型：粉末从枪身内多孔通道喷出，通过枪头射向工件；

E 型：枪头与枪身成直角，粉末气流垂直向下喷射；

F 型：枪管壁纵向开有等分的喷粉圆孔。

工件预处理的要求与一般涂装要求相同。工件预热的温度需谨慎对付，温度过低，粉末粘不上工件表面，厚度很难控制；温度过高，粉末喷涂后易流挂，甚至"碳化"。预热时间因工件的大小、每批加热数量的多少以及粉末的种类而有较大的差别。

喷涂应适当掌握喷粉量、喷枪与工件间的距离、喷涂次数和喷枪运行的轨迹。

喷粉量是获得厚度均匀度的最重要工艺参数。热喷涂时要求有较大的喷粉量，一般为 200～300g/min。喷枪头与工件的距离一般保持在 120～150mm 之间，距离太远，上粉率低，距离太近，粉末撞击工件表面引起反弹量增大，也会降低上粉率。距离恰当时可获得满意上粉率。因工件表面温度较高，粉末随热空气上升飘游，故喷室的集尘吸风口宜设置于喷室上部。

九、振动床法

将粉末放在一个振动的容器（振动床）中，粉末可由螺旋送粉器或流化床供给，振动床的振动使粉末呈蓬松状态，工件预热后进入振动床，粉末熔粘在工件表面（参见图 10-52）。因振动床内粉末呈松散状态，不似流化床粉末，所以得到的涂膜较厚，只能用于涂装外表面。

十、瀑布法

瀑布法通常采用螺旋供粉器或流化床供粉，粉末经振动斜面像瀑布一样跌落下来，均匀地洒在已预热的工件上。或者粉末经一扁形洒粉管，往复不停地边运动边洒粉，形成一个较宽范围的瀑布状粉末跌落（见图 10-53）。

这种方法不存在空气流吹冷，可使用较低的预热温度获得所需的厚涂膜，所以适用于热容量小的工件，如电阻、电容和二极管等电子元件。

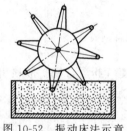

图 10-52　振动床法示意

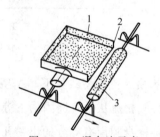

图 10-53　瀑布法示意

1—振动斜面；2—粉末涂料；3—工件

十一、真空吸涂法

真空吸涂法一般用于管道内壁的粉末涂装。对小口径管道和带有弯管的管道，静电喷涂很难在管道内壁达到均匀喷涂，厚度也难达到要求。真空吸涂法对这样的情况显示出独到的优越性。其中，喷涂和烘烤可根据要求重复进行若干次。

下面是采用真空吸涂工艺对钢管涂塑的工艺流程，如图 10-54 所示。

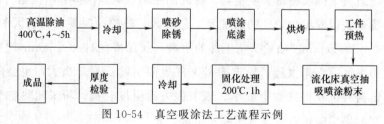

图 10-54　真空吸涂法工艺流程示例

十二、静电粉末雾室法

本法是通过静电喷涂和流化床并用的一种静电浮游方式。粉末由密闭室内部的静电喷枪吹出来，带电的粉末粒子和从下部吹上来的粉末粒子在室内呈云状浮游，并且由吹出的少量空气经不断的缓慢循环，当工件借助于运输链从侧面入口进入室内时，靠静电将粉末吸附。这种方法适用于连续生产，而且在同一生产线上可连续生产尺寸、形状不同的工件。

十三、粉末电泳涂装法

（1）原理　粉末电泳（Electrophoretic Powder Coating，简称 EPC）是粉末涂装和电泳涂装的结合，是将固体粉末粒子分散在树脂水溶液中，使粒子表面浸润有分散介质的树脂水溶液，从而使这些粒子带上分散介质所具有的电荷。在直流电场的作用下，这些粒子移向一侧电极，并吸附在被涂电极上，经烘烤成膜。其原理示意见图 10-55。

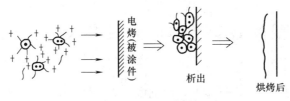

图 10-55　EPC 原理

分散介质叫基料 B_i，被分散的粉末粒子叫分散粉末 P_0。基料和分散粉末因同时在电极上吸附，在固化时会互相影响。EPC 要求基料和分散粉末具备如下必要条件。

分散粉末粒子要有良好的电泳性能，具有一定的粒度分布，组成粉末的树脂和颜料都不溶于基料的水溶液中，并且颜料在树脂中应均匀分散。基料与粉末的树脂基本上有相溶性，固化时可以自行固化或者与粉末树脂进行交联。

目前所用工业化的粉末是环氧树脂，基料是环氧类的阴极电泳树脂（阳离子型树脂）。

（2）特点　优点：涂装效率高，在数秒内可获得涂膜；电泳槽体积小；通过调节电压槽温和时间等参数，可以很方便地控制涂膜厚度在 $40 \sim 100 \mu m$ 范围内；涂膜性能好，耐盐雾性优于环氧阴极电泳涂层，不存在粉尘爆炸和吸入人体的危害；烘烤时无刺激性气味；涂料易回收，可以用沉淀法沉降粉末后回收利用。

缺点：该法的涂膜厚，烘烤时容易出气泡和针孔；烘烤温度较高，易产生缩边。

（3）粉末电泳涂装的工艺参数　粉末电泳涂装的特点与 P_0、B_i、P_0/B_i 有关。P_0/B_i 和 P_0 的粒度对涂膜性能有很大影响，从图 10-56 可知，P_0/B_i 和 P_0 变大时，涂膜厚度变厚。

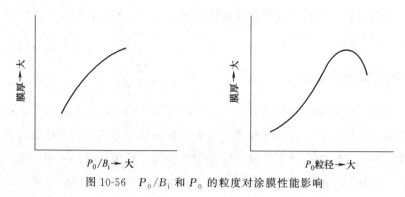

图 10-56 P_0/B_i 和 P_0 的粒度对涂膜性能影响

第五节 新型聚氨酯防水涂料设备及生产线

聚氨酯树脂的水性化已逐步取代溶剂型，成为聚氨酯工业发展的重要方向。水性聚氨酯可广泛应用于防水涂料、胶黏剂、织物涂层与整理剂、皮革涂饰剂、纸张表面处理剂和纤维表面处理剂。

我国十多年的研发，已具有成熟设计及制造的技术，可根据用户的需求，对水性聚氨酯进行配方设计与调整以满足实际使用的要求，并可制备高性能的水性聚氨酯。

从 20 世纪 80 年代开始，聚氨酯防水涂料因其优异的性能得到迅速发展，尤其经过 90 年代快速推广应用后，其用量不断增加，在防水涂料中的占比也不断上升。

近几年来，聚氨酯防水涂料生产线已无法满足要求。下面对该生产线的设计理念和关键工艺的改进等几个方面，作一简要介绍。

一、工艺的设计理念及设备

1. 生产线设计要求

（1）产能设计要求 单组分聚氨酯防水涂料年生产能力 2 万吨，双组分聚氨酯/聚脲防水涂料年生产能力 1 万吨，满足公司日益增长的产量需求。

（2）质量设计要求 保证聚氨酯/聚脲防水涂料的生产稳定性，产品性能优异，符合 GB/T 19250—2013《聚氨酯防水涂料》和 GB/T 23446—2009《喷涂聚脲防水涂料》的要求，为客户提供优质的聚氨酯/聚脲防水涂料。

（3）生产线操作设计要求　设备实现电气控制自动化，操作简便，计量精确，中间过程具有可控性；有效减少人工操作，减轻工人劳动强度。

（4）生产线环保设计要求　通过对真空脱水产生的气体进行处理，降低气体中有毒物质的含量，减少环境污染；对粉尘进行有效吸附，建立无尘车间，给工人提供一个健康的工作环境。

2. 生产功能划分

（1）原材料储存区　预聚体的合成是聚氨酯防水涂料的基本反应，含活泼氢的化合物（聚醚多元醇或聚酯多元醇）和含异氰酸酯基（—NCO）的二元或多元有机异氰酸酯是聚氨酯防水涂料的主要原材料。主要液体填料有氯化石蜡和芳烃油，必须有 2 个储罐备用，以应对配方的调整。另外有 4 个储罐中的原料都可以通过中控计量泵精确地输往各个配料罐。粉料是涂料的次要成膜物质，是制备聚氨酯防水涂料不可缺少的原料。而聚氨酯生产过程中的水分主要来自于粉料，粉料含水率过高，将影响产品的储存稳定性，使产品逐渐变稠，以致因黏度过高而无法使用。所以，一般新涂料车间二层建立了 $1100m^2$ 的粉料仓库，防止粉料储存时吸收地面的湿气，特别是夏季。同时铺设了蒸汽回流管道，有效利用蒸汽热量对粉料进行烘干。

（2）温控设备区（加热、冷却）　新聚氨酯防水涂料生产线采用锅炉蒸汽加热，设备选型时，出于环保节能的考虑，选用了新型燃煤蒸汽锅炉。锅炉采用燃煤烟气污染物生成机理设计，达到燃煤锅炉的烟尘排放要求，可在一类环保地区使用，无噪声扰民。燃煤蒸汽发生器与燃油、电加热蒸汽锅炉相比，可以减少 30% 的能耗，蒸汽发生器的受热面积能达到 92%，再加上配套的省煤器，使所产生的热量能够被锅炉充分吸收，大大节省了锅炉的运行成本。

老生产线上的聚氨酯反应釜采用冷导热油降温，效率很低，特别是在夏季，反应釜要从 115℃ 降温到 80℃，需要 150min 左右。新聚氨酯生产线安装了夹套，采用冷水降温，反应釜从 115℃ 降温到 80℃ 只需 70min，大大缩短了降温时间，提高了生产效率。

（3）真空设备区　含水率是聚氨酯防水涂料生产过程中最需要控制的指标。由于水的相对分子质量只有 18，含有 2 个羟基，相同质量的水和聚醚 DL-2000D 所能消耗的 NCO^- 的数量相差 100 多倍，所以在合成聚氨酯预聚体时，要避免水分的参与，防止多余的水分消耗 NCO^-，导致聚氨酯涂料变稠发黏。这就是聚氨酯原材料需要脱水的主要原因。

真空设备需要稳定的工作可靠性，来保证原材料的脱水效果。新聚氨酯生产线采用了两台水环真空泵，其吸气均匀，工作平稳可靠，维修方便；且结构紧凑，泵的转数较高，可与一般电动机直联，无须减速装置，用小的结构尺寸就能获得大的排气量。聚氨酯原材料在真空脱水时有可能被抽出，所以每个聚氨酯反应罐都安装了缓冲罐，用来检查物料是否被抽出，同时也起到储存作用。

（4）液压设备区　新生产线设计时就定位于具有国内先进水平的聚氨酯生产线，所以大部分的控制点都采用电气控制代替了人工操作。某些重要的操作点，如放料阀，则同时保留了人工操作与气动阀控制，防止气动阀出现故障时无法进行有效操作。

气动阀的工作需要借助压缩空气驱动，而且新聚氨酯生产线基本使用隔膜泵输送，所以空压机的工作稳定性就至关重要。我们选用了具有极佳动力平衡特性的双螺杆空压机，它由电动机直接驱动压缩机，使曲轴产生旋转运动，带动连杆使活塞产生往复运动，引起气缸容积变化。由于气缸内压力的变化，通过进气阀使空气经过空气滤清器（消声器）进入气缸；在压缩行程中，由于气缸容积缩小，压缩空气经过排气阀的作用，经排气管、单向阀（止回阀）进入储气罐，当排气压力达到额定压力 0.7MPa 时由压力开关控制而自动停机，而当储气罐压力降至 0.5～0.6MPa 时压力开关又自动连接启动。图 10-57 为聚氨酯某反应釜中控操作图。

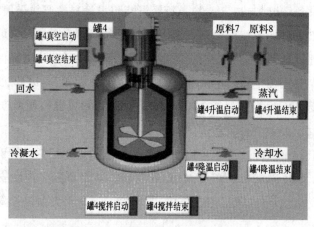

图 10-57　聚氨酯某反应釜中控操作

（5）生产设备区　新聚氨酯涂料生产线共有 19 个搪瓷反应釜，其中 6 个 $6m^3$ 的反应釜（1#～6#）生产单组分聚氨酯防水涂料，4 个 $3m^3$ 的反应釜（9#～12#）作为单组分聚氨酯的配料罐，7#、8# 釜（$5m^3$）作为单组分聚氨酯的研磨储罐。17#、18#、19# 反应釜（$3m^3$）生产双组分聚氨酯的 A 料，2 个 $5m^3$ 的反应釜

（15#、16#）生产双组分聚氨酯的 B 料，13# 反应釜作为双组分聚氨酯的 B 料配料罐，14# 反应釜作为双组分聚氨酯的 B 料研磨储罐。每个搪瓷反应釜都装有 4 个压式称重模块，可以将釜体的质量信号传至中央控制器，经过计算之后，将釜体的质量显示在反应釜数据箱及中控 LED 屏上。图 10-58 为新聚氨酯涂料车间中控系统图。

图 10-58　新聚氨酯涂料车间中控系统

新聚氨酯涂料生产线装有 3 台立式砂磨机，配好的浆料通过隔膜泵进入砂磨机，然后浆料中的固体物料被研磨细化后从筛孔流出。砂磨机筒体部分配有冷却装置，防止筒内因聚氨酯浆料、研磨介质和圆盘等相互摩擦所产生的热量影响产品质量。

（6）成品存放区　聚氨酯防水涂料属于化工产品，不得存放于生产车间，以免发生事故。新聚氨酯防水涂料车间配备了 3000m² 的成品库房，按产品种类划分区域，放置标示牌。产品统一码放于托盘上，并设有叉车通道，方便存取。

二、关键工艺及设备的改进

1. 分段式生产

老的聚氨酯防水涂料生产线，配料、脱水、反应工序都是在一个反应釜内进行，必须等上一工序完成，才能进行下一工序，生产效率较低。新生产线将聚氨酯防水涂料的生产工艺划分为配料、研磨、反应三个阶段，使三个阶段互不影响，可以同时进行，有效地利用了工作时间。比如，聚氨酯原材料脱水时间很长，一般在 3~4h，之前这段时间无法得到利用，现在工人可以在这段时间进行下一班的配料和研磨，实现了连续生产。图 10-59 为单组分聚氨酯防水涂料生产工艺及设备流程，图 10-60 为双组分聚氨酯防水涂料生产工艺及设备流程。

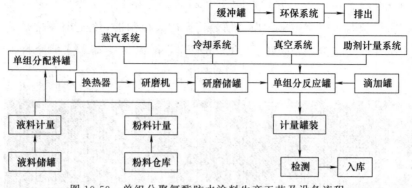

图 10-59　单组分聚氨酯防水涂料生产工艺及设备流程

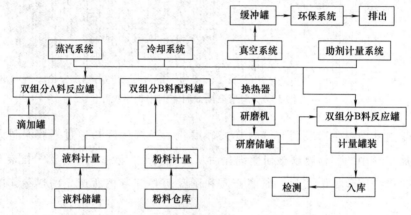

图 10-60　双组分聚氨酯防水涂料生产工艺及设备流程

2. 细节工艺及设备的改进

新聚氨酯防水涂料生产线在很多细节上作了改进。

聚氨酯原材料在配料罐内配制好后，形成的浆料黏度很高，若使用普通离心泵，则打料速度慢。因为离心泵的工作点是以水为基准设定好的，如果物料黏度稍高，则需要配套减速机或变频调速器，这样成本就大大提高了，对于齿轮泵也是如此。所以新聚氨酯涂料生产线采用了适合中高黏度物料的隔膜泵，由于隔膜泵用空气作动力，流量可以随背压（出口阻力）的变化自动调整。

针对聚氨酯前期浆料黏度大、不利于输送的特点，新聚氨酯涂料生产线还安装了换热器，通过提高浆料的温度来降低黏度，保证浆料不会因在管道内散热而使黏度过高。

新聚氨酯涂料生产线的单组分聚氨酯反应罐（1♯～6♯）和双组分聚氨酯 A

料反应罐（17♯～19♯）都装有滴加罐，可以通过质量流量计，匀速滴加 TDI-80，控制反应速度。实验证明，控制 TDI-80 的滴加速度可以使产品的拉伸强度提高 10%。

三、工艺设备设计自动化评价

新型聚氨酯（含聚脲）防水涂料生产线依托先进的设计理念和工艺设备，既实现了自动化的生产，又节省了人工成本，班组人员从 10 人减为 5 人。其生产运行表明，下线的聚氨酯防水涂料质量稳定、性能优良；上述的工艺设备及自动化程度处于国内先进水平，为提高防水涂料市场占有率提供了可靠的保证。

第十一章 涂料行业仪器仪表计量与设备自动化控制

第一节 涂料行业测试简介及仪器仪表

一、涂料行业测试简介

（1）主要涂料测试范围 船舶涂料、建筑涂料、颜料、汽车涂料、家电涂料、防水涂料、玩具涂料、粉末涂料、绝缘涂料、通用涂料、水漆涂料、防腐涂料、氟碳涂料、电泳涂料、地坪涂料、机床涂料、自行车涂料、桥架涂料、板材卷材涂料等。

（2）主要测试范围 工业涂料、水性涂料、汽车涂料、防霉涂料、环保涂料、玩具涂料、烤漆、清漆、防潮涂料、防锈涂料、导电涂料、船舶涂料、真石涂料、墙面涂料、地板涂料、家具涂料、装饰涂料、塑料涂料、金属涂料、罩光涂料、电泳涂料、珠光涂料、修补涂料、银粉涂料等。

（3）具体的检测项目 性能检测：外观、颜色、密度、黏度、细腻程度、酸价、固体分、遮盖力、使用量、消耗量、干燥时间、漆膜打磨性、流动特性、附着力、漆膜硬度、柔韧性、冲击强度、耐磨性、黏弹特性、光泽度等。

（4）电气性能 击穿电压或击穿强度；绝缘电阻；介质常数；介质损失。

（5）化学性能 耐水性、耐化学性、耐油性、介质透过率、漆膜的防锈性能、漆膜的耐候能力。

二、油漆涂料行业老化测试仪表

1. 油漆涂料紫外线老化测试机

如 Q8/UV 紫外光耐气候试验箱（见图 11-1）主要用于模拟阳光、潮湿和温度对材料的破坏作用；材料老化包括褪色、失光、强度降低、开裂、剥落、粉化和氧化等。

紫外光耐气候试验箱通过模拟阳光、冷凝、模仿自然潮湿，使试样在模拟的环境中试验几天或几周的时间，就可再现户外可能几个月或几年发生的损坏。

Q8/UV紫外光加速老化试验机中，紫外灯的荧光紫外等可以再现阳光的影响，冷凝和水喷淋系统可以再现雨水和露水的影响。整个的测试循环中，温度都是可控的。典型的测试循环通常是高温下的紫外光照射和相对湿度在100%的黑暗潮湿冷凝周期；典型应用在油漆涂料、汽车工业、塑胶制品、木制品、胶水等方面。

2. 极速老化测析仪

（1）产品特点　JIL极速老化测析仪（见图11-2、图11-3）采用超强紫外线辐射的JIL作为测试光源，通过强紫外线辐射，以及高温和热风进行破坏性试验，能在短时间内测定被测物体在该环境中各时间段内的物理、化学变化和时间的变量关系。

图11-1　紫外光耐
气候试验箱

图11-2　JIL-Ⅰ型极速
老化测析仪

图11-3　JIL-Ⅱ型极速
老化测析仪

（2）产品应用　JIL极速老化测析仪可广泛应用于涂料、造纸、印染、油墨、装饰材料、塑料、电子、电镀、医药、化妆品等方面对产品在自然环境条件下的变色、褪色、光泽变化、起皱、龟裂、氧化、粉化等随时间改变的老化现象的测试。

由于该仪器采用了最新型的光源和先进的结构设计，能在数小时内测定被测物体在某些自然条件中数年乃至更长时间的物理、化学变化，从而为设计和生产者快速提供可靠的改进依据，是目前其他同类设备需用数周乃至数月才能测得结果的落后现状所不能比拟的。

三、涂料行业中最常用的检测

1. 铅笔硬度（三菱铅笔）

a. 将测定硬度专用铅笔前端削成矩形、平头，必要时用砂纸摩擦平。

b. 测定时，手持铅笔与试板成 45°角，均匀地以 3mm/s 的速度向前推出长度约 1cm 的线，按 5 条线，然后用橡皮擦擦去画线，5 条线中的 4 条没有划痕时，即为该涂膜的硬度。

测定时，所用铅笔硬度由低到高，直至最高，作为该涂膜的硬度。

2. 附着力（画格法）

a. 用专用划格器或美工刀在试片上划 11 条线（要将涂层划破），横竖交叉，间距 1mm，方格 10 个。

b. 用专用胶带（CTZ-405 型），密实地粘在格子上（须保证无空隙），然后呈 45°角用力将胶带揭下。

c. 如方格无脱落则判定附着力为 100/100，1 个脱落判定为 99/100，依此类推。

3. 抗冲击性（杜邦冲击仪）

a. 将试验板置于冲击仪的冲击头处，并固定好。

b. 将重锤由 50cm 处放下；冲击头尺寸为 1/2″，重锤重量为 500g。

c. 观察冲击凸起面的效果，无龟裂、脱落者为合格。

4. 耐水性

a. 将样板包边后（一般包住未电泳部分即可），置于 40°恒温水浴槽中，500h 后观察涂层，无失光、脱落者为合格。

b. 有时要求测耐水性前后的失光率和附着力（边缘 1cm 不作评价）。

5. 耐湿性

将样板置于恒温恒湿箱中，一般要求：40℃×RH59％×500h；放置角度：15°～30°（实际上试验时未考虑放置角度）。实验后，涂层无失光、起泡、脱落者为合格。

6. 耐盐雾试验

a. 实验板用透明胶带包边，宽在 5mm 以上；然后在实验板上画 75°角的交叉，应划透至底材。

b. 实验板放入盐雾箱，放置角度：与水平面成 70°±5°。

c. 时间到后，取出样板，用水洗净，将锈轻轻擦去，将水分擦干，放置 2h。

d. 用附着力胶带，呈 45°用力拉划叉处，用尺量度从划线到最大剥落处的宽度，以此为实验结果。

7. **杯突试验**

a. 杯突仪先回零，将试验板放在其中，夹紧。

b. 旋转螺杆至所需深度（一般要求 6mm）。

c. 观察凹面涂膜有无脱落、开裂等。

四、涂料油墨专用检测仪器刮板细度计

国际标准油漆涂料油墨专用检测仪器刮板细度计见图 11-4。

图 11-4　刮板细度计

品牌　　天津精科　　　型号　　　QXD

测量范围　　　0-25μm、0-50μm、0-100μm、50-150μm　　测量精度　　刮板上和斜槽底平面直度 0.003mm

用途　　测量油漆涂料的细度。

技术参数：执行标准 GB/T 1724-89

细度范围：0-25μm、0-50μm、0-100μm、0-150μm

最小分度值：（2.5、5、5、5）μm

结构尺寸：刮板 155mm×50mm×12mm　　斜槽：13mm×120mm　　刮刀：68mm×40mm×6.5mm

用途：测定色漆、漆浆和油墨内原料填充及杂质的颗粒细度。

五、漆膜干燥时间测定器

型号：DP-QGS

涂在适当表面上的油漆试样从流体层变成漆膜的物理化学过程称为干燥。

干燥过程分为两个主要阶段。

① 所涂试样表面上，形成微薄的漆膜时，称为表面干燥。

② 所涂油漆全部厚度都结成漆膜时，称为实际干燥。

（1）设备和用具：

① 干燥时间试验器包括：砝码一个，总重（200±0.2）g，底面积为 1cm^2

脱脂棉，镊子

② 秒表

③ 玻璃板（9cm×12cm），或除去镀锡和铁渣的白钢薄板（9cm×12cm），或铅板（5cm×14cm）

④ 室温干燥箱

⑤ 钟表

（2）操作和使用步骤：

① 试验前准备工作

② 调整砝码重量，使达到要求后再将样板置干燥箱里（照操作规程）进行干燥。

（3）按产品标准所规定的实际干燥时间，取出按干燥情况每隔若干时间试验其干燥程度。

试验时在漆膜表面上放一棉球，在棉球上轻轻放上油漆干燥试验砝码，并同时开动秒表，经 30 分秒后，将砝码和棉球拿掉，漆膜上若不遗留有棉球痕迹，即达到了实际干燥程度。

六、线棒涂布器和涂料油墨检测仪器

1. 测试简介

线棒涂布器说明：按 GB/T 1727 设计，用不同直径的不锈钢钢丝缠绕在一定直径和长度的不锈钢钢棒上，利用钢丝之间的间隙制备不同厚度的涂膜。

2. XB 线棒涂布器

XB 线棒涂布器，涂布棒，涂料检测仪器。线棒 200mm 长；各种规格线棒手柄。

类型：线材测试仪。

品牌：垒固。

型号：XB。

外形尺寸：200mm。

重量：0.1kg。

产品用途：涂料检测。

规格：12μm，15μm，20μm，25μm，30μm，40μm，50μm，60μm，80μm，100μm，120μm，150μm，200μm。

第二节　涂料行业计量泵及杯

一、涂料专用齿轮泵

涂料齿轮泵（DISK 静电齿轮泵，齿轮涂料泵）也是涂料定量计量泵。

齿轮泵工作原理：就是两个尺寸相同的齿轮在紧密配合的 8 字型泵体内相互啮合旋转，齿轮的外径及两侧与泵体紧密配合。

随着齿的旋转沿泵体转动，在齿的啮合时将涂料输出油漆在吸入口进入两个齿轮之间，为满足各种作业要求，搭配调速电机及变频器使用；涂料齿轮泵适用于各类颗粒液体涂料、PU、腐蚀性溶剂、油墨、胶水等黏度性涂料输送，涂料吐出量可根据不同工艺需要而精确控制。齿轮泵在频繁更换涂料及颜色等特殊作业场合使用，涂料泵也能快速有效清洗换色。

性能特点如下。

① 转速 5～500 转/分，泵吐出量 10～6000mL/min，压力为 50kg/cm^2。

② 泵轴 ϕ12mm，顶面 M6 牙，L44mmW26mm。

③ 泵轴 ϕ12.7mm，顶面 M6 牙，L44mmW35mm。泵体安装孔：M8 牙，L40mm。

可按客户要求定做油漆泵浦及维修。规格：1.5mL、3mL、5mL、6mL、8mL。

二、Zenith 涂料泵

Zenith 涂料泵见图 11-5。作为真正的精密计量泵，快速变色计量泵系统具有内部冲洗特性。它可在工作过程中快速、有效地进行泵的内部清洗。此特性适用于需要频繁变色或换料的场合。涂料泵设计采用了具有最佳几何形状的 AGMA 高标准外啮合齿轮，并与泵内腔精密配合，以保证每一转流体的输出排量准确。

齿轮计量泵优点如下。

① 无脉动输出、连续工作、精度高、重复性能好、用于工业流体精密计量精度高。在各种温度、黏度、压力的条件下，可保证稳定的可重复

图 11-5　Zenith 涂料泵

流量。

② 流量稳定。独特的设计使流量输出无脉动，消除了不必要的阀门和缓冲元件，使系统简化，成本降低，性能提高。

③ 主动计量。泵头的高精度机械加工，与闭环回路的高精度控制，保证了泵的每一转输出流量的准确性，从而省却了昂贵的流量计量仪表。

④ 低成本。泵内只有三个运动部件，材料经硬化处理，具有良好的耐磨，抗腐蚀及润滑特性。

⑤ 系统成套。各种泵头与控制方式可灵活组合预装，为用户提供多种 OSHA、UL、EC、DIN 标准的成套计量系统。

标准产品选用材料为：400 不锈钢制造，也可以选择更佳材料。输出压力为：0~1000psi。（注：1psi＝6.895kPa）

三、油漆涂料黏度杯

NK2、RV2（福特 4♯）黏度杯选用合金材料表面镀镍，具有防腐蚀耐磨损特点。可有效快速地测定油漆涂料等液体类流出时间，达到作业所需的涂料黏度；提高产品效率，降低损耗。

其使用与蔡恩杯相同。内径：50mm；孔径：3.5mm±0.05mm；黏度测量范围：70~370cSt；流出时间：6~100 秒；测量垂直高度：43mm；其一般配合精确数字秒表使用。

1. 进口油漆黏度杯

其是测量油漆黏度的杯子。日本岩田 NK-2 黏度杯，按日本（JIS）标准设计，适用于油漆施工现场快速测试牛顿型或近似牛顿型液体的黏度。被广泛应用于电子产品、塑胶用涂料行业的油漆黏度测量。使用方法及操作与 ZAHN 蔡恩杯（柴氏杯）相同。

在使用油漆黏度杯时的注意事项：使用时需要一个精度比较高的秒表。

技术参数：杯体容积：50mL；杯体材质：铜制镀镍；内部垂直高度：（43±0.1）mm；内部孔径：（3.5±0.05）mm；外部孔径：（6.0±0.5）mm；黏度范围：70~370cSt；流出时间：20~100 秒；重量：0.35kg；外形尺寸：280mm×40mm×40mm（长×宽×高）。

2. 国产耐用型号涂料黏度杯

TEST2 号涂料黏度杯：30~230mL；口径：2mm。

其是主要用于测量油漆涂料稀释浓度，测量涂料浓度的黏度杯。作用：准确测量涂料黏度，精确配色。特点：一般是一种圆头不锈钢杯，精密钻孔的流嘴，主要对测量工艺精湛和测量精确。测量范围：$20 \sim 1800 cm^2/s$；净重：0.2kg（0.4磅）；外型尺寸：390mm×45mm×37mm。

第三节　电子传感器称重系统在涂料行业的应用

目前在涂料生产工艺上，随着对涂料品质的进一步要求，合成各物料的比例要求越来越精确，使得称重系统得到了广泛的应用。很多企业不仅使用流量计对合成产品的原料进行计量，同时还使用称重系统进行辅助测量。下面对称重系统在涂料行业的应用进行了详述。

一、称重系统的构成

称重系统一般由三大部分组成：秤体、称重传感器/称重模块、称重控制显示仪。

秤体是用来承受被称量物体的重力并将该力传递给称重传感器的设备，它可以是平台、容器、斗、罐及反应釜等。

称重传感器/称重模块将重量信号转换为正比的电信号。

称重控制显示仪对来自传感器的弱电信号进行放大、A/D转换及处理，并进行显示、标定以及通过各种接口（如串行口/模拟量/开关量/现场总线等）与其他设备（二次显示仪表、PLC、DCS、PC等）进行通信及控制。

二、称重模块介绍及选型

在涂料行业通常需要称量的都是原料罐和反应釜，因此称重模块的应用比较广泛。称重模块的突出特点在于其简单合理的设计，没有需焊接的部件，也不需要额外的配件，所有模块的制造、组装、测试都符合质量标准，使调试安装工作更方便、快速，并能在形状各异的物体上安装。称重模块将高精度剪切梁称重传感器、负荷传递装置及安装连接板等部件合为一体，既保证了剪切梁传感器精度高、长期稳定性好的特点，又解决了因安装不当造成的称量误差问题。

称重模块通常分为两类：静载称重模块和动载称重模块。

静载称重模块主要适用于侧向力较小的静载荷称重场合。静载称重模块可以非常方便地安装在各种形状的容器上。

动载称重模块主要适用于承受水平作用力的机械装置如流水线、传送带等，另外动载称重模块还可用于机械平台秤的改造。

加料方式决定称重模块种类，当物料是以垂直方式用输送机或泵向斗、罐、釜和槽罐内送入时，这种情况选用静载模块；当以水平方式把物料输送到秤台或容器内时，产生水平冲击力，此时应选用动载模块，如辊道秤、汽车衡或轨道衡机械秤改装电子秤时应选用动载模块。

称重模块还可以按材质分类。以梅特勒-托利多衡器有限公司的产品为例，其称重模块按材质分有两种，一种是称重模块所有部件包括传感器均采用不锈钢制造，另一种是模块所有部件除传感器承压头外均采用碳钢制造。在选择模块时应考虑其所处的环境及容器所装物料的性质，如果称重模块长期暴露在潮湿或有腐蚀性物质接触的环境中，建议选用全不锈钢称重模块。

称重模块数量的选择如下。对于已安装支撑脚的罐，可以根据支撑脚的数量来确定称重模块的数量。如果是新安装的容器，若为垂直放置的圆柱形容器，用三点支撑比较稳定；考虑风力、晃动、震动等影响，以采用四点支撑为宜；水平放置的容器则以四点支撑为宜。在多只模块的系统中，总的载荷应尽可能平均地作用到每只模块上。

称重模块容量的选择如下。对于一台罐秤，在估算选用称重模块的容量时，有三个主要因素需考虑：空罐的重量，即秤体空载时的重量 W_o；可能装入罐内的最大载荷 W_s；称重模块的数量 n。其次由于载荷分布不均匀以及对载荷的估计不足，应考虑一个标准安全系数 F，$F = 1.5$。

另外由于环境的影响（例如风力、冲击、振动等）往往需要考虑第二个附加的安全系数 K。称重模块容量选择应满足下面的关系式：

单只称重模块的容量 $W \geqslant 1.5K(W_o + W_s)/n$。

三、工程设计实例

某涂料厂为了精确计量投入反应釜原料的量，除了在原料罐输入管安装流量计外，每个原料罐又单独设计了称重系统。称量值不仅要在车间现场进行显示，同时还需要在控制室的仪表盘上进行显示。设计时选用了梅特勒-托利多衡器有限公司的产品。

由于原料罐输入管是水平布置的，而且厂房内环境不太恶劣，称重模块选择了梅特勒-托利多衡器有限公司的 CW 动载碳钢称重模块。原料罐为圆柱形容器且在腰部有三个支耳，因此模块数量选择 3 个。

原料罐空罐的重量 $W_o = 1t$，可能装入罐内的最大载荷 $W_s = 4.2t$，称重模块的数量 $n = 3$，厂房内风力、冲击、震荡影响很小，附加安全系数 $K = 1$，则根据公式 $W \geq 1.5K\,(W_o + W_s)/n$，可算出 $W \geq 1.5 \times 1(1 + 4.2)/3(t)$，即 $W \geq 2.6\,(t)$，因此每个称重模块容量选 3t。生产车间环境为防爆 2 区，因此现场称重控制显示仪选择了梅特勒-托利多衡器有限公司的 PTHN-1800N 型防尘式称重终端，防护等级可达 IP65，采用墙式安装方式，其防爆等级为 IP67 和防爆级别能够满足现场的防爆要求。PTHN-1800N 型称重控制显示仪的工作电压为 220VAC/50Hz，有 6 个轻触薄膜键盘，7 位荧光数码显示，1 只可定义输入点，带有 4~20mA/0~10V 模拟量输出接口和 1 个 RS-232 接口。现场称重控制显示仪输出 4~20mA 信号至控制室仪表盘上的二次显示表，在控制室可以同时监测现场原料罐的重量变化情况。称重系统的回路图如图 11-6 所示。称重模块的外形尺寸如图 11-7 所示。

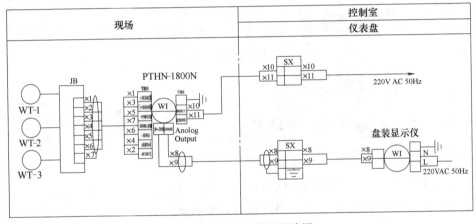

图 11-6　称重系统的回路图

称重模块按径向布置，如图 11-8 所示。

原料罐从厂房一、二层之间楼板穿过，在楼板的钢结构面焊接一块高强度的钢板。钢板与称重模块底部用螺栓连接。钢板尺寸如图 11-9 所示。

安装称重模块时需要注意以下事项。

① 称重模块上支耳偏斜而引起与水平线的夹角不能大于 0.50，基座支架结构扭转或偏斜而引起与水平线的夹角不能大于 0.50。

② 模块基座支架结构偏斜（挠度）一致。

③ 支撑罐体的楼层应有足够的承载力及刚度，基础挠度变形小于 3mm。

④ 罐体的进、出口应尽量采用软连接。

⑤ 每只模块应有独立的接地。

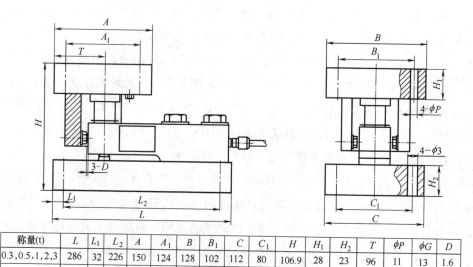

称量(t)	L	L₁	L₂	A	A₁	B	B₁	C	C₁	H	H₁	H₂	T	φP	φG	D
0.3,0.5,1,2,3	286	32	226	150	124	128	102	112	80	106.9	28	23	96	11	13	1.6
5	317.5	32	257	178	146	152	120	152	102	146.2	38	30	99	17.5	17	1.6
10	360	32	295	184	152	154	122	154	106	215.7	45	45	105	22	21	3
15,20	400	25	350	220	170	220	170	220	170	255.7	55	55	115	26	26	3

图 11-7　秤重模块的外形尺寸

⑥ 安装完后必须进行标定。

四、称重系统在涂料行业的评价

由于秤重模块精度高，秤重系统在涂料行业的定量配比工艺流程中已得到广泛的应用。涂料车间正是按照上述方案设计的，经过调试运行，证实配比精度高，能更好地保证涂料的质量。

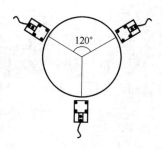

图 11-8　秤重模块按径向布置

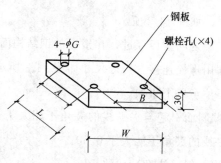

L	A	W	B	φG
390	226	220	80	13

图 11-9　钢板尺寸

第四节　计量装置

一、流量计

电磁流量计样本见图 11-10。

(a) 涂料油墨油漆流量计

(b) 便携式超声波流量计

图 11-10　电磁流量计

1. 涂料油墨流量计

其具有计量管道流体（液体）瞬间的流量及累计的流量；防爆，高精确度，有输出控制信号，流量功能显示：六位累计流量，五位批量流量，耐酸碱及各种化学溶剂等优点。

2. 手持式/便携式超声波流量计

其一般采用外夹式传感器测量液体流量。安装过程极为简单，全中文的人机界面，更易于操作。特别适合流量平衡测试及流量监测。测量液体有饮用水、河水、海水、冷却水、热水、工业污水、润滑油、柴油、燃油、化工液体等。

3. 涂料油墨电磁流量计在线校准的方法

在使用电磁流量计的过程中，为了保证结果的准确性，我们会定期进行校准，那么大家知道电磁流量计在线校准的方法有哪些吗？现介绍如下。

（1）在线比对法　采用超声流量计作为标准表，与被校流量计串联，通过比对法确定被校流量计的准确度。使用时应注意，标准表需有有效的检定证书，并通过计量标准器考核，取得社会公用计量证书；现场条件应满足要求，校准人员应严格按规范操作。

（2）液位落差法　利用水池作为测量容器，通过测量水池水位计算出容积，对流量计进行校准。校准前，需确定被校流量计与水池间有无未知的管道，且水池修建应保证一定的准确度，否则校准结果误差大。

（3）检测电气参数法　将检测设备与在线被校流量计连接，通过检测和分析，判断流量计是否满足使用要求。此方法管道内有、无水均可检测，但只可检测电磁流量计。

二、液位计

在容器中液体介质的高低叫做液位，测量液位的仪表叫液位计。液位计为物位仪表的一种。

液位计的类型有音叉振动式、磁浮式、压力式、超声波、声呐波、磁翻板等。

1. 磁浮子式

（1）概述　UHZ-25 型磁浮子液位计和 UHZ-27 型顶装浮球液位计，可配置远传液位变送器，用以实现液位信号远传的数/模显示。

（2）结构原理　MY 型属模拟式液位变送器，由液位传感器和信号转换器两部分组成。液位传感器由装在 $\phi 20$ 不锈钢护管内的若干干簧管和若干电阻构成，护管紧固在测量管（主体管）外侧；信号转换器由电子模块组成，安置在传感器顶端或底端的防爆接线盒内。

（3）主要技术参数

① 量程：由测量范围 H 确定；

② 误差：$\pm 10mm$；

③ 输出信号：$4\sim 20mA. DC$（两线制）；

④ 负载电阻：$\leqslant 550\Omega$；

⑤ 供电电压：24V. DC；

⑥ 出线口：$M20\times 1.5mm$（内）；

⑦ 环境温度：$-40\sim +60$℃；

⑧ 防爆等级：dⅡBT1-4；

⑨ 外壳防护等级：IP65。

（4）磁浮子液位计特点　磁浮子液位计具有结构简单、使用方便、性能稳定、使用寿命长、便于安装维护等优点。

（5）磁浮子液位计的应用　其主要广泛运用于石油加工、食品加工、化工、水处理、制药、电力、造纸、冶金、船舶和锅炉等领域中的液位测量。

2. 内浮式

内浮式双腔液位计（黏稠介质液位计），采用加拿大 JKS 公司的技术，是一种针对高黏稠介质而研发的专用液位测量仪表。该产品是在磁浮子液位计的基础上进行的技术升级，完全克服磁浮子液位计对黏稠介质长期以来测量不准确、腔体内部的液体与浮子黏附、维护困难等诸多弊病。

内浮式磁性液位计是一种双腔液位计，被测介质与磁性面板端的腔体隔离，容器端腔体内部与浮子经过特殊处理后，确保了浮子跟随液位的变化线性地传递给磁性面板，并清晰准确地指示出液位的高度。它既能现场显示，又兼顾报警控制和输出远传信号。其是一机多能的液位测量仪表，是测量黏稠介质最佳的液位测量仪表。

3. 磁翻板

这类常用的是 UHZ-45 高温高压磁翻板液位计。一般为拓宽 UHZ 系列磁翻板液位计的使用范围，更广泛地满足电力、供热、供气等行业的要求，采用独特的散热方式，有效地控制了温度仪表的工作温度，避免了磁性元件在高温条件下退磁，确保仪表工作可靠，可测量高温 450℃，高压 25MPa，在国内同行业中处于领先地位。

该液位计适用于高温高压液体容器的液位、界位的测量和控制。具有清晰的指示出液位的高度，显示直观醒目，指示器与贮罐完全隔离，使用安全、设计合理、结构简单、安装方便可靠、性能稳定、使用寿命长、维修费用低、便于安装维护等优点。

用户可根据工程需要，配合远传变送器使用，可实现就地数字显示，以及输出 4～20mA 的标准远传电信号，以配合记录仪表，或工业过程控制的需要。也可以配合磁性控制开关或接近开关等使用，对液位监控报警或对进液出液设备进行控制。

技术参数介绍如下。

测量范围：2000～15000mm（超过 6000mm 的或运输条件不允许超过长度的液位计可采取分段制造）。

显示精度：±10mm。

工作压力：6.3MPa、10.0MPa、16.0MPa、25.0MPa。

介质温度：−20～450℃。

介质密度：$\geqslant 0.5 \text{g/cm}^3$。

介质密度差：$\geqslant 0.15 \text{g/cm}^3$（测量界位）。

介质黏度：≤0.4Pa·s。

过程连接：DN20/25 PN1.0（执行标准 HG20592～20635-97），如需其他标准可按客户要求制造。

接液材质：316SS、316L 等（按介质化学性质及使用温度压力选择）。

浮子材质：316SS、316L、钛等。

4. 投入式液位计

投入式液位计（静压液位计/液位变送器/液位传感器/水位传感器）是一种测量液位的压力传感器。静压投入式液位变送器（液位计）是基于所测液体静压与该液体的高度成比例的原理，采用国外先进的隔离型扩散硅敏感元件或陶瓷电容压力敏感传感器，将静压转换为电信号，再经过温度补偿和线性修正，转化成标准电信号（一般为 4～20mA/1～5VDC）。

5. 磁致伸缩液位计

其是利用磁致伸缩原理所开发的测位产品，其输出信号为绝对数值，所以即使电源中断重接也不会对数据接收构成问题，更无须重新调整零位。而且传感元件都是非接触的，所以感测过程不断重复在一定范围内，也不会对传感器造成任何磨损而影响量测精度。

磁致伸缩液位计采用直接输出，因此无须加装输出接口，可降低整体电路成本。应用上输出精确可靠，可以降低不良率及停机维修。传感器坚固耐用，寿命特长，又无须定期维修或校正因此不必大量库存备件或增加维修预算。

另外可用 PC 连接远端的一个（选用 RS232 或 RS485）或多个（选用 RS485）磁致伸缩液位计做远端监视（选配品）。

特点是具有测量反应速度快、稳定性及可靠性高、多种输出方式可供选择、安装方便、不需定期校正和维护、高分辨率、高精度、结构精巧、环境适应性强、防污、防尘、耐高压、非接触性量测、无磨损等优点，且外壳防护等级为 IP67（IEC60529）。

三、工业数显一体化温度变送器

1. 产品概述

SBXWS 工业数显一体化温度变送器是将 PT100 温度传感器与信号转换放大单元有机集成在一起，用来测量各种工业过程中液体、蒸汽介质或固体表面的温度，并输出标准 4～20mA 信号。

该产品具有工业防爆外壳，三位半 LED 显示，方便现场观察，精度高、稳定性好等优点。其广泛应用于石油化工、纺织、橡胶、建材、电力、冶金、医药、食品等领域。

2. 产品特点

① 输出 4～20mA 标准恒流信号，信号回路自身供电，电源功耗低。

② LED 数码显示，方便现场观察。

③ 工业防爆外壳，适用于工业现场。

④ 输出高阻抗、大信号，无射频干扰影响，并具有电源极性反接保护电路。

3. 技术指标

其见表 11-1。

表 11-1　工业数显一体化温度变送器技术指标

项目	热电耦 K 型、E 型、B 型、S 型、T 型、J 型、N 型 热电阻　铂电阻 Cu100　Cu50	
测温范围	−200～450℃（热电阻）	0～1600℃（热电耦）
精度等级	0.2％FS　　0.5％FS	
输出信号	4～20mA 或 1～5VDC	
供电电压	24VDC±10％	
负载电阻	0～500Ω	
环境温度	−20～85℃	
接口	M27 * 2、M16 * 1.5 或法兰	
保护管材质	1Cr18Ni9Ti 或 316L	
防爆等级	Exib II CT6	

4. 外形结构

其见图 11-11。

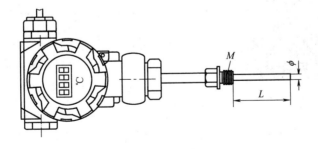

图 11-11　外形尺寸结构

M—20.8mm；ϕ—10.2mm；L—360mm

5. 产品选型

产品选型如下。

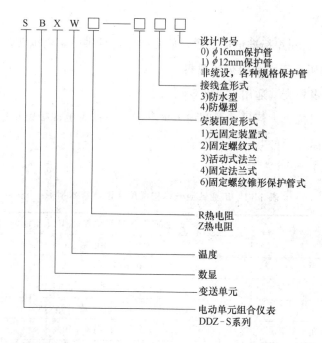

```
S   B   X   W   □——□ □ □
                        └─ 设计序号
                           0) φ16mm保护管
                           1) φ12mm保护管
                           非统设，各种规格保护管
                        ── 接线盒形式
                           3)防水型
                           4)防爆型
                        ── 安装固定形式
                           1)无固定装置式
                           2)固定螺纹式
                           3)活动式法兰
                           4)固定法兰式
                           6)固定螺纹锥形保护管式
                        ── R热电阻
                           Z热电阻
                        ── 温度
                        ── 数显
                        ── 变送单元
                        ── 电动单元组合仪表
                           DDZ-S系列
```

四、涂料自动配料系统

1. 涂料自动配料系统简介

涂料自动配料系统生产中存在小料调整问题，通过常州亨托提供的称重模块及带有总线接口的现场操作器 HT600 经济型称重终端完成现场工人与中控系统极为方便的数据交互，而得以解决，确保品质有保障，管理极为便利。其如图 11-12 所示。

图 11-12　涂料自动配料系统

涂料自动配料系统应用于涂料、油墨、颜料、树脂、硅胶、助剂、化妆品、香精香料、洗涤用品、食品添加剂等方面。

2. 油墨/涂料制造业配料解决方案

为了提高产品品质和企业效益，确保配料精度和生产线长期可靠运行，很多企业开始使用以"称重模块系统"为代表的配料解决方案，完成配料的计量和控制。

在应用的过程中，由于称重模块系统不会接触物料，因此它不易受到物料的污染和腐蚀影响，而拥有更长的使用寿命。

称重配料方案（见图 11-13）深入结合了油墨/涂料行业的应用特点和生产工艺要求，并可根据用户的具体情况，提供适合的解决方案，以帮助油墨/涂料制造商提高配料精度，确保产品品质，保证生产长期安全、可靠，提高企业效益。此外，其移动式称重方案、圆桶倾倒秤（又称油桶秤或抱桶秤）方案、防扭装置（最大限度解决油墨/涂料生产中搅拌对称重的影响）、油墨/涂料灌装系统（见图 11-14）、车辆称重系统和检重系统等也可以帮助用户解决生产过程中的实际问题。

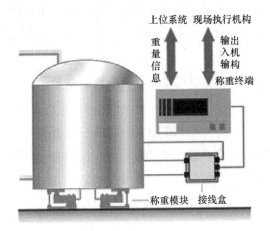

图 11-13　称重配料方案

图 11-14　油墨/涂料灌装系统

五、电子台秤

它是利用电子应变元件受力形变原理输出微小的模拟电信号，通过信号电缆传送给称重显示仪表，进行称重操作和显示称量结果的称重器具。

（1）结构特点　有单独的载荷称重台和连接立柱安装称重显示仪表。

（2）显示方式　数码管显示［LED］，液晶显示［LCD］，荧光显示［VFD］和液晶点振显示。称台安装过载保护装置，保护称重传感器［防止极限过载］。电子台秤的称量范围在 30～600 公斤，根据称重显示仪表的型号不同，电子台秤的技术参数和功能也有所不同。基本技术参数：最大称量 Max；最小称量 Min；检定分度 $n=Max/e$；分度值 e/d；准确度等级Ⅲ；额定电压 AC/DC；产品执行标准：GB/T 7722—2005 等。电子台秤按照国家标准属于中准确度等级的衡器。

（3）功能特点　开机自动置零，可以手工去皮/置零，交流/直流电源供电，数字显示称量数据，还可以增加重量累计功能，计数功能，检重分检功能，动态称重功能，数据记录功能，控制报警功能。可以选配输出接口：RS-232 电脑接口，打印接口，可以连接大屏幕显示器使之数据公平公开。电子台秤称重准确，精确度高，反应速度快，使用方便，称重数据显示直观醒目，避免了因为人为的视觉误差引起的各种误差。合理利用称重软件可以实现称重数据微机管理，实现科学计量。

（4）主要功能优点　具有零位自动跟踪，置零，去皮，重量、单价、金额运算，8种单价设定金额累加、总计，超载、超值报警，出错信息提示，电源交直流二用，空机自动进入低功耗节能状态，数字电压表自测，电压不足自动关机等功能。

（5）台秤分类　电子台秤按显示功能分为普通显示电子台秤、带打印电子台秤和物流专用电子台秤等几类。大部分人认为放在桌子或工作台上的秤叫"台秤"，这是错误的叫法。

① 台秤　台秤是单独由秤体［台面］、立杆和显示仪表共同组成的衡器，称量在30～1000kg。属于中准确度等级Ⅲ的衡器。

② 案秤　案秤是称重体［台面］和称重显示部分组合在一起的一种衡器，它整体重量轻，移动方便，称量在1.5～30kg，显示精度可以高一些。按功能可以分成计价秤、计数秤、条码秤和单纯的计重秤，案秤也有叫"桌秤"的。

技术参数规格：60kg/20g，150kg/50g，300kg/100g，600kg/200g。

精度（分度值）：1/3000FS。

键盘：16键双重防水。

去皮：去皮重量等于最大称量。

超重报警：超过最大称量的0.15％时，软件会自动报警。

工作电源：交流220V（-15％～10％）50Hz，直流配用6V4AH可充电电池。

功耗：工作状态数码管全屏显示（5W、节能状态C/W）。

使用环境：温度10℃～40℃；湿度10％～80％RH。

秤盘尺寸：300mm×400mm，450mm×600mm，600mm×800mm。

（6）使用常识

① 电子秤是由称重传感器感知外界的重力，再把转换的电信号传送给电子电路的。在称重时不要过力，特别是小称量的秤，所称的物品要轻拿轻放，以免损坏传感器。

② 要定时给蓄电池充电，一般充12小时左右就可以了（时间不可过长），使电子秤有稳定的工作电压，使之提高称重的准确性。

③ 电子秤最好在干燥通风的环境中使用（防水秤除外）。因为，传感器和电子

元件长期工作在潮湿的环境中会缩短使用寿命，而带来经济损失。

④ 电子秤内部使用的是高运算 A/D 和单片机电路，为使其称重准确，应远离强电磁干扰源，如电焊机、电钻、磁铁、大型电动机等。

（7）充电保养

① TCS 电子台秤充电正确方法

a. 电子台秤仪表内的蓄电池使用后要及时充电，否则将损坏蓄电池。

b. 当电子台秤仪表上的欠压指示灯亮时，请尽快充电，充电指示灯由红色变橙色表示已经充满。

c. 如果电子台秤长期不使用，为避免电池自放电造成的损坏，请务必每隔 6 个月进行一次 12 小时持续充电。只要插上充电器，无论开机与否，系统均自动对内部电池充电，建议关机对电子台秤进行充电。

② TCS 电子台秤日常保养

a. 严禁电子台秤淋雨或者用水冲洗电子台秤，特别是秤的内部，严禁进水。

b. 电子台秤勿置于高温、潮湿的环境中。

c. 严禁撞击、重压，即使产品处于停止工作状态，秤台上也不得施加大于最大秤量的物品或压力。

d. 电池严禁反接。

（8）电子秤使用介绍

① 使用前检查

a. 检查电子秤是否置于稳固平坦的桌面或地面使用，勿置于震动不稳的桌面或台架上。

b. 检查电子秤是否置于温度变化过大或空气流动剧烈之场所，如日光直射或冷气出风口处。

c. 检查确认电子秤所使用电源为 AC110V 或 200V 电压，尽量使用独立电源插座以免其他电器干扰。

d. 若是充电式电子秤，使用时应注意仪表显示情况，如电力不足应先充电再使用。

e. 检查并调整电子秤的调整脚，使秤平稳且水平仪内气泡居圆圈中央。

f. 当电源开启时，请勿将物品置放在秤盘上，使用前先热机 15 分钟以上（高精度秤必须更长时间）。

g. 电子秤使用前应依规定作每日日常点检以确保其使用精度。

② 使用说明及注意事项

a. 使用说明

ⓐ 按"开/关"键，电子秤进行自动归零后，便进入秤量状态。

ⓑ 在使用的过程中，空秤、零点不为零时，即可按"归零"键，电子秤自动归零。

ⓒ 将所需秤量的物体放在秤台上，待电子秤上的数值稳定时，读取其显示数值。

b. 使用注意事项

ⓐ 秤台或显示屏幕沾污时严禁用水冲洗，若不慎沾水则用干布擦拭干净，当机器功能不正常时要迅速送计量测试单位处理。

ⓑ 将所需称量的物体轻轻放在秤台上，不能过急，用力过猛、超重等，否则影响称量的准确性，甚至造成损坏。除了正常按触键位外切勿使用尖锐的东西按键，以防止面板损坏。

ⓒ 勿置放在高温及潮湿环境场所（专用防水防腐秤除外），使用的环境温度为 0～40℃，湿度为≤85％RH。

ⓓ 电子秤电量过低会导致电子秤无法准确秤量。

实际使用中，60％的电子秤无法开机是由于电量过低造成的。电量低时，电子秤会反应迟缓或读数不准。所以必须及时更换电池。

ⓔ 不可在不平整的台面上使用电子秤。

电子秤在不平整的台面上操作会导致秤重不准。最好的解决方式是在相对平整或水平的台面上使用，并在此位置上重新调整水平，这样就可以避免因台面不平整而导致秤重不准问题。

ⓕ 电子秤设计秤重不允许超过其最大量程。超载可能会使弹性体产生永久变形，对电子秤造成致命损伤。

ⓖ 操作不当是导致电子秤出现严重错误的重要原因。掉落或其他不当处置，可能会给电子秤带来致命问题。如搬运时将电子秤放置在空箱中，使之承受颠簸震动等，这类情形都必须予以避免。

ⓗ 当秤量不准确时，不要随意打开仪器机壳，必须通知产品质量保证测试专业人员检修。

③ 使用后保养

a. 秤重完毕后应按"开/关"键或拔除插座关机。

b. 每天下班前对电子秤秤台及外观加以清洁，清洁时禁止使用丙酮或酒精清洁仪表，可用干净的布擦拭。

c. 电子秤若长期不用时须将机器擦拭干净，放入干燥剂用塑料袋包好，有使用干电池应取出，使用充电蓄电池时，应每隔三个月充电一次，以确保使用寿命。

第五节　涂料企业自动化控制系统及应用

一、涂料油漆生产线自动化控制系统

油漆涂料生产线包括原料自动计量和投料、合成反应、粉体和液体掺和、研磨、调漆、计量灌装等工序。

（1）原料配方管理　包括树脂合成配方和掺和调漆配方，通过计算机管理配方，实现多种配方的生产自动化管理。

（2）原料计量和投料　合成反应过程的原料计量和投料，掺和调漆过程的计量和投料，计量根据物料的性质、数量和精度要求，分别设计不同的计量方式，如称重仪、流量计、高位槽、计量泵等不同计量方式。通过计算机程序自动控制输送泵、阀门，实现投料的自动化控制。

（3）反应温度自动控制　树脂合成过程反应釜温度通过夹套导热油和循环水的流量进行自动控制。升温、保温、降温都通过程序自动控制，无需人工现场操作。温度控制根据不同的阶段和传热情况采取不同的控制方式，通过温度预估、串级调节、离散控制等技术实现温控过程的优化控制。

（4）反应釜安全联锁和报警系统　对温度超限、压力超限、搅拌故障、循环泵故障、易燃易爆物料泄漏等实现自动报警和安全联锁，保证生产的安全。

（5）粉体计量和输送　掺和过程粉体严格按照配方进行自动计量和气力输送，并有提供的输送方案和设备。

（6）掺和釜进料和搅拌自动控制　液体通过隔膜泵输送到计量称重槽，重量计量好后放入掺和釜。搅拌采用变频控制。

（7）碾磨、调漆和包装　成套研磨设备的动力系统、温度、压力信号进计算机进行监控和启停。调漆原料称重计量。成品包装用自动灌装机。

二、涂料树脂生产过程集散型控制系统 DCS

控制器：AC800F

I/O：S800I/O

规模：500 吨 2009 年 2 月投运

简述：涂料树脂生产过程集散型控制系统 DCS 见图 11-15。其在树脂生产工艺过程生产单元全自动、半自动和手动控制的基本功能，包括如下。

（1）树脂车间关联的树脂生产单元（反应釜、稀释釜、热媒油加热、冷媒油降温等）装置了温度检测、温度监视、温度自动控制及温度自动调节器件执行功能。

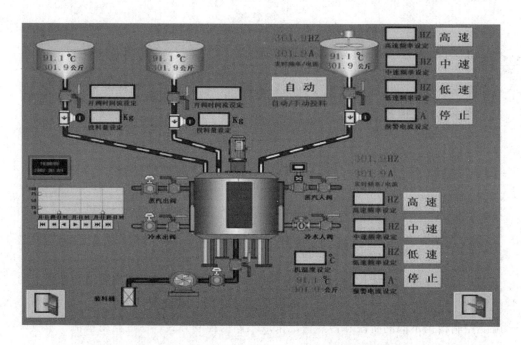

图 11-15　涂料树脂生产过程集散型控制系统 DCS

（2）树脂供料系统单元。

（3）热媒油加热管路的压力监视、压力安全调节可控功能单元。

（4）实用简捷的人机界面操作设计，多功能复合图形窗口切换，建立了生产全过程的生产工艺操作过程数据库。

（5）完整的生产过程温度曲线趋势图表、计量报表、实时报表、检验报表、操作过程报表管理等查阅和输出打印图表等。

（6）生产工艺过程的历史数据技术参数溯源恢复，溯源可查打印等。

以上是涂料树脂、油漆生产线控制系统、反应釜控制 DCS、PLC 的详细介绍。具体还包括了涂料树脂、油漆生产线控制系统、反应釜控制 DCS、PLC 的价格、型号、图片、厂家等。

三、自动化控制技术在反应釜中的应用

反应釜控制系统应根据装置的工艺、设备具体要求来设计控制方案，但由于装置的具体工艺差别，针对不同的生产装置应有不同的方案。

生产过程一般包括原料和助剂的计量和投料自动化操作、反应过程（升温、恒温、降温）自动化操作、出料和后处理自动化操作等过程。

1. 配方管理

当同一反应釜需要生产不同牌号的产品时，配方管理使生产变得可靠和简单，并最大程度地避免差错。操作员在输入产品的牌号、生产釜数后启动控制程序，就开始一釜一釜的生产，提高效率并保证配方技术的安全。我们的控制系统设计了配方管理技术，系统提供了每个釜十种牌号的配方参数。通过配方管理可以方便实现配方技术保密，满足同一反应釜生产不同牌号产品。

（1）原料的计量投料　根据生产产品的不同，入釜物料一般有原料、助剂、引发剂等，不同的原料有不同的计量和投料方式，以满足不同原料和不同工艺的要求。

高位槽计量投料是将计量槽（高位槽）物料体积变化折算成投料量，进料时启动程序，选择要进的釜号，自动打开 VSP1、VSP2 阀门，当达到设定的入釜量时，自动关闭 VSP1、VSP2 阀门，完成进料。

（2）称重计量投料　启动程序，打开阀门 VSP1，关闭阀门 VSP2，原料进入称重罐，当达到设定的重量时，关闭 VSP1。打开投料阀 VSP2 向反应釜投料，达到设定投料重量时关闭 VSP2，完成投料。计量称根据工艺要求可以用吊称或地磅称。

投料方式的选择应根据物料的特性、工艺条件、精确度要求、投料效率等诸多因素来综合考虑。自动化投料系统一般都能明显提高操作效率，减少或杜绝误操作。

2. 反应釜温度控制

温度控制往往是反应釜控制过程中十分重要的一环，也是相对复杂的部分。温度控制的技术水平将直接影响到产品的质量。控制的效果取决于温度控制方法。

常见的反应釜温度变化分为升温、恒温、降温几个阶段，或者需要经历多次升温、恒温、降温过程（取决于工艺要求）。根据工艺的不同夹套循环介质一般有水、导热油、蒸汽、冷冻盐水、乙二醇等。在升温阶段要求在最少能耗下或按照一定的速度使反应温度达到工艺要求的恒温温度。如何判断最佳的过渡切入点，如何实现

过渡到恒温的温度波动小，需要一些优化的算法。过渡阶段要求时间短，并要求平稳地进入恒温控制段；恒温阶段要求反应温度控制在工艺要求的偏差范围内，保证产品质量。我公司通过自行开发的成熟的温度控制技术如温度预测算法、离散控制算法、恒温控制算法等，有效地满足了各个阶段的温度控制要求，使整个反应过程的控制达到较高的水平，保证了产品质量的稳定和提高。

3. 反应釜安全及保养

反应釜作为化工常用设备，往往伴随高温高压的运行环境，务必做好安全防患措施，要求操作人员必须按规程操作和维护保养。

① 反应釜在运行中，严格执行操作规程，禁止超温、超压。严格按产品铭牌上标定的工作压力和工作温度操作使用，以免造成危险。若压力超高应检查进、出口是否有堵塞现象。

② 严格遵守产品使用说明书中关于冷却、注油等方面的规定，做好设备的维护和保养。若配置有冷凝器，可根据换热的效果来判断是否该清洗换热管道。

③ 釜体内装载量不得超过反应釜的有效容积，严禁过载使用，以免烧坏电动机或损坏减速器等部件。

④ 所有阀门使用时，应缓慢转动阀杆（针），压紧密封面，达到密封效果。关闭时不宜用力过猛，以免损坏密封面。

⑤ 电气控制仪表应由专人操作，并按规定设置过载保护设施。

⑥ 按工艺指标控制夹套（或蛇管）及反应器的温度。

⑦ 避免温差应力与内压应力叠加，使设备产生应变。

⑧ 要严格控制配料比，防止剧烈反应。

⑨ 要注意反应釜有无异常振动和声响，如发现故障，应检查修理并及时消除。

⑩ 检查反应釜所有进、出口阀是否完好可用，若有问题必须及时处理。

⑪ 检查反应釜的法兰和机座等螺栓有无松动，安全护罩是否完好可靠。

⑫ 检查反应釜本体有无裂纹、变形、鼓包、穿孔、腐蚀、泄漏等现象，保温、油漆等是不是完整，有无脱落、烧焦情况。

⑬ 检查安全阀、防爆膜、压力表、温度计等安全装置是否准确、灵敏好用，安全阀、压力表是否已校验，并铅封完好，压力表的红线是否正确，防爆膜是否内漏。

⑭ 减速器和电动机声音是否正常。手摸减速器、电动机、机座轴承等各部位，判断温度情况：一般温度不超过 40℃，最高温度不超过 60℃（手背在上可停留 8s 以上为正常）。

⑮ 检查减速器有无漏油现象，轴封是否完好，油泵是否上油，检查减速器内油位和油质变化情况，反应釜用的机封油盒内是否缺油，必要时补加或更新相应的机油。

⑯ 减速器内应装 40♯～50♯ 机油或 70♯～90♯ 极压工业齿轮油，第一次运行 20 天（每天工作 8h）后，更换机油并清洗油箱内的油污，以后每 3～5 个月更换一次并清洗油箱。

⑰ 保持搅拌轴清洁，对圆螺母连接的轴，检查搅拌轴转动方向是否按顺时针方向旋转，严禁反转。

⑱ 定期进釜内检查釜内附件情况，并紧固松动螺栓，必要时更换有关零部件。

⑲ 反应釜若长期不用，应全部清洗干净，各处注入润滑油并切断电源。

⑳ 做好设备卫生，保证无油污，设备现本色。

4. 温度监控和自动化控制

生产胶黏剂的质量除与原料质量有关外，反应温度也是主要影响因素之一。

以前的制胶生产绝大多数是依靠现场温度计显示温度，其不足之处是造成生产控制滞后，影响控制质量。目前的技术水平可以将温度与气动阀门进行联动，并将温度数据传输到电脑，可以设置自动操作系统，对温度进行遥控和显示，大大地提高操作系统的自动化程度。

并且利用电脑监控系统采集的数据和曲线，可以对生产过程进行统计、分析和比较，确定较好的生产状态和参数。同样，各配比原料的重量也可以通过电脑设置来进行控制，减少人为操作的失误。

在国内，胶黏剂生产多使用间歇式反应釜，间歇式生产由于是单釜生产；灵活性大，适用于多品种胶黏剂的生产，但生产效率低。如果能解决 pH 值和黏度值在工业化生产中进行不间断测定的有关技术问题，那么，胶黏剂连续化生产就可以完全实现，生产技术的自动化程度就可以大大提高。胶黏剂生产的发展趋势是在现有生产设备的条件下，利用自动化控制技术，进行连续化的清洁生产。

第十二章　现代涂料工业涂装设备和生产线及设备管理

第一节　涂装设备概述

一、涂装

涂装是工程机械产品的表面制造工艺中的一个重要环节。防锈、防蚀涂装质量是产品全面质量的重要方面之一。产品外观质量不仅反映了产品防护、装饰性能，而且也是构成产品价值的重要因素。而整个涂装设备属于涂装生产线中重要的一环。涂装生产线中的涂装主要设备分为涂装前表面预处理设备、涂漆设备、涂膜干燥和固化设备、机械化输送设备、无尘恒温恒湿供风设备等及其他附属设备。

为使涂装设备利用率达较高水准，就需建立合理的现代涂料工业涂装生产线（见图 12-1～图 12-3）。首先要确定生产纲领，完成工艺设计、方案规划，然后才

能进行非标设备的设计、制造和安装。因此工艺设计、方案规划是建立生产线的基础，正确、合理的路线对生产操作及产品质量将会产生决定性的影响。工艺设计的内容主要包括：工件表面涂层质量要求前处理方法、喷涂方式、工艺流程、涂料性能、喷涂环境、时间等。

图 12-1　涂装设备

二、涂装的目的

其目的是通过涂装施工，使涂料在被涂物表面形成牢固的连续的涂层而发挥其装饰、保护及特殊功能等作用。

图 12-2　涂装生产线

图 12-3　机械双辊涂布机

涂装要素与涂装工程的关键是：涂装工艺及设备、涂装材料、作业环境和涂装管理。

被涂装材料的质量是获得优质涂层的基本条件。涂装工艺、设备、涂装环境是充分发挥涂装材料的性能，获得优质涂层，降低生产成本和提高经济效益的必要条件。涂装管理是确保所制定的工艺的实施、确保涂装质量的稳定、达到涂装目的和最佳经济效益的重要条件。

三、涂装主要设备

如汽车涂装主要设备分为涂装前表面预处理设备、涂漆设备、涂膜干燥和固化设备、机械化输送设备、无尘恒温恒湿供风设备等及其他附属设备。

其中包括静电喷涂成套设备，自动升降机，通过式喷淋，浸淋前处理装置，水帘喷漆室、"Ω"静电涂装室，燃油、燃气、电热式热风烘干炉和烘干箱，PC电控系统和电脑集中控制系统，阴阳极电泳设备，环保设备，悬挂输送设备，高级汽车烤漆房等。

四、涂装生产线主要用途

涂装生产线主要由前处理电泳线、密封底涂线、中涂线、面涂线、精修线及其烘干系统组成。

涂装生产线全线工件输送系统采用空中悬挂和地面滑轨相组合的机械化输送方式，运行平稳，快速便捷。采用 PLC 可控编程，根据生产工艺的实际要求编程控制，实行现场总线中心监控，分区自动实现转接运行。

涂装生产线各烘干系统的设计参照国外的设计理念和参数，烘道室体采用桥式结构，保证了炉温的均匀性和稳定性，提高了热能的效益性；供热装置引进了加拿大公司的产品，选用进口的燃烧器和控制系统。目前经测试各烘干系统运行良好稳定，温度曲线平滑持续，完全满足目前工艺产品的要求，并可满足今后提高产能的要求。

涂装生产线板型平整，表观质量要求高，涂膜光洁细腻，色彩柔和，具有一定的抗污染能力，容易清洗及耐擦，多适用于洁净室等墙体。

五、涂装生产线设备与涂装工艺

如汽车涂装生产线涂装工艺，一般可分为两大部分：一是涂装前金属的表面处理，也叫前处理技术；二是涂装的施工工艺。

表面处理：主要包括清除工件表面的油污、尘土、锈蚀以及进行修补作业时旧涂料层的清除等，以改善工件的表面状态。包括根据各种具体情况对工件表面进行机械加工和化学处理，如磷化、氧化和钝化处理。

喷漆室：是涂装室之一，所谓涂装室是指装备有涂装机具的、进行涂装作业的房间。喷漆室外还包括喷粉室、浸漆室、帘式涂装室等。喷漆室是供喷涂液态涂料的、结构及装备最复杂的涂装室，是涂装车间必备的关键设备。

与各种喷涂方法如空气喷涂、无气高压喷涂、静电喷涂等组合，和适应千差万别的被涂物的变化，使得喷漆室的形态多种多样。涂装室中除喷漆室、喷粉室外，其他涂装室的结构、装置较简单，目的和功能仅为防尘和换气（排掉溶剂蒸气）。

喷漆房：整个喷漆房为拼装式结构，房体采用子母插式保温喷塑墙板，密封、保温性能好，铝合金包边大门，门中央装有观察窗，可随时观察房内动态；房体侧面装有工作门，方便工作人员进出，优质不锈钢热交换器，换热效率高，使用寿命长；选用进口过滤棉、低噪音、高风量风机，确保喷漆效果的完美性。

喷漆房为工件喷涂提供：

① 洁净的工作环境；

② 充分收集漆雾。

喷漆房的配置按工件大小、形状、重量及生产纲领可有多种方式：有开式、闭式之分；有连续式、间歇式之分；有工件自转或固定。

一般生产线涂装工艺设备有涂装设备、喷漆设备、喷塑设备、固化炉、电泳设备、粉末静电喷涂设备等。

六、涂装设备工艺布局

涂装设备工艺布局图设计的好坏，对涂装生产线的使用至关重要。如果涂装设备工艺布局不当，即使各项单台设备制作得再好，整条涂装生产线使用也不会很好。

现将涂装设备工艺布局常见的典型错误列举如下。

（1）产量达不到设计纲领。有的设计不考虑涂装设备吊挂方式，涂装设备不考虑吊挂间距，不考虑上下坡、水平转弯干涉，生产时间不考虑废品率、涂装设备利用率、产品高峰生产能力。导致产量达不到设计纲领。

（2）涂装设备工艺时间不够。有的设计为了降低造价，通过减少工艺时间来达到目的。常见的如：涂装生产线前处理过渡段时间不够，造成串液；固化时未考虑升温时间，造成固化不良；喷漆流平时间不够，造成漆膜流平不够；固化后冷却不够，喷漆（或下件）时工件过热。

（3）输送设备设计不当。工件的输送方式有多种，设计不当，对生产能力、工艺操作、上下件都会产生不良后果。常见一般有悬挂链输送，其负载能力、牵引能力都需要计算和绘图的。链条的速度对设备的配套也要有相应的要求。涂装设备对链条的平稳性、同步性也有要求。

（4）涂装设备选型不当。由于产品的要求不同，设备选型也有所不同，如各种涂装设备有其优点，也有其缺点。如设计时不能向用户说明，制造后发现就会很不满意。例如，喷粉烘道用风幕隔热、洁净度要求的工件未安装净化设备等。这类错误是涂装设备工艺布局最常见的错误。

七、涂装设备工艺参数与节能问题

我们之前说过了涂装设备常见的几个问题，包括涂装设备的设备问题、操作问题等。现在介绍一下涂装设备工艺中参数与节能的问题。

（1）设备的工艺参数选择不当。当前涂装线由于工艺参数选择错误的比较常见。一是单台设备的设计参数选用下限；二是对设备系统的配套性不够重视；三是根本没有设计，完全靠拍脑袋。

（2）配套设备缺项。涂装线关联设备较多，有时为了降低报价，就省去了一些设备。也没能向用户说明，造成扯皮。常见的有前处理供热设备、喷涂设备、气源设备、排气管道设备、环保设备等。

（3）未考虑设备节能问题。当前，能源价格变化很快，而设计时，未能考虑这些问题，使得用户生产成本较高，有些用户不得不在使用较短时间内重新改造和购买设备。

对于涂装设备常见的难题其实最重要的是保养，因此建议企业保养涂装设备才是最重要的。

八、涂装设备的发展趋势

电子技术、数控技术、激光技术、微波技术以及高压静电技术的发展，给涂装设备自动化、柔性化、智能化和集成化带来了新的活力，使涂装设备的品种不断增加，技术水平不断提高。综合起来其发展趋势有以下几个方面。

（1）提高涂料的综合利用率减少浪费，使涂装工艺更环保更绿色。

（2）数控化、自动化，操作简便，效率成倍提高。

（3）流水作业化模式不断推广。

（4）应用高新技术。

（5）发展柔性化、集成化涂装生产系统。

（6）安全无公害涂装生产系统。

九、涂装生产线及设备管理

随着科学技术的发展，现代涂料工厂设备都向高、大、精、尖方向发展，涂料工业涂装设备自动化和复杂化程度日益提高，越来越显示了涂料工厂对设备依赖的重要性。因此涂装设备管理、维修技能也是企业的核心竞争能力之一。对于设备来说，使用期的管理、维修很重要，但是设备的前期管理（指设备正式交付生产使用前的管理）也是非常重要的，并且对使用期管理起到决定性作用，若设备前期管理做得比较好，使用期间管理、维修就比较容易；且使用期 80% 的设备维修费用在设备前期管理的规划、设计、制造阶段已被决定。

第二节　工业涂料涂装生产线设备发展及应用现状分析

所谓工业涂料涂装即指工业涂料对金属和非金属表面覆盖保护层或装饰层。随着工业技术的发展，涂装已由手工向工业自动化方向发展，而且自动化的程度越来越高，所以涂装生产线的应用也越来越广泛，并深入到国民经济的多个领域。

一、我国涂装生产线的发展历程

我国涂装生产线的发展经历了由手工到生产线再到自动生产线的发展过程。我国的涂装工艺可以简单归纳为：前处理→喷涂→干燥或固化→三废处理。我国的涂装工业真正起源于 20 世纪 50 年代前苏联技术的引进之后。一些援建的项目中包括涂装生产线，但这些生产线一般是以钢板焊的槽子加钢结构的喷（涂）漆室和干燥室（炉）组合的，由电葫芦手工吊挂工件（少数用悬挂输送机）运行。当时的酸洗槽一般均为钢板衬铅，随着时代的发展，出现了衬玻璃钢或全部采用玻璃钢的槽子。从

20世纪60年代开始，由于轻工业的发展，首先在自行车制造行业出现了机械化生产的流水线和自动化生产的流水线，以及在原有槽子流水线生产的基础上加上程序控制的小车形成的程控流水线，这些流水线主要是在上海和天津地区。这期间我国涂装工业的主要任务还是以防腐为主。但随着我国经济的发展，以及国外涂装技术的发展，通过和国外技术的交流与引进，我国涂装技术开始飞速的发展。在涂装自动化生产方面，静电喷涂和电泳涂漆技术的推广应用、粉末喷涂技术的研制及推广，特别是我国家电、日用五金、钢制家具、铝材构件、电器产品、汽车等领域的蓬勃发展，使涂装事业有了明显的进步，在涂装生产线中还出现了智能化的喷涂机器人。

1. 前处理工艺发展

作为前处理技术来说，最初前处理的传统方式为槽浸式，按工艺流程逐槽浸渍。随着工艺的改进和发展，出现了二合一（即除油、除锈）和三合一（即除油、除锈、钝化）工艺。目前，国外及国内的家电行业多采用喷淋式前处理，其特点是生产效率高，操作简便，易于实现生产自动化或半自动化，脱脂效果好，磷化膜致密均匀。但是不管怎么发展，表面处理的前处理工艺都是必需的，针对不同的涂层要求及对抗腐蚀的要求，除油、除锈、磷化等处理方法要视工件原材料的状况来选择。当然，在前处理工艺中，喷砂、抛丸或打磨工艺也在不同行业的不同部门按需要选择应用。时代的发展，表面处理工艺在发展，就水洗来说最初一般使用自来水，但是随着工艺要求及发展，现在水洗已采用蒸馏水或纯净水；前处理也有采用超声波的处理工艺。

2. 喷涂工艺发展

从20世纪80年代开始，我国开始引进一些喷涂器械或单台设备，国外一些喷漆漆雾处理装置也通过引进开始消化吸收研制，如旋杯喷漆、水帘喷漆、水旋除漆等一系列喷涂及漆雾处理的方法，使喷漆技术前进了一步，特别是20世纪80年代电泳涂漆的漆液处理技术更促进了喷涂工艺的发展。20世纪60年代中期刚开始搞电泳涂漆时，漆液处理采用尼龙纱巾，温度控制采用加冰袋降温。随着时代的推进，20世纪80年代至90年代，电泳槽液的处理已有超滤等一系列装置。近年来使用的UF（超滤）/RO（反渗透）系统将是今后新建阴极电泳涂装线不可缺少的设备；对于温度的控制不仅采用冷却器，有的还专门设置了冷水机组用于生产线的循环冷却。

3. 涂装生产线发展中的环境保护

涂装生产线的污染一般有废气、废水、废渣和噪声。目前我国涂装生产线废气主要来自前处理、喷漆室、流平室、干燥炉的排放废气。所排放的污染物大体有如下几类：能形成光化学烟雾的有机溶剂、排出恶臭的涂料挥发分、热分解生成物和反应生成物、酸碱雾、喷丸时产生的粉尘和漆雾中的粉尘。使用不含有机溶剂或有机溶剂含量低的涂料，是解决有机溶剂污染的最有效方法，尽量减少有机溶剂的用量，降低有机溶剂废气的处理量，将含有高浓度有机溶剂的废气集中处理，采取稀释后向大气排放；对于生产线中的干燥固化炉排放的高浓度、小风量的有机溶剂废气，通常使用燃烧法、催化燃烧法、吸附法进行处理；喷漆室排出的低浓度、大风量废气，以前大多使用漆雾絮凝剂或表面活性剂处理，但现在推广使用活性炭吸附法，还有使用活性炭纤维蜂轮法处理有机废气。

废水主要来自涂装前处理产生的脱脂、磷化、钝化废水，阴极电泳产生的含电泳漆的废水，水性中涂涂料的喷漆室及清洗产生的废水，面漆喷漆室循环用水定期排放的废水。一般将全部废水集中在地下室根据污水种类分别进行治理。对于含酸碱废水进行中和，沉淀、过滤、排放；对含 6 价铬（Cr^{6+}）的废水，使用电解法和化学还原法处理；对喷漆室废水，无论是水性漆还是溶剂型漆的废水，都添加絮凝剂进行处理，漆渣被自动排出，处理过的废水，继续循环使用，漆渣烧掉或与其他工业废料一起处理掉。废渣主要是漆渣、处理废水产生的沉淀物，一般可用板框压滤机脱水质，运到专用废渣存放地。

噪声源主要来自风机和运输装置，故我们在生产线上必须选用符合噪声要求的风机和运输装置，涂装车间内部最好设置吸音材料。涂装生产线的控制系统随着时代的发展而得到不断改进，要求控制系统越来越可靠。故现在涂装生产线电器控制一般均为复控，可由各电器柜控制，也可由中心室进行全线控制，中心控制室和烘道一般均设有微机，能精确地控制干燥固化炉体各区温度，中心控制室可设电视监视器显示、记录升降温度曲线，亦能随时设定、修改参数，以便根据各种工件大小和涂装颜色不同调整温度。槽液可由热电偶控制。目前，涂装生产线上所有电机一般均设有双重保护，并与主控联锁，任一电机出现故障，分控柜和中心控制室均能报警，若设备出现故障，全线能自动停机，以确保运行安全。

二、我国涂装生产线的设备现状

目前我国涂装生产线已成规模的估计有几千条，引进的大型涂装生产线几乎占了一半左右。从我国现有的涂装生产线来看，主要存在设备现状问题如下。

1. 设备设计水平不高

其一是我国在涂装设备研制方面投入不多，很少有先进成熟的涂装设备占领市场，即便是国内自行建设的涂装生产线，生产线上的一些关键设备也是引进为多。

其二是我国一些基础元器件及控制元件质量不过关，经受不住长期考验。因此，尽管生产线设计先进，但却无设备的充分保证。同时国内对生产线的投资盲目降低，不能按要求选取设备。

2. 设备制造水平粗糙

国内行业布局分散，企业规模一般比较小，综合实力薄弱，在很大程度上依赖于手工操作，所以制造工艺粗糙、技术落后、设备外观拙劣，直接影响了设备的性能指标和使用可靠性，也导致了国内涂装生产线价位低下的局面。

3. 设备使用水平低下

操作人员对涂装知识欠缺，不按操作规程操作，不按工艺条件使用，无视操作环境，对环境保护不重视。

4. 涂装生产线安全水平堪忧

我国一些涂装生产线由于一次性投资的限制，以及对安全问题的不够重视，有大量的涂装生产线不符合涂装作业安全规程。对照国家涂装作业安全规程系列标准，在防毒、防尘、防火、防爆等方面存在诸多隐患。如何达到综合防护，促进涂装生产线向有利于工人健康、保证安全的方向发展不够重视、不下功夫。主要有以下几方面。

① 一些国外涂装技术水平不高的生产线鱼龙混杂地流入中国市场。

② 引进无序，重复引进同类型的生产线。

③ 引进的先进涂装生产线没有很好地消化吸收。

④ 国内自行设计研制的一些自动涂装生产线未能广泛地交流和推广。

⑤ 近年来国内一些单位对涂装生产线所用的设备、新技术的研制虽有一定重视，并取得一定成果，但由于研制投入受到人力、资金等限制，往往模仿多，独立开发少，创新少，所以成效不显著。

三、对我国涂装设备和生产线发展及应用

涂装生产线设备自20世纪70年代开始不断发展，特别是改革开放之后发展迅速，但基本上是处于一种"自发"状态，国产涂装设备也不适应市场需求，不少关键喷涂设备还是以引进为多。估计目前我国现有涂装生产线数千条以上，且每年还要投资新建数百条生产线，全国每年在这方面的投资约为十几亿人民币，国外销售产品及合资公司产品所占份额达30%～40%；我国涂装设备厂合计千家左右，国产产品种类现在几乎覆盖了涂装行业的各部门。我国涂装设备和生产线发展及应用前景十分诱人，但发展中确实存在不少问题，因此提出以下几点建议。

① 要重视涂装专业人员的培养。加强对现有人员培训，提高技术素质；加强涂装生产线技术开发的投入，对涂装生产线制造企业优胜劣汰，建立现代化涂装行业的管理体制。

② 由于涂装生产线在国民经济中所占的比例及所起的作用，故应营造必要的舆论，引起国家职能部门和行业管理部门的重视，进行必要的宏观规划和专业指导，并对行业的发展给予必要的支持。

③ 尽快建立更强、更专业的全国涂装行业信息网，提高涂料质量和加强技术交流，组织协调对引进项目的参观、研讨、消化吸收、创新，共同为涂装设备国产化而努力。

④ 加强涂装安全技术的管理，贯彻执行涂装作业安全规程有关国家标准，建议执行涂装生产线设计和制造许可证制，改进和完善安全防护措施，保证生产安全、人员安全，符合环保要求。

⑤ 采用新技术并推广采用新涂料，积极对原有技术落后的涂装生产线进行技术改造，使涂装生产线设备的非标准设计和生产改为标准化、系列化设计和生产，提高涂装生产线设备的技术水平和生产水平。采用新工艺、新设备、新材料，积极采用节能措施并采用线上检测，推广计算机在涂装生产线上的应用，提高生产线的机械化、自动化水平，提高涂装工件的防腐和装饰质量，保证涂装生产线设备的质量。

⑥ 占领市场需要深谋远虑的策划、营销、服务，要做到科学的管理、先进的技术、优良的服务，涂装行业的设计和制造单位要同心同德加强合作，更好地为用户服务。生产出结构紧凑、可靠、高效、低噪声、低能耗、低维护要求和使用寿命长的涂装生产线，并用合格的涂装生产线涂装出优良、合格、满足防腐和装饰要求的涂层，这是我们最终的目标。我们要持续地研究和开发涂装设备，确保涂装生产线的技术不断完善，力争领先地位，为我国涂装事业的发展作出应有的贡献。

第三节　涂装表面预处理设备

一、涂装表面预处理概述

1. 预处理的目的

去除被涂件所带的异物，如氧化皮、锈斑、油脂等，提供适合于涂装要求的良好基底，如磷化、氧化、钝化，以保证涂层具有良好的防腐性能和装饰性能。

2. 预处理设备处理方式

预处理设备处理方式主要分为物理式、化学式。

（1）物理式

① 除去附着于钢板表面的杂质，用稀释剂除去油脂等污垢。

② 如有硫酸盐或腐蚀性盐类，应以清水洗净，以压缩空气吹干。

③ 在钢板预处理流水线上，以抛丸或喷砂除锈方法将氧化皮、铁锈及其他杂质清除干净，然后用真空吸尘器或经净化的压缩空气将钢材表面清除干净。

（2）化学式　浸渍式、喷射式、浸喷结合式、喷-浸-喷相结合式。

其主要由槽体、槽液加热系统、通风系统、槽液搅拌系统、磷化除渣系统、油水分离系统等组成。其中，磷化除渣和油水分离装置是关键系统。磷化除渣有沉降法、旋液分离法、斜板沉淀法、袋式过滤法、使用板框压滤机等常用方法。

油水分离主要有吸附法、超滤法、热油分离法和离心法等。

二、涂装表面预处理及设备

1. 喷淋式多工位前处理机组

喷淋式多工位前处理机组是表面处理常用的设备，其原理是利用机械冲刷加速化学反应来完成除油、磷化、水洗等工艺过程。

钢件喷淋式前处理的典型工艺是：

预脱脂→脱脂→水洗→中和→水洗→表调→磷化→水洗→磷化后处理→水洗→纯水洗。前处理还可采用抛丸清理机，适用于结构简单、锈蚀严重、无油或少油的钢件。且无水质污染。

2. 前处理主要工艺目的

（1）可提供清洁的表面。

（2）能显著提高工件表面的附着力。

（3）能成倍提高涂膜的耐蚀力。

（4）能提高工件表面的平整度和装饰性。

（5）为涂装创造良好的基底。

3. 前处理的工艺流程

人工上件→脱脂喷淋（40~50℃ 3.0min）→滴水→水洗1喷淋（RT 1.0min）→滴水→水洗2喷淋（RT 1.0min）→滴水→表调喷淋（RT 1min）→滴水→磷化喷淋（35~45℃ 3min）→滴水→水洗3喷淋（RT 1.0min）→滴水→水洗4喷淋（RT

1.0min)→滴水→水分烘干（100～120℃ 15min)→喷涂处理

4. 前处理要求及配置

（1）全喷淋处理工艺，合理使用生产场地。

（2）水洗喷淋采用逆向清洗的方法，既提高清洗质量又节约用水。

（3）喷淋棚体顶部设有耐高温密封毛刷和排风装置，可以阻止气体外窜，保护轨道和链条不受腐蚀。喷淋工艺段之间均设置隔离挡水板，减少工艺段之间窜液现象。

5. 喷淋（喷浸结合）前处理设备

（1）具有悬链不受腐蚀、气体不外溢的室体功能。

（2）脱脂浮油自动去除。

（3）磷化自动除渣。

（4）加热装置的设计便于维护，系统设计符合槽液工艺规范要求。

（5）喷淋泵、阀、管的选型及设计，杜绝泄漏。

（6）喷嘴，选用耐温型，快装式卡扣喷嘴。

一般浸漆设备：将工件浸没于漆液内，利用漆液的黏附性使工件表面黏附一层涂料。

6. 真空压力浸漆设备

主要适用于高压（牵引、防爆）电机试验变压器等高要求高质量的电力电容器和电工材料的绝缘浸漆处理。该系列设备是把待浸漆工件放在一个完全密封的容器中抽真空，通过压差法把浸漆液注入其中，在施加一定的压力使浸漆液彻底地浸透工件的所有缝隙，达到浸漆的最好效果。该系列设备设有多重安全保护装置。缸口采用唇齿法，自动锁定；缸盖采用液压自动开合。

（1）结构组成

图 12-4　真空压力浸漆设备

真空压力浸漆设备见图 12-4。其由真空压力浸漆罐、储漆罐、烘干罐、过滤系统、真空系统、输回油系统、加压系统、油烘干系统、电控系统及报警系统组成。

（2）储漆罐功能介绍

① 型号规格：根据提供的罐体为准。

② 承受重量：1 吨，根据提供的罐体为准。

③ 设计温度：常温。

④ 安装形式：立式。

⑤ 空缸极限真空度：−0.080MPa。

⑥ 工作真空度：−0.080MPa。

⑦ 组成：缸体采用立式，根据提供的罐体为准。

⑧ 功能：用于绝缘漆的存储。

（3）烘干罐性能介绍

① 规格型号（内径×直边高度）：根据提供的罐体为准。

② 承受重量：1 吨，根据提供的罐体为准。

③ 允许工作温度：0~190℃。

④ 安装形式：立式。

⑤ 空缸极限真空度：−0.080MPa。

⑥ 工作真空度：−0.080MPa。

⑦ 负载真空度达到−0.080MPa 时，抽空时间不大于 20min。

⑧ 罐内温度在 3h 内达到 190℃时。烘箱外壳温度不大于 37℃（由于油加热系统由客户提供，具体时间及参数以测试数据为准）。

（4）储气罐操作

运行前的准备如下。

① 开机前必须排放油气分离器内部的冷凝水。略微打开排污球阀，当有油流出时立即关闭。

② 检查空压机油位是否正常，液压计中线到上线位置为正常油位。

③ 确认电源电压，合上总电源，打开排气球阀。

运行中操作注意事项如下。

① 按下"ON"按钮，空压机自动完成启动程序。

② 运行中必须定期检查显示屏上的排气压力、排气温度是否正常。

停机操作注意事项如下。

① 按下"OFF"按钮，空压机自动完成停机程序。

② 切断总电源，关闭排气球阀。

对储气罐设备的操作，还应注意以下几点。

① 排气温度如果长期低于 80℃，必须每日排放冷凝水。

② 空压机必须可靠接地，不可靠的接地可能会引起火灾或人身伤害。

③ 新机运行 500 小时，须做首次保养工作；以后每 2000 小时保养一次（应根据空压机的实际环境和工作条件适当改变保养和维护周期）。

④ 空压机不得放置在酸碱性气体环境下，并保持机房空气流通。

⑤ 每月须清洁冷却器。

⑥ 消耗品等配件必须使用原厂正品配件。

7. 喷粉表面处理设备

很多的工件都需要进行一般的表面处理，其中很常见的处理就是喷粉。当下最流行的喷粉处理选择什么设备比较好呢？答案当然是静电喷粉房了。

对于喷粉房来说，采用拼装式的结构以及光滑的四壁对于处理后的清理来说能够更加的方便。而且，一般都会采用侧回收的技术，这样使回收的口和多管小旋风的回收系统联系起来，能够很好地进行循环利用，极大程度上降低成本。

而且，静电喷粉房的设计使得气流的走向更加的合理，这样就不会造成溢粉现象。另外回收系统能够使得粉末随着回收风机的吸引回到整个喷粉房，大大地提高喷粉房的回收利用率。

对于很多的工件表面处理来说，最重要的就是表面的粉末结合紧密度以及粉末的回收利用率。前者保证质量，后者降低成本，这就是静电喷粉房所具有的最大优势。

第四节 涂漆设备

一、涂漆的方法

涂漆的方法很多，有刷漆、浸漆、空气喷涂、高压无空气喷涂、静电喷涂、电泳涂漆、淋漆、滚涂等方法。

二、涂漆的环境

理想的涂漆环境应满足良好的采光，适当的温度、湿度和洁净度的空气，良好的通风以及防火防爆要求。

三、喷漆设备概述

喷漆设备的作用是将过喷的漆雾限制在一定的区域内并经过过滤处理，使操作者得到符合卫生条件、安全规范的工作环境。此外，还应提供具有一定温度、湿度、洁净度的施工条件。喷漆设备的内容，我们将在第五节现代喷涂设备中介绍。

（1）常见喷漆室分类

① 干式喷漆室　适用于小批量工件的喷漆。

② 喷淋式喷漆室　适用于小型工件的喷漆。

③ 水幕喷漆室　适用于中等工件的喷漆。

④ 水旋式喷漆室　适用于装饰性要求较高的大型工件的喷漆。

（2）喷漆室主要结构

① 室体　其作用是将过喷漆雾限制在一定的范围内。

② 漆雾过滤装置　分干式和湿式两种。

a. 干式　通过折流板或过滤纸将漆雾过滤下来。

b. 湿式　通过气水混合作用，将漆雾颗粒从空气中分离出来。

③ 供水系统　保证湿式喷漆室所需的水量正常循环。

④ 通风系统　由送风、排风组成，向设备提供具有一定的温度、湿度和洁净度的空气，保证室内空气呈层流状态。

⑤ 照明装置　保证设备有良好的光照度。

四、喷漆设备的配置

如读者创办一家汽车修理厂或修理公司，汽车钣金及涂装项目必不可少，这就需要配置相应的涂装设备及工具，如何更有效地利用手头资金，这也许是最关心的问题，下面向读者介绍有关的内容。

1. 喷漆间的配置

（1）配置目的　喷漆间是汽车修补涂装作业必不可少的重要设备之一。配置喷漆间的目的是为汽车涂装施工提供干净、安全、照明良好的喷漆环境，使喷涂施工不受尘埃干扰，保证喷漆质量，并把挥发性漆雾限制在有限空间内，减少环境污染。

（2）对喷漆间的技术要求

① 进入喷漆间的空气必须经过严格过滤，以确保空气中无尘埃。

② 喷漆间内空气流向必须沿重力方向由天花板流向地面，且空气从地面排出，并经过滤为较清洁的空气。

③ 保证每分钟内喷漆间空气完成转换 2 次，因此，室内空气流速应在 0.3～0.6m/s。空气流速过大，涂料损失过多，涂层状态不良，空气流速过小，影响溶剂的正常挥发。

④ 具有良好的照明条件。

⑤ 确保喷漆间内不出现负压。可以通过控制进排气量来实现，进入喷漆间的空气量应略多于排气量。

⑥ 喷漆间的作业噪声不允许超过 85dB。

⑦ 符合防火要求。

（3）喷漆间的分类　喷漆间按其清除漆雾和防止灰尘混入的方式不同可分为干式和湿式两大类。

① 干式喷漆间　干式喷漆间主要由室体、过滤器、排气管和通风机等组成。其特点是结构简单，涂料损耗小，涂装效率高，由于不使用水，减少了水处理设备，造价低，被国内中、小型修理企业广泛采用。

② 湿式喷漆间　湿式喷漆间又分喷淋式、水帘式、文式和水旋式四种。对于高档汽车面漆的涂装，国外多采用文式或水旋式喷漆间，国内很少采用。

（4）喷漆间的维护保养

① 喷漆前的一切准备工作都要在喷漆间外进行。

② 必须经常检查并按规定时间更换过滤器。

③ 每天检查气压表读数，掌握喷漆间气压范围，严禁出现负压。

④ 干式喷漆间在喷涂施工前要湿润地面，以利于防尘。

⑤ 定期检查照明情况，更换变弱或烧坏的灯具。

⑥ 定期对排风扇及电机进行润滑保养。

⑦ 注意个人卫生，严禁身着脏服进入喷漆间。

⑧ 每次涂装作业结束后，应彻底清扫，并维护和清洗喷漆间内有关设备。

2. 烤漆房的配置

（1）配置目的

① 汽车完成喷涂施工后，从客户的角度和维修企业的角度来看，都希望漆面尽快达到不沾尘状态，原因之一是提高效率，节省时间，更主要的原因是为保证涂装效果，如果表面不能快干，就大大增加了尘埃附着的可能性。

② 确保涂装后漆面的综合性能。如果只要求快干，我们可以选择快干型修补漆，但考虑涂料的品质和调漆时应该兼顾各方面的综合性能，不能仅仅追求快干而不管其性能如何，所以，最好的解决办法就是配置烤漆房。

（2）对烤漆房的技术要求

① 烤漆房内必须清洁、无尘、空气经严格过滤。

② 烘烤温度能满足不同涂料的技术要求。

③ 烤漆房内必须设置排风装置，使干燥过程中从涂膜中挥发出的溶剂及分解

物质不超过一定浓度，以防影响漆膜干燥速度、质量、甚至产生爆炸。

④ 溶剂型涂料的湿漆膜在烘干前应留出一定的时间，使漆膜内的溶剂大部分挥发和流平，可以减轻"橘皮""针孔""起泡"等缺陷。

（3）烤漆房的分类　　按对漆膜的干燥方法不同，烤漆房可分为烘干式和照射固化式两种。

① 烘干式烤漆房。烘干式烤漆房又可分自然对流式、循环风机对流式和远红外辐射式 3 种。目前国内维修企业中广泛应用远红外辐射式烤漆房。远红外辐射式烤漆房加热温度范围一般在 38～83℃，汽车维修企业可根据烘烤作业范围大小，灵活选择设备红外灯管的数量和位置。远红外加热的能量转换形式主要是热辐射，所以它与热空气循环加热方式相比，尘埃附着漆面的可能性大大减小。通过远红外辐射方式对漆面的烘干，不但缩短了漆膜干燥时间（由一天缩短到 30～50min），提高了作业效率，而且有助于提高涂装施工质量。

② 照射固化式烤漆房　　这种烤漆房有光固化和电子束固化两种，在一般修补涂装行业中很少应用。

3. 喷漆烤漆房的配置

前面介绍了独立的喷漆间和烤漆房，在实际生产实践中，制造厂家通常从维修企业的实用性和经济性出发，将喷漆间和烤漆房合二为一，即喷漆烤漆两用房。它兼有喷漆间和烤漆房的技术性能和功用。其特点是空气净化好，待涂装车辆一经涂装后可不进行移动，便于施工操作和日常维护。目前，国内使用的喷漆烤漆房种类较多，其中国产设备有江苏中大、北京梦幻之星、无锡运通、北方铁友等，进口设备有路华、油之宝等。

4. 喷枪的配置

（1）喷枪的分类及型号　　喷枪的种类和型号很多，各家涂装设备制造企业的命名方法虽有所不同，但大体上有以下几种分类方法。

① 按喷嘴类型分为对嘴式、扁嘴式 2 种。

② 按供漆方式分为虹吸式、重力式、压送式 3 种。

（2）喷枪的选择

① 根据维修企业施工对象不同来选择。对于普通客车、货车的漆面喷涂，可以选用 PQ-1 型国产喷枪，其价格低，易于维护。对于涂装质量要求较高的施工，最好选用国产扁嘴虹吸式或进口喷枪。

② 根据维修施工作业量大小，选择大、中、小型喷枪。小型喷枪出漆量每分钟少于 100g，中型喷枪每分钟出漆量在 180g 左右，大型喷枪每分钟出漆量在 200g

以上。

③ 根据喷涂施工项目不同来选择。一般来说，喷涂底漆多采用大口径喷枪，喷涂中间涂层时采用中口径喷枪，喷涂面漆时多采用小口径喷枪。

④ 在专门漆面修补施工中，也可选用专门的修补用喷枪。

⑤ 喷枪配套设备的配置。在涂装施工中，只有喷枪是无法实现工作的，还需要根据涂装施工的要求和施工条件，选配合适的空气压缩机、空气过滤器及导气软管，可参照不同喷枪的有关说明进行具体配置。

5. 水帘式喷漆房

水帘式喷漆房（以下简称水帘机）以前都是单帘式的。涂料经压缩空气雾化后从喷枪喷射到工件表面，多余的漆雾在水帘机的负压引导下流向水帘板下方的排气口，整个喷涂区域内的空气流是向斜下方流向排气口。木工机械生产企业考虑到更好组织喷涂环境的气流以及水帘板尺寸受到不锈钢板宽度限制的因素，将水帘板设计成双帘式。单帘式和双帘式相比没有本质的变化。双帘式在水帘板中部增加了排气口，中部的排气口使从喷枪产生的漆雾向排气口的流动形成气流的平行流。该气流对于喷涂水平方向大面积的工件有利，可减少漆雾对喷涂工件的干涉，提高漆膜的质量。

（1）水帘式喷漆房优缺点　一件产品有些不足也是难免的，水帘机也是如此。它的最大缺点是运行时湿度偏高。由于运用水作为漆雾的吸附剂，为了提高吸附性能，必须将水高速循环，并喷淋、清洗含有漆雾的空气，大量的水在水帘机中喷淋和挥发将使喷漆房的湿度提高。一般家具涂装中的很多涂料都不宜在湿度偏高的环境中施工，偏高的湿度会影响漆膜的质量和干燥的速度。一般采用增加排风量、输送足够的干燥洁净的空气等一系列措施来降低喷漆环境中的湿度。

有些国家不使用水帘机，这主要是与该地的环境保护法有关。有些国家考虑到水质污染处理困难，所以很多法规对污水的排放从严控制，不允许水帘机的污水未经处理就排放，所以家具企业往往避开法规，采用干式过滤的方法吸附漆雾。根据我们目前的情况，水帘机产生的污水量比较小，当将污水中的漆渣过滤以后，排放对环境的影响还是比较小的。经过水帘机吸附空气中的溶剂和涂料毕竟比原来任意排放是一个进步。

水帘机虽然有不足之处但它也有不少优点：投资低，一台工作面 3 米长的水帘机价格才 1 万元左右；运行费用低，利用水循环反复冲淋，吸附漆雾成本极低；处理效果好，如果水帘机调整得很好，处理效率可达 85％以上。由于水帘机具有以上特点，在比较长的时间内还不会被淘汰。

（2）选择水帘机喷漆房的要点 现在常见的水帘机有两种型式：一种是带地栅的喷漆房型式和不带地栅的风口型式。带地栅的水帘机由两侧的侧板、地栅、顶板组成一个较完整的施工环境，喷漆施工时工件送入喷漆工位，喷涂完成后再取出。不带地栅的水帘机一般是产品直接通过式，即上道工序将产品移到水帘机前，经喷涂后继续流到下一道工序，十分适宜流水线形式的生产，但漆雾排放的效果没有前一种好。

水帘机的水帘板是比较关键的部件，该部件始终在水中工作，极易生锈腐蚀，所以水帘板要用不锈钢制作，常用不锈钢板牌号为 304。有些设备制造厂为降低成本用不锈铁制作水帘板，称为不锈铁 430。不锈铁 430 的价格为不锈钢 304 的 2/3，这种水帘板用不了多久就会出现锈蚀。另外水帘板的形状与制造工艺也很讲究，形状正确的水帘板就能使整个水帘板上水流都平缓地流淌，没有干区，没有水流跳动。水帘板最忌讳的是水流飞溅，飞溅的水珠溅到工件上就形成一个个疵点，直接影响产品的质量。

水帘机虽然结构简单，但为了保证设备的正常运行和使用寿命，水帘机用料也应符合规范。有的设备制造厂不考虑用户的利益用料非常随意，水帘机侧板钢板用料厚度应该在 1.2mm 以上，钢板太薄设备刚度不足，运行时容易发生振动，工作噪声也比较大。由于水帘机的水槽始终盛满水，这样就使本身的体量显得较大，为了保证使用寿命和工作稳定性，水槽钢板厚度应在 2.5mm 以上，水槽若能采用不锈钢制作就更理想了。

水帘机的照明光源的光色、亮度、光源位置应符合企业的使用习惯和喷涂产品的具体要求。

目前市场上所售的水帘机都不符合防火防爆的安全要求。对有防火防爆要求的水帘机，订货时要向供货商声明，让制造厂在水帘机的照明、控制电器、布线、电机等方面按防火防爆相关要求进行配置。当然产品的价格要贵一些。

（3）使用水帘式喷漆房的要点 水帘机是将喷涂中的废气强制排放的设备。水帘机对喷涂车间的环境没有净化作用。为了提高喷涂的质量必须做好喷涂车间的净化工作。水帘机运行时在喷涂区域引成负压，整个环境的气流都流向水帘机，因此对补充的新鲜空气应作过滤。过滤材料的种类很多，如滤布、天然植物纤维、无纺布、泡沫塑料等。

对于过滤材料，我们要考虑过滤效率、过滤材料的阻力大小、过滤材料的再生性以及使用成本等几方面因素。补充新鲜空气的过滤进气口面积不宜过小，可根据排风量计算进风口面积，风速不宜超过 2m/s。对进风口的过滤材料应定时再生或更换，并落实到人。当气口的过滤材料饱和时就失去了过滤净化功能了。

家具生产中广泛采用喷涂工艺对家具进行涂饰。采用喷涂工艺生产效率高，所形成的漆膜均匀细腻、平整光滑、附着力高。但在喷涂施工时被高压空气所雾化的涂料，形成了大量的漆雾。漆雾是由涂料微粒和溶剂组成，漆雾比重很小，漂浮在空气中。漆雾沉降在工件表面会影响工件的质量，操作人员吸入漆雾也危害身体健康。许多家具生产企业都使用水帘式喷涂房排除漆雾，改善喷涂施工环境。

五、UV 涂装设备

UV 涂装设备主要是涂装 UV 涂料的设备。紫外线固化设备是其关键设备，没有了它，UV 涂料就无法固化。其他设备主要是用来涂装用的，如滚涂机、腻子机、淋涂机、砂光机等。

如下重点介绍几例腻子喷涂机。

1. 遥控式腻子喷涂机

一般腻子喷涂机有大容量料斗，采用优质不锈钢制造。设备采用轻型化设计，所有部件无须专用工具拆卸和组装。流量 0～12L/min，可自由平顺地调节。预设与大桶的接口。预留专用空压机安装位置。这是一种遥控式腻子喷涂机，见图 12-5。把遥控喷枪打开，遥控式腻子喷涂机设备自动停止，有效地保护设备不至于过载，极大地方便操作。

图 12-5　遥控式腻子喷涂机

2. 泰坦 450e 无气腻子喷涂机

一般高压无气喷涂，也称无气喷涂，喷涂机使用高压柱塞泵，直接将油漆加压。形成高压力的油漆，喷出枪口形成雾化气流作用于物体表面（墙面或木器面）。如下是泰坦 450e 无气喷涂机（见图 12-6）常见故障的处理。而且，喷涂机是采用高压无气喷涂技术的专用喷涂设备。

3. F270 无气喷涂机

F270 无气喷涂设备——瓦格纳尔隔膜泵见图 12-7。适用于大中型建筑涂装工程，如内外墙、地坪等大型工程机械及钢结构重防腐涂装等工程。可喷涂乳胶漆、普通弹性涂料、富锌底漆、重防腐涂料等水性或溶剂型涂料。

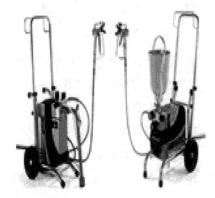

图 12-6　泰坦 450e 无气喷涂机　　　　　　　图 12-7　F270 无气喷涂机

（1）紧凑型便携式设计。紧凑型设计让操作更简单，运转更方便。且更方便携带。

（2）多用途产品，高质量的喷涂效果。如果配置瓦格纳尔的配件，将会达到更佳的喷涂效果。

（3）更好的喷涂效果。采用无气喷涂/空气辅助喷涂。

（4）压力工作无脉冲。可在 0～250bar 区间随意调节。

4. 重型高压无气喷涂机

如下是一例重型高压无气腻子喷涂机（见图 12-8）。该款高端的液压泵产品一般适合所有的建筑涂料、建筑灰泥、环氧树脂漆、大多数有黏度的弹性材料喷涂作业。

5. NA450 电动无气喷涂机

其见图 12-9。主要性能与指标如下。

（1）电机额定功率为 1.1 马力，直流电机。

图 12-8　重型高压无气喷涂机　　　　　　图 12-9　NA450 电动无气喷涂机

（2）电压频率：220V/50Hz。

（3）最大输出压力：225 公斤。

（4）最大喷射流量：1.7L/min。

（5）喷嘴寿命：1~2 年。

（6）整机重量：12.8kg。

（7）高压管耐压强度：70MPA。

（8）适用涂料：内外墙乳胶漆，油性涂料，高黏度丙烯酸涂料。

（9）使用率：专业人员每天喷涂理想选择全部喷射量达 60000L。

（10）适用范围：钢架结构，车辆，集装箱，建筑业，船舶，家庭装饰及酒店装修等。

6. 液压无气喷涂机

其见图 12-10。产品参数如下。

型号：途冠 990。

功率：3kW。

最大输出压力：20MPa。

最大喷射流量：18L/min。

喷嘴直径：0.22~0.20mm。

最佳喷射距离：500~700mm。

喷射宽度：300mm。

高压管耐压强度：40MPa。

整机净重：30kg。

适用涂料：

① 油漆、清漆；

② 着色剂、油基涂料；

③ 中等黏度乳胶漆。

7. PS 3.25 高压无气喷涂机

其见图 12-11。技术参数如下。

电机功率：230V 1.1kW（无碳刷直流电机）。

最大流量：2.6L/min，支持。

最大喷嘴：0.027in。

最高压力：230bar。

图 12-10　液压无气喷涂机

图 12-11　PS 3.25 高压无气喷涂机

压力调控：全数字式自动控制。

液晶显示标准配置：PS3.25 电动柱塞泵，15m 高压软管，AG08 喷枪，517 喷嘴。

适用范围：该类喷涂机，一般适用于办公楼等中型喷涂工程用的内外墙乳胶漆、木器漆、彩瓦漆、防火涂料等材料的喷涂。

注：$1bar = 10^5 Pa$。

第五节　现代喷涂设备

一、喷涂概述

1. 静电喷涂

静电喷漆是依据静电场对电荷的作用原理而实现的。其设备一般包括静电喷漆室、高压静电发生器、静电喷枪装置、供漆装置、安全装置等。

2. 电泳涂漆

在外加电场的作用下，将分散在水中的电离的涂料颗粒，通过电泳动涂覆在工作表面而形成保护性的涂层，称为电泳涂装。

电泳涂装除与一般无机电解质电场的作用表现不同外，它和电镀也不相同，主要表现在电沉积物质的导电性方面。电镀时，电沉积后极间导电性并不发生变化，而有机涂层则由于具有绝缘性，所以在水性涂料进行电沉积涂装时，随着电沉积的进行，极间电阻发生显著变化。

电沉积开始时先出现点状沉积，逐渐地连成片状。随着电沉积的继续，电沉积物部分绝缘，当电阻上升到一定程度后，电沉积几乎不继续在Ⅰ处进行。电场分布逐渐向Ⅱ移动，电沉积随着漆膜的形成逐渐向未涂部分移动，直到表面均被涂覆为止。

电泳涂装与设备的应用具有以下特点。

（1）涂装工艺容易实现机械化和自动化，不仅减轻了劳动强度，而且还大幅度地提高了劳动生产率。据某汽车制造厂资料统计，汽车底漆由原来浸漆改为电泳涂装后，其工作效率提高了45％。

（2）电泳涂装由于在电场作用下成膜均匀，所以适合于形状复杂、有边缘棱角、孔穴的工件，如焊接件等，而且可以调整通电量，在一定程度上控制膜厚。例如在定位焊缝缝隙中，箱形体的内外表面都能获得比较均匀的漆膜，耐腐蚀性也得到明显的提高。

（3）带电荷的高分子粒子在电场作用下定向沉积，因而电泳涂装漆膜的耐水性很好，漆膜的附着力也比采用其他方法的强。

（4）电泳涂装所用漆液浓度较低，黏度小，由于浸渍作用黏附于被涂工件，所以带出损耗的漆较少。漆可以充分利用，特别是超滤技术应用电泳涂装后，漆的利用率均在95％以上。

（5）电泳漆中采用蒸馏水作为溶剂，因而节省了大量的有机溶剂，而且又没有溶剂中毒和易燃等危险，从根本上清除了漆雾，改善了工人的劳动条件和防止环境污染。

（6）提高了漆膜的平整性，减少了打磨工时，降低了成本。

由于电泳涂装具有上述优点，所以目前电泳涂装应用较广，如汽车、拖拉机、家用电器、电器开关、电子元件等均可应用。此外彩色阴极电泳漆的出现适合于各类金属、合金，如铜、银、金、锡、锌合金、不锈钢、铝、铬等的涂装，所以铝门窗，人造首饰，灯饰等方面均得到了广泛的应用。

3. 粉末静电喷涂

其粉末涂覆具有经济性好，无环境污染，效率高，一次喷涂可使涂层厚度达到 $50\mu m$ 以上的优点。粉末静电喷涂设备主要包括喷粉室、高压静电发生器、静电喷粉枪、供粉器、粉末回收装置等。

二、喷涂设备的分类及特点

现代科技日新月异，各种涂料产品也层出不穷，如何选择合适的喷涂设备，使我们的涂装更加节能、高效和完美，那首先就要了解喷涂设备的分类及各自特点。

流体喷涂设备一般来说可分成四大类。

1. 空气喷涂设备

空气喷涂是利用压缩空气将涂料雾化的喷涂方法，广泛应用于汽车、家具等方面，可以说是一种操作方便、换色容易、雾化效果好、可以得到细致修饰的高质量表面的涂装方法。喷枪结构简单、价格低廉，能根据工件的形状大小随意调节喷形（圆形或扇形）及喷幅（扇形的大小），并最大限度地提高涂料收益率。所以到目前为止，此种喷涂方法仍在受欢迎。但是，此种喷涂法的涂料传递效率只有25%～40%，波浪状的喷雾常易引起反弹及过喷等缺点。不但浪费了涂料，对环境也造成了相当的污染。由于涂料与压缩空气直接接触，所以对压缩空气要求净化处理，否则压缩空气中的水分和油混入涂料，就会使涂层产生气泡和发白失光等弊病，因此，需要在压缩空气管路中加接分离吸附过滤器或冷冻干燥过滤器等分水滤气装置来净化压缩空气，特别在南方及雨季空气湿度较大时，更显必要。

空气喷枪按供料方式可以分为压力式、虹吸式和重力式三种。压力式喷枪通过压力罐或双隔膜泵的压力将涂料输送到喷枪。喷枪本身不带罐，减轻了喷枪重量，降低了操作工作劳动强度，特别适合连续表面不间断操作，避免加料引起停工，提高工作效率，以达到最佳喷涂质量。可以用任何位置和角度操作喷枪。虹吸式喷枪的下部带有涂料罐，压缩空气在喷枪的前半部产生低压真空，大气压力就将涂料从涂料罐中吸到喷枪，涂料罐分为600mL和1000mL两种，可根据喷涂量的大小选用。喷枪通上压缩空气就能工作，无须其他设备。但一般只能水平面操作，喷枪的倾斜受限制。虹吸式适用于各种涂料。

重力式喷枪的上部带有涂料罐、靠重力将涂料输送到喷枪，根据涂料罐相对喷枪轴线的位置，可分为侧边式和中央式。在操作过程中，中央式使喷枪倾斜受到限制，而侧边式能使操作工以不同的位置进行喷涂，而涂料罐仍保持垂直。侧边式的缺点是涂料罐的尺寸较小，一般为400mL，生产效率较低。但重力式的最大优点是涂料浪费极小。清洗非常方便，耗用溶剂少。

2. 高压无气喷涂机

高压无气喷涂是一种较先进的喷涂方式，采用增压泵将涂料增至高压（常用压力120～390kg/cm^2），通过很细的喷孔喷出使涂料形成扇形雾状。在喷大型板件时，可达600m^2/h，并能喷涂较厚的涂料，由于涂料里不混入空气，有利于表面质量的提高。并由于较低的喷幅前进速率及较高的涂料传递效率和生产效率，因此无气喷涂在这些方面明显地优于空气喷涂。

高压无气喷涂设备按动力分可分为电动式和气动式二类。电动式以220V交流电作动力，不需要压缩空气，而且噪声低，不但可以车间使用，并且适合流动作业及外墙面、高空作业使用。气动式以 $5\sim8kg/cm^2$ 压缩空气作动力，适合在车间及野外现场施工使用。由于压缩空气与涂料不接触，故对压缩空气无净化要求。在野外无电源场合及移动场合，可用汽油机驱动的高压无气喷涂机，同样能够工作，并且无牵无挂，移动方便。

常用型号有 Merkur30：1 气动高压无气喷涂机，XTREME45：1 气动高压无气喷涂机，UltraMax490/695/795 电动高压无气喷涂机。其适用于大面积单色作业的钢结构防腐，造船和海洋工程，油罐和管道防腐，防火涂装及民用建筑喷涂等。

无气喷涂的不足之处在于它的出漆量较大且漆雾也够柔软，故涂层厚度不易控制，作精细喷涂时不如空气喷涂细致。由于工作效率很高，比较适用于单一漆种大型工件的大批量生产，喷枪带有回转清洁喷嘴，适合颗粒较粗的涂料，方便操作。

空气辅助无气喷涂设备介绍如下。空气喷涂能提供良好的表面质量，但是反弹大，涂料利用率低，工作效率低。而高压无气喷涂则与之相反，它能提高涂料利用率和工作效率、出漆量大，但雾化效果则不够理想，作精细喷涂时不如空气喷涂细致。而空气辅助无气喷涂则是集上述两者的优点于一身，而无两者的不足的新喷涂方法。其是介于空气喷涂与无气喷涂之间，利用无气喷涂低的喷幅前进速率及降低涂料压力以进一步减少喷幅前进速率，但是无气喷涂时喷幅前进速率过低则会使喷幅产生雾化不均匀的缺点，要除去此缺点则可加入少量的空气，所以该系统需要有一个如无气喷涂的喷嘴及空气喷涂的空气帽。这样才能把少量低压的雾化空气（$1kg/cm^2$ 左右）吸入空气帽的两侧，而产生均匀的喷幅，漆雾变得非常的柔软和细腻。其涂料传递效率约在 $60\%\sim80\%$，且涂装品质优良。此种喷涂方法应用范围广泛，其是一种理想的、值得推广的喷涂方法，适用涂料类型广泛。

3. 静电喷涂机

静电喷涂机介绍如下。静电喷涂可以和上述的三种基本喷涂法加以组合应用，将各自的优点综合成一个新的喷涂方法。在接地工件和喷枪之间加上直流高压，就会产生一个静电场，带电的涂料微粒喷到工件时，经过相互碰撞均匀地沉积在工件表面，那些散落在工件附近的涂料微料仍处在静电场的作用范围内，它会环绕在工件的四周，这样就喷涂到了工件所有的表面上。因此它特别适合喷涂栅栏、管道、小型钢结构件、钢管制品、柴油机等几何形状复杂、表面积较小的工件，能方便、快捷地将涂料喷涂到工件的每一个地方，可以减少涂料过喷，节省涂料。涂料传递效率高达 $60\%\sim85\%$ 且其雾化情形很好，涂膜厚度均匀，有利于产品质量的提高，在木器家具上，静电喷枪同样能取得良好的静电环抱效果，特别适合椅子、茶几、车木制品等工件的涂装。但静电喷涂对涂料的黏度及导电率都有一定的要求，不是所有涂料都适用于静电喷涂，且设备的投资也较大。提供最佳雾化效果的无电源静电喷枪去掉了高压静电发生器及连接电缆，而由安装在枪体内部，以空气为动力的小涡轮发电机组件产生静电高压，非常安全方便。

空气静电喷枪，能提供最完美的表面质量。空气辅助无气静电喷枪以高质量、高效率、高产能广泛应用于飞机、工程机械、动力机械等方面。静电喷枪，不但有很好的表面质量，并且还有很大的经济效益，虽然一次投资较多，但是由于节省了40％的涂料和一倍以上的工作时间，所以在短时期内就可收回全部投资。

4. 低流量中等压力喷涂设备

低流量中等压力喷涂（简称 LVMP）是涂料雾化所使用的压缩空气为超低压（常用 $0.2\sim0.7kg/cm^2$）及大风量的一种新型涂装设备。其涂料传递效率高达65％以上，而其涂料传递效率高是因雾化空气压力低而使喷幅前进速率降低所得到的结果。LVMP 喷枪的外形与传统的空气喷枪基本相似，但其喷嘴及针阀的磨损较小，其空气帽的设计与传统喷枪也不相同，LVMP 喷枪的最大优点在于它的涂料收益率大大高于传统的空气喷枪。特别适合对单件、小批形状复杂、表面要求高的工件作精细喷涂及对环境要求无污染的场合。但该枪只能喷涂黏度较低的涂料，出漆也较慢，生产效率不高。

LVMP 喷枪按动力分有气动和电动两种。气动式是将净化的压缩空气，通过一个压力调节器，送至喷枪。电动式则是通过一个大风量的涡轮压风机来提供动力。压风机工作电压 220V，非常适合流动作业，由于压风机的涡轮叶片高速旋转与空气摩擦而发热，使送入喷枪的空气温度比室温要高 $15\sim20℃$。且湿度大幅度下降，有助于涂料的雾化及缩短涂料的干燥时间，并可以防止在梅雨季节及高湿度时容易产生的涂层发白失光现象。

常用型号有电动 GTS3800，气动 Titon308HVLP 精饰喷涂机。其适用于清漆、面漆、着色剂喷涂。

三、自动涂装机与设备

自从 Binks 公司开发了自动喷涂机，用机器代替人，实现了喷涂自动化。目前，汽车车身的中间涂层及面漆涂层基本上都已采用自动涂装机进行涂装。

1. 工作原理

自动涂装机的设计，一般按模仿手工涂装的人体各部位的动作有（包括人手工操作时的人体动作，主要有上下、左右、前后、回转和手指）运动 5 种方式和共有

17 个自由度。自动涂装机应满足喷枪与被涂物之间的三个基本关系：

（1）喷枪能沿被涂物面往复运动；

（2）喷枪与被涂物面的距离和角度保持一定；

（3）喷枪移动速度保持一定。

此外，作为往复运动的自动喷涂机还应具有往复运动平稳、圆滑、无大的振动，往复行程恒定，往复运动速度可调，往复行程可调，结构简单、可靠等性能。以汽车车身涂装为例，为满足上述要求，自动喷涂机目前主要有两类：一类是喷枪水平方向往复运动的顶喷机；另一类是喷枪作垂直方向往复运动的侧喷机。轿车的车身涂装面有 10 个，相邻部位合并后也需设置 6 套自动喷涂机才能完成涂装。轿车车身有的是曲面，有的是平面，为保证喷枪喷出的涂料方向与被涂面垂直，喷涂机大致可分为以下五种：水平自动喷涂机；水平曲面自动喷涂机；垂直自动喷涂机；垂直曲面自动喷涂机；回转自动喷涂机。

根据涂料和涂装的要求，喷枪可以是空气喷枪、无空气喷枪、静电喷枪和粉末喷枪等。

2. 自动涂装工艺要点

（1）喷枪运动速率　喷枪运动速率影响涂装质量、膜厚及涂料用量。喷枪的走行速率可用下式计算：

$$R_v = C_v L N / P$$

式中　R_v——喷枪走行速率，m/min；

　　　C_v——输送链速率，m/min；

　　　L——理论最大行程，m；

　　　N——重复喷涂次数；

　　　P——有效喷涂幅度，m。

（2）自动涂装设备　不论是顶喷机还是侧喷机，都是由往复运动机构、上下升降机构、涂料控制机构、喷枪、自动换色装置、自动控制系统和机体等部分所组成。

图 12-12 所示为 FA-4 型侧喷机。它是使喷枪与被涂物的侧面保持一定距离而作曲线运动的往复机构。机身底座上装有伺服机构，可使机身整体向前后移动 0～300mm。

往复机构中链条借助电动机的动力，驱动链轮作定向的循环往复运动，固定在链条上的走行装置也随着作往复运动，安装在走行装置上的喷枪便形成自动往复运动轨迹，一台电动机可同时驱动多支喷枪运动。

为了使涂层厚度均匀，应正确选用喷枪走行速度、重复涂层的次数以及喷涂量等参数。

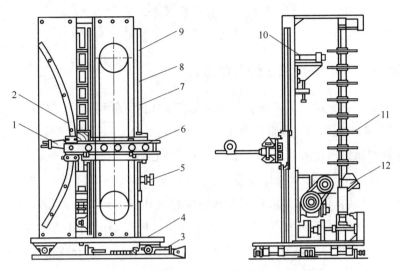

图 12-12　FA-4 型侧喷机

1—喷枪；2—导槽；3—伺服机构；4—机座；5—变速手柄；6—走行装置；

7—走行导轨；8—链条；9—链轮；10—提升装置；11—凸轮；12—驱动装置

第六节　涂膜干燥和固化设备

一、涂膜干燥和固化设备分类及组成

烘干设备通常可按生产组织方式、室体形状、使用能源、传热方式、空气在室内的循环方式等分类。按加热方式分为：对流烘干、辐射烘干、对流＋辐射烘干；按结构形式分为：直通式、桥式、半桥式、死端式、双层式、Π字型等。

主要组成如下。

（1）室体　使循环的热空气不外溢，使室内的温度保持在一定范围内。

（2）加热系统　有辐射加热和对流加热，保证室内空气温度控制在工艺要求范围内。

（3）风管　引导热空气在烘干室内循环，将热量传给工件。

（4）空气过滤器　过滤空气中的灰尘。

（5）空气加热器　加热室内循环空气。

（6）风机　强迫烘干室内热空气循环。

（7）风幕系统　防止热空气外溢，提高热效率。

（8）温度控制系统　保证室内各段温度达到工艺要求的装置。

二、涂膜固化（干燥）工艺的节能减排

涂膜的固化（干燥）工艺的发展趋向是节能减排（低温化、快速化、"湿碰湿"工艺），提高能源利用率（降低每台车身的涂装耗能量）。汽车车身涂膜固化过程随所采用涂料的成膜性能的演变而变化，其发展历程为：自然干燥（油性漆）→自干或低温（100℃以下）烘干（以硝基漆为代表的热塑性汽车涂料）→中温（100～120℃）烘干（以氧化聚合固化的醇酸树脂涂料为代表的热固性汽车涂料，每道漆都需要烘干，且膜厚不能大于 $25\mu m$，也能自干，则干燥时间长达 24h 以上）→高温（120℃以上）烘干（以氨基醇酸树脂烤漆为代表的热固性合成树脂系列的汽车涂料，且适应较厚涂膜的烘干和"湿碰湿"涂装工艺）。

在工业涂装中，涂膜固化成膜是耗能较大的工序之一。按传统的观点及计算方法，一般将被涂制品及输送设备的部件加热所消耗的热量都算作为烘干室的热能有效利用率，并且认为达到 30% 以上已是较先进的指标。可是涂膜的固化真正所需的热量是涂膜中所含溶剂的蒸发所需的热量和将涂布在车身表面的几十微米厚的涂膜加热到固化工艺所要求的温度（含升温和保温段）所需的热量（即为了几公斤重的湿涂膜的固化，需同时将几百公斤重的车身及输送部件加热到所需的工艺温度），相比之下，涂膜固化所需的热量很小（≤1%）。由此可见，在改进所选用涂料的成膜固化性能的基础上开发新的涂膜固化方法和涂膜固化工序的节能减排的潜力很大。

涂膜固化成膜工序的节能减排技术途径有以下几方面。

（1）低温化、快速化。在改进涂料的成膜性能或利用化学能的基础上降低烘干温度或缩短烘干时间。如，现今大客车、塑料件、汽车修补所用的双组分聚氨酯丙烯酸树脂系涂料就属于低温烘烤系列的汽车用涂料，其固化工艺为：60～80℃，30～40min。又如阴极电泳涂料的成膜烘干工艺一般为：170～180℃，30min，改进后可降到150～160℃。如选用双组分的合成树脂涂料，则又可使车身中涂、面漆烘干工艺回归到低温烘干体系。

（2）在改进涂料配套性和固化性能的基础上，采取多涂层一起烘干的措施——"湿碰湿"工艺。已成熟的实例有：PVC车底涂层及密封胶不单独烘干，而与中涂

或面漆一起烘干；又如 3CIB（中涂、底色漆、罩光漆三涂层一起烘干），有机溶剂型体系的 3CIB 工艺已成为日本马自达汽车公司的轿车车身的标准涂装工艺，与原工艺相比，可节能减排 15%（CO_2）。水性涂料体系的 3CIB 工艺，也已获得工业应用。

（3）开发采用紫外线（UV）固化法和 UV、热双固化法革新汽车车身涂膜固化工艺，大幅度缩短固化时间和降低固化温度，节能减排效果特别显著。UV 固化涂料和 UV、热双固化涂料已商品化。

三、主要测试要求

（1）烘干类设备主要测试炉温的均匀性，通常控制在 ±5℃，采用随炉测温仪一次最多可测试 6 个位置。

（2）喷漆类设备主要测试照度、温度、湿度和平均风速。对于要求较高的喷漆类设备，其照度要求在 800～1000lx，温度要求在 23℃±2℃，相对湿度 55%±5%，平均风速 0.45～0.55m/s。

（3）所有设备在操作区噪声 ≤85dB。

第七节　无尘恒温恒湿供风设备

一、无尘供风系统概述

无尘供风系统、空气净化送风设备/无尘恒温恒湿供风系统，见图 12-13。

1. 供风机组主体结构

其主要有进风混合段、粗放过滤段、中间段、加热段、喷淋段、表冷段、均流段、中效过滤段、消声段、送风段等。系统结构合理，气密性好，使用可靠性高，安装使用简单方便。

2. 应用特点

（1）高级的测控技术与现代加湿、除湿、制冷、加热空气净化的先进手段相结合，实现室内环境恒温恒湿的目的。

图 12-13　中央空调恒温恒湿无尘供风系统

（2）恒温恒湿机具有自动加热、制冷、加湿、除湿、空气净化、增补新风的功能，分为自动和手动两种形式。温度、湿度的调节可同步进行。以确保在设定的温度湿度范围内保持室内环境的恒温恒湿的精确需求。

（3）采用名牌压缩机及高效换热器，整机体积小，重量轻，能耗低，效率高。

（4）除湿机为自动控制型，有机械控制型和微电脑控制型。微电脑控制型，通过按按键输入，自动显示相对湿度。

（5）自动开机关机，根据用户所设定的湿度进行自动检测和自动控制。

（6）除湿机均配备有多种安全保护装置，保证压缩机不受损坏。

（7）除湿机均为立柜可拆卸结构，维修特别方便。

（8）在环境相对湿度 40％～95％范围内，环境温度 18～36℃时能正常工作。

（9）全部采用防腐防锈材料组成，框架采用阳极化铝合金框架，双腔防冷桥结构，确保机组表面无结露现象，防火阻燃等级 UL94V0。

（10）板为双面保温三明治板，外板采用高质量的彩色钢板或喷塑镀锌钢板，内板及底板为不锈钢板；中间充注发泡聚氨酯，确保整个面板隔热性能能达欧洲 EN1886-1997 的 T2 级保温等级。

（11）采用优质密封材料，保证箱体漏风率不大于 $0.4L/m^2$，达欧洲 EN1886-1997 的 B 级要求（B 级为最高标准），适用于手术及洁净房间。

（12）箱体内表面光滑、平整、无死角，不锈钢板可耐各种消毒剂清洗。

（13）初效过滤器采用大容尘量、可清洗式过滤器，效率为 G4 级别。

（14）中效过滤器采用进口、高效能过滤器，效率为 F7 级别，另可选配亚高效过滤器。

（15）中效过滤器设置正压段，能保护表冷段不受污染，还可完全避免中效过滤器受潮及滋生细菌。

（16）配置进口电极式加湿器，控制采用无级调节，提高湿度控制精度及节省耗能。加湿器自带清洗功能，使加湿器维持正常的加湿效率及延长使用寿命。

二、初效空气过滤器

其适用于空调系统的初级过滤，主要用于过滤 $5\mu m$ 以上尘埃粒子。初效过滤器有板式、折叠式、袋式三种样式。外框材料有纸框、铝框、镀锌铁框。过滤材料有无纺布、尼龙网、活性炭滤材、金属孔网等。

该类产品一般方便地自行更换滤料，节省备件费用，并减少运输和仓储的麻烦。该类如 ZNCX-A（B）P 的过滤效率有 G3 和 G4 两种，一般是对应记重法

90％和比色法 40％，对于这二种效率的过滤器，常用一空调与通风系统的初级过滤，也适用于只需一级过滤的简单空调和通风系统。

第八节　现代涂料工业涂装设备管理

涂装设备管理是保证涂装质量的重要影响因素。

涂装设备是保证涂装质量的硬件，但再好再先进的涂装设备如果管理不当仍属枉然。使涂装设备处于良好的技术状态，是确保涂装生产秩序和涂装质量的必备条件之一。

如果设备的技术状态不良，带病运转，不但会严重影响设备使用性能而影响涂装质量，还会导致设备损坏，造成不可估计的损失。

尤其是对于运转的涂装设备就更加要注意管理了，如输送链、水泵、风机等。通常对机械的运转都需要润滑，对高温的设备需要冷却等，这些都需要在生产中加以检查和维护，一旦措施不力，设备就极其容易产生问题。如在带有净化送风系统的喷漆生产线中，容易出现尘埃的问题。

一般开始新设备还是挺好的，生产了一段时间后，慢慢工件的涂层上面就会较以前或多或少的沾上灰尘颗粒。原因在于净化过滤器上面已经积满了灰尘没有得到及时的清理而造成的。尤其是生产厂房处于较大灰尘的环境中，更应该经常清理过滤系统，要不然就会造成净化器堵塞等的毛病。显然设备维护、保养得不好，不但在涂装质量上没有保证，而且增大了维修概率、维修费用、成品的废品率等，这些都是影响生产计划、加重生产成本的。对设备管理得越是不好，出现的问题就越多。当发现生产设备出现较多问题的时候就要提高警惕了，看看是否在设备管理这方面出现了漏洞。要管理好涂装设备，就必须要有健全的规章制度。

关键的设备应备有操作规程。各台设备应有专人负责，工长、调整工或操作人员、机动维修人员每班都应定期检查设备运转状况并做好记录。应编制主要关键设备的检修和保养计划，做好定期检修保养。

一、涂装设备管理时的几点看法

（1）涂装材料管理　化工产品，在储运、使用过程中易变质，因此，需要控制涂装材料的订货，控制材料在施工过程的质量和数量，以便保证生产的正常进行和涂层质量。如果有条件的工厂可以使用"系统供货"的形式，以便提高质量、降低消耗、节约成本、减少人力和库存。从涂装技术的角度看，对于化工材料应该重点了解材料的各种技术性能，及其对涂装环境、设备的要求，需要的工艺过程，根据以上实际情况选择合适的材料和辅料。

（2）涂装设备类型　涂装设备是指涂装生产过程中使用的设备及工具。包括打磨设备、喷涂的喷枪等设备；另外也有其他涂装形式出现的涂装设备，也包括如需淋涂设备、浸涂、辊涂设备，静电喷涂设备，粉末涂装设备等；涂装运输设备，涂装工位器具（喷位、喷架）；洁净吸尘设备（水帘机、抽风、滤尘设备），压缩空气供给设备（设施）；试验仪器设备等。涂装设备是涂装技术知识体系中的最重要的硬件形式，对涂装技术的进步影响很大。

（3）涂装环境管理　涂装环境是指涂装设备内部以外的空间环境。从空间上讲应该包括涂装车间（厂房）内部和涂装车间（厂房）外部的空间，而不仅仅是地面的部分。从技术参数上讲，应该包括涂装车间（厂房）内的温度、湿度、洁净度、照度（采光和照明）、通风、污染物质的控制等。对于涂装车间（厂房）外部的环境要求，应通过厂区总平面布置远离污染源，加强绿化和防尘，改善环境质量。将涂装环境列入涂装技术的五要素之一是一个新的提法。对于涂装环境的重要性，已被很多涂装技术人员所认识。良好的涂装质量，不仅要有先进的涂装设备、完善的涂装工艺和优良的涂料等条件，还应有良好的涂装环境。将涂装环境与涂装材料、涂装设备、涂装工艺并列，已反映了涂装环境在涂装技术中的重要位置。另外，对于涂装环境的形成，需要涂装技术人员提出设计目标，与总图、土建、公用工程技术人员共同去实施，才能最终形成涂装环境。

（4）涂装人员管理　主要是对员工进行不间断的培训，提高技能及责任心。必须培训一批有专业知识、责任心强、善于管理的车间主任、工艺员、班组长。人员的培训应与涂装车间的建设同步。从事涂装作业的工人上岗前必须经过专业培训，通过培训和学习使每位操作人员具有所要求的素质。

（5）涂装车间或分厂管理　要分解企业总体生产目标，确定涂装工作计划，做好涂装生产准备，协调与涂装车间、装配车间的关系，保证与各管理部门的信息传递和沟通，控制涂装成本，保证涂装安全生产。对于独立经营的涂装生产公司，需要更多的经营管理工作。对于生产管理，不仅要注意生产安排，及时组织生产，使生产连贯、流畅、合理，避免出现生产无序的情况，而且，要注意在生产管理上下工夫，在现有设备和人员的基础上，发挥其最大能力。

（6）涂装技术、质量管理　应该包括平常讲的技术管理、工艺管理、质量管理和控制。对于工艺、技术管理，要求做好涂装线的技术监督和检验，保证操作严格按照工艺要求执行，定期或不定期地进行工艺检查。对于质量管理，要建立涂装质量保证体系；注意提高员工的质量意识和提高质量的积极性，广泛听取意见，共同分析解决问题；注意涂装管理标准化；注重质量管理的预测和对策功能。

（7）涂装设备管理　主要是做好设备、工装的检修和保养，使设备随时保持良好的生产状态。因此要及时处理设备事故，做好设备备品管理，设备维修保养登记，在不影响生产的情况下做好设备维护和修理工作。

（8）涂装现场管理　由于涂装生产的特殊性，使得涂装车间（工厂）的现场管理比机械工厂、汽车工厂中的任何车间的要求都要高得多。现场管理的重点是准时化生产，定置管理和文明生产等。引进"7S现场管理"理念对涂装车间进行现场管理，是很必要的也是很有效的。

二、涂装设备管理的注意事项

涂装时所有的一般有机溶剂的蒸汽浓度在爆炸限界时，能着火溶剂蒸汽的最小着火能量约为0.2mJ。而人体的静电容量则为100pF左右。所以若人体成为2kV左右的电位，则具有0.2mJ的能量。若作业员未接地时，形成危险状态，由此可知，在静电界内保持人体未形成绝缘状态很重要。依接地方式的安全对策如下。

（1）作业员须穿通电性鞋子（皮底鞋则有通电性）。充分清扫鞋底。涂装间内的导电性物体须确实予以接地。洗净用溶剂槽为固定式并确实予以接地。使用静电手提喷漆枪的作业员，必须以赤手操作喷漆枪。吊挂被涂物的吊架充分清扫，常保持被涂物为接地电位（注意吊架的接点）。涂装间内地面须经常保持为导电状态。

（2）一般涂装使用及操作上经常会发生形成火灾灾种的物件放电。被认为有带电的涂装机或涂料槽等，充分换气后实施接地，并使残留电荷逃逸后使用。下述为使用及操作的要点：涂装终了时高电压必须关闭，洗净操作前确认有关高电压。在使用导电性涂料，并涂料供给系统从接地予以绝缘时，实施涂料补给于涂料槽，则首先实施涂料槽接地。若使用溶剂洗净绝缘材料的部分时，在确认溶剂干燥后施加高电压。定期清扫涂装机的涂料尘污染。不得使用如会滞留溶剂蒸汽的涂装机污染以防止被覆。另外在操作时要转紧高电压电缆以防止涂料皮管的松弛或脱落。

三、涂料涂装管理的卫生与防护

在涂料中，有各种溶剂含有苯及苯的化合物，如甲苯、二甲苯等。稀释剂中乙醇、丁醇等常用的工业溶剂也都有毒，甚至有的还有剧毒，如甲醇等。这些有毒物质的存在，对人体的神经系统、呼吸系统和皮肤等有一定的毒害，最常出现的如苯中毒和生漆中毒等现象。

在涂装过程中，经常产生大量的挥发性气体，扩散在空气中。这些大量的有毒的热气体，如果人体吸入，会发生神经系统的疾病，一般出现头晕、心悸和恶心呕吐等反应。手指和其他部位若经常接触各种溶剂和有毒气体，也会引起皮肤腐蚀、脱脂、发痒、粗糙、开裂等疾病发生。

在喷涂的环境中，每日工作 8h，虽然在安全允许的环境里工作，但每个人的敏感程度、承受能力也不完全一样。时间愈长，日积月累，难免使身体不受到影响，所以，在涂装作业场所，一定要采取必要的防护措施，可以从以下几方面考虑。

（1）树立安全第一思想，增强防护观念　进行涂装施工时，必须树立安全第一思想，增强防护观念，落实具体的安全防护措施。首先应了解涂料的种类和特性，毒性对人体的伤害方式，涂料的使用注意事项，以及可能发生中毒时的急救措施等。尤其是在室内、船舱内、地下施工现场、矿井、车辆内等通风不佳或根本没有通风的环境里施工，绝不允许超过溶剂的允许最高浓度和工作时间限制。

施工人员事前必须了解掌握有毒溶剂的包装标志，并且掌握溶剂的安全使用方法。特别是施工负责人及负责安全的有关人员，必须建立明确的岗位责任制、监督检查执行安全生产和劳动保护条例及有关操作规程。对施工方法、劳动保护用品的发放使用、排风换气设备的正常运行进行必要监管，并经常对施工人员进行安全教育、牢固树立安全第一的思想和劳动防护的观念，及时消除各种不安全的隐患，确保安全生产。

（2）确保施工设备和安全保护装置正常运行　在涂装施工过程中，正确的施工工艺、正常完好的施工设备及安全保护装置，是安全生产的根本保证，缺一不可，是一个完整的系统工程。

在科技快速发展，人人重视安全生产的今天，一般涂装生产现场，条件还是比较好的。但在一些维修企业，一些乡镇企业条件差一些，往往会出现这样或那样的问题，这是一个薄弱环节，应引起重视。应该从工艺上、从施工设备和安全保护装置上，消除不安全的隐患。根据涂装生产的具体情况，考虑所用的涂装施工设备和安全保护装置的配置和使用。如室内施工而又使用挥发性溶剂，应采用密闭设备或安装排风装置，防止设备泄漏。若在槽、罐内部涂装，一定要保证排气量和进气量保持平衡。总之，应有必要的施工设备和安全保护装置来保证涂装生产的安全。

（3）改善施工环境，保证通风换气正常　对于喷涂施工场所，正常的通风换气是非常重要的，是防止发生火灾和爆炸事故的根本措施，也是防止有害气体超标的重要手段。一般情况下，窗户及其他开口部分直接与外界通气部分的面积，应为涂装车间地板面积的 1/20 以上，才可能进行正常的换气。如果有性能良好的通风换气设备，就可不受上述比例的限制。对于涂装生产的实际情况，涂料使用量和种类均是经常变动的，挥发性气体的产生和排出也不是均衡的，都是随时间、地区、喷涂状况而无规律变化的。为此，要经常进行必要的检测，严格控制"三废"超标，发现问题，及时解决，决不可有一劳永逸的思想。

（4）加强施工环境检测，严防"三废"超标　室内施工，至少每半年检查一次空气浓度，以维护良好的施工环境。这是在涂装生产比较正常而无什么差异的情况下而提出的。对于涂装生产变动量大，如产量、工艺有较大的变化时，必须对重要部位，即不安全因素较大的部位，及时进行检测。掌握各部位数据的变动状态，以便采取相应的措施。对于广泛使用的有机混合溶剂，如丙酮、二甲苯、甲苯、醋酸乙醇、二氯乙烷等必须定期检查其污染程度，测定取样部位。主要选择在排气器内部、排风口、地板、天棚附近等部位，并测定浓度分布情况，以及选择平面间隔相同的场所为测定点。根据测得的数据及分布状况，与控制标准进行核对。有超标处，则应采取相应措施进行处理，杜绝事故的发生，保证施工有一个良好而安全的环境。

（5）操作人员的防护　在涂装过程中，操作人员不但在施工场所，而且直接在有涂料和溶剂的场所操作，各种有毒的气体和溶剂无孔不入，充斥整个场所。所以，对操作者个人进行防护是非常必要的，也是非常必须的。这也是涂装安全技术的一个重要部分。

施工人员在涂装操作时，应穿戴好各种防护用具，如工作服、手套、面具、口罩、眼镜和鞋帽等。不让溶剂触及皮肤。同时将外露的皮肤擦上医用凡士林或其他护肤品。对溶剂的沸点低，挥发快、毒性大，易吸入气管的喷涂作业场要特别注意，严防吸入肺部。

施工中挥发出的有毒气体，在浓度高时，对人体的神经有严重的刺激和危害作用，能造成抽筋、头晕、昏迷、瞳孔放大等病状。低浓度时，也有头痛、恶心、疲劳和腹痛等现象发生。如不及时防护，在长期接触中能使食欲减退，损害造血系统，发生慢性中毒。

涂料对于人体不但可以通过肺部吸入，而且还可以通过皮肤和胃吸收而发生危害作用。人体表面长期与涂料接触，能溶去皮肤表层的脂肪，造成皮肤干燥、开裂、发红并可能引起皮肤病。有的涂料颜料含有有毒成分，如红丹、铅铬黄等，这种涂料宜刷涂，最好不要喷涂。使用时，应采取预防措施，这种涂料能引起急性或慢性铅中毒，最好选用其他涂料代用，减少中毒的可能。喷涂间喷完漆后，不要马上停止通风换气设备，让其继续运转一段时间，将残余的漆雾和溶剂挥发气体排出。喷完漆之后，操作人员如感到气管干结时，是因为吸入漆雾中溶剂蒸发所致，应多喝温开水。清洗喷枪及工具时，尽量不使皮肤接触溶剂。完工后擦去皮肤上的凡士林或其他护肤品，再用温水和肥皂洗净手脸，最好经常洗淋浴。

应定期对涂装操作人员进行身体检查，对有中毒情况的操作者，及时给予相应的医疗。

四、设备涂漆管理规定

为做好设备涂漆防锈工作，规范设备涂漆防锈的工作程序，达到设备表面鲜艳明亮、色彩统一、防锈效果稳定可靠，符合安全环保需要，特制定本规定如下，请各单位遵照执行。

1. 涂漆防锈程序

各单位需要对所属设备、平台、栏杆或桥架等进行涂漆防锈时，必须将其表面清理（按规范的清理要求）干净后，方可涂漆防锈。

2. 设备表面涂漆防锈

基本要求如下。

① 所用的清洗防锈材料必须具有产品出厂合格证，且在正常的贮运条件下，耐腐蚀期限不少于 1 年。

② 所用的底漆、中间漆、面漆、稀释剂的选择应合理配套。

③ 所用的各种油漆的质量必须符合有关国标的规定，对标牌不清、包装破损或超期的涂料一律不得使用。

④ 需涂漆表面应清洗干净，无锈迹、水痕、油迹及其他异物。不得损坏原涂刷表面。

⑤ 涂刷防锈漆质量要求如下。

a. 黏着性牢固，稳定，不得有剥落现象。

b. 漆的颜色应均匀一致。光泽明亮，表面无脏物、油污、无流挂、鼓泡、裂纹、皱皮、漏涂、剥落，不同色漆面交界处应清晰，不得相互沾染。

⑥ 不得在设备标识牌表面刷漆。

⑦ 设备表面主体部分的面漆颜色规定

设备名称   主体部分颜色

板式给料机   灰色

单段锤式破碎机	灰色
堆、取料机	橘红色
各种斗提机	橘红色
各种起重机、电葫芦	橘红色
胶带输送机	绿色
螺旋输送机	灰色
袋式收尘器（有彩钢瓦者除外）	浅绿色
空气斜槽	灰色
储气罐	绿色
链运机	橘红色
立磨	灰色
回转窑	橘红色
篦冷机	银灰
预热器、分解炉	银灰
三次风管	银灰
窑头罩、窑尾烟室	银灰
煤磨	灰色
水泥磨	灰色
离心风机	灰色
罗茨风机	绿色
各种减速机	绿色
各种电动机	灰色
链斗机	橘红色
水泵	绿色

⑧ 主要零部件面漆颜色规定

零部件名称	颜色
各种回转件	大红色
各种扶手	大红色
浸泡在水中的零部件	黑色
各种防护罩	大红色

⑨ 管道的面漆颜色规定

管道名称	颜色

燃料油供油管路	YR01 淡棕色
燃料油回油管路	YR05 棕色
润滑油供油管路	Y06 淡黄色
润滑油回油管路	Y08 深黄色
清水管路	G02 淡绿色
回水管路	G05 深绿色
煤粉输送管路	黑色
压缩空气管路	中兰色
电缆、电线管路	灰色
收尘管道	灰色

3. 其他

未列入以上表格中的设备需刷漆者，原则上以设备进厂时的油漆颜色为准，也可参照以上规定执行。

五、设备涂漆标准

1. 适用范围

（1）本标准适用于 SSG 订购的全部设备（包括附属设备）的刷漆。没有另行的刷漆规定全部适用本标准。

（2）制作单位要用外观光泽高，防锈力、耐腐蚀性、耐磨损性、耐厚性、耐温性等优质的油漆。施工前提出样品，得到确认后开始涂漆（根据中国的产品特性选择油漆）。

2. 目的

（1）以本标准为工作标准，防止刷漆不良和提高涂漆的质量，预防腐蚀，提高设备外观质量，从而达到设备整体质量提高。

（2）进行全部项目时，提前选择相关的颜色，体现工序的特性，并维持更加洁净的工序。

3. 涂漆顺序

（1）表面处理

① 铸铁类　利用洗涤剂彻底消除表面的油、油脂等异物（根据中国的产品特性选择洗涤剂）；采用喷砂或锉、刮或打磨的方法，去除表面的铁锈、砂粒等异物。

② 铁板类　没有氧化的铁板使用洗涤剂彻底清除油分。有一定厚度的氧化膜（生锈）铁板（热轧钢板）或腐蚀严重的材料需用钢丝刷、砂纸、砂轮等打磨表面，

然后用洗涤剂彻底去除油分。

☆当上述办法不能消除氧化膜或铁锈时，需采用与铸铁类同样的方法处理表面。

③ 需做涂漆的加工部位 进行喷砂处理后，表面要形成适当的粗糙度。虽然有关铁材的表面处理方法有几种，但其中利用研磨料的洗涤方法最有效而且效率也高。研磨料的洗涤方法可以形成提高涂膜附着力的粗糙表面。标准上没有提到光度的说明时，表面光度按 $25\sim75\mu m$ 处理。选用表面光度达到 $25\sim75\mu m$、后续涂漆可以形成表面光度的优质研磨剂（根据中国的产品特性选择）。而且研磨剂要保持干净和干燥的状态。已经喷砂处理需要油漆的表面要用高压空气吹扫或利用真空吸力彻底消除灰尘或残余物。

☆不需要做涂漆的部分，用橡胶或塑料全部遮盖。

（2）下涂漆 下涂漆需要在表面处理完成后、生锈之前立刻进行。因为表面处理后被涂物与空气接触会产生急速的氧化现象。所以最长在 4h 之内进行下涂漆作业。

油漆说明（根据中国的产品特性选择）：

系列：树脂为主剂与无黄边的硬化剂构成的优质油漆；

颜色：指定颜色，执行《SSG 油漆颜色对照表》；

光泽：$60\%\sim80\%$；

涂漆方法：喷漆；

稀释剂：按季节和温度变化选择规格；

干燥：自然干燥、强制干燥（按干燥方法，必须达到所规定的时间）；

洗涤剂：按季节和温度变化选择规格；

稀释比/稀释浓度/混合比率：按油漆制造商的推荐要求；

喷嘴口径：$1\sim2mm$；喷雾压力：3.5atm（标准大气压）；

☆因油漆制造商不同或许有差异。

涂漆条件：在 $5\sim30℃$，湿度 80% 以下时进行；

油漆厚度：$35\sim45\mu m$。

（3）洗涤 下涂后不进行另外的作业，直接进行上涂的情况除外。用洗涤剂洗涤，用毛刷或抹布彻底消除油分、锈、灰尘等异物。有残余异物时，可能造成涂膜的接触不良，因此非刷漆部位的遮盖物也需要做完善的洗涤，只有这么做才能在喷漆作业时，防止遮盖物脱落。

（4）中涂漆 没有特别标明时不需要中涂漆。

（5）砂纸打磨　为了强化上涂漆的附着力，用♯220砂纸轻轻地打磨被涂物的表面（或是实施中涂，使用附着力强的油漆也可以不执行本要求）。过度地打磨有可能造成下涂漆脱落的现象，是失去下涂漆功能并生产生锈的因素，需特别注意。

（6）遮盖　其是指在非刷漆部位（加工面、螺纹孔等）上利用塑料、胶布等进行包裹。

（7）上涂　其是在下涂（中涂）结束后，经过长时间充分干燥后实施的作业。下涂完成后充分检查作业状态（下涂膜），以防止出现针孔、白化等不良现象。

油漆说明（根据中国的产品特性选择）：

系列：树脂为主剂与无黄边的硬化剂构成的优质油漆；

颜色：指定颜色，执行《SSG油漆颜色对照表》；

光泽：60%～80%；

涂漆方法：喷漆；

稀释剂：按季节和温度变化选择规格；

干燥：自然干燥、强制干燥（按干燥方法，必须达到所规定的时间）；

洗涤剂：按季节和温度变化选择规格；

稀释比/稀释浓度/混合比率：按油漆制造商的推荐要求；

喷嘴口径：1～2mm；喷雾压力：3.5atm（标准大气压）；☆因油漆制造商不同或许有差异；

涂漆条件：在5～30℃，湿度80%以下时进行；

涂漆厚度：按35～40μm厚度涂2遍（第1次涂漆至少要形成半硬化状态并干燥后才可能实施第2次涂漆作业）。

（8）去除遮盖物　油漆干燥后去除遮盖胶布等。在非刷漆部位刷上油漆时，使用油漆消除剂去除油漆。建议使用各油漆制造商推荐的洗涤剂。

4. 刷漆时的注意事项

（1）部分油漆涂膜是在高温环境下使用，需要使用耐高温的油漆，如部分熔解设备、成型设备等。如果设备使用中出现涂膜脱落会导致产品不良。

（2）主剂和硬化剂的混合比率需遵守各油漆种类的使用标准。

（3）稀释时需使用指定的稀释剂。不同种类的稀释剂不要混合使用（区分冬/夏季使用）。

（4）环境温度和涂漆物品的温度4℃以下，相对湿度80%以上时不能进行刷漆，特别是为了避免凝结水份，表面温度应保持比露水温度高+3℃以上。在冬季等低温环境下，上涂刷漆时因有可能产生气泡，所以在初次涂漆时提高稀释比，使下涂（中涂）面能充分地吸收。

（5）在刷漆时应特别重视防止产生气泡。

（6）各油漆在刷漆之前把主剂和硬化剂按规定的比率充分混合、搅拌均匀（建议使用 RPM1000 或 1500 的高速搅拌机搅拌约 4～5min）。

（7）刷漆场所始终保持清洁。在喷漆作业时防止因压力空气吹起地板上的灰尘产生污染。

（8）各油漆制造商的产品稍微有差异，建议使用同一厂家的油漆。

5. 其他

刷漆方法与本标准有不同时，另外添加标准。如不能遵守以上标准时以书面形式提出有关产品的涂漆方法给 SSG，得到确认后再进行施工。

6. 涂漆作业检查项目

针孔检查：涂漆表面上出现像针刺一样的小孔。

白化检查：涂漆表面变白，无法出现指定颜色或光泽。

切断现象检查：涂漆表面上出现比针孔大的孔。

涂漆表面外观质量检查：涂漆表面外观出现皱纹或带状脱落，变色，褪色和裂开的情况。

涂漆厚度检查：检查是否在指定厚度误差范围内（$115\mu m \pm 10\mu m$）涂漆（用涂膜测量器检查）。

其他：有异物附着在油漆表面上或其他的不良现象。

参 考 文 献

[1] 王凯，虞军. 搅拌设备 [M]. 北京：化学工业出版社，2003.

[2] 刘登良. 涂料工艺 [M]. 4 版. 北京：化学工业出版社，2009.

[3] 倪玉德. 涂料制造技术 [M]. 北京：化学工业出版社，2003.

[4] 刘庆荣. 一种新型反应釜的结构设计 [J]. 山东化工技术，2012.

[5] NB/T 47041—2011 压力容器视镜 [S].

[6] HG/T 20592～20635—2009 钢制管法兰、垫片、紧固件 [S].

[7] 童忠良. 涂料生产工艺实例 [M]. 北京：化学工业出版社，2010.

[8] 沈锦周. 涂料生产设备的发展 [J]. 涂料工业 1984 年 05 期.

[9] 杨伦，谢一华. 气力输送工程 [M]. 北京：机械工业出版社，2007.

[10] 沈锦周. 我国涂料生产设备的现状与发展 [J]. 中国涂料 1988 年 01 期.

[11] 童忠良. 胶黏剂最新设计制备手册 [M]. 北京：化学工业出版社，2010.

[12] 张涛. 反应釜温度控制系统的研究 [D]. 青岛：青岛大学，2009.

[13] 刘学君. 反应釜温度控制系统的研究 [D]. 河北：燕山大学，2004.

[14] 于海荚. 化学反应釜温度模糊控制器 [D]. 辽宁：辽宁工程技术大学，2002.

[15] 刘国杰. 现代涂料工艺新技术 [M]. 北京：中国轻工业出版社，2000.

[16] 童忠良. 化工产品手册. 第六版（涂料分册）[M]. 北京：化学工业出版社，2015.

[17] 童忠良. 化工产品手册. 第六版（树脂与塑料分册）[M]. 北京：化学工业出版社，2018.

[18] 张淑谦，童忠良. 化工与新能源材料及应用 [M]. 北京：化学工业出版社 2010.

[19] 童忠良. 新型功能复合材料制备新技术 [M]. 北京：化学工业出版社 2010.

[20] 童忠良. 液相法纳米 Fe_2O_3，生产的研究 [J]. 浙江化工. 2002. 33. （2）1～4.

[21] 尚堆才，童忠良. 精细化学品绿色合成技术与实例 [M]. 北京：化学工业出版社，2011.

[22] 南仁植. 粉末涂料与涂装 [M]，2 版. 北京：化学工业出版社，2008.

[23] 郑津洋，董其伍，桑芝富. 过程设备设计 [M]. 北京：化学工业出版社，2014.

[24] 丁浩，童忠良. 新型功能复合涂料与应用 [M]. 北京：国防工业出版社，2007.

[25] 童忠良. 功能涂料及其应用 [M]. 北京：纺织工业出版社，2007.

[26] 陶永华，尹怡欣，葛芦生. 新型 PID 控制及其应用 [M]. 北京：机械工业出版社，1999.

[27] 王树青，金晓明. 先进控制技术应用实例 [M]. 北京：化学工业出版社，2005.

[28] 杨和霖，蔡运，何伟，庹丈海. 树脂砂型涂料在线过滤装置的开发 [J]. 涂料仪器设备. 2013：3.

[29] 夏宇正，童忠良. 涂料最新生产技术与配方 [M]. 北京：化学工业出版社，2009.

[30] 陈作璋，童忠良等. 新型建筑涂料涂装及标准化 [M]. 北京：化学工业出版社，2010.

[31] 欧玉春，童忠良. 汽车涂料涂装技术 [M]. 北京：化学工业出版社，2010.

[32] 陈作璋，童忠良. 涂料最新生产技术与配方. [M]. 2 版. 北京：化学工业出版社，2015.

[33] 童忠良. 纳米化工产品生产技术 [M]. 北京：化学工业出版社，2006.

[34] Mr. S. Schaer/Dr. F. TabellionConverting of Nanoparticles in Industrial Product Formulation：Unfolding the Innovation Potential，Tecchnical Proceedings of the 2005 NSTI Nanotechnology Conference

and Trade show, Volume 2, P 743-746.

[35] Dr. H. Schmidt/Dr. F. Tabellion Nanoparticle Technology for Ceramics and Composites, 105th Annual Meeting of The American Ceramic Society, Nashville, Tennessee, USA (2003).

[36] Dr. N. Stehr Residence. Time Distribution in a Stirred Ball Mill and their Effect onComminution. Chem. Eng. Process. , 18 (1984) 73-83.

参考文献